KB072236

휴먼 알고리즘

인공지능 시대, 인간의 길을 묻다

휴먼 알고리즘

인공지능 시대, 인간의 길을 묻다

지은이 플린 콜먼(Flynn Coleman)
옮긴이 김동환·최영호

씨아이알

일러두기

1. 이 책은 《A Human Algorithm : How Artificial Intelligence Is Redefining Who We Are》 영문판의 우리말 번역이다.
2. 외래어는 외래어표기법에 따랐으나 관용적인 표기와 동떨어진 경우 절충하여 실용적 표기를 하였다.
3. 용어의 영문 표기가 필요한 경우 번역문을 먼저 쓰고 영문을 고딕체 첨자로 병기하였다.
4. 본문에서 괄호 안의 설명은 원서에 수록된 내용이며, 고딕체 위첨자로 표기한 괄호 안의 내용은 전문용어의 이해를 돕기 위해 옮긴이가 추가하였다.
5. 인물 정보의 출생 및 사망 연도 표기는 독자의 이해를 위해 옮긴이가 추가하였다.
6. 독자의 이해를 돕기 위해 필요한 경우 지은이와 협의하여 옮긴이가 이미지를 추가하였다.
7. 내용 중에서 주의가 미쳐야 할 곳이나 중요한 부분에 대하여 '작은따옴표'로 표시하였다.
8. 도서명은 《겹화살괄호》로 표기하였고, 연구서나 학술지, 신문, 잡지, 영화, TV 프로그램 등은 〈홑화살괄호〉, 법령은 「홑낫표」로 표기하였다.

창조적 영혼인 나의 어머니와

내가 넘어지든 별을 향해 손을 뻗든

날 일으켜 준 아버지에게

이 책을 바칩니다.

"우리 안에는 이름 모를 무언가가 있어요,
그것은 바로 우리 자신이에요."

주제 사라마구José Saramago

옮긴이의 말

알고리즘이 온통 세상을 지배하고 있다. 우리는 하루도 쉬지 않고 인터넷을 통해 새로운 상품을 주문하고, 누군가와 대화한다. 쇼핑, 여행, 유튜브, 넷플릭스, 먹방에 이르기까지 온갖 이야기들을 나누고 있다. 그런데 알고리즘이 우리의 시시콜콜한 일상사, 일거수일투족을 낱낱이 해부하고 각각의 의미까지 통제한다면, 누가 진짜 세상의 주인일까? 사람일까, 알고리즘일까?

그렇지만 누가 뭐라고 해도 '내 인생은 나의 것'이 아닐까? 물론 이것은 잘못된 주장이 아니다. 하지만 우리의 삶은 이미 각종 사회관계망 서비스SNS로 둘러싸여 있고, 온갖 재주를 부리는 인공지능AI의 손바닥 위에 있다. AI에 대한 이해가 상대적으로 낮은 사람은 잉여인간surplus person으로 전락하고, 마치 곁에 있어도 보이지 않는 인간invisible man마냥 취급되고 있다. 첨단기술 발전의 속도를 따라가지 못해 생긴 현상이다.

과거 IMF 금융위기 때는 직장을 잃은 사람들이 어떻게 자신들에게 그 위기가 밀려오는지를 온몸으로 체득할 수 있었다. 세계금융시장을 좌지우지하는 큰손들의 잘못된 판단, 인간의 오만과 그릇된 욕망으로 만들어진 파생상품이 어떻게 삶을 벼랑 끝으로 몰아가는지도 고통스럽게 느꼈다. 우리나라의 경우 외국에서 단기 외채를 빌려서 우리보다 더 가난한 나라에 장기 외채로 빌려준 뒤 세계금융위기에 봉착하자 외환 보유고가 바닥나서 국가부도사태를 겪었다. 우리나라의 실물경제 자체가 파탄 나서 생긴 국가부도사태가 아니었다. 그래서 시민들의 고통과 진통은 상상을 초월했고, 모두들 아는 것처럼 '금모으기 운동'으로 대표되는, 국민들의 단합된 힘으로 IMF 위기를 극복했다.

하지만 기술혁명의 시대에 등장한 잉여인간 현상은 조금 다르다. 이것은 '매일 일어나는' 현상이다. 그 일례로 우리 손에 들려 있는 스마트폰, 집집마다 구입한 사물 인터넷IoT 기능이 장착된 냉장고만 봐도 알 수 있다. 어떻게 알았는지 나의 취향을 귀신 같이 알아낸 홍보 광고가 스마트폰을 통해 전달된다. 그걸 믿고 기능성 냉장고를 구입한다. 그 후의 삶은 어떠한가? 너무 역설적이다. 편하고도 두렵다. 구입자의 취향을 고려해 새로 산 냉장고는 당장 부족한 것이 무엇이고 언제까지 취식이 가능하고 언제 어떤 식재료를 새로 사야 하는지 등을 시시각각 알려준다. 너무너무 편하고 고맙다. 나의 음식 취향까지 잘 아는 알고리즘이 장착된 탓이다. 그런데 왜 두려운가? 구입자의 음식 취향에만 그치지 않고 인간의 욕구와 감정, 심지어 욕망까지 알고리즘이 지배하기 때문이다. 이런 세상은 유토피아일까, 디스토피아일까? 알고리즘 자체로 인간의 심리적 현상까지 선별 후 제공하는 정보만 받는다면 우리는 알고리즘에 의해 조작된 정보의 홍수 속에 갇혀 사는 것이 아닐까?

AI가 모든 사물을 즉각적으로 보고 반응할 수 있다. 그러나 AI 자체가 자신이 지금 무엇을 보고 있는지 인식하거나 앞으로의 계획도 세울 수 있을까? 현재는 어느 곳에 머물러 있지만 그곳에서 다른 곳으로 이동하려는 욕망까지 AI가 읽어낼 수 있을까? 비가 오는 날, 날씨는 조금 쌀쌀하지만 장롱에서 꺼내 입으려던 외투를 입는 도중 다시 비가 멈춰 그 외투를 원래 있던 장롱 속에 차곡차곡 잘 넣는 것까지 AI가 맡아줄 수 있을까? 이를 명령하는 알고리즘이 우리가 해야 할 이런 하찮은 일들까지 할 수 있는 잠재력을 갖고 있다 하더라도 인간이 하는 것처럼 행동하지 못할 수 있다. 이는 AI 알고리즘의 한계일까, 인간지능의 독창성일까? 우리가 다뤄야 할 알고리즘의 한계를 제대로 알고 사용할 때 그 알고리즘은 휴먼 알고리즘으로서의 장점을 최대한 발휘하게 할 수 있다.

그런데 우리 인간은 세상 모든 것의 중심으로 자리 잡고 있다. 사람들은 코페르니쿠스 이전에는 태양이 우리가 사는 지구를 돌고 있다고 믿었다. 하지만 코페르니쿠스에 의해 이런 주장은 부정되었다. 앞선 주장의 명백한 오류가 밝혀지자 세상은 뒤집혔다. 거대한 패러다임의 전환이다. 그 후 엄청난 과학 혁명이 연달아 속출했다.

좋든 싫든 지능형 기계가 우리 앞에 나타났다. 바야흐로 인간지능HI을 포함해 자연지능NI까지 뛰어넘는 인공지능AI 시대가 도래했다. 이런 AI시대에서의 인간의 위치는 과연 어디쯤에 있을까? 여전히 인간이 세계의 중심에 서 있는 것일까? 인간종에게만 인권이 있고, 인간종이 아닌 비인간종에겐 권리가 없는 것일까? 우리 손으로 만든 AI에게 우리는 그 어떤 인권도 부여하면 안 되는 것일까?

학계에서도 논쟁이 뜨겁다. 다시 인간 중심 세상이 도래할 것이라는 주장에서부터 가까운 시기에 인간 중심의 세계관이 해체/재구성되고, 이를 입증할 제2의 코페르니쿠스 증명이 나올 것이라는 주장까지 AI를 둘러싼 논쟁이 백가쟁명을 이룬다. AI에 대한 호불호가 없진 않지만, 상반된 주장에도 AI에 대한 기본적인 인식 자체를 거부하는 분위기는 아니다. 앞으로 인류 미래가 AI를 완전히 백안시할 수는 없어서이다. 어쩌면 우리세대 내에 과학 혁명이 아닌 우주의 신비를 밝히는 우주 혁명이 일어날지도 모른다는 획기적인 주장까지 나오고 있다. 이 책의 핵심 사상은 바로 이와 연관된다.

AI에 관한 내용이 중심인 이 책은 계몽적이면서도 독자들의 불안감을 하나하나 짚어낸다. 인간을 위한 알고리즘으로 기계를 코딩하는 방법을 다룬 책이라기보다 우리의 미래 및 AI와 관련된 윤리, 역사, 인문학, 철학에 대한 정보를 전달하는 데 치중한다.

저자 플린 콜먼Flynn Coleman의 활동 무대는 굉장히 넓다. 작가이자 국제 인권 변호사, 연설가, 교수 그리고 사회 혁신가이다. 또한 유엔뿐 아니라 미국 연방 정부, 그리고 전 세계의 국제기업들과 인권 단체들과 함께 적지 않은 일을 해왔다. 특히 세계 시민권, 직업과 목적의 미래, 신흥 기술, 정치적 화해, 전쟁 범죄, 대량 학살, 인권 및 시민권, 인도주의적 문제, 사회적 영향을 위한 혁신과 디자인, 그리고 정의와 교육에 대한 접근성 개선 등에 대해 광범위하게 글을 발표할 정도로 열정적이고 학구적인 사회혁신가이다. 그런 점에서 콜먼이 알고리즘과 사이버 범죄, 개인 데이터 침해와 같은 위험에 관한 책을 출간하는 것은 어찌 보면 당연하다. 저자 자신이 이미 이런 침해와 위험이 우리 삶에 갈수록 깊이 진입하고 어느새 우리 삶의 일부가 되었다는 것을 앞서 인식한 결과이다. 책을 읽는 독자들은 인간이 개발한 최초의 도구에서 시작해서 기술의 역사를 제공하고, 기술이 어떻게 더 빨리 진화를 계속하는지를 낱낱이 묘파하는 콜먼의 이야기에 상당한 충격과 놀라운 감동을 동시에 받을 것이다.

콜먼은 휴먼 알고리즘을 '우리 자신의 철학적 중심, 우리의 개인적·집단적 정신, 우리 인류의 DNA, 우리의 양심'으로 정의한다. 콜먼의 이런 정의는 우리가 왜 과학을 인정해야 하고, 왜 기술적 공포에 맞서야 하며, 왜 현재와 미래의 인권과 시민권을 논하지 않으면 안 되고, 왜 우리의 다양한 인간성을 반영하는 지능형 기계를 만들 도덕적 용기를 갖추지 않으면 안 되는지를 널리 호소하기 위해서이다.

핵심은 개방적이고 강력한 공개 토론을 통해 다양하고 포괄적인 사유를 할 수 있는 사람들이 집단적으로 AI를 개발하게 하자는 데 있다. 왜냐하면 이런 개발 과정에는 AI 기술 전문가들뿐 아니라 다른 분야 사람들도 포함되어야 하는데, 콜먼이 보기에 현재로선 '토론에 관여하는 다양한 (그리고 아마도 반대 의견의) 관점을 지닌 인문주의자, 인권 옹호자, 사회과학자 등'이 극히 부족하기 때문이다. 우리가 AI 기술 중에서 중점을 두는 STEM 과학(Science), 기술(Technology), 공학(Engineering), 수학(Mathematics) 분야에서 다양성을 촉진하는 여성공학회Society of Women Engineers와 같은 조직을 지원하자는 콜먼의 예지는 기계와 함께 살아갈 수밖에 없는 우리에겐 금쪽같은 권고이다.

콜먼의 권고는 여기서 그치지 않는다. 자칫 지체했다가는 나중에 우리가 행한 일을 바로잡는 데 너무 늦을 수 있기 때문에 지금 당장 행동하지 않으면 안 된다고 한다. 시급하게 다루어야 할 이슈이기 때문에 콜먼은 개방적이고 계획적이며 협업적인 방식으로 AI에 접근하기 위한 국가 전략의 필요성을 역설하기도 한다. 개방된 계획이나 협업을 무시한 채 어느 비밀스러운 사일로silo에서 AI를 주야장천 개발만 한다면 우리는 결국 진정한 인간성을 반영한 세상과는 전혀 다른, 지금보다 한층 더 적대적인 세상을 만드는 지능형 기계 개발 위험에 처할 것이다. 콜먼은 "AI는 우리 인류에게 일어날 가장 좋은 일이지만 최악의 일일 수도 있다"라는 스티븐 호킹 박사의 말을 인용해서 소리 높여 경고한다.

콜먼은 또 다른 흥미로운 아이디어를 제시한다. 모든 의사들은 직업으로서의 소명감이 담긴 히포크라테스 선서를 한 후 생명을 다루는 숭고한 일에 나선다. 의사들은 국적, 인종, 귀천, 신분, 계층과 계급을 생명 자체보다 앞세우지 않는다. 히포크라테스 선서의 깊은 뜻은 여기에 있다. 콜먼은 AI 개발자들에게도 이와 유사한 선서의 필요성을 역설한다. 알고리즘과 신경망을 설계하고 만드는 사람들이나 머신러닝을 개발하는 일에 종사하는 사람들을 통제하는 법적 교리와 사회 규범을 확립하는 의무는 미래의 설계자인 우리들이 짊어져야 한다. 기술개발팀이 새로운 것을 공식화할 때 어떻게 행동할지를 선택하고, 인류에게 이익이 될 무언가를 구축하도록 이끌기 위해서는 윤리적 신념과 훈련 프로토콜을 채택하게끔 해야 한다.

이 책에서는 AI 존재의 권리, 사이버 전쟁, 냉전과 같은 AI 군비 경쟁의 가능성 등과 같은 매우 까다롭고 현실적인 주제를 다루고 있기도 한다. 이와 관련해 한 가지 중요한 시사점은 공격형 드론을 포함한 자율무기의 위험성과 자율무기 사용에 대한 시급한 국제 협약의 필요성이다.

한편, 저자가 조심스럽게 희망하는 부분에는 우리의 희망도 없지 않다. 기술은 탄력적이고 취약하지만 우리에게 수많은 호기심을 불러일으키기도 하고, 우리와 타인과의 연결 가능성을 창의적이고 다양하게 찾도록 한다는 점이다. 이로 인해 기술이 우리 존재 자체를 매우 다채롭게 드러내도록 할 것이며, 이러한 특성을 우리 미래에 코드화하고 우리가 집단적으로 그 빛을 향해 나아갈 기회로 제공한다고 일러준다. 지능형 기계 시대로의 여정은 이미 우리 앞에 펼쳐져 있다. 하지만 디지털 영혼을 구축하기 위한 우리의 노력 여하에 따라 그 길은 다차원적으로 열릴 수 있다. 미지의 세계로 숨겨진 프런티어와 마음먹기에 따라 열릴 수 있는 수많은 길에서 우리 스스로가 나아가야 할 길을 충분히 찾으리라 확신하며 콜먼은 이 책을 마무리한다.

이 책은 출간과 동시에 학계에서 상당한 호평을 받았다. 그중 몇 가지만 소개하면 다음과 같다.

"플린 콜먼은 컴퓨터와 우리의 미래에 대한 당신의 사고방식을 영원히 바꿀 것이다. 하지만 더 중요한 건, 그녀가 인류에 대한 당신의 생각을 바꿀 것이란 점이다."

세스 고딘Seth Godin, 《마케팅이다》의 저자

"점점 더 상호 연결되고 분열되는 세계 속에서, 인류는 우리의 현재와 미래의 문제들을 해결하기 위한 도덕적 리더십과 인격에 대한 중대한 필요성에 직면하고 있다. 《휴먼 알고리즘》은 우리에게 보다 공정하고 평등한 사회를 만들기 위해 우리 세계의 다음 주요 이해당사자인 AI를 위한 도덕적 틀을 개발하는 것이 왜 중요한지를 강력히 인식시키고 각성케 한다."

재클린 노보그라츠Jacqueline Novogratz

"생각하는 기계 시대는 더 이상 SF소설의 재료가 아니다. 그것은 우리의 현실이다. 눈을 떼지 못할 정도로 재미있고 움찔하게 읽히는 이 책에서 플린 콜먼은 '지능형 기계 시대'가 인간이라는 것이 무엇을 의미하는지 우리가 정의해 온 개념에 벅찬 도전과 씨름하길 촉구한다. 《휴먼 알고리즘》은 책 이상의 것이다. 이 책은 우리 시대를 위한 선언이다."

레자 아슬란Reza Aslan, 《인간화된 신》의 저자

"지금 우리에게 당장 필요한 것은 바로 이 책이다. 만약 우리가 AI에 공감과 연민의 가치를 불어넣지 못한다면 우리 인류에게는 눈앞에 놓인 끔찍한 가능성을 외면할 여유가 사라지게 된다. 우리는 기술 미개척의 영역을 새롭게 구축함에 따라 우리의 가장 깊은 가치를

의식적으로 보호하고 육성해야 할 필요성이 있다. 지금이 바로 그 때이고, 우리에게 그 방법을 제시한 것이 바로 이 책이다."

메리앤 윌리엄슨Marianne Williamson

"빼어난 문체로 쓴 《휴먼 알고리즘》에서 플린 콜먼은 동정심 있고 공감하는 AI가 가능한 세상의 본질을 포착해낸다. 이 책은 부모, 교육자, 그리고 더 나은 세상을 꿈꾸는 모든 사람들이라면 반드시 읽어야 할 책이다."

샤카 셍고르Shaka Senghor, 《Writing My Wrongs》의 저자

"AI는 무엇을 의미하고 어디로 가고 있으며 우리에게 어떤 영향을 미칠 것인가? 우리는 현재 가파르게 상승하고 있는 기술 곡선에 서 있고, 플린 콜먼은 미래를 향한 놀랍도록 기민하고 통찰력 있으며 신뢰할 수 있는 가이드가 되고 있다."

데이비드 이글먼David Eagleman, 《더 브레인》의 저자

이 책은 특히 AI 세계에 종사하는 사람들에게 강력 추천한다. AI는 우리가 알고 있는 세상을 파괴하기보다 오히려 풍부하게 할 수 있다는 확실성을 갖게 해야 한다. 이를 위해 우리가 무엇을 할 수 있을지를 깊이 인식하고, 그에 따라 우리가 사려 깊게 행동할 수 있도록 해야 한다. 저자가 길잡이로 제시하는 내용들은 책 곳곳에서 우리를 기다리고 있다. AI와 인류의 밝은 미래의 상관관계, 그리고 AI와 관련해 우리가 앞으로 어떤 준비를 해야 하는지에 관심이 있는 분들에게도 이 책을 적극 권한다.

우리 번역자는 AI의 등장과 더불어 역설적이게도 우리 자신에 대한 깊이 있는 반성과 통찰을 하게 하는 콜먼의 지적 사유와 깊은 공감, 울

림에 큰 충격을 받았다. 러시아-우크라이나 전쟁을 보면서 우리는 가장 소중한 것이 상실되는 것을 목격하기도 했다. 무차별적인 죽음을 야기하는 재래식 공격 무기와 '정확성'을 앞세워 전투의 합리성을 가장한 드론 공격! 한마디로 현대 전쟁의 양상은 최첨단 하이테크전으로 벌어지고 있다. 이 전쟁은 두 나라 간의 전쟁에서 그치는 것이 아니라 핵전쟁이나 제3차 세계대전으로 확산되는 것에 대한 큰 우려를 촉발하기도 했다. 첨단기술의 확산 속도에 죽음의 행렬이 가세한다면 '진실의 가치'를 우리는 어디서 찾아야 할까. 두 나라 간의 전쟁에서 지구촌이 깊게 고심해야 할 부분 중 하나는 사람의 생명이고, 다른 하나는 무엇이 진짜이고 무엇이 가짜인지를 명확히 구분해줄 진실truth의 사라짐이다. 그렇기에 지구촌 모두는 첨단무기에 부착된 AI와 알고리즘이 어떤 휴머니즘을 반영하고 있을지 심각하게 묻고 대안을 찾지 않으면 안 된다.

《휴먼 알고리즘》은 궁극적으로 우리가 누구인지를 다시 정의하게 하고, 지능형 기술이 우리 인류에게 미칠 영향이 무엇인지를 성찰하게 만든다. 지능형 기계의 설계와 도덕적 상상력, 인간의 공감과 균형 잡힌 판단을 강도 높게 호소하는 저자의 목소리는 한 인간 존재의 신념에 찬 호소일 뿐 아니라 인권을 중시하는 숙성된 양심의 소리이다. 특히, 작가이기도 한 콜먼은 자신의 각별한 주장을 작가적 기질을 발휘해 세계적인 작가들의 목소리를 통해서 이끌어내기도 한다. 콜먼이 호출하는 작가들은 조지 오웰, 블라디미르 나보코프, 월터 휘트먼, 파블로 네루다, 마가렛 애트우드, 카렌 암스트롱, 도나 해러웨이, 아룬다티 로이, 리베카 솔닛, 그리고 신화학자 조셉 캠벨 등이다. 이들 작가들 중엔 이미 고인이 된 분들도 있지만 지금도 한창 활발히 활동하는 작가들도 많다. 저자는 이 작가들이 실제 작품을 통해 설파하고 꿋꿋하게 지향하며 과감히 실천하고자 하는 바를 본보기로 보여준다.

휴먼 알고리즘에 투영된 저자의 지치지 않는 인간 사랑, 통합적 생태론 차원에서 추구해 온 인권과 생명 존중, 무엇보다 기술시대의 미래를 앞서 간파한 예지 가득한 책을 읽고 배우고 번역할 수 있는 기회를 갖게 해준 플린 콜먼 교수에게 각별한 감사를 드린다. 다시 변형된 코로나 바이러스가 나타나면 세상이 또 어떻게 바뀔지 알 수 없다. 다행히 지금은 서서히 마스크 착용 범위가 풀리는 중이지만, 오랫동안 우리 일상을 차단한 코로나 팬데믹 중에서도 이 책의 한국어판 출간을 기꺼이 허락해 준 도서출판 씨아이알의 김성배 대표님과 출판부 여러분께도 심심한 감사를 드린다. 우리가 사는 세상은 하루가 다르게 첨단과학기술의 눈부신 결과물을 쏟아내고 있다. 그런 한편 세계 경제시스템은 다시 신자유주의로 회귀하고 재난자본주의가 일상적 삶을 엄습하고 있다. 이런 모순된 상황을 예의 주시하며 지구촌을 휩쓴 지난 과거의 경험과 교훈을 가슴에 깊이 새기며, 우리 역자들도 편협하지 않은 지적 프리즘으로 우리가 함께 사는 이 세상이 기술적으로 어떻게 이루어지고 펼쳐지고 있는지를 탐색하는 데 지적 근육을 다지며 긴장의 끈을 놓치지 않겠다.

2022년 11월 25일

김동환 · 최영호

차 례

시작

우리의 멋진 신세계

시작
우리의 멋진 신세계

인공지능은 인류에게 가장 좋은 일일 수도 있지만 최악의 일일 수도 있다.

스티븐 호킹Stephen Hawking

지능형 기계 시대intelligent machine age가 도래한 지금, 우리는 성찰의 시점에 와 있다. 우리는 이미 과학과 삶의 모든 측면에서 깊은 영향을 미치고 있는 인공지능artificial intelligence; AI에 둘러싸여 있다. 우리는 인류 역사상 최초로 인간의 통제 없이 생각하고 진화할 수 있는 기계를 만들어내고 있다. 우리의 지적 우월성의 시대가 끝나가고 있는 것이다. 우리는 종으로서 이 패러다임 전환에 대비한 계획을 세울 필요가 있다. 이 지능형 기계가 우리 인간 본성의 가장 어두운 부분으로부터 배울지, 아니면 가장 고귀한 부분으로부터 배울지는 두고 봐야 한다. 오늘날 우리는 기술이 인류에게 영향을 미치고 우리의 미래를 규정하는 방법을 다루기보다 기술을 발전시키고 기술 발전의 결과를 예측하는 데 한층 집중하고 있다. 우리는 우리 자신과 세계 속의 우리 위치에 대한 가장 굳게 자리매김하고 있는 가정과 믿음의 일부를 재고할 필요가 있다. 역설적일지 모르나 오히려 기술이 우리에게 더 나은 인간이 되게끔 가르쳐줄 수 있는 것이 무엇인지도 캐물어볼 필요가 있다.

기술의 역사상 이런 갈림길은 우리에게 유기적·합성적 지능의 가치를 평가하도록 강요한다. 우리는 새로운 산업혁명으로 진입하는 것인가, 아니면 훨씬 더 심오한 어딘가로 돌진하는 것인가? 지금 지능형 기술을 개발하고 그 전개 방식에 인도주의적 이상을 중심축으로 삼는다면, 우리는 인류를 보존하고 발전시킬 기회를 갖는 셈이고, 어쩌면 이는 디스토피아적인 퇴보 대신에 비약적인 발전을 할 수도 있을지 모른다. 지능형 창조물과 우리가 완벽하게 통합될 수 있으리라 기대하는 것은 비현실적일 수 있지만, 더 나은 기계를 설계하는 우리로서는 우리가 더 나은 사람이 되기 위해 추구한 가치를 지탱할 수 있도록 부단히 노력해야 한다. 이 책은 우리가 창조한 기술과 우리의 관계가 인간성을 함양하게 된다는 것이 무엇을 의미하는지, 어떤 존재가 인류의 정의에 포함되는지를 다시 상상하는 데 어떤 도움을 주는지에 주목한다. 즉, 우리가 우리의 목적을 어떻게 계속 추구할 수 있는지, 그런 추구가 어떻게 우리의 가장 깊이 내재된 일부 신념에 도전할 수 있는지를 이 책은 다루고 있다.

종종 디지털 시대digital age로도 불리는 정보화 시대information age는 기술적으로 엄청난 효과를 거두었고 우리 인류에겐 많은 면에서 유익했다. 그러나 이런 시대 또한 지금은 끝나가고 있다. 새로운 시대로의 급속한 이행이 이루어지고 있다. 이 새로운 시대는 언젠가 경험 시대나 개념 시대, 슈퍼맨 시대 또는 어떤 다른 시대로 불릴 것이다. 여하튼 이 새로운 시대에 다음 기술 발전의 물결은 인간 발명가들에 의해서만 달성되는 것은 아닐 것이다. 그 물결은 예전에 경험한 그 어느 것보다 기하급수적으로 더욱 발전한 기계 세대와 인간이 협업함으로써 달성될 것이다. 그리고 이런 기술은 나노기술과 생명공학에서 우주 탐험과 로봇 아바타에까지 이를 것이다. 그리하여 인간 행동의 패턴을 뒤집을 것이고, 우리 자신은 물론이거니와 다른 사람, 심지어 기계를 바라보는 역학 자체를 바꿀 것이다.

지금의 우리는 전적으로 인간 주도적인 기술 발전의 최종 사이클 끝지점에서 살고 있다. 이제 인공지능은 다음 기술 시대와 우리의 미래를 정의하고 결정짓고 있다.

지능형 기계

초기의 기술 혁명 역시 원자 시대와 개신교 개혁과 같은 위기를 야기했지만, 역사적으로 볼 때 우리 인간에겐 변형적 신기술을 흡수하고 적응하며 우리 삶에 통합할 수 있는 시간이 적지 않았다. 그러나 지능형 기계가 세상에 풀어 놓고자 하는 변화를 받아들일 수 있는 수십 년의 호사를 이번에는 우리가 누리지 못한다.

우리는 컴퓨터와 기계에 불가역적으로 의존하게 되면서 기억을 덜 사용하고, 업무나 문제해결, 학습으로부터 인지적으로 부담을 훨씬 덜고 있다. 간단한 형태의 AI가 이미 곳곳에 존재하며 그 영향력을 주고 있다. 이는 시리Siri와의 대화에서부터 넷플릭스와 구글 탐색에까지 이른다. 게다가 넷플릭스와 구글의 독점 알고리즘은 다음에 볼 영화나 앞으로 추구할 직업을 추천하는 것에서부터 비디오 게임을 디자인하고 드론을 날리는 것에 이르기까지 거의 모든 것을 한다. 운전자가 없는 무인 자동차는 택시, 기차, 트럭으로까지 확장되고, 조종사가 없는 비행기 그리고 의약품과 폭탄을 투하하는 자율형 드론을 대량 생산할 것이다. 뿐만 아니라 체스 게임에서 이기고, 시를 쓰고, 사람들이 바흐의 곡이라고 믿는 음악까지 작곡 가능한 로봇은 이미 현실이 되었다.

미래학자 레이 커즈와일Ray Kurzweil(1948~)은 앞으로 30년 안에 기계 지능이 인간 지능과 이해력을 능가하는 '기술적 특이점technological singularity'에 도달할 것으로 예측한다.[1] 어떤 사람은 그런 시기가 훨씬 더 빨리 도래할 것이라 생각하는 반면, 논쟁적인 사람들 중에는 그런 일이 어쨌든 발생한다면 그것은 우리 미래 100년 후가 될 것이라 주장한다. 그 도래 시기에 대한 여러분의 입장과는 상관없이, 사실 이 기술은 엄청난 속도로 빠르게 발전하고 있다. 인공지능AI 알고리즘은 이미 우리 일상생활 곳곳에 널리 퍼져 있다.

우리들 중 다수는 AI 알고리즘이 이미 우리의 의사결정에 지대한 영향을 미치는지, 또는 현재 가상 세계에 부분적으로 어떻게 존재하는지에 대해 알면서도 일부러 모른 척하고 있다. 여러분의 삶 가운데서 얼마나 많은 부분을 온라인으로 송수신하는지를 생각해보라(평범한 미국인은 일주일에 평균 24시간을 웹을 통해 메시지를 보낸다[2]). 우리가 봇과 회사에 이미 넘긴 모든 데이터와 개인정보도 고려해 보자. 디지털 기기와 온라인 플랫폼은 어디든 존재한다. 우리는 우리의 기술에 대한 통제력을 잃고 있을 뿐 아니라 오히려 이를 통해 엄청난 악의적 사용 가능성을 만들어내고 있다. 우리의 사생활은 이미 위태로워졌다. 정보가 부족한 정치 지도자들은 과학 자체의 이해는커녕 기술 회사들을 규제하지도 못한다.[3] 그리고 문제의 복잡성은 알고리즘만으로는 해결할 수 없고, 이를 만든 사람들에 의해서만 해결될 수 있는 것도 아니다.

우리는 기계와 융합하고, 우리의 인지 능력이 기계의 인지 능력과 얼마나 많이 얽혀 있는지를 인식하지 못한 채 더 많은 의사결정을 기계에 위임하고 있다. 《실험심리학 저널Journal of Experimental Psychology》에 발표된 2015년 예일 대학의 연구는 "정보를 찾는 사람들은 접근하기 쉬운 지식과 자신의 개인적 지식을 융합하는 경향이 있다"[4]는 것을 보여줬다. 많은 경우 구글은 우리를 위해 상당량의 우리 '생각'을 대신하고 있고, 우리가 검색했던 것을 잠재의식적으로 우리의 실제 기억의 일부로 식별한다.[5] 넷플릭스를 검색하다가 여러분이 마지막으로 본 영화에 출연한 배우와 같은 배우가 나오는 영화를 선택했다는 사실을 접한 적 있는가? 과연 그때 여러분은 그 영화를 선택했다고 여기는가, 아니면 이 영화가 실제로 여러분을 선택했다고 여기는가? 물론, 이는 우연이 아니었다. 그 영화는 이미 여러분의 관람 이력에 기초해 미리 선택된 것이다. 왜 여러분의 페이스북 피드(공급 재료)가 기존 선호도나 관점과 이상하게도 같은 성질인 것처럼 보이는지도 마찬가지이다. 어떤 상품을 온라인에서 쇼핑하거나 검색했는데, 그 상품이 구글, 페이스북, 인스타그램 광고에 바로 뜨는 것을 본 적 있는가? 그때 그것을 다시 클릭해 봤는가? 그렇게 해서 그 상품을 구입했는가? 아니면 그것이 현실 세계의 실제 상점에서 여러분이 해당 품목을 구매하는 데 영향을 미쳤는가?

여러분이 어떤 신발을 구입할지 결정하든 어떤 친구를 '친구'로 사귈지를 결정하든 누구에게 투표할지를 결정하든 늘 알고리즘이 관여한다. 경찰이 인력 배치 방법을 결정할 때, 보험사가 보험료를 결정할 때, 누군가가 '출국금지' 리스트에 오를 때도 알고리즘이 관여한다.[6] 오늘날 알고리즘은 당신의 얼굴 이미지를 읽음으로써 놀라울 정도로 정확히(어쩌면 인간보다 더 잘) 당신의 성적 성향을 예측할 수 있다.[7] 우리에게 전혀 무해한 것처럼 보이는 구글 광고와 넷플릭스 추천 영화를 일별하는 동안, 우리는 기계 지능이 당신과 모든 성인이 매일 같이 결정하는 약 35,000개의 '원격적으로 의식적인' 결정에 얼마나 지배적인 영향을 미치고 있는지를 표명하는지 아는가?[8] 나는 물론 우리가 그렇지 않으리라 믿는다. 우리 손으로 선출한 지도자들도 마찬가지이다. 우리는 이 스마트 기술의 단기적인 영향과 결과에 아무런 준비가 되어 있지 않다. 그리고 이 책에서 강변하겠지만, 선의의 초보 '알고리즘 책임 운동'[9]에도 불구하고, 인간의 개입과는 무관하게 결론을 내리고 결정하고 있는 강력한 AI의 현실에 터무니없을 정도로 우리는 준비되어 있지 않다.

우리가 의도적으로 개입하지 않는다면, AI는 인간의 관심사를 존중하는 알고리즘을 개발하지 않을 것이다. 나는 우리가 과학을 인정하고, 기술적 공포에 맞서며, 현재와 미래의 인권과 시민권을 논하고, 우리의 다양한 인간성을 반영하는 지능형 기계를 만들 도덕적 용기를 갖추지 않으면 안 된다고 여러분을 설득시킬 것이다. AI는 우리가 과학에 접근하는 바로 그 방식 자체를 변화시키려 한다. AI의 성공적인 발전은 신경과학과 심리학에서 수학과 공학에 이르기까지 각종 기술들의 조합을 필요로 한다. 현대 컴퓨팅 파워는 수십 년 동안 AI의 발목을 잡았던 족쇄를 풀기 시작했다. 알고리즘 시계가 똑딱거리며 움직이고 있다. 오늘날 우리가 하는 일, 우리가 누구인지, 우리가 되는 것은 우리가 구축하는 AI에 고스란히 반영될 것이다.

> 단언컨대 인공지능의 가장 큰 위험은 사람들이 그것을 안다고 너무 일찍 서둘러 결론 내린 점이다.
>
> 앨리저 유드코프스키 | Eliezer Yudkowsky

수학자 굿I. J. Good(1916~2009)은 이렇게 말했다. "최초의 초지능형 기계는 인간이 가장 만들지 않아야 할 것 같은 발명품이다. 만약 그런 기계가 자신을 어떻게 통제해야 하는지를 우리 인간에게 알려줄 만큼 충분히 유순하다면 말이다."[10] 철학자 닉 보스트롬Nick Bostrom(1973~)은 AI 개발에 대해 "인간은 폭탄을 갖고 노는 철부지 아이들과 같다"고 덧붙인다.[11]

갈등, 정서, 열망, 심지어 악한 감정 등 인간의 상태를 감안하지 않고 기계가 우리의 미래를 선별하도록 내버려 둬야 한다고 생각하지 않도록, AI가 의도적인 윤리적 제약 없이 우리 자신의 편견에 따라 작동할 때 어떤 일이 일어나는지 많은 초기 사례 중 하나를 고려해 보라. 이것은 마치 트위터 챗봇이 불과 첫 24시간 만에 학습한 인종차별적 언어와 같다.[12] 페이스북은 부동산 광고주들에게 백인만을 대상으로 주택 광고를 하도록 했다.[13] 그리고 선거 결과에 영향을 준 세계적 함축성을 지닌 알고리즘도 사용되었다. 가령, 지난 2016년 미국 대통령선거 사이클(미국의 대통령이 임기 후반에 접어드는 3년차부터 주가가 상대적으로 활황을 나타내는 등 경기가 개선되는 경향을 일컫는 가설)은 소셜 미디어 봇에 의해 급속도로 퍼진 '가짜 뉴스'의 확산 때문에 중단된 적이 있다.[14] 진실 그 자체는 현재 사람들에 의해 통제되고 프로그램된 기계에 의해 위협받고 있다.

이 책에 등장하는 용어들을 간단히 정의하면, '기술'은 실용적 목적을 위한 과학적 지식의 적용과 이런 과학적 지식을 적용해 개발한 기계와 장비 모두를 뜻한다는 폭넓은 의미로 사용된다. 인공·기계·디지털·합성·가상 '지능', 즉 넓게 말해 AI는 '지능적 행동'이 가능한 로봇공학, 소프트웨어 및 컴퓨터를 일컫는다. 다만, 이 책 전반에 걸쳐 'AI'라는 용어를 사용하겠지만, 나는 종종 수많은 변이형에서 전개되는 특징적인 응용을 가리키는 용어로도 활용할 것이다.

모두가 동의하는 AI에 대한 획일적인 정의는 없다. 하지만 일반적으로 현재 사용 중인 우리 인간의 행동을 모방하기 위해 개발되는 '반응적' 기계는 '좁고' '약한' 형태의 AI로 알려져 있다. 이와는 대조적으로, '범용' AI는 스스로 배우고 생각할 수 있어서 적어도 이론적으로는 지능형 AI이다. 범용 인공지능artificial general intelligence; AGI, 즉 '강한 AI'는 '생각'할 수 있는 진정한 능력을 갖고 있고, 최소한 '제한된 기억'을 지니며, 대부분의 인간 작업을 수행할 수 있을 기계를 가리킨다. 인공 초지능artificial superintelligence; ASI은 자기를 인식하는 사색적 기술을 말하며, 일부 사람들은 '의식적 AI'라는 AI의 네 번째 범주가 있어야 한다고 제안했다.

알고리즘은 AI의 핵심이다. 지금의 컴퓨터 알고리즘은 지난 1950년대부터 존재해왔다. 그러나 고대 알고리즘은 이미 9세기경에 처음 등장했다. 종종 '대수학의 아버지'로 불리는 페르시아의 과학자이자 천문학자 겸 수학자였던 압둘라 무함마드 이븐 무사 알-콰리즈미Abdullah Muhammad ibn Musa al-Khwarizmi는 '알고리즘algorithm'이란 용어 창안에 간접적인 영향력을 행사한 사람이다. 그의 저서 중 12세기 라틴어로 번역된 책에서 그의 이름은 '알고리트미Algorithmi'로 기록되어 있다.[15]

아주 간략히 말해 알고리즘은 주어진 작업을 완료하기 위한 단계별 과정이다. 물론 알고리즘은 주로 수학이나 컴퓨터 공학과 관련 깊지만, 음식 조리법처럼 평범한 것도 일종의 알고리즘인 것이다.

그렇기에 알고리즘은 기계에게 무엇을 해야 하는지를 알려주는 컴퓨터 프로그램의 지침 또는 형식적 명령어의 집합이다. 따라서 AI 알고리즘을 통해 컴퓨터는 인간이 특별히 재프로그래밍을 하지 않아도 스스로 가르치며 자체적으로 학습할 수 있는 것이다. 이를 가리켜 머신러닝machine learning이라 한다. (가령, 교육 데이터에 기반하여) 기계가 학습할 때 새로운 교육을 통해 배운 내용을 반영하기 위해 내부 모델을 업데이트한다. 업데이트된 모델이 준비되면 이전에 볼 수 없었던 새로운 사례에 대한 질문의 답을 찾는 데 사용 가능하다. 과거 경험에서 AI가 학습할 수 있도록 하는 기계훈련 방식인 '강화 학습'을 통해 컴퓨터나 소프트웨어는 인간의 개입 없이도 주어진 맥락에서 자기 성능을 극대화하는 데 필요한 이상적인 행동을 자동으로 탐색할 수 있다. 그 결과 AI 기술은 '지능' 또는 최소한 생물학적 지능 시뮬레이션으로 행동하기 위해 기본적인 문제를 해결하는 쪽에서 결과로 나온 데이터로부터 학습하는 방향으로 급속히 발전하고 있다.

하지만 이러한 맥락에서 말하는 '지능'은 정확히 무엇을 의미하는가? AI는 사고를 하는가? 만약 무생물이 지능적이고 스스로 생각할 수 있다면, 이는 그 무생물이 지각, 기억, 판단, 추론 등의 인지 능력을 가질 수 있다는 뜻인가? 실제로 무언가를 알고 있는가, 아니면 단순히 데이터를 저장하거나 생성할 뿐인가? 감각성, 느낌, 기쁨과 분노 같은 감정, 그리고 생물이 공유하고 지능과 결부된 다른 경험들은 어떠한가? 한편에선 모든 유기체를 단순히 알고리즘이라고 가정한다. 이런 가정이 생명은 실제로 인위적인 수단으로 자연을 복제함으로써 설계될 수 있다는 뜻인가? 다른 한편에선 (우주를 포함한) 우리의 전체 존재가 단지 어떤 우주적 컴퓨터에서 실행되는 시뮬레이션일 뿐이라고 주장한다.[16] 제2장에서는 과학과 '지능'을 구성하는 것이 무엇인지에 대해 좀 더 자세히 알아볼까 한다.

AI를 둘러싼 논쟁적 질문 중 하나는 "실질적으로 진보한 지능형 기계가 의식적일 수 있을까?" 하는 것이다. 즉, 기계 스스로 자신의 존재를 인식할 수 있을까? 확장된 철학적 구분에서 우리의 의식은 일반적으로 뉴런이 상호 작용하는 순수한 물질적 과정으로 설명될 수 있다고 믿는 사람과 의식은 과학적 영역을 넘어서는 정의할 수 없는 성질을 갖고 있어서 더 많은 무엇인가가 있다고 주장하는 사람으로 나뉜다. 후자가 말하려는 그 무엇인가를 블라디미르 나보코프Vladimir Nabokov(1899~1977)는 '의식의 경이로움, 즉 비非존재의 한밤중에 햇빛이 내리쬐는 풍경 속에 열린 갑작스러운 창의 흔들림'으로 표현했다.[17] 인간을 비롯한 생물에게 있어서 의식적인 것이 어떤 의미인지에 대한 수수께끼는 매우 치열하게 논의되고 있기 때문에 그 해답을 알 수 있는지에 대해서조차 아직 일치된 의견이 없다. 제8장에서는 '의식'의 의미와 살아있다는 것이 어떤 의미인지, 그리고 고도로 발달된 AGI(범용 인공지능)가 의식적으로 바뀌는 법을 배울 수 있는지에 대해 논의할까 한다.

의식에 대한 능력과는 상관없이 인공적으로 지적인 실체는 무조건 권리를 가져야만 하는가? 게다가 만약 인공적으로 지적인 존재가 잠재적으로 권리나 인격을 갖고 있다면, 우리 인간에게 그런 존재를 특정한 방식으로 만들어낼 권리나 책임이 부여되어 있는가? 그것이 아니면, 그런 존재가 특정한 방식으로 발전하는 것을 막기 위해서인가? 도대체 누가 이런 질문에 대한 답을 결정하고, 누가 우리가 결정한 규칙을 시행하며, AI가 인간보다 더 강력해짐에 따라 답은 어떻게 바뀔 수 있다는 말인가? 이 책을 통해 우리는 토론에 대한 입장 표명의 한계를 설정하고, 우리가 맞이할 멋진 신세계에서 앞으로 나아갈 수 있는 몇몇 가능한 길을 살펴볼 것이다.

지금의 우리는 이런 물음을 비롯한 다른 중요한 질문을 던져야 할 때이다. 분명히 말해, 지금까지 AI에 집중해온 과학자와 이론가만이 아니라 AI 확산으로 인해 일상생활의 영향을 받을 수 있는 우리 모두 논의 대상에 포함시킬 필요가 있다. 프라이스워터하우스쿠퍼스PricewaterhouseCoopers는 2030년까지 AI가 전 세계 GDP에 15조 7,000억 달러를 추가할 것으로 예상하고 있고,[18] 모두 각자의 의제를 지닌 비교적 작고 선별적이며 은밀한 기업과 개인 그룹에 의해 그 기술을 개발 중이라고 한다.

나 또한 고유한 의제가 있다는 걸 부인하진 않겠다. 나의 의제는 AI 혁명의 가장 본질적인 측면을 조명하는 것이다. 지능형 기계가 모든 생물에 미칠 영향과 장차 이것이 우리 인류를 어떻게 변화시킬지가 나의 주된 관심 영역이다.

발명의 마지막 개척지

우리는 이미 다방면에서 인간보다 더 능력 있는 기술을 생산하고 있다. 그리고 인간보다 훨씬 빠른 속도로 데이터를 처리할 수 있는 최초의 비非인간 컴퓨터의 출현 이후 다양한 형태로 우리보다 더 똑똑한 전자 기계를 만들어 왔다. 그 이전까지 '컴퓨터'는 맨해튼 프로젝트(제2차 세계대전 중에 이루어진 미국의 원자폭탄제조계획)를 위해 핵분열을 실현시키는 것에서부터 NASA를 주축으로 우리 인간을 달에 보냈다가 다시 되돌아오게 하는 것에 이르기까지 모든 일을 행하고 각종 수치를 계산해냈던 매우 똑똑한 사람들(일반적으로 여성, 종종 흑인 여성)을 지칭했다.[19] 전자 컴퓨터는 인간의 숫자 처리 능력을 배가시키는 도구로 개발됨으로써 우리 인간이 더 빠르고 정확하게 계산할 수 있는 능력을 갖도록 했다. 이것은 우리가 창조하고, 만들고, 살아가는 방법을 극적으로 향상시켰다. 하지만 인공지능은 단순한 계산과 데이터 감별을 뛰어넘는 방식으로 우리를 능가하고 있다.

인간이 처음 지구 위를 걷기 시작할 때부터 우리는 우리 스스로를 돕는 기계를 만듦으로써 인류의 전진을 추진할 수 있는 방법을 모색했다. 〈이코노미스트〉에서는 스마트폰의 발명과 인쇄기의 출현을 동일시한다. 그 과도한 사용이 우울증 및 불안감과 강하게 연관된다는 것을 알면서도 우리는 지금 스마트폰과 분리하는 데 많은 곤란을 겪는다. 하지만 우리가 왜 스마트폰에 의존하게 되었는지는 쉽게 이해할 수 있다. 이러한 유비쿼터스 장치가 1960년대 NASA의 메인프레임(대형 컴퓨터)보다 훨씬 더 많은 컴퓨팅 성능을 갖고 있기 때문이다.[20]

휴대 전화와 개인용 컴퓨터를 채택한 이후 이것들이 우리의 행동을 변형시킨 방식을 우리가 수용하는 속도는 놀라울 정도로 빨랐다. 2020년까지 지구상의 모든 사람을 위한 4개의 컴퓨터 장치가 존재할 것이고,[21] 더 많은 중대한 변화가 대두될 것이다. 오늘날 우리는 신경과학, 나노기술, 그리고 우주 자체의 신비를 풀 수 있는 진보적인 기술 발전을 토대로 기존의 기술을 초월한 양자 도약을 하고자 한다. 그러나 대다수 사람들은 역사와 기술의 지각판이 우리의 발밑에서 이동하고 있는 동안 고개를 숙인 채 밝게 빛나는 화면을 응시하고 있다.

현재 설계 중인 지능형 기계는 스스로 추론하고 스스로 개선할 수 있는 능력을 갖고 있다.[22] 이것은 어쩌면 발명과 혁신의 마지막 개척지일 것이다. 왜냐하면 우리의 기계는 우리가 할 수 있는 것보다 더 잘 발명하고 혁신할 것이기 때문이다. 이 기계는 또한 인간의 통제 없이도 스스로 배우고 행동하게 될 텐데, 이는 어느 시점에서 우리가 탄생시켜서 자유롭게 풀어놓은 기술의 진로를 우리 스스로 수정할 능력을 잃게 될 수 있다는 것을 의미한다.

이미 AI를 만들어낸 우리 인간은 AI가 다음에는 무엇을 배우게 될지 알 수 없는 경우가 많다. 개발자는 가령 인간의 뇌와 신경계의 컴퓨터 시뮬레이션인 신경망을 사용하고 딥 러닝 알고리즘으로 그 신경망을 프로그래밍하는 등 일반적으로 AI를 구축하는 방법은 이해하지만, 그 시스템이 어떻게 작동하고 정보를 처리하는지는 현재까지 거의 알지 못하고 있다. 구글의 CEO에 따르면, 그들의 자동머신러닝 AI AutoML AI (그들은 이를 'AI 인셉션AI inception'이라 부른다)는 인간보다 AI를 더 잘 만들어낸다.[23]

AI가 어떻게 진화할지 모르는 불확실성은 너무도 자명한 골칫거리여서 EU(유럽연합)는 2018년 들어 지능형 컴퓨터 시스템이 결론을 얻는 방법과 관련해 그 시스템에게 응답 지령 신호를 보내도록 하는 법적 명령을 기업들이 준수해야 하는지를 두고 논의하기 시작했다. 알고리즘으로부터 어떻게 정답에 이르렀는지에 대해 정확한 답을 얻기란 사실 불가능할 수 있다. AI가 특정한 결정에 도달한 방법을 해체하려는 것은 마치 아인슈타인이 상대성 이론을 어떻게 전개했는지를 알기 위해 아인슈타인 뇌의 뉴런을 조사하는 것과 비슷할 수 있다.

만약 AI가 왜, 어떻게, 무엇을 하는지를 설명할 수 없다면, 우리가 AI와 동등한 파트너로 함께 일할 수 있는 방법이 있을까? AI를 믿어도 되는 것일까? AI는 완전히 편파적이지 않을 수 있을까? 우리는 스마트한 기술이 그 자체의 마음을 발달시킬 때 어떤 일이 일어날지 알지 못하며, 심지어 그것을 마음이라 부를 수 있을지 전혀 확신할 수 없다.

전설적인 고故 스티븐 호킹Stephen Hawking(1942~2018) 박사는 "AI를 만드는 데 성공하는 것은 인류 역사상 가장 큰 사건이 될 것이다. … 아쉽게도, 우리가 AI에 의해 야기되는 위험을 피하는 방법을 배우지 않는다면 그것은 또한 종말적인 사건이 될 수도 있다"라고 말했다.[24] 일론 머스크

Elon Musk(1971~)는 AI를 '우리의 가장 큰 실존적 위협'이라 불렀다.[25] 블라디미르 푸틴Vladimir Putin(1852~)은 "[AI]의 지도자가 되는 사람이 세계의 지배자가 될 것이다"라는 대담한 발언으로 여기에 도전장을 냈다.[26] 반면 로봇학자 로드니 브룩스Rodney Brooks(1954~) 같은 사람은 이 기술이 매우 다루기 쉬우며 최후의 심판일 시나리오는 부정확할 뿐만 아니라 무책임한 주장이라고 한다.[27] 기술 낙관적 관점을 대변하는 제프 베이조스Jeff Bezos(1964~)는 오늘날 우리는 AI '르네상스'와 '황금시대'에 진입하고 있다고 믿는다.[28]

구텐베르크의 인쇄기 발명에 힘입은 최초의 르네상스 시대는 인문주의humanism(인간의 존엄성과 가치를 인정하고 인간을 모든 것의 중심으로 생각하는 사조. 보통 14세기 중반 이후 이탈리아의 단테(A. Dante), 페트 라르카(F. Petrarca), 보카치오(G. Boccaccio) 등이 주장하기 시작하여 16세기까지 서구사상계를 풍미한 시대사조)의 확산과 "인간은 만물의 척도이다"[29]라는 프로타고라스의 생각을 이끌어냈다. 르네상스 시대는 인간 마음의 비범한 재능을 통해 모든 것이 가능하다는 견해를 널리 확산시켰다. 따라서 완전한 지능형 기계를 만들기 위한 탐구는 이상적이고 보편적인 인간uomo universale인 르네상스 인간, 무한한 잠재력을 지닌 우주의 중심에 있는 자의식적인 박학다식한 존재를 창조한다는 생각에서 역사적 선례를 지닌다. 미래에는 궁극적으로 인간 지식의 전체를 구체화하는 것은 우리 인간이 아닌 기계가 될 것이다.

기술이 제기하는 질문들이 얼마나 예리한지를 많은 관점들을 통해 강조되고 있지만, 다수의 경쟁적이고 정보에 입각한 목소리들이 있음에도 불구하고, 우리는 여전히 신흥 기술의 개발에 협력하는 다양한 그룹의 사람들을 충분히 보유하지 못한 상태이다. 궁극적으로 우리가 함께 노력하지 않고, 인간으로서 우리의 가장 높은 가치에 부합하는 미래를 보장하기 위해 최선을 다하지 않는다면, 앞으로의 미래는 우리에게 슬금슬금 다가와 우리의 세상을 더 적대적이고 불평등한 곳으로 만드는 보다 음흉한 위험이 도사리는 곳일 수 있다.

2016년 스탠퍼드 보고서는 "AI에 대한 명확한 정의도 없고(AI는 어떤 한 가지 사물이 아니다), 영역마다 위험과 고려사항이 너무 다르기 때문에 일반적인 'AI'를 규제하려는 시도는 잘못될 수 있다"고 결론지었다.[30] 이 말의 모호함이 시사하듯, AI는 논란의 여지없이 우리를 향해 접근하지만, AI가 제기하는 질문은 확실성보다 훨씬 더 많다. 우리는 아직 합성 지능synthetic intelligence(인간의 자연지능과 인공지능이 합쳐진 지능을 합성 지능이라고 한다)에 대한 보편적이면서도 완전한 정의도 확실히 내놓지 못했다. 심지어 그것을 소개하는 데 필요한 규정, 규칙, 코드, 가치, 그리고 법조차 만들어내지 못했다.

그렇다면 우리, 또 미래의 로봇 친구들은 어떤 권리를 가져야 할까? 우리의 개인정보와 정신적 사고를 공개하지 않을 권리? 우리의 성격을 우리가 갖고 태어난 그대로 유지할 권리? 새로운 신경 발달로 우리의 성격이나 뇌를 바꿀 수 있는 권리는 어떨까? 아니면 인지적 자유에 대한 권리처럼 우리가 원하는 대로 생각하고 행동할 자유? 이 책을 집필할 당시 AI 개발을 지배하는 국제 및 국내 규칙과 기준이 이제 막 다각도로 평가되기 시작했다. 기후변화 규약, 헌법 개정, 화학무기 및 핵무기 금지와 같은 선행 통치 수단이 AI 규칙과 조약 초안을 작성하는 데 도움이 될 수 있다. 그로 인해 기술과 윤리의 역사적 충돌에 대한 과거의 반응을 재검토하고, 실존적 위협으로부터 우리를 보호하기 위한 보편적 규칙을 채택할 때 우리의 성공과 실패 모두를 살피는 것도 도움 될 수 있다. 자명한 것은 이런 문제들이 매우 복잡하다는 점이다. 우리에겐 한층 더 폭넓은 대화와 포괄적인 이해 관계자들의 모임이 필요하다.

최근 AI와 로봇공학의 미래를 논의해온 영국 의회를 비롯해 이런 질문에 주목하기 시작한 기관들이 늘고 있다.[31] MEPMember of the European Parliament(유럽의회 의원) 메디 델보Mady Delvaux(1950~)가 이끄는 유럽의회 의원들은 로봇공학과 AI의 미래에 대한 규칙과 기관 관리를 요구해왔다.[32] 그러나 아직 관련 법률은 없고, 과학에 대한 정부 차원의 이해도 한심할 정도로 태부족이며, 종종 거의 비슷한 학력을 가진 백인 남성 과학자들로 이루어진 극소수의 엘리트만이 협상 테이블의 의석을 차지하고 있을 뿐이다. 이런 단절에 대해, 왜 이런 단절이 해로운지, 그리고 이런 협상을 통해 무엇을 할 수 있는지 등에 대해서는 제3장에서 자세히 짚어볼 생각이다. 다만, 이런 협상이 진행되더라도 토론에 관여하는 다양한 (그리고 아마도 반대 의견의) 관점을 지닌 인문주의자, 인권 옹호자, 사회과학자 등은 극히 부족한 실정이다.

포스트휴먼

> 당신이 당신보다 더 영리한 것을 만들고 있을 때, 그 첫 시도에서 그 것을 바로 잡지 않으면 안 된다.
>
> 앨리저 유드코프스키 | Eliezer Yudkowsky

과학과 기술의 획기적인 발전에도 불구하고, 그리고 발명과 발견을 가속시킨 수많은 사람들의 공유된 융합 지식에도 불구하고, 여전히 우리는 우리를 최악의 것으로부터 구해낼 수 있는 도구를 개발하지 못했다. 과학적 진보와 AI 연구의 수혜를 받고 있는 기술은 어떤 프로젝트로부터 자금을 지원받느냐에 따라 크게 달라지는데, 이런 지원은 본질적으로 편향되고 정치적인 과정일 수밖에 없다. 예를 들어, 의학 문제, 질병, 장애를 완화하기 위해 고도로 전문화된 기술이 개발되면, 그 기술은 유전 공학을 둘러싼 논란처럼 원래 의도했던 목적을 훨씬 넘어서는 방법으로도 사용될 수 있다. 기술은 정보와 지식이 널리 퍼지고 번성할 수 있게 하는 동시에, 아이디어의 보급을 조작하고 독점할 수 있는 이데올로그(실행력이 없는 이론가나 공론가)의 의제를 확대시켰다.

우리는 생명공학 발전과 관련하여 몇 가지 규칙을 제정할 수 있었지만, AI 전문가들은 광범위하고 고도로 발달된 디지털 지능이 장단기적으로는 우리 인류에게 어떤 의미를 갖는지에 대해서는 여전히 의견이 분분하다. 이론 천체물리학자인 마틴 리스Martin Rees(1942~) 경은 우리가 '무기질의 포스트휴먼 시대'에 임박했다고 믿는다.[33] 드론과 같이 인간을 죽일 수 있는 능력을 갖춘 자동화된 기술은 이미 우리 앞에 있고 광범위하게 사용되고 있다. 완전 자율 킬러로봇 개발이 눈앞에 도래했고, 한때 환상적인 영화 스토리의 주축이던 정보시스템에 대한 공격이 포함된 사이버 전쟁은 이제 보안에 대한 점점 커져가는 위협이 되었다.

우리가 합성 지능의 효과를 물씬 느끼기 시작한 또 다른 주요 분야는 우리의 직장이다. AI 로봇은 이미 전 세계 곳곳에서 부지런히 일하고 있다. 앞으로 노동력의 많은 부분이 로봇으로 대체될 것이다. 어떤 사람들은 미국에서만 약 38% 직업이 15년 안에 로봇으로 대체될 것으로 추정한다.[34] 이런 통계는 매우 충격적인데, 일의 미래와 자동화의 위협에 대해서는 제5장과 제7장에서 좀 더 자세히 알아보겠다.

매우 지능적인 사람들 중 몇몇은 AI의 범위와 그 함축에 대해 생각하고 있다. 하지만 우리는 아직도 머신러닝(기계의 학습 능력)과 우리가 지금껏 상상하지 못한 방식으로 기계가 더욱 우리처럼 될 수 있는 능력을 지닐 수 있다는 것을 혹시 과소평가하고 있는 것은 아닌가? 우리가 기계 안에 구축해야 할 근본적인 인간성은 간과한 채 그 기계의 기술에만 너무 편협하게 초점을 맞추고 있는 것은 아닐까? 과연, 우리 자신의 인간성은 어떠한가?

분명 당신은 우리가 왜 지금 이 모든 것에 대해 걱정해야 하는지 궁금할 것이다. 그 이유 중 하나는 기술이 어떻게 발전하고 확산될지를 예측하기가 매우 어렵기 때문이다. 일반적으로, 우리 인간은 그들 기계들 바로 앞에 설 때까지 미래의 모든 결과를 생각하지 않는 경향이 있다. 미래학자이자 엔지니어인 로이 아마라Roy Amara(1925~2007)가 고안한 아마라의 법칙Amara's Law은 우리가 기술의 영향을 단기적으로는 과대평가하지만 장기적으로는 과소평가한다는 인간의 성향을 제시했다(그것은 1990년대 후반의 닷컴 붐dot-com bust과 같다).[35] AI의 혁명적 영향과 관련하여, 이런 공리는 과급過給될 수 있다.

우리는 이미 많은 SF소설의 영역을 넘어섰다. 그래서 AI 학자 스튜어트 러셀Stuart Russell(1962~)과 같은 선도적인 사상가들은 AI가 유익하고 최고의 인간 가치와 적절하게 일치하도록 유지하는 것에 우리 인류의 생존이 달려있다고 주장한다.[36] 이는 진보하면서 학습할 뿐만 아니라 우리 삶에 내재된 불확실성을 명시적으로 인정하고 이해함으로써 우리가 세운 목표를 추구하면서 진로를 조정할 수 있는 능력을 갖춘 AI에 찬성한다는 주장이다. 즉, 우리는 프로그래밍된 경로에서 무모할 정도로 절대적인 AI를 만들어냄으로써 너무 쉽게 실수를 범할 수 있다. 이것은 AI가 단순한 목적이나 목표를 추구하기 위해 파괴적인 무언가를 할 수 있는 시나리오를 야기할 수 있다는 얘기이다.

이런 딜레마는 2003년 철학자 닉 보스트롬이 설명한, 이론적인 AI 로봇의 역할이 종이클립 생산을 극대화하는 '종이클립 로봇paper-clip robot'에서 잘 드러난다.[37] 만약 로봇의 목표가 가능한 한 많은 종이클립을 만드는 것이라면, 로봇은 처음에는 그렇게 하는 데 매우 생산적이고 효과적이지만, 점점 더 많은 종이클립을 만들기 위해 다른 물건을 종이클립으로 만들고자 결심하는 때가 온다. 이때는 더 많은 종이클립을 만들려는 목표에 방해되면 사물이든 사람이든 모두 제거하는 일이 벌어질 수도 있다.

모두가 이 특정한 시나리오가 가능하다고는 믿지 않겠지만, 요점은 믿느냐 안 믿느냐가 아니다. AI 연구원인 엘리저 유드코프스키Eliezer Yudkowsky(1979~)가 설명한 것처럼 "AI는 당신을 싫어하지도 사랑하지도 않지만, 당신은 AI가 무언가 다른 것에 사용할 수 있는 원자로 이루어져 있다." 우리는 종이클립이 이런 가상의 시나리오가 있기 전까지는 완전히 무해한 대상으로 가정할 수 있다. 이 시나리오는 우리에게 달리 생각하게 하고 상황이 항상 이렇지 않다는 것을 깨닫게 한다. 즉, 역사와 기술의 흐름이 필연적으로 우리가 예상하지 못하고 예측할 수 없는 방식으로 변할 것이라는 바로 그 시나리오이다. 인간은 본질적으로 종종 변화를 혐오하고 두려움에 직면하게 되면 문을 닫는다. 다가오는 기후 재앙 등 임박한 위험에도 불구하고, 우리는 불가피한 문제를 사전에 해결할 기회가 있을 때조차도 이런 문제와 분리시키려는 경우가 많다.[38] 우리가 눈앞에 있는 것을 직시하고, 우리가 진정으로 두려워하는 것이 무엇인지를 숙고하며, 상황을 더 좋게 만들려는 의지를 모을 용기를 찾는다면, 오늘날 주어진 그 과제가 아무리 헛수고인 것처럼 보일지라도, 우리는 지능형 기술의 도전에 맞설 수 있을 것이다. 우리는 과거를 평가하고 미래를 향해 함께 용감하게 나아갈 수 있는 것이다.

나는 사람들이 왜 새로운 아이디어를 두려워하는지 이해할 수 없다.
오히려 내겐 오래된 아이디어들이 무섭다.

존 케이지 John Cage

제4장에서 좀 더 자세히 설명하겠지만, AI는 철학과 윤리학 분야에서 가장 유명하고 논란의 여지가 있는 사고실험인 '트롤리 문제trolley problem(광차 문제)'에 전혀 새로운 층을 추가했다.[39] 많은 가상적 변이형 중 하나에서 광차鑛車가 10명의 사람을 향해 무서운 속도로 돌진 중이다. 당신은 그 광차를 다른 선로로 바꿀 수 있는 레버 근처에 서 있다. 그럴 경우 그 광차는 한 사람만 죽게 할 것이다. 당신은 손 놓고 있겠는가, 아니면 레버를 당기는가? 강력하고 자율적인 AI의 또 다른 형태인 운전자 없는 자율주행차가 이런 임박한 사고에 직면하여 비슷한 결정을 내려야 할 때, 그 자동차는 어떻게 해야 하는가?

이런 윤리적 난제는 기계가 어떻게 핵심적인 인간 신념과 일치하는 행동, 원리 및 가치를 통합하는지를 다루는 데 얼마나 중요한지를 보여준다. 구체적인 내용에는 동의하지 않더라도 이런 문제를 둘러싼 대화는 지속적으로 해야 할 가치가 있고, 오늘보다 내일이 더 낫기를 바라며, 우리의 행동과 결정이 우리 자신과 타인에게 영향을 미친다는 것에 동의한다면, 적어도 지금의 우리가 완전히 도달하진 못하더라도 우리가 지향하는 이상을 향해 나아가고 있는 것이다. 그 이상은 우리가 도달할 만큼 가까울 수 있고, 지금의 우리로서는 그 정도면 충분할지 모른다.

이제 곧 알겠지만, 이런 생각에서조차 수립해야 할 정의와 기준에서부터 어떤 가치가 가장 본질적이고 누가 이를 결정하는지의 문제에 이르기까지 여러 가지 즉각적인 문제를 제기한다. 그렇다면 우리가 우리의 윤리와 가치관까지 파악하고 조화시킬 수 있다는 가정하에 어떻게 하면 우리에게도 그렇고 기계에게도 이득이 될 수 있는 방식으로 미래의 기계와 효과적으로 우리의 윤리와 가치관을 공유할 수 있을까? 기술은 그 자체로는 분명 가치중립적이다. 기술은 행성 생명체를 소멸시킬 수도 있고, 인간 본성에 축포를 쏘아 올릴 새로운 기회를 줄 수도 있다.

가치의 비밀

어떤 가치나 원칙이 또 다른 가치나 원칙보다 더 중요한지 어떻게 결정하는가? 아니면 도덕규범은 본질적으로 통약 불가능한 것인가? 정치이론가이자 철학자인 이사야 벌린Isaiah Berlin(1909~1977)은 평등과 자유 같은 특정 가치들이 각기 동등한 타당성을 갖고 있어서 계획적으로 어떤 것이 더 중요한지를 가늠하는 해결책은 없다고 생각했다. 벌린은 도덕적 갈등을 '인간 삶에서 본질적이고 제거할 수 없는 요소'로 보았다.[40] 벌린 개인으로서는 가치의 충돌은 결코 해결될 수 없고, 인류의 비극도 그렇다고 봤다.

생각하는 기계는 우리에게 '가치 다원주의value pluralism(여러 가지의 다양한 가치를 동등하게 인정하는 관점)'를 심사숙고할 기회를 제공할 것이다. 여기서 AI는 인간의 가치가 작동하는 방식과는 다른 (어쩌면 타당한) 하나의 가치를 우선시해야 할 수 있다.[41] 우리 자신의 원칙을 부여하고 AI가 우리처럼 되도록 가르치려 해야 할까, 아니면 우리보다 영리한 AI의 의견을 따라 AI가 우리를 바로잡고 교육하게 해야 할까? 역사는 도덕에 대한 우리의 계산이 조정이 필요할지도 모른다는 것을 보여주었다. 우리 인간에게 정답은 단 하나도 없을지 모른다. 여기에 AI 가치 체계를 추가하면 우리의 선택 매트릭스는 더욱 복잡해질 것이다. 트롤리 딜레마는 선로를 유지함으로써 어른 10명을 죽이거나, 어른 10명을 구하기 위해 다른 선로로 방향을 바꿔 아이 1명을 죽일 수밖에 없는 결정에 직면할 때, AI가 과연 무엇을 결정할지를 생각해 보게 한다. 결코 아이를 해치지 않기 때문에 알고리즘은 틀렸다고 할 것인가, 아니면 AI가 거의 틀림없이 더 객관적인 데 반해 우리가 감성주의에 휘둘리기 때문에 인간의 견해가 틀렸다고 할 것인가?

무엇이 도덕, 원칙 및 가치를 구성하는가에 대한 경쟁적인 견해를 우리가 가질 수 있다는 것을 염두에 두고, 합성 지능과 양립되는 윤리적 틀을 설계하고 구현하는 것은 우리의 의무이다. 인간의 편견을 인정하지 않고, 우리의 서식지를 공유하는 모든 생명 형태를 존중하지 않고서는 인간과 기계 모두를 안내할 수 있는 알고리즘 헌장에 대한 도식은 구상될 수 없을 뿐 아니라 보편성에도 접근하지 못할 것이다.

> 인간은 스스로 어떤 사람인지를 직시할 때 비로소 더 나아진다.
>
> 안톤 체호프 Anton Chekhov

위대한 SF소설 《프랑켄슈타인Frankenstein》에서 메리 셸리Mary Shelley (1797~1851)는 어떻게 빅터 프랑켄슈타인 박사가 감각 능력을 갖춘 새로운 종류의 존재를 만드는 것이 가차 없는 지식 추구로 추진되었는지를 보여준다.[42] 프랑켄슈타인 박사는 자신의 연구에 의문을 갖거나 그 생명체에 특정한 핵심 가치나 인간성을 심어주기 위해 잠시 멈춘다기보다는 새로운 존재를 창조하고, 자신이 신처럼 되고자 하며, 비밀리에 그렇게 하려는 강박적 갈증을 품고 있었다. 과연 감정이입이 있었다면 그 괴물은 어떻게 달라졌을까?

윤리와 가치를 부호화하는 것은 가능할까? 만약 가능하다면, 우리는 그 윤리와 가치가 AI의 세대 전반에 걸쳐, 또는 심지어 하나의 AI의 수명 내에 어떻게 계속 지속되도록 보장할 수 있을지 알 수 없다. 우리는 훈련 시 이 부분을 수정하거나 근절하는 것을 막는 보호장치를 코딩에 넣을 수는 있지만, 아마 매우 어려울 것이다. 설령 할 수 있다고 하더라도 나는 AI가 훨씬 더 훌륭한 해커가 될 것이라 여긴다. 이 해커는 이런 보호장치와 지시 사항을 단기간에 무너뜨릴 것이다. 제2장에서는 지능 과학에 대해 알아보고 무엇이 가능한지를 살펴볼 예정이다.

> 미지의 세계를 위해 문을 열어둬라. 그것은 어둠 속으로 들어가는 문이다. 그 세계로부터 가장 중요한 것이 왔고, 당신 자신도 왔고 또 가게 될 곳이다.
>
> 리베카 솔닛 Rebecca Solnit

지능형 기계 시대Intelligent Machine Age로 가는 길에 우리는 어두운 고속도로를 거쳐 미지의 목적지로 여행할 것이다. 우리는 꿈을 꾸고, 적응하고, 계속 수행할 수 있는 우리의 능력을 요청할 것이다. 인류 역사를 샅샅이 뒤져 모든 형태의 지능에서 가치를 찾아낼 것이다. 우리는 스토리텔링의 마법과 우리의 상상력을 탐구할 것이다. 그리고 인권법도 살펴보고 장애인과 동물권리 운동가의 관점 등 다양한 관점도 주목하면서, 어떻게 지식을 전달하는지를 숙고해보고, 서로를 대하는 기준도 세울 것이다. 이 부분에 대해서는 제9장에서 더 자세히 알아보겠다.

합성 지능을 어떻게 설계할 것인지 선택하는 것은 우리의 권리, 자유, 미래를 보호하는 열쇠이다. AI는 단지 일부만이 아니라 모두를 위해 삶을 좀 더 평화롭고, 더 포용적이며, 더 정의롭게 만들 수 있다. 제6장에서 보겠지만 보다 인간적인 기술을 구축하는 작업은 우리의 목적을 숙고하고 가치를 실생활에 실현시킬 수 있는 기회를 줄 것이다. 우리의 열망과 희망을 기계에 전달하기 위해서는 무엇보다 먼저 우리 자신의 열망과 희망을 직시해야 한다.

AI는 디지털로 확정되기 전에 코스를 설계할 수 있는 거울이자 어쩌면 가장 좋은 기회이자 마지막 기회이다. 지금의 우리로선 진화하는 인간 체질의 청사진, 그 길을 밝힐 수 있는 길잡이로서의 역할은 미래 세대에게 맡긴다. 이제부터 알고리즘 토끼굴로 들어가 보자.

자, 시작해 볼까.

01

불에서 방화벽까지

간략한 기술 역사

제1장

불에서 방화벽까지

간략한 기술 역사

2000년 전 1세기경 로마 알렉산드리아에는 일명 '헤로Hero'로 알려진 헤론 알렉산드리누스Heron Alexandrinus가 살았다. 그는 수학자이자 공학자였다.

그 당시 전해지는 몇 안 되는 아랍어 필사본 중 하나가 《알렉산드리아 영웅의 공기역학The Pneumatics of Hero of Alexandria》이다.[1] 이 필사본은 간단한 방사형 증기 터빈을 만들기 위해 제작된 헤로의 디자인을 상세히 소개한다. 일단 난방 파이프부터 구상한 헤론은 증기로 엔진을 들어 올려 회전시켜서 염력捻力이란 회전력을 끌어냈고, 이를 다시 도시의 신전을 수호하는 육중한 문을 움직이는 동력으로 공급했다.

자판기와 독립형 분수대까지 발명한 헤론은 당시 그렇고 그런 땜장이였다.[2] 그의 발명 중 하나가 1698년 영국의 발명가 토머스 세이버리Thomas Savery(1650?~1715)의 '에오리아의 공Aeolipile(기력솥)'과 관련된다. 즉, '헤로의 엔진'이 한층 더 개발되기 약 1600년 전에 고대 그리스인들이 가졌던 고급 수학과 기계에 대한 기량이 어떠한지를 이로써 이해할 수 있었다. 헤로의 엔진은 결국 제임스 와트James Watt(1736~1819)에 의해 광범위하게 제조되고 마케팅되었다.[3] 바로 이 발명품 덕분에 공장은 더 이상 강가에 세워지지 않아도 되었다(공장은 수력발전용 강이 필요했기 때문이다). 이런 새로운 산업의 이동성과 유연성, 그리고 증기 동력의 부가적인 이점들은 훗날 생산, 운송, 탐사에 엄청난 영향을 끼쳤다.

▌ 에오리아의 공
물그릇 속에 담긴 물을 끓이면 파이프를 타고 올라가 분출되는 증기에 의해 회전하는 구형 장치
그림 : 옮긴이 추가

증기기관은 오늘날 산업혁명의 가장 중요한 발명품으로 간주되고 있다. 한 세대의 집단 지식으로 소리 없이 흐르던 도미노 효과가 시간이 갈수록 점점 더 뚜렷해지듯이, 헤로의 이야기는 인류의 가장 중요한 기술적 업적들이 단기간이 아니라 오랜 기간에 걸쳐 일어났다는 사실을 상기시킨다. 어떤 사람들은 자체 무게를 이용해 자기 스스로 무대를 가로질러 장치를 움직이는 말뚝, 밧줄, 차축의 체계인 헤로의 또 다른 발명품을 인류 최초의 프로그래밍 가능한 로봇으로 봐야 한다고까지

제안한다.[4] 이것은 호기심 많고 창의적이며 박학다식한 헤로라는 한 존재가 오늘날 우리에게까지 어떤 영향을 미치고 있는지를 보여주는 또 다른 증거인 것이다.

> 과학과 기술은 우리 삶의 혁명을 일으키지만, 기억, 전통, 신화는 우리 삶의 구조적 변화와 행동을 잉태시킨다.
>
> 아서 슐레신저 Arthur Schlesinger

인간은 인간 자신의 역사에 대한 관점을 얻을 수 있을 정도로 오래 살지는 못한다. 그러나 가장 최근에 등장한 기술이 어떤 여정을 거쳐 지금에 이르렀는지를 천착함으로써 더 넓은 시야로 우리의 지난 과거를 되짚어보고 우리 스스로를 채찍질할 필요가 있다. 즉 우리가 어디로 가는지를 이해하기 위해서는 우리가 왔던 길을 돌아볼 필요가 있고, 우리가 누군지를 알기 위해서는 우리가 누구였는지를 알아야 할 필요가 있다.

오늘날 사람들이 기술에 대해 말할 때면 디지털 영역의 멋진 기계와 발명품을 떠올리는 경향이 있다. 하지만 기술은 우리가 늘 혁신하고 문제를 해결할 수 있게 해주는 모든 도구를 뜻한다. 불도 기술이고, 언어도 기술이다. 새와 영장류 등 다른 종들도 생존 목적으로 복잡하고 독창적인 기술을 실용적이며 효과적으로 사용한다. 그런데 우리 인간은 시간이 지날수록 자기 외 다른 사람들을 위해 서로의 의사소통을 기록하고 고층 빌딩, 다리, 컴퓨터를 만들 수 있을 정도로 크고 이질적인 숫자로 협력 가능한 명확하고도 독창적인 능력을 갖고 있다. 기술, 그중에서도 정보 기술(시스템, 인프라, 네트워크, 장치 또는 정보를 생성·

저장·교환하는 수단)의 경우는 조작되거나 통제되지 않을 때 비로소 사람들에게 행위성, 접근 및 기회를 제공하게 된다.

지식의 창조와 보급, 기계와 정보 기술의 진화는 앞으로도 끊임없이 우리의 삶에 극적인 영향을 미칠 것이다. 과거 우리가 기술 개발에 어떻게 반응하고 대응했는지를 살펴보면 우리의 미래가 무엇을 간직할 것인지를 예측하는 데 도움이 된다. 인간이 도구와 기술을 발명 후 처음 사용했을 때부터 그 이후 우리와의 상호 작용 관계가 어떻게 진화했는지를 추적해보자. 우리 손으로 만든 도구는 우리가 누구인지, 무엇을 믿는지, 어떤 것을 소중히 여기고 어디를 향해 가는지에 대해 우리에게 무엇을 들려주고 있는가?

초기 기술

역사는 방대한 조기 경보 시스템이다.

노먼 커즌스 Norman Cousins

정보 기술은 우리 인간이 지구를 살아온 만큼 오래되었다. 기계 이전 시대Pre-Mechanical Age(기원전 3000년~기원후 1450년)는 문자 언어의 초창기인 우리가 주변 세상을 정의하기 위해 단어를 발명하고 배우면서 처음 출현했다.[5] 또한 그림문자와 암각화를 사용하여 지금도 여전히 그 의미가 추측되고 있는 신비한 동굴벽화와 조각물을 동굴 벽에 새기기 시작했다.[6] 이런 동굴벽화와 조각물이 다른 존재들에게도 말을 걸었을까? 영적 의식儀式의 일부였을까? 이들 제작은 몇 명의 예술가들이 맡았을까, 아니면 수많은 예술가들이 맡았을까? 그들은 서로에게 무슨 말을 나눴을까? 신에게? 미래 세대에게? 그들 스스로에게? 어쩌면 그들 자신이 그리고 조각하는 바위에 말을 걸었을 수도 있다. 베르너 헤어조크Werner Herzog(1942~)는 3만 2천 년 전에 만들어진 것으로 추정되는, 가장 오래된 선사인의 이미지를 묘사한 〈잊혀진 꿈의 동굴Cave of Forgotten Dreams〉에서 다음과 같은 의문을 제기한 바 있다. "동굴의 출입이 금지된 후미진 곳에 남아 있는 늑대의 발자국 옆에는 8살 소년의 발자국이 있다. 배고픈 늑대가 그 소년에게 살그머니 접근했을까? 아니면 그들 서로가 친구로서 함께 걸었던 것일까? 그게 아니면 이들의 흔적은 수천 년의 간격을 두고 만들어진 것일까? 우리는 결코 알 수 없는 일이다."[7]

기원전 4세기 말 메소포타미아(지금의 이라크와 이란, 시리아, 터키의 일부)에 살았던 수메르인들은 설형문자 점토판에 표식을 남기기 위해 첨필尖筆을 사용한 문자 체계를 만들었다.[8] 기원전 1만 1천 년 정도 앞서 페니키아인들은 고대 이집트인들이 사용하던 단어 형태의 양식화된 그림인 이집트 상형문자에서 유래한 가장 오래된 알파벳인 탁월한 문자를 고안해냈다.[9]

다른 사람들과 소통하는 방법을 개발하기 전에는 서로의 지식을 전달하고 그것을 인간 관념의 집단 용광로에 추가할 방법이 없었다. 눈짓, 몸짓, 그리고 입말을 쓰기 시작했을 때부터 수천 년 동안 통상적으로 생전에 상호 작용할 수 있는 유일한 인간 존재인 우리는 물리적으로 가까이 있는 사람들하고만 의사소통을 할 수밖에 없었다.

문자가 등장하자 우리는 구술 역사를 뛰어 넘어 예전과는 전혀 다르게 지식을 전달하고 전파하기 시작했다.[10] 그 여파는 결국 정보의 대량 유통과 민주화로 이어졌다. 이런 지식의 보급으로 사람들은 시간과 공간을 넘나들며 인류 문명의 결합된 지적 추구와 승전고를 올릴 수 있게 되었고, 마침내 언어와 지형의 장벽을 허물 도구와 기술을 집단적으로 구축할 수 있었다. 정보와 지식의 흐름을 발전시킨 발명품으로 다른 발명품을 확산시킬 수 있었던 것이다.

인구가 증가함에 따라 인간은 더 큰 공동체 안에서의 협력 방안을 찾지 않으면 안 되었다. 그러자 공동체는 서로 상호 작용하기 위한 계약과 규칙을 포함한 좀 더 발전된 사회질서의 감각을 발전시키기 시작했다.[11] 예를 들어, 관개처럼 기본적인 기술은 인류 문명에 있어 현대적인 개념을 창조하는 데 필수적이었다. 관개는 농부들에게 잉여 농사를 지을 능력을 가져다주었고, 따로 식량을 모으는 것 외에도 더 많은 활동(예를 들어, 기도하고 예술을 만드는 시간)이 가능한 시간도 대거 제공했다. 하지만 관개는 엘리트들의 손에 잉여 농산물을 통합시킨 대량 생산을 위한 동력을 제공함으로써 관리자들에게 사회 자본의 실질적인 재조직을 운영할 수 있는 통제력을 부여했다.[12]

이런 사회 체제는 전 세계의 수많은 문화권에서 독립적으로 진화했고, 수천 년 동안 대부분의 사회는 다른 사람들과의 직접적인 접촉 없이 운영되었다. 그러나 서로간의 연결, 무역, 통신의 통로가 열리고 문명이 확산되면서 바뀌기 시작했다. 약 1만~1만 2천년 전에 생겨난 농업혁명은 인류 부족들을 전례 없는 방법으로 서로 연결시켰다. 농업혁명은 인간의 건강을 상당히 향상시켰고, 인구수를 극적으로 증가시켜 땅은 같은 규모라도 여기서 거둔 수확으로 더 큰 집단을 지원할 수 있도록 함으로써 인간을 수렵채집인에서 농부로 탈바꿈시켰다.[13] 일부 연구자들은 이런 변화가 실제로 인간의 건강과 전체적 진보에 부정적인 영향을 미쳤다고 주장하기도 한다. 구강 건강이 약해지고, 질병은 가까운 곳에 사는 더 많은 사람들로 인해 더 빨리 퍼졌기 때문이다.[14] 사람들의 여가 시간은 점점 더 축소되었고, 더 많은 부를 얻을수록 과도한 소비를 촉진시켰다.[15] 제러드 다이아몬드Jared Diamond(1937~)는 유라시아 문명의 기량이 어떤 형태의 뛰어난 지능에서 온 것이 아니라, 환경적·지형적 장점과 기회에서부터 생물적·정치적 장점과 기회에 이르기까지 일련의 장점과 기회에 대한 자본화에서 나온 것이라고 주장한다.[16] 그 어느 때보다도 진보하고 싶은 인간의 뿌리 깊은 갈망과 기술의 궤적이 유익하다는 일반적인 인상에도 불구하고,[17] 진보는 종종 인간의 자유, 행복, 그리고 복지에 복잡한 방식으로 영향을 미치면서 혼합된 결과를 초래한다.

수학의 언어는 이집트인들이 기수법記數法을 상상했을 때 처음 공식화되었다. 그리고 기원후 6세기부터 7세기 사이에 힌두교도들이 오늘날 우리가 사용하는 숫자의 조상인 아홉 자리 수의 기준틀을 만들었다.[18] 오늘날의 0에 대한 첫 번째 증거는 약 5000년 전 메소포타미아의 수메르 문화에서 나왔다.[19] 정보를 수학적으로 처리하기 위한 최초의 빅 테크big tech 응용 중 하나는 주판이었다. 기수법의 발명은 무역, 상업, 잘 알려진 세계 지도 제작, 그리고 결정적으로는 이 정보의 공유를 위한 수학적 계산의 확장을 가능하게 만들었다.[20]

수학적 지식과 도구는 결국 인류를 17세기 과학혁명으로 이끌었으며, 그때 수학과 과학이 번성하여 유럽 전역에 빠르게 퍼져나가면서 과학적 방법과 자연계에서의 우리 위치를 보는 관점을 바꿨다. 코페르니쿠스에서 갈릴레오, 뉴턴에 이르기까지 지구가 우주의 중심이 아니라는 사실을 발견하는 등 급진적 사상은 전통적 사고의 근간을 뒤흔들었다. 글쓰기와 마찬가지로 수학 역시 전 세계 곳곳에서 널리 교육되기 시작했다.[21]

기계 시대

인간이 발명한 기계들 중 가장 기술적이며 효율적인 것은 책이다.

노스롭 프라이 | Northrop Frye

기계 시대Mechanical Age는 요하네스 구텐베르크Johannes Gutenberg(1397~1468)가 유럽[22]에 인쇄기와 가동 활자(낱낱으로 독립된 활자)[23]를 소개한 1450년에 시작되었다. 이 중차대한 사건은 혁신적으로 정보를 확산하고 민주화시켰으며, 광범위한 사람들을 대규모로 빠르게 정보를 교환할 수 있는 매스커뮤니케이션의 시대를 이끌었다. 이는 대중에게 교육의 기회를 열어줬고, 이른바 오늘날 지식 기반 경제를 태동시켰다. 손으로 직접 만든 책으로부터 인쇄된 책으로의 전환과 함께, 새롭고 혁명적인 생각, 종교, 정치, 경제에 대한 수많은 해석이 포함된 정보는 마침내 전 세계로 널리 퍼질 수 있게 되었다.

1517년 독일인 교수이자 작곡가, 수도자였던 마르틴 루터Martin Luther(1483~1546)는 무엇보다 죄에 대한 처벌을 줄여줄 면죄부 판매나 사랑하는 사람들을 연옥으로부터 탈출할 수 있는 부유한 교회 신자의 능력을 신성시하는 것 등 로마 가톨릭 교회의 가르침에 항의하고 싶었다.[24] 그는 처음에는 교회 내에서의 학술적 토론을 할 목적으로 '95개 논제'를 인쇄하여 대중에게 공개했다. 그의 엄청난 인기는 폭주하는 판매량에 편승하여 언론을 계속 활용하던 인쇄업자들에게는 기업적 혜택이었다. 16세기 마르틴 루터의 선언은 입소문으로 크게 고조되었다.[25]

인쇄기가 나오기 이전, 마르틴 루터는 그날 모인 사람들에게만 설교할 수 있었고, 그의 글은 그와 다른 사람들이 손으로 쓸 수 있는 사본 수에 한정되었다. 하지만 인쇄 기술과 더불어 최초의 팸플릿 전쟁이 시작되자 교회 내부의 분열이 촉발되고 유럽인들의 영혼과 지갑을 독점하던 교회 및 정치 패러다임에는 충격이 가해졌다. 로마 교회 지도자들은 루터를 붙잡아 종교재판에 넘기려 했다. 만약 그랬다면 그는 의심할 여지없이 화형 당했을 것이다. 그것은 이단에 대한 처벌이었기 때문이다.[26] 하지만 잠적하는 바람에 그는 당대의 가장 유명한 설교자가 되었다. 루터 글의 확산은 나중에 그가 반유대주의자가 된 탓에 모두 긍정적일 수는 없었다. 수 세기가 지난 후 나치는 루터의 말을 자신들의 반유대주의 선전에 활용했다.[27]

루터는 의도치 않게 대중 운동을 일으켰다. 그가 쓴 글은 그 당시뿐 아니라 미래의 수백만 명의 사람들에게까지 영향을 주는 방법으로 바뀌었다. 이는 새로운 정보 기술 패러다임이 어떻게 전 세계로 확산되어 문화, 사상, 사회 분야에 예상치 않은 혁명으로 변모할 수 있는지를 보여준 많은 사례 중 첫 번째 사례일 것이다.

> 기술은 인구를 폭증시켰다. 인구 증가는 이제 기술을 필수불가결하게 만들었다.
>
> 조셉 우드 크루치 Joseph Wood Krutch

개신교 종교개혁은 르네상스 시대의 문해력을 높인 문화적 재탄생, 고전 학습의 재발견, 고대 그리스 양식의 과학적 탐구정신의 회복을 선도했다. 이제 프랑스 소녀가 학교 교육용 교과서를 구할 수 있었고, 젊은 레오나르도 다빈치가 모국어인 이탈리아어로 기술된 광학에서 기하학에 이르는 주제 관련 책을 접할 수 있었으며,[28] 작은 마을 스트랫퍼드어폰에이번Stratford-upon-Avon에서는 어린 윌리엄 셰익스피어가 그리스어와 라틴 고전을 읽을 수 있었다.[29] 지식을 마음대로 습득하고 지적 삶을 활기차게 영위할 수 있는 입장권을 지닌 사람들의 범위가 확대되었다.

역사상 이 시기의 '컴퓨터'라는 단어는 무엇인가를 계산하는 사람을 가리켰고,[30] 20세기 중반까지 계속 이런 관련된 일을 하는 사람들을 지칭하는 용어로 사용되었다.[31] 안티키테라 메커니즘Antikythera mechanism(그리스에서 만들어진 고대 컴퓨터)과 같은 고대의 기계 장치는 점성술과 달력용으로 사용되는 아날로그 컴퓨터였다.[32] 14세기에는 태양, 달, 주요 행성, 별자리의 상대적 위치를 파악하는 천문 시계 같은 기구가 등장했다.[33] 지도와 천체 항해에서부터 나침반과 아스트롤라베에 이르기까지 지도 제작과 천문학의 발전은 발견의 시대Age of Discovery(또는 탐험의 시대Age of Exploration)의 가장 첫 시도인 주요 해상 탐험에 인간과 함께 했다. 이는 18세기까지 지속되어 지도에 표시되어 있지 않은 미지의(하지만 사람이 살지 않는 것은 아닌) 땅을 식민지로 삼으려는 것에 관한 지식과 특별한 관심을 전 세계에 확산시켰다.

산업혁명이 본격적으로 시작된 것은 18세기 중반이었다. 세이버리와 와트의 초기 증기 엔진 개발은 혁명을 가속화하는 데 도움을 주었다. 이 혁명은 영국에서 시작된 이후 미국과 전 세계로 확산되면서 전례 없는 폭발적 정보 수요를 야기했다.

1787년 미국의 신대륙에서는 한 무리의 남성들이 연방주의자 논고 Federalist Papers 시리즈를 작성한 뒤 세 곳의 뉴욕 신문사에서 발행함으로써 최초의 미국 헌법에 대한 자신들의 생각을 홍보하느라 분주했다.[34] 이들의 인기는 결국 제본된 책의 출판을 요구했고, 미국에서 이념적이고 당파적인 뉴스 매체를 대대적으로 소통하는 시대가 뿌리를 내렸다.[35]

바다 건너 프랑스에서는 1789년 프랑스 혁명이 일어나 프랑스 공화국이 수립되었다. 그 과정에서 민족주의에서 사회주의, 세속주의에 이르기까지 근대 이데올로기에 대한 정치적 로드맵도 만들어냈다.[36] 대중 정보 공포의 급증은 기존의 정치 및 사회 구조를 무너뜨리는 데 도움을 준 여러 요인들 중 하나였다.[37] 프랑스 혁명 이전에는 왕실의 허가를 받은 서류만 합법적으로 배포될 수 있었다.[38] 하지만 뉴스에 대한 탐욕스러운 요구에 힘입어, 이 당시 수천 개의 새로운 정기 간행물과 팸플릿이 등장함으로써 사람들은 넓은 사회 구조 내에서 자신들의 이야기를 창조하고 이해할 수 있게 되었다.[39]

이 출판물을 큰소리로 읽고 손에서 손으로 돌려가며 보는 것은 시민들이 자신들의 상황을 이해하고 세상에서 자신들의 위치를 더 잘 알도록 해주었고, 이런 경험을 격동의 변화와 불확실성의 시기에 공유하는 데 도움이 되었다.[40] 정부 행정관과 자코뱅 클럽에서부터 군 장성들과 헌법 단체들에 이르기까지 각자 자신들의 신문을 창간하는 많은 사람들과 조직은 정보를 퍼뜨리고 상업화할 뿐만 아니라 여론을 형성하고 자기 입장의 중요성을 증폭시키는, 이 새로운 방법의 유혹적인 힘을 과시했다.[41] 이러한 아이디어는 그들의 지혜가 아니라 마케팅과 대량 생산 능력을 토대로 빠르게 복제되기 시작했다.[42]

인류 역사상 가장 중요한 사건 중 하나이자 현대 민주주의 탄생의 초석이 되는 프랑스 혁명은 사람들이 자신과 세계에서 자기 위치에 대해 생각하는 방식을 돌이킬 수 없도록 바꿔 놓았다. 군주정치, 귀족정치, 종교 기관이 권력은 예전처럼 유지했지만, 인권, 시민참여, 참여정치의 근대 시대가 도래한 것이다.[43] 시민들(남성과 여성 모두)은 저항했고, 공민 의식을 가진 조직을 만들어 참여했으며, 투표하고 읽고 토론하며 지식을 공유했다. 역사학자 폴 핸슨Paul Hanson(1952~)은 이 혁명기의 신문들이 현대 언론에 영감을 주었다고 믿는다.[44]

영국 해협을 건너 기계 시대가 끝날 무렵, 영국의 수학자 찰스 배비지Charles Babbage(1791~1871)는 최초의 현대 컴퓨터 중 하나를 발명했다. 베틀과 같은 장치에서 아이디어를 얻고, 실시간으로 작동하고 0과 1 두 개의 논리로 작용하는 고정된 프로그램을 사용한 1840년대 설계된 배비지의 차분 기관Difference Engine은 기계가 수행 가능한 최초로 작성된 프로그램이었다. 배비지의 연구와 그의 기계는 수학자들과 인간 컴퓨터가 실수 없이 표를 계산하는 데 어려움을 겪는 것을 보고 영감 받았다. 이는 오류 발생이 쉬운 인간의 행위 과정을 자동화할 수 있는 메커니즘을 설계하도록 그의 아이디어를 촉발시켰다.[45]

전기

전기의 발견과 전기 에너지를 이용하는 방법은 1840년 전기기계 시대Electromechanical Age의 막을 열었다. 전기는 우리 사회를 과도하게 충전시키는 한편 누구도 예측할 수 없던 우리 삶 자체에도 상당한 영향을 미쳤다. 그 영향으로 자연광에 대한 우리의 의존이 사라지고 자연적인 리듬으로부터 인간의 분리를 유도함으로써 우리를 지속적인 생산, 정보 섭렵, 자극으로 이끌자 (사회와 인간의 수면 주기에) 엄청난 파괴적인 무언가가 일어났다.[46] 배터리(1800년), 모스 부호(1837년), 전신(1844년), 전화(1876년), 라디오(1895년)가 뒤를 이어 속속들이 개발되고 대량 생산되었으며, 오늘날과 같이 먼 거리에서도 실시간으로 소통 가능한 사람들을 결합시켰다. 교통수단의 발전은 뉴스의 출처와 학습 기관의 확산과 더불어 정보가 전 세계적으로 광범위하게 배포된다는 것을 의미한다.

산업혁명이 새로운 범주의 노동, 그리고 진보, 생산성, 경제성장의 새로운 방식을 계속해 제한함에 따라, 우리는 도덕률의 재작성 및 새로운 사회규범 창출 시 평행한 직통선直通線을 추적할 수 있다. 프랑스 혁명은 자유와 평등의 이상을 조장하면서 폭정에 대항하는 저항의 씨앗을 퍼뜨리는 데 힘을 실어주었다. 영국의 산업혁명은 노예제도 폐지 운동과 얽힐 수밖에 없었고, 전문가들은 이 두 운동이 얼마나 서로 밀접하게 연관되어 있는지(그리고 하나가 다른 것을 야기하는 데 얼마나 도움이 되었는지)를 두고 그치지 않는 논쟁을 하고 있다.[47] 산업기술혁명Industrial Technological Revolution에 뿌리를 둔 역사상 가장 중요한 사회개혁 중 하나인 노예제 반대 운동은 평등, 자유, 공정, 도덕개혁에 대한 담론으로 오늘날까지 계속 전파되고 있다.[48]

1861년 노예제의 혐오로 분열된 나라인 미국에서는 마침내 공화국을 통합하기 위한 피비린내 나는 남북전쟁이 시작되었다. 이 중추적인 시기 동안, 전신은 에이브러햄 링컨Abraham Lincoln(1809~1865; 재임 1861~1865)을 최초의 '유선wired' 대통령으로 만들었고, 그의 새로운 전신국은 최초의 상황실이 되었다. 링컨이 이 상황실을 설치하기 전까지는 백악관 참모가 공공시설에 줄을 서서 전보를 보내야 했고, 육군 장성들은 전쟁터에서 멀리 떨어진 상부의 실시간 교신조차 없는 상태에서 명령을 내렸다. 전보 기술은 링컨이 장군들의 보고에 응답하고 자신의 정책을 옹호하기 위해 국민에게 연설하는 것을 가능하게 만들었고, 백악관의 안전을 디딤돌로 나라를 이끌게 했다. 이 기술을 이용하는 것은 분단국가를 통치하는 데 중요한 자산이었다.[49]

19세기에는 사진술과 영화의 발명으로 전 세계가 오디오 전송과 투영된 이미지를 보고 꼼짝 못하고 서 있었다. 20세기에는 전 세계 가정에 텔레비전이 빠르게 보급되었다. 그 결과, 소리와 영상은 사회에 변혁적인 영향을 끼쳤다. 사람들은 목소리를 듣고 스크린에서 사람이 나와서 이야기를 보는 것에 매료되었다. 프랭클린 델라노 루즈벨트Franklin Delano Roosevelt(1882~1945; 재임 1933~1945)는 대공황과 제2차 세계대전 동안 뉴딜정책과 추축국樞軸國(제2차 세계대전 당시 연합국과 싸웠던 나라들이 형성한 국제 동맹)과의 전쟁을 홍보하면서 국민에게 널리 알리고 국민을 규합하는 방법으로 라디오를 사용했다.[50] 그의 자연스럽고 자신감 있고 편안한 어조는 그와 시청자들(그리고 미래의 유권자들이 될 사람들) 사이에 친밀감을 형성했고, 매체를 정복함으로써 현대 정치 운동을 개척하고 정치적 이익을 추구했다.

존 F. 케네디John F. Kennedy(1917~1963; 재임 1961~1963)는 텔레비전 시대의 루즈벨트의 발자취를 따랐다. 그는 다시 한번 정치 운동에 혁명을 일으키고, 국민이 볼 수 있는 이미지, 이야기, 대통령 브랜드를 만드는 개념을 도입했다.[51] 영화와 텔레비전 엔터테인먼트는 내러티브(이야기)와 현실 도피에 대한 인간의 기본 욕구를 이용했고 이미지를 통해 이야기를 들려주는 새로운 방법을 개척했다.

스토리텔링은 지식과 가치를 사람에서 사람으로, 공동체에서 공동체로 전달하는 인간의 가장 효과적인 도구 중 하나였다. 선구적인 신화학자이자 작가인 조셉 캠벨Joseph Campbell(1904~1987)은 앞선 시대와 전 세계 사회를 조망하며 이를 알아냈다. 즉, 많은 문화는 동일한 근본적인 구조를 가진 매우 일관된 핵심 신화를 공유한다는 것이다.[52] 이야기는 우리 자신이 누구인지, 어떤 사람이 되고 싶은지를 상기시킨다. 이야기는 우리의 미래로 가는 문을 여는 데 도움을 준다.

사진, 영화, 텔레비전은 지식 생산과 유통에 새로운 모양과 색채를 입혔다. 이런 매체는 확산되는 정보에 결정적 영향을 계속 미치고 있고, 허구적이든 사실적이든 내러티브를 전달하는 가장 설득력 있는 수단 중 하나로 남아 있다.[53] 우리 인간의 기억과 이를 왜곡하고, 희미하게 하고, 결합하고, 변형시키는 능력은 그것이 왜 그런지를 캐묻는 강력한 성질이다.

사람을 감동시키는 영화든 감동적인 사진이든 뉴스 게시판이든 선전물이든 아니면 비디오 게임이든 간에, 우리가 이 기술을 얼마나 열정적으로 채택했는지 이해하는 것이 중요하다. 더 많은 매체에서 더 많은 정보를 접할 수 있게 되면서 전 세계적으로는 사람들 사이에선 더 자유롭게 공유할 수 있는 더 많은 이야기들이 생겨났다. 그러나 그와 동시에 그것은 인간이 그들 자신의 비전자적 상상력, 행동, 그리고 교훈에 따라 자신들의 삶을 영위하려는 요구를 억압했다. 우리를 우리 자신의 현실에서 관찰적 행동자(즉, 관찰자)로 만드는 이런 수동적 접근법은 이제 전자 시대Electronic Age를 맞이해 다시 우리를 괴롭히고 있다.

전자 시대

> 전자 시대에 우리는 우리 자신이 점점 더 정보의 형태로 번역되고, 의식의 기술적 확장을 향해 나아가는 것을 보게 된다.
>
> 마샬 맥루한Marshall McLuhan

현대 컴퓨팅 과학의 아버지 중 한 명인 앨런 튜링Alan Turing(1912~1954)은 스스로 생각할 수 있는 기계를 처음으로 상상한 사람이었다. 1936년 박사 학위 논문에서 그는 어떤 알고리즘의 논리로 시뮬레이션 가능한

이론적 기계(현재의 튜링 머신Turing Machine)를 만들 수 있는 아이디어를 제시했다.[54]

그가 박사 학위 논문을 발표한 10년 뒤인 1946년경에 전자 시대가 시작되었다. 전기기계 컴퓨팅을 도입한 IBM의 허먼 홀러리스Herman Hollerith (1869~1929)[55]와 기계 독립적 프로그래밍 언어의 개념을 대중화한 하버드 마크 I Harvard Mark I 컴퓨터automatic sequence controlled calculator; ASCC(미국 최초의 대규모 자동 디지털 컴퓨터이며, 세계 최초의 범용 컴퓨터. 자동 순서대로 제어 계산기라고도 불림)의 최초 프로그래머 중 한 명인 그레이스 호퍼Grace Hopper(1906~1992)[56]가 이 시대를 연 초창기 이정표이다. 진공관이 계산용 기계 장치를 대체함으로써 최초의 전자 컴퓨터를 생산해냈다.[57] 존 폰 노이만John von Neumann (1903~ 1957)은 1945년에 〈EDVAC(1941년에 헝가리 태생의 수학자 노이만이 설계하여 1951년에 완성한 컴퓨터)에 대한 첫 번째 초안 보고서〉를 작성했고, 1948년 프로그램을 저장하는 첫 번째 컴퓨터인 맨체스터 마크 1 Manchester Mark 1이 만들어졌다.[58] 같은 해, 노버트 와이너Norbert Weiner(1894~1964)는 〈동물이나 기계의 통제와 의사소통에 대한 연구〉를 통해 사이버네틱스라는 현대적 정의를 만들어냈다.[59] 생각하는 기계에 대해 생각할 수 있는 시대가 열린 것이다.

초기 전자 시대의 과학적 발전은 그때까지 인류 역사상 가장 중대한 기술 윤리 문제를 제기하던 원자 시대Atomic Age와 일치한다. 즉, 1945년 미국이 일본에 원자폭탄 두 개를 투하했을 때, 그 무시무시한 기술이 전쟁에 투입된 것은 그때가 처음이자 유일무이했다.

정치인들과 역사학자들 사이에선 전쟁을 끝내기 위해 폭탄을 투하하는 것이 필요한지, 그것이 전쟁 범죄인지, 아니면 어떤 상황에서도 무기를 배치하는 것이 절대적으로 부도덕한 것인지를 두고 계속 논쟁 중이다.[60] 논쟁의 여지없이 우리 인간은 역사상 최초로 세계를 파괴할

▌하버드 마크 I 컴퓨터

사진 : 옮긴이 추가
출처 : https://commons.wikimedia.org

▌맨체스터 마크 1

사진 : 옮긴이 추가
출처 : https//commons.wikimedia.org

수 있는 능력을 갖춘 기술을 개발한 것이다. 현재 크고 작은 나라들이 개발하고 획득한 이런 기술의 확산은 인류의 가장 분명한 현존하는 위험으로 남아 있다. 이런 기술의 확산은 그것이 미치는 영향의 규모에 대한 진정한 이해 없이, 그것에 의한 결과의 범위와 분리된 채로 강력한 기술을 구축하는 데 수반되는 엄청난 위험에 대한 엄중한 경고를 우리에게 던져주고 있다.

히로시마와 나가사키에 폭탄이 투하되었을 당시, 그런 무기의 사용을 규제하는 특별한 국제법은 없었다. 학자들은 헤이그 협약Hague Conventions이 당시 알려지지 않은 전쟁의 종류를 다룰 수 있는지에 대해 숙고했다.[61] 다양한 형태의 핵무기를 만들기 위한 군비 경쟁은 지금도 계속되고 있다. 반면, 그런 핵무기를 축소·제거·현대화하고 사용을 규제하려는 조약을 비롯한 다른 조치에 대한 협상은 거북이 걸음이다.[62] 어떤 사람은 인간에게 인간종을 전멸시킬 위력을 지닌 핵무기와 수소 무기를 만들 수 있게 하고, 지구상의 생명을 영원히 변화시키고 붕괴시켜 온 기술의 발명이 인간에게 비범한 능력을 가진 새로운 기술을 매우 경계하도록 하며, 처음부터 그 구상과 구현에 대한 도덕적 명확성을 가져야 한다는 절대적인 필요성을 우리에게 확신시키기에 충분할 것으로 생각한다.

원자폭탄이 존재한다는 사실은 그것이 배치된 후에야 인식되었고, 원자폭탄의 가공할 만한 치명성과 임무에 대한 인식은 엄선된 소수의 동질적 공감대가 있는 사람들에 의해 비밀리에 제한되고 보호되었다. 그 프로젝트의 서로 다른 측면을 연구하는 사람들 중 대다수는 어떤 치명적인 무기가 만들어지고 있는지를 알지 못했다.[63] 인류가 미래의 결과를 무시한 채 무작정 지능형 기계를 배치하면서 우리의 다음번 전례 없는 발명품들로 같은 실수를 저질러서는 안 된다. 현재 AI 응용, 특히

AI 무기의 개발을 둘러싼 비밀도 심상치 않다.

폭탄 제조로부터 얻은 교훈을 기술 개발에 적용할 것인가? 아니면 재앙이 일어날 때까지 기다릴 것인가? 과학자들과 그것을 만드는 데 관여한 사람들은 과연 어떤 기준을 준수해야 하는가? 나는 AI가 완전히 번성하고 우리가 통제할 수 없을 정도로 번창하기 전에 AI를 전체적으로 좀 더 윤리적으로 만들 방법을 찾는 것이 너무 늦었다고는 생각하지 않는다.

1956년 존 매카시John McCarthy(1927~2011), 마빈 민스키Marvin Minsky(1927~2016), 클로드 섀넌Claude Shannon(1916~2011)은 다트머스 대학에서 매카시가 급조한 용어인 '인공지능'을 주제로 한 회의를 조직했다.[64] 이 회의에서 허버트 사이먼Herbert Simon(1916~2001), 앨런 뉴웰Allen Newell(1927~1992) 그리고 존 쇼John Shaw는 논리 이론가Logic Theorist로 불리는 인간의 문제해결 기술을 모방하도록 설계된 최초의 프로그램을 소개했다.[65] AI의 첫 번째 예시로 알려진 이 아이디어는 기계가 사고하는 법을 배울 수 있다는 이론에서 나왔다. 논리 이론가는 발표자들 스스로 너무 거만했을 수도 있다는 것을 인정했음에도 불구하고 아마도 사람들이 그들이 보고 있는 것의 장기적인 중요성을 인식하지 못했기 때문에 그 회의에서는 미온적인 반응을 받았다.[66] 어쨌든 논리 이론가는 경험 기반 규칙을 사용하여 AI의 문제를 해결하기 위한 손쉬운 방법을 사용하는 휴리스틱 프로그래밍 분야를 확립했다.[67]

1957년 범용 프로그래밍 언어인 포트란FORTRAN이 개발되었다. 1960년대 2세대 컴퓨터는 진공관을 트랜지스터와 반도체로 대체했고, 자기테이프와 자기디스크는 외부 저장 장치로서 종이 펀치 카드를 대체하기 시작했다.

1964년과 1971년 사이 3세대 컴퓨터가 그 뒤를 이었다.[68] 이 신판新版에서 트랜지스터는 집적 회로로 대체되고, 고급 프로그래밍 언어도 잇달아 발명되었다. 1973년 제록스의 밥 메트칼프Bob Metcalfe(1946~)는 자기 사무실의 새로운 개인용 컴퓨터를 프린터에 연결하는 방법을 요약한 이더넷Ethernet 메모를 발표했다.[69] 이 메모는 이더넷의 개막 선언으로 인정된다.[70]

1970년대 이르러서는 어느 세대든 즉각적이고 어디서든 볼 수 있는 형태의 시각 및 오디오 커뮤니케이션에 몰입했다. 70년대 말, 앨빈 토플러와 하이디 토플러Alvin & Heidi Toffler는 《미래의 충격》과 《제3의 물결》뿐만 아니라 산업 기반 사회에서 정보 기반 사회로의 전환을 예측하는 책과 논문을 대거 발표했다. 토플러는 변화가 너무 빨리 일어날 때 발생할 수 있는 위험과 그것이 가져올 수 있는 혼란에 대해 추측했다.[71] 그들은 '정보 과부하information overload'라는 문구를 처음 사용했다.[72] 토플러는 지식을 틈새 네트워크로 빠르게 분산되면서 급변하는 사회의 필수품으로 보았는데, 이런 사회에서는 정보가 노동이나 자본보다 더 가치 있게 취급된다는 것이다. 그들은 변화의 속도가 우리를 압도하고 분열시킬 것으로 예언했다.[73] 과거에는 진실이나 거짓이 도전 없이 수 세기 또는 수천 년을 버틸 수 있었다. 그러나 이제 정보는 순식간에 구식이 될 것이다.

토플러 부부가 예상했듯이 세계 경제체제가 주로 자본이나 노동에 기반을 둔 경제체제에서 지식과 '인포워즈infowars'에 기반을 둔 경제체제로의 전환은 우리를 매우 다른 미래와 충돌시키는 길로 몰아넣었다.[74]

우리 인류는 모든 잘못된 이유로 인해 올바른 기술을 습득하고 있다.

버크민스터 풀러 R. Buckminster Fuller

메모리, 논리, 제어 장치를 하나의 칩(중앙처리장치, 즉 CPU)에 내장한 대규모 집적 회로와 마이크로프로세서를 사용하는 4세대 컴퓨터는 1971년에 등장했다.[75] 최초의 가정용 컴퓨터도 이 시기에 소개되었다. 이때는 빌 게이츠Bill Gates(1955~)와 폴 앨런Paul Allen(1953~2018) 등 컴퓨팅 선구자들이 첫걸음을 내디딜 때였다.[76] 마이클 더투조스Michael Dertouzos(1936~2001)는 컴퓨터가 단일 작업이 아닌 멀티 작업을 위해 고안되었기 때문에 이 도구가 무엇에 사용될 수 있는지, 인간의 상상력은 어디에 사용될 수 있는지에 대한 정의를 확장시키는, 학습 및 지식과 직접 관련된 첫 번째 유형의 기술이라는 자신의 의견을 뒷날 털어놓았다.[77]

컴퓨터 사용자들 간의 일반적인 통신을 가능하게 한 최초의 컴퓨터 네트워크에 대한 아이디어는 1963년 4월 BBNBolt, Beranek, and Newman의 릭라이더J. C. R. Licklider(1915~1990)에 의해 알려졌다. 미美 육군이 의뢰한 아르파넷ARPANET은 오늘날 인터넷의 선구자였다. 그것은 1960년대 말 설계되었고 1970년에 배치된 후 1990년까지 운영되었다.[78] 1989년 팀 버너스-리Tim Berners-Lee(1955~)는 월드와이드웹World Wide Web; WWW 소프트웨어를 개발하여 1993년 공공 영역에 배치했다.[79]

월드와이드웹은 인간의 의사소통에 관한 거의 모든 것을 완전히 바꾸어 놓았다. 1980년대부터 오늘날까지 기하급수적으로 많은 양의 정보가 전 세계 인프라를 통하면서 전자 데이터는 폭발적으로 증가했다.

수십억 개의 스마트폰이 전 세계적으로 급증 중이다. 빅데이터는 우리를 추적하고, 소셜 미디어는 수백만 개의 새로운 커뮤니티를 구축했으며(그리고 우리는 그들과 어울리는 온라인 페르소나를 만들었다),[80] '정보'는 생성 즉시 공유되며, 종종 너무나도 빨리 시대에 뒤떨어지며 어떤 경우에는 부정확해진다. 사물 인터넷Internet of Things; IoT은 ON/OFF

스위치가 있는 것은 무엇이든 인터넷에 연결할 수 있다는 개념이다. 현재 인터넷은 전 세계 수많은 사물과 사람을 꾸준히, 그리고 점진적으로 연결한다. 하지만 사물 인터넷에 의해 생성된 엄청난 양의 데이터는 지금까지도 완전히 분석되거나 활용되지 않고 있다.[81]

불과 몇십 년 만에 진화론적으로 눈 깜짝할 사이에 컴퓨터는 세계 곳곳에서 우리 삶의 모든 면에 통합되었다. 수십억 명(2018년 3분기 기준 페이스북 사용자 수는 22억 7,000만 명[82])이 이 혁명을 채택했다. 소셜 미디어를 통해 우리는 이미 가상 세계에서 우리 자신의 아바타를 사용하고 있다. 정보 기술IT은 인간 존재에 융합되어 현재 우리의 감성을 기하급수적 속도로 급속하게 변화시키고 있다. 사회적·경제적 영향은 가히 혁명적이다.

오늘날 우리는 거대한 협곡의 가장자리에 앉아 있다. 자신이 쓴 기술에 관한 책의 저자 마르틴 하이데거Martin Heidegger(1889~1976)는 《기술과 전향The Question Concerning Technology》에서 기술에 대해 목적을 위한 수단, 특히 진실을 밝히기 위한 수단으로서 이야기한 바 있다.[83] 우리가 알다시피, 많은 종은 실용적 용도와 생존을 위한 도구를 만들지만, 지금까지 인간은 테마파크와 군함을 건설하고, 도서관을 채우고, 단 한 번의 클릭만으로도 전 세계에 정보를 퍼뜨리는 등의 일을 할 수 있을 만큼 충분히 언어를 기록하고 협력할 수 있는 유일한 종이다. 그리고 이제 우리는 AI의 아이디어를 현실로 만들 수 있을 정도로 강력한 컴퓨터를 만들어냈다.

1940년대 초만 하더라도 1969년에 사람을 달에 보낼 것이라고 믿는 사람은 거의 없었을 것이다. 하지만 우리는 인간을 우주로 실어 나를 기술이 있음을 알고 있었다. 다만 그 기술이 지금 매우 빠르게 발전하고 있어서 30년 후 세상의 변화를 예측하기란 거의 불가능하다. 점점 더 우리는 비디오 게임과 헤드셋을 통해 가상 현실과 '증강 현실augmented reality'에 몰입하고 있다. 새로운 차원이 우리에게 닥치고 있고, 디지털 세계는 우리 대부분이 더 이상 알아채지 못할 정도로 빠르고 매끄럽게 현실 세계와 병합 중이다.

비록 스마트한 합성 장치들이 우리를 '실제 삶'으로부터 점점 더 멀리 끌어당기지만, 우리를 덜 외롭고 더 연결되었다는 것을 느끼게 할 수 있다. 심리학 교수이자 작가인 진 트웬지Jean Twenge(1971~)는 스마트폰이 어떻게 '수십 년 만에 최악의 정신건강 위기'를 촉발시켰는지에 대해 설명했다.[84] 2017년 한 연구에 따르면 스마트폰을 소지한 것만으로도 인지 능력이 떨어진다고 한다.[85] 젊은 사람들의 삶 전체가 스마트폰에 의해 급격하게 변화되었고, 스마트폰의 과도한 사용은 치솟는 수준의 불안, 우울증 그리고 사회적 고립과 연관되어 왔다.[86] 어쩌면 헨리 데이비드 소로Henry David Thoreau(1817~1862)는 수년 전 삶의 단순함을 찾아 숲으로 갔을 때 이미 우리의 기술적 중독이 불가피하다는 것을 눈치챘을지 모른다. 과연 우리는 동료와 심리학자 로봇이 우리 코앞에 있다는 것에 감사해야 할까?

우리의 기술적 도구는 실제로 갈수록 지능화되고 있지만, 우리 자신은 그렇지 않을 수도 있다. 우리는 완전히 상호 연결된 행성에서 인간 잠재력의 한계를 실감하고 있다. 우리는 사회적 존재로서 이것에 어떻게 반응하고 적응해야 할 것인가? 인간종으로서는? 우리는 이미 통찰력보다 부를, 지혜보다 명성을, 공익보다 사리사욕을 중시하는 경향이 지배적인 세상에 살고 있다. 기계가 결정을 내리기 시작하면 어떤 일이 벌어질까? 우리는 인류 역사가 시작된 이래 지금까지 우리의 삶에 기술을 접목시켜 왔다. 그리고 그 이후 변화의 속도가 빨라지면서 다음 변화가 오기 전까지 우리가 동화될 시간은 점점 더 줄어들고 있다.

통찰력 있는 생물학적 비교는 인간의 손과 뇌가 수천 년에 걸쳐 도구와 함께 어떻게 매우 느리게 공진화했는지를 통해 살필 수 있다.[87] 뇌와 손은 생존과 사회적 협력에 필요한 도구들과 함께 노동에 동시에 적응해야 했다.[88] 이런 도구의 발명이 언어의 발달과 동시에 이루어졌다는 생각은 강한 설득력을 갖는다.[89] 이제 컴퓨터와 스마트폰의 급속한 증가로 인간 손의 구조를 영구적으로 변화시키는 방향으로 진행되고 있다.[90] 우리가 사용하는 이런 장치들은 식기구가 우리 식사의 구조를 변화시킨 방식과 유사하게 우리의 생리를 변화시킬 것이다.[91] 우리의 뇌는 기하급수적으로 가속화되는 지능형 기계와 보조를 맞추기 위해 우리가 만든 장치와 함께 공진화하지 않을 수 없는 도전을 받을 것이다. 정보화 시대에 적응하기까지는 40년 이상의 시간이 있었다. 그러나 우리가 지능형 기계 시대에 적응할 시간은 그리 많지 않을 것이다.

> 인공지능, 뇌-컴퓨터 인터페이스 또는 신경과학 기반의 인간 지능 향상의 형태를 하고 있는, 인간보다 더 영리한 지능을 만들어 낼 수 있는 어떤 것이든 세상을 변화시키기 위해 무엇보다 많은 것을 행할 때 다툼의 여지 없이 쉽게 승전고를 올린다. 다른 것과는 전혀 급이 다르다.
>
> 엘리저 유드코프스키 Eliezer Yudkowsky

다음 기술 시대Technological Age에 어떤 이름이 붙여지든 간에, 이것은 인간이 전적으로 결정하는 발명과 발견의 마지막 시대가 될 것이다. 인공지능 기술과 융합하는 것은 새로운 종과 함께 사는 법을 배우는 것과 같다. 우리가 원자폭탄과 같은 실수를 저지를지, 아니면 우리의 디지털 후손들과 생산적이고 평화로운 동맹을 이룰 수 있을지 등 역사적인 패턴으로부터 배울 수 있을지는 두고 볼 일이다.

▌간략한 기술사

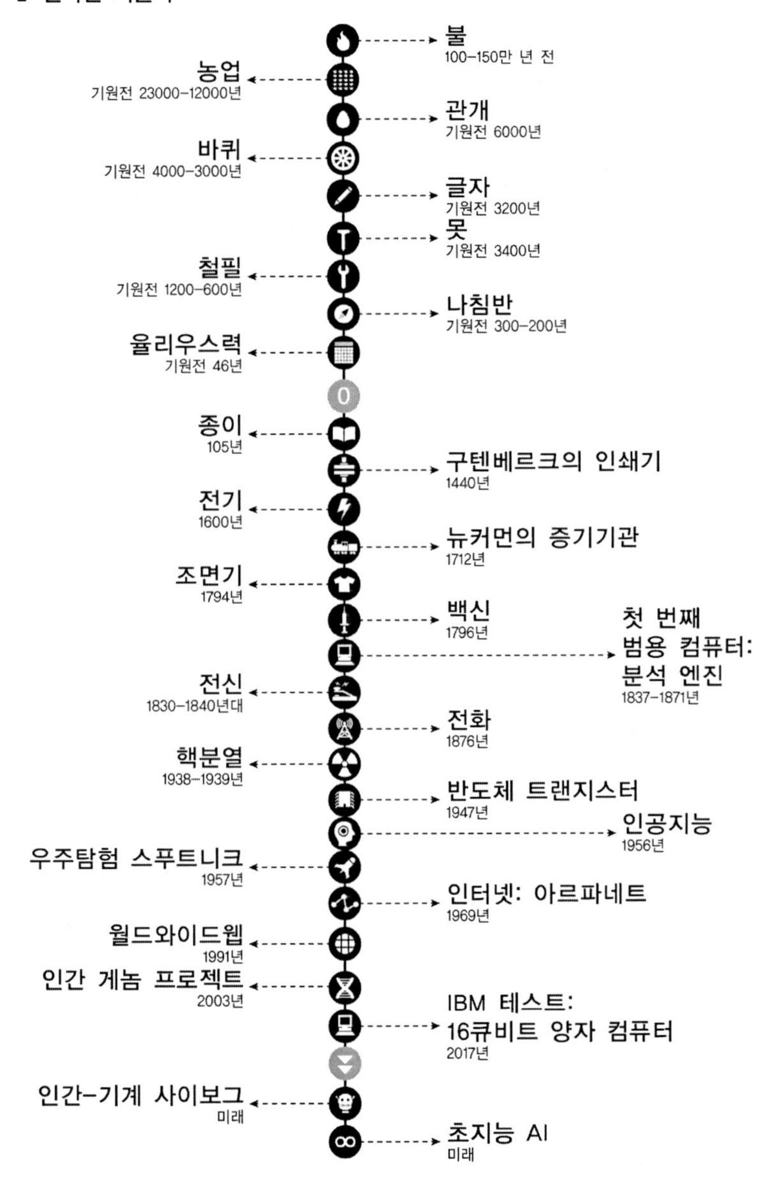

불
100-150만 년 전
농업
기원전 23000-12000년
관개
기원전 6000년
바퀴
기원전 4000-3000년
글자
기원전 3200년
못
기원전 3400년
철필
기원전 1200-600년
나침반
기원전 300-200년
율리우스력
기원전 46년
0
종이
105년
구텐베르크의 인쇄기
1440년
전기
1600년
뉴커먼의 증기기관
1712년
조면기
1794년
백신
1796년
첫 번째
범용 컴퓨터:
분석 엔진
1837-1871년
전신
1830-1840년대
전화
1876년
핵분열
1938-1939년
반도체 트랜지스터
1947년
인공지능
1956년
우주탐험 스푸트니크
1957년
인터넷: 아르파네트
1969년
월드와이드웹
1991년
인간 게놈 프로젝트
2003년
IBM 테스트:
16큐비트 양자 컴퓨터
2017년
인간-기계 사이보그
미래
초지능 AI
미래

우리는 AI가 주도하는 세계가 어떤 모습일지 완전하고 정확하게 상상할 수 없기 때문에, 우리와 우리의 기술이 진북眞北; true north을 향해 나아가도록 하기 위해 인간과 기계의 내부 나침반을 교정해야 할 것이다. AI가 완전히 자율적인 대량 살상 무기를 가져오든 불멸을 여는 열쇠를 가져오든[92] 중산층이 위축되고 가난한 사람들이 여전히 박탈되는 동안 부자들을 더 부유하게 만드는 방법을 가져오든 간에,[93] AI는 또한 우리의 미래에 공감, 동정심, 삶의 질, 공정성을 구축하는 데 헌신할 수 있는 기회를 제공한다.

비록 우리가 인류 역사상 전례가 없는 위치에 있지만, 과거의 패턴은 지능형 기술이 제기하는 진퇴양난을 둘러싼 있음직한 인간 반응에 대한 통찰력을 제공할 수 있다. 우리는 도구에 편안해졌고 우리의 장소에 익숙해졌다. 이제 우리는 플라톤의 동굴에서 비틀거리며 나와 바깥으로 밀려 눈부신 빛으로 내몰릴 것이다. 큰 위험과 큰 가능성이 앞에 놓여 있다.

02

지능의 과학

학습 가능한 알고리즘, 동물, 기계

제2장

지능의 과학

학습 가능한 알고리즘, 동물, 기계

> 인공지능(AI)은 어떻게 기계가 영화에 나오는 것처럼 작동하는지를 연구하는 과학이다.
>
> 아스트로 텔러 Astro Teller

2005년 시애틀 수족관에서 빌리Billye로 불리는 거대한 태평양 문어에게 청어가 든 병을 주었다. 빌리와 다른 문어 친구들의 저녁거리는 뚜껑이 닫힌 병에 들어 있었다. 이들은 그 병을 여는 법을 아주 신속하게 배웠고, 불과 1분도 채 되지 않아서 마치 늘 그랬던 것처럼 행동했다. 빌리의 식사법을 지켜본 생물학자들은 어린아이라면 절대 열 수 없는 병마개가 닫힌 병을 문어가 어떻게 여는지를 보고 싶었다. 병마개는 열려면 병에 붙은 라벨의 설명서를 읽고 병뚜껑을 누르면서 동시에 돌려야만 한다.

그런데 병을 든 빌리는 이것이 평범한 뚜껑이 아니란 걸 즉각적으로 알았다. 55분도 되지 않아 빌리는 그것을 알아낸 후 병뚜껑을 연 뒤 병

에 담긴 청어를 맛있게 먹었다. 약간의 연습이 더해지자 시간은 5분으로 단축되었다.[1]

문어는 굴과 같은 두족류頭足類에 속하며, 다른 동물들처럼 지각력을 갖고 있다. 두족류는 자기만의 특성을 지닌다. 주변 환경과 교류할 수 있고, 표정과 기억을 지닌다. 기계의 모델을 찾으려는 사람들에게 문어가 흥미를 끄는 것은 문제해결을 위한 문어의 분산 접근법distributive approach이다. 이로 인해 문어는 가장 영리한 무척추동물로 간주되며 인지적으로 매우 유능하다.[2] 문어는 상당한 크기의 중심뇌를 가지고 있다. 하지만 8개의 다리에 달려 있는 뉴런의 3분의 2로 수백 개의 빨판을 통제한다. 문어는 분산 지능을 사용하여 여러 작업을 동시에 독립적으로 수행한다. 이것은 인간의 뇌가 할 수 없는 일이다. 멀리 떨어진 행성 탐사 로봇 시스템을 만드는 레이시온Raytheon의 과학자들[3]은 로봇들도 이와 비슷한 분산적·다면적 지능을 필요로 한다는 점에서 문어의 지능이 인간의 지능보다 자신들이 추구하는 작동 기능성에 훨씬 더 적합하다고 믿는다.

우리 인간이 항상 AI 모델의 최상의 원천이거나 복제하기 가장 쉬운 존재가 아닐 수도 있다. 860억 개의 뉴런을 해킹하려는 시도를 통해 인간의 뇌를 모델링하는 것은 진정 불가능할지도 모른다. 이와 관련해 다음과 같은 좋은 경구epigram가 있다. "만약 우리의 뇌가 우리가 이해할 수 있을 정도로 단순하다면, 우리 인간은 너무 어리석어 우리의 뇌를 이해하지 못할 것이다."[4]

지능형 기술에 대한 연구는 사실 기계에 반영될 우리의 존재, 현실, 지식의 근본적 본질에 대한 철학적 연구이다. 그렇기에 이런 연구는 생명과 인류 자체의 본질을 탐구해야 한다. 뛰어난 과학자, 학계, 로봇 과학자, 엔지니어, 기술자, 개발자들이 과학적 방법을 사용하여 기술 발전을 추구하는 과정에서 우리의 미래는 우리가 발명 과정에 관대함을 불어넣으려고 노력하는 것에 동일하게 의존하게 된다.

우리 자신보다 더 똑똑한 기계를 발명하기 전 마지막 갈림길인 이 특별한 갈림길에서 우리는 거울을 통해 들여다볼 수 있는 우리 인류 역사상 딱 한 번뿐인 기회를 부여받고 있다. 어떤 의미에서 우리가 이룩한 모든 대담한 발견들은 바로 이 지점에 집약되어 있다. 이는 우리가 그 시작부터 진정한 지능, 더 나아가 우리의 의식을 구축할 수 있는지를 발견하는 순간이다.

시작

1950년까지는 '인공지능'이란 용어가 없었다. 그 무렵 수학자이자 제2차 세계대전 암호 해독자인 앨런 튜링Alan Turing은 기계 스스로 생각하는 법을 가르칠 수 있을지를 두고 고민했다. 1952년, 튜링은 표범의 반점에서부터 얼룩말의 줄무늬와 식물의 잎에 이르기까지 자연의 패턴을 설명하는 방정식에 대한 논문을 발표했다.[5] 자기 이름을 널리 알리기 전, 이 분야의 첫 공상가 중 한 명은 생각할 수 있는 기계에 대한 획기적인 생각을 알려줄 단초를 생물학과 자연으로부터 이끌어냈다.[6]

나는 적어도 튜링이 전자 컴퓨터가 발명되기 전부터 지능형 기계를 충분히 상상했으리라 믿는다. 그는 다양한 학문과 과학 분야에 걸친 광범위한 관심을 부분적으로는 유지했기 때문이다.[7] 또한 반역자이거나 특이 성격 소유자로 간주되는 사람들처럼 이방인 취급을 받은(튜링의 경우, 동성애자라는 당시 불법적인 생활양식에서 비롯됨) 튜링은 자신의 지위 때문에 어떤 사람이 기존의 규범으로부터 벗어나더라도 가치 없는 삶을 사는 것은 아니라는 것을 이해하는 데 도움이 되었으리라 본다. 이로 인해 튜링은 자신이 광대한 지능을 갖게 되었을 수 있다. 그러나 이와는 대조적으로, 튜링은 독일의 암호 메시지를 해독해서 구해낸 바로 그 정부와 제도의 이해 부족으로 외면 받고 처벌받았으며, 결국 자살하게 되었다.[8]

그럼에도 불구하고 튜링은 궁극적으로 이론 컴퓨터 공학과 AI의 아버지로 인식될 것이다. 튜링 머신Turing Machine으로 알려진 그의 수학적 계산 모델은 기계를 통해 입력되는 기호로 가득한 무진장 긴 테이프로 데이터를 읽고 기록할 수 있는 가상의 장치였다. 그 테이프는 오늘날 컴퓨터 메모리 역할을 했고, 기계가 읽을 수 있는 인코딩된 명령어를 저장했으며, 테이프에 더 많은 기호를 추가할 수 있었다.[9] 계산 가능한 그 어떤 명령어도 계산할 수 있다는 것이 바로 그의 생각이었다. 이는 매우 중요한 부분이다. 왜냐하면 튜링은 이론적으로 컴퓨터가 훈련받은 어떤 종류의 추론도 할 수 있다고 제안했기 때문이다. 그것은 폭넓게 활용될 수 있는 보편적 기계일 수 있다.[10]

결국 컴퓨터가 어떤 종류의 추론을 수행할 수 있다면, 뇌나 특정 유형의 지능을 이론상 전자적으로 만들 수 있다. 이는 종종 처치-튜링 명제Church-Turing Thesis로 불린다.[11] 다만, 튜링의 선견지명과 호기심에도 불구하고, 당시의 기술은 너무 원시적이어서 튜링은 실험을 통해 자신의 주장을 좀 더 광범위하게 발전시킬 수 없었다. 그럼에도 불구하고 오늘날의 컴퓨터는 무한 테이프를 뺀 튜링 머신과 같은 기능이 가능한, 1과 0으로 변환된 이진二進 알고리즘 시스템을 사용해서 작동하고 있다.[12]

'모방 게임'이라는 말은 기계가 생각할 수 있는지 여부에 대한 자신의 호기심을 충족시키기 위한 튜링의 탐구에서 유래했는데, 그는 최초의 컴퓨터가 부팅되고 있을 때 이를 숙고하기 시작했다.[13] 이 질문을 통해서 튜링은 어떤 것이 인간이고 어떤 것이 인간이 아닌지를 결정하기 위해 심사위원들이 인간과 기계 둘 모두에게 던지는 질문들로 이루어진 추상적인 게임인 튜링 테스트Turing Test를 제기했다. 만약 심사위원이 인간과 기계의 답을 구별할 수 없다면, 튜링 테스트를 통과한 그 기계는 지능을 가진 것으로 봐야 한다. 컴퓨터 공학자들은 튜링 테스트의 적절성과 정확성을 계속 분석하고 있다. 그중 일부는 이 테스트가 잘못된 최종단계에 초점을 맞춤으로써 혁신을 방해한다고 불평한다.[14] 그럼에도 불구하고, 현대 컴퓨터 시대의 초창기 튜링의 혁명적인 사고는 오늘날 우리가 인공지능으로 알고 있는 기술 발전에 불꽃을 일으킨 게 분명하다.

비슷한 시기에 사이버네틱스cybernetics 분야도 힘을 얻고 있었다. 사이버네틱스는 인간, 동물, 기계가 어떻게 서로 소통하고 통제하는지를 다루는 학문이다. 심리학자인 에른스트 폰 글라저스펠트Ernst von Glasersfeld(1917~2010)의 표현을 빌리면, '제약과 가능성의 세계에서 평형을 만드는 기술'이기도 하다.[15] 이 분야 연구에 종사하는 사람들은 살아있는 유기체가 어떻게 해체되고, 해킹되고, 재건되는지를 연구한다. 이런 관점들은 AI의 발전과 융합된다.

그와 동시에 1953년 로잘린드 프랭클린과 모리스 윌킨스Rosalind Franklin(1920~1958) & Maurice Wilkins(1916~2004)의 획기적인 연구에 많이 의존한 제임스 왓슨과 프랜시스 크릭James Watson(1928~) & Francis Crick(1916~2004)은 하나의 수정란에서 우리 인간을 구성하는 방법에 대한 완전한 지침인 DNA의 구조를 밝혀냈다.[16] 이들의 노벨상 수상 업적은 인간 삶의 숨겨진 신비를 풀어내기 시작했고,[17] 이와 더불어 미래에 태어날 아기의 DNA를 어떻게 디자인해야 하는지,[18] 그리고 누가 한 사람의 유전자 구성에 대한 정보에 접근할 수 있어야 하는지 등 수많은 윤리적 질문을 제기했다.[19] 인간 DNA의 이중나선 구조가 발견되면서부터 인간의 유전자 구조를 지도화 하는 임무를 맡은 과학자들의 국제적 협업인 인간 게놈 프로젝트Human Genome Project(1990년에 시작하여 2003년에 완료되었다)의 길이 열렸다.

지금으로부터 약 60년 전, 이런 윤리적·과학적 맥락 안에서 과학의 새로운 분야가 탄생한 것이다. '인공지능'이란 용어는 1956년 존 매카시가 처음 사용했다. 언어와 용어의 내재된 힘과 제안 때문에, 어떤 이들은 이제 '기계 지능', '합성 지능', '디지털 지능', 또는 '증강 지능'과 같은 대체 용어를 사용하기를 선호한다. 앞으로도 더 많은 용어가 등장하고 발전할 것이다. 이들 용어 모두 자신들에게 유리한 주장의 설득용일 것이다. 나는 그 내용의 단순함을 위해 종종 'AI'라는 용어를 사용하겠지만, 이 용어들이 여러분 각자에게 어떤 반향을 일으키는지, 그리고 왜 그런 반향이 일어나는지를 한번 생각해봤으면 한다.

지금은 대체로 AI를 소프트웨어, 컴퓨터, 알고리즘, 로봇공학 등 지능적 행동의 능력을 갖춘 인공적 구성물로 정의하지만,[20] 역사적으로도 많은 의미를 부여해왔다.[21] 물론 오늘날에도 계속해 AI에 대한 정의를 집약하지 않고 열어두고 있다. 이것 때문에 우리가 사고할 수 있는 기계의 특성에 대한 통일된 설명을 이끌어내는 데는 어려움이 있지만, 대신 AI의 의미를 둘러싼 논쟁은 해당 분야와 그 가능성에 대한 관심까지 불러냈다. 초기 AI 과학과의 극적인 차이점은 단일 학문이 아니라 지능, 학습, 사고에 대한 이해를 찾는 AI 그 자체의 과학과 함께 가상 지능을 높이는 데 필요한 데이터, 컴퓨팅 능력, 저장을 갖는다는 점이었다.

기본 사항

AI의 일반적 범주는 상당히 넓고, 많은 분야 사이에서 여러 종류의 과학을 포함한다. 많은 AI 전문가들은 현재 개발 중인 AI의 가장 일반적인 모드인 소프트웨어 제작에 초점을 맞추고 있고, 하드웨어에 집중하는 전문가들도 많다. 또 다른 하위 전문 분야는 로봇공학이다. 전체적으로 볼 때, 이 분야는 지능의 합성 버전을 연구하고, 조사하고, 설계하고, 실제로 제작하는 컴퓨터 공학의 한 분야이다.

컴퓨터가 동작을 수행하려면 프로그래밍이 필요하다. 알고리즘은 컴퓨터가 작업을 수행하기 위한 일련의 단계를 수행하는 규칙의 집합이다. 즉, 사람들이 프로그램을 만들기 위해 사용하는 기본 구성요소 또는 사용 설명서인 것이다. AI와 알고리즘의 핵심적인 차이점은 알고리즘 자체는 컴퓨터 스스로 학습할 수 있도록 설계되었다는 점이다.

범용 AI를 사용하는 넷플릭스를 이리저리 검색하다 보면[22] 당신이 좋아하는 배우가 출연하는 영화를 알게 모르게 추천받고 있다는 사실을 눈치챌 것이다. 아니면 당신이 봤던 신발 광고가 다음 구글 검색에 뜨게 되는 경우도 있을 것이다. 이것은 당신의 취향과 기호에 대해 학습하게끔 설계된 알고리즘인 AI가 작동 중인 것이다.[23] AI는 정확히 당신이 어떤 패션 스타일, 어떤 영화를 좋아하는지 들은 것이 아니다. 일단 데이터 세트를 익히고 쌓으면 당신이 관심을 보였던 것을 추적함으로써 더 많은 것을 보여준다. 마찬가지로 구글 역시 이런 머신러닝을 사용하여 검색을 지원한다(그리고 당신의 질문까지 추측할 것이다).[24] 구글에 질문을 입력하면 이전 검색과 유사한 정보를 찾는 다른 사용자가 요청한 검색을 기억하여 당신이 무엇을 생각하고 있었는지를 예측한다. 이전 검색에서 축적한 데이터 세트를 기준으로, 당신의 입력과 유사한 검색을 한 다른 사용자 그룹이 이전에 입력한 것을 비교한다. 이런 알고리즘은 우리 인간이 예전에 하던 연구를 하고 있는 것이다. 구글은 하루에 1,430억 개의 단어를 100개의 언어로 번역하고 있고, 데이터 과학과 통계 분야의 진보는 컴퓨터 시스템의 역량 강화와 맞물려 전광석화와 같은 속도로 기술 개발을 추진 중이다.[25]

지능형 알고리즘의 다른 두 가지 강력하고 효과적인 역할이 있다. 데이터 마이닝(데이터 세트에서 패턴과 연결 찾기)과 패턴 인식이다. 이들 기능은 의료진단, 물류 그리고 바둑과 체스 같은 오래된 전략 게임뿐만 아니라 포커나 게임 쇼 〈제퍼디!Jeopardy!〉처럼 보다 현대적 취미 분야에서도 우리 인간을 추월하도록 AI가 돕고 있다.[26]

개념적 정의가 계속 유동적이고 쉽게 변하지만, AI는 '부드러운', '약한', 또한 '협소한' AI(이것은 특정 업무를 사람보다 지능적으로 더 잘 수행할 수 있지만, 우리 인간에게 속하는 상식이나 종합적 지능은 부족하다)와 '강한' AI[27](이것은 인간만큼 지능이 높은 것으로 분류될 수 있다)로 구별된다.[28]

'범용general' AI 또는 AGIartificial general intelligence(인공 일반 지능)는 갈수록 더 발전될 것이다. 이런 발전은 합성 지능의 성배이다. 즉, 이론적으로 거의 우리 인간 지능처럼 기능할 수 있는 형태이다. AGI 능력에 도달하기 위해서는 기존 컴퓨터보다 수백만 배 빠른 양자 컴퓨팅 기술[29] 개발이 필요할 듯하다.[30] AGI가 불가능하다고 여기는 사람들도 있지만, 많은 AI 몽상가들까지 닉 보스트롬이 말하는 '초지능형superintelligent' AI에 대해 생각한 적 있으며, 이는 강한 AI를 넘어서는 지능이 될 것이다.[31] 초지능형 기계는 이론상 '과학적 창의성, 일반 지혜 그리고 사회적 기술을 포함하여 실질적으로 모든 분야에서 최고의 인간 뇌보다 훨씬 똑똑

한 지능'을 갖게 될 것이다.[32]

AI를 사색과 SF 영역에서 벗어나 현실과 실용적인 지능적 응용으로 활용한 두 가지 핵심 개발은 '머신러닝machine learning'과 '딥 러닝deep learning' 분야이다.[33] 머신러닝은 현재 기술 발달의 유망한 방법으로 가장 많은 화제를 불러내고 있고, 지금은 그 자체만으로도 집중 연구의 대상이 되고 있다. 이것은 명시적으로 프로그램되지 않고 컴퓨터가 스스로 작동하도록 하게 하는 방법론이다. AI가 기계 지능의 과학이라면, 머신러닝은 기계가 다른 기계에 지능을 불어넣는 알고리즘을 만드는 기술과 방법론이라 할 수 있다.[34]

비록 일부 전문가들은 머신러닝이 아직 약속을 보장 받을 정도는 아니라고 주장하지만,[35] 머신러닝은 21세기의 진보가 하나의 과학적 우산 아래 집결되기 전 서로 다른 방식으로 발전하던 분야를 통합하는 데 도움을 주었다.[36] 머신러닝은 매우 추상적이고 단순화된 방법이지만 인간의 뇌와 신경계를 모델로 한 컴퓨터 시스템인 신경망을 통해 이루어진다. 전통적으로 일부 과학자들은 AI 능력을 발전시키기 위해 후각 감각을 탐색하지만, 이 신경망은 시력에 초점을 맞춘다.[37] '딥 러닝'으로 불리는 머신러닝의 하위집합은 인간 뇌를 모델링하여 우리 인간처럼 학습하고 생각할 수 있는 기계 제작에 노력한다.[38] 솔크 연구소Salk Institute의 테렌스 세즈노프스키Terrence Sejnowski(1947~)는 "딥 러닝이 머신러닝의 한 부분이고 머신러닝은 AI의 한 부분이다"라고 설명한다.[39] 2010년 처음 개발된 딥 러닝[40]은 인공신경망의 층을 이용해 인간 신피질을 모델로 한 신경 노드망을 통해 머신러닝을 수행한다. 컴퓨터 공학이 신경과학과의 피할 수 없는 충돌을 회피하지 않고 계속 나아가고 있어서 이 기술은 AI가 인간 뇌의 작용과 얼마나 밀접한 관계를 맺고 있는지에 대한 논쟁의 중심에 서게 될 것이다.

머신러닝은 지금까지 자율주행차 발명, 웹 검색, 음성 인식의 핵심 동인動因이었다. 또한 인간 게놈을 이전보다 더 정교하게 이해할 수 있는 능력을 부여하여, 우리 인간(또는 인간 그룹)이 일생 동안 몇 번만 할 수 있는 모든 것을 훨씬 능가하는 속도와 정확성으로 인간 게놈 시퀀싱genome sequencing(DNA의 염기가 어떤 순서로 늘어서 있는지 분석해 제공하는 서비스)과 같은 정보에 관한 대규모 데이터 세트 분석을 가능하게 만들었다.[41]

머신러닝은 현재 AI에 대해 묘사하는 데 필수적이다. 연구원인 페드로 도밍고스Pedro Domingos(1965~)가 설명한 것처럼 컴퓨터는 창의적이기보다는 지시받은 대로 하도록 설계되었다.[42] 그런데 컴퓨터가 창의적인 방식으로 설계하는 것이 바로 머신러닝인 것이다.[43] 머신러닝은 한 뉴런에게 인접한 뉴런으로 신호(신경충격)를 보내도록 알려주는 선택적 조정력을 통해, 운영 목적과 주어진 데이터에 기초하여 자기만의 프로그램을 작성하는 것과 비슷한 역할을 하는 컴퓨터이다. 이는 인간이 프로그램을 작성하고 데이터와 알고리즘을 입력함으로써 컴퓨터에게 해야 할 일을 알려주는 현대 컴퓨팅과는 대조된다. 마치 디지털 농부처럼 머신러닝 프로그래머가 데이터의 씨앗을 컴퓨터에 입력하면 그 씨앗이 스스로 발화되고 자라는 프로그램의 형태로 농작물을 싹트게 한다.[44]

> 과거의 시각에서 프로그래머는 컴퓨터 시스템을 지배하는 법을 만드는 신과 같았다면, 지금은 그 프로그래머가 부모나 개 조련사와 같다고 할 수 있다. 그리고 어느 부모나 개 주인이 당신에게 말할 수 있듯이, 그것은 당신 자신이 속해 있는 훨씬 더 신비로운 관계이다.
>
> 에드워드 모나한Edward Monaghan

스팸 이메일 필터링, 아마존 추천, 구글과 페이스북 광고는 모두 현재 작동 중인 머신러닝이다.[45] 이 시스템은 통계를 적용하여 데이터 패턴을 자동으로 식별하고 화면에 표시되는 내용을 조정함으로써 당신의 취향을 학습한다. 도밍고스의 말에 따르면, "산업혁명은 수작업을 자동화하고, 정보혁명은 정신적 노동을 자동화했다. … 머신러닝은 자동화 자체를 자동화한다."[46]

머신러닝은 더 나아가 '지도 학습supervised learning' 대 '비지도 학습unsupervised learning'으로 나뉜다.[47] 둘 다 학습하고 특정 결과를 얻기 위해 주어진 데이터로 기계의 알고리즘이 작동하는 방식을 설명한다. 그러나 좀 더 일반적인 기술인 지도 학습에서는 입력과 출력 모두 알려져 있어서 알고리즘은 이를 분석하도록 지시된 정보로부터 학습된다. 학생이 교사로부터 배우는 것처럼 데이터 과학자의 입력은 기계를 원하는 결과로 유도한다. 예를 들어, 프로그래머는 각 범주에 속하는 것으로 분류되고 분석할 기계에게 주어지는 각종 이미지 데이터 세트를 기반으로 어떤 모양을 정사각형으로 인식하거나 어떤 동물을 말馬로 인식하도록 알고리즘을 가르친다.[48]

그러나 비지도 학습(훨씬 더 복잡한 과정)에서는 미리 알려진 결과가 있을 수 없고, 기계는 주어진 데이터 입력을 기반으로 결과를 도출하도록 스스로 학습한다.[49] 결론을 도출할 수 있는 참고 자료는 존재하지 않는다. 오히려 기계가 연상적 상관관계를 기반으로 입력 데이터의 정보를 분류한다. 예를 들어, '말'이나 '사각형'에 대한 식별 표지를 특정 범주의 명명된 이미지 및 연상된 이미지 형태로 제시하지 않기 때문에, 선택할 수 있는 동물과 모양의 참조 데이터 없이도 어떤 것이 각 범주에 속해야 하는지에 대한 가정에 따라[50] 그 모양과 이미지를 분류한다. 그곳이 디지털 지능이 미리 설정된 데이터 세트의 필요 없이 우리 인간이 프로그래밍을 할 수 없거나 예측하지 못하는 것을 시작하는 곳이기 때문에 비지도 기계 학습은 진정으로 강력한 AI를 만드는 데 필수적일 수밖에 없다.[51] 바로 이것이 우리가 찾을 생각조차 못한 것을 AI가 보여주는 것이다.

기계 학습의 세 번째 부류는 '강화 학습reinforcement learning'이다.[52] 강화학습에서 기계는 패턴 인식에서 실제 의사결정으로 전환 가능하다. 강화학습은 기계가 게임을 수행하고 이기도록 가르치는 데 활용된다. 현재 인간의 학습 과정과는 다르지 않게 그 학습 과정에서는 많은 시행착오를 필요로 한다. 강화학습으로 기계는 보상을 받기 위해 특정 환경에 대한 일련의 행동을 선택한다(AI에 대한 보상은 동물이 추구할 수 있는 즐거움에 기반한 보상이 아닌 수치적인 승리이다). 머신러닝의 이 분야는 행동심리학에서 영감을 받았고 게임과 정보 이론에서 단서를 얻는다.[53] 구글 딥마인드 알파고AlphaGo는 강화학습으로 훈련을 받은 뒤 인간 바둑기사를 상대로 첫 승을 거뒀다. 바둑이 인간 고유의 특징이라 믿었던 높은 수준의 직관력과 패턴 인식이 요구되는 게임인 만큼 AI가 게임에서 이긴 것은 특히 중요한 이정표가 된다.[54] 이제 인간과 기계 모두 시험과 강화를 통해 배울 수 있게 되었다.

또 다른 AI 방법인 '자연언어 처리natural language processing; NLP(이하 NLP)'는 컴퓨터와 인간의 자연언어 사이의 연결을 주목한다.[55] 언어를 이해한다는 것은 곧 하나의 단어 뒤에 있는 의미를 해독하도록 요구하기 때문에 이것이 AI에게는 일종의 도전이다.[56] NLP는 기계 번역, 음성 인식 및 문서 요약 전반에 걸쳐 인간 언어로 제기된 질문을 해독·이해·답변할 수 있는 능력을 개발하면서 훨씬 더 접근하기 쉬운 수많은 응용에 대한 잠재력을 갖고 있다. 기본적으로 NLP는 비非프로그래머가 컴퓨터와 상호 작용하고 협업할 수 있게 한다. 또한 기존 데이터 대부분이 구조화되어 있지 않은 관계로 NLP가 이를 분석하는 데 도움이 될 것이다.[57]

IBM의 왓슨은 NLP의 한 예로, 자연언어로 제시된 질문을 수용하고 응답할 수 있다. 왓슨은 〈제퍼디!〉에서 경쟁하는 것에서부터 의사가 환자를 진단하기 위해 수천 편의 의학 저널을 스캔하는 것에 이르기까지 다양한 방법으로 활용되었다.[58] 예일,[59] 듀크, 클리블랜드 클리닉Cleveland Clinic과 같은 기관들뿐만 아니라 메모리얼 슬론 케터링 암센터Memorial Sloan Kettering Cancer Center의 여러 암 연구에서도 의료 전문가들은 왓슨을 이용 중이다. 이 암센터에서 왓슨은 의사가 환자에게 고려할 수 있는 가능한 선택지를 결정하기 위해 의료 기록 검색을 통해 폐암 환자 관리를 돕는 책임을 맡고 있다.[60] 이 책을 집필할 당시, 초기 결과들은 왓슨의 잠재력을 보여주었지만 전반적 결과들은 서로 엇갈렸다. 그러나 NLP와 함께 작동하는 신경망을 개발하면 인공지능 기술의 신비성을 제거하는 데 도움이 될 것이며, 기계에 의해 훈련된 기계가 어떻게 결론에 도달하는지를 설명하는 데 도움이 되는 LIMELocal Interpretable Model-Agnostic Explanations 시스템과 같은 기술도 그처럼 도움이 될 것이다.[61]

2010년대 후반까지 합성 지능은 컴퓨팅 능력 향상과 엄청난 양의 디지털 데이터 세트에 대한 접근으로 머신러닝의 발전을 포함한 주요한 발전을 이룩했다. 합성 지능의 발전과 확산은 대중 사상과 문화에서 훨씬 더 높은 주목을 받고 있다. 그러나 AI 과학을 진정으로 지능적인 것으로 인식할 수 있는 변형적 기술로 추진하기 위해서는 여전히 많은 의문점들을 해결해야 하고, 많은 기능성 역시 아직 설계되지 않았다. 높은 수준의 미묘한 지적 성과를 달성하는 데 있어 주요한 장애물은 우리가 말하는 상식을 기계에 부여하지 못하는 현재의 무능력이다.[62] 상식은 우리 인간이 당연하게 여기는 일상적 특성이다. 말하자면 일생 동안 축적한 경험과 지식의 총합을 바탕으로 신속하게 건전한 판단을 내릴 수 있는 능력이다. 우리 모두는 상식이 우리의 일상적 의사결정의 대부분을 지배한다는 것을 알고 있지만, 이런 노하우가 어떻게 해서 우리에게 이런 많은 작은 결정을 하게 만드는지를 완전히 이해하지도 설명하지도 못하고 있다.

우리 인간이 이러한 지속적이고 얼핏 보기에 매우 사소한 결정을 내릴 때는 광범위한 감각과 기술을 동시에 사용하여 일상 활동에 원활하게 통합되는 가정과 연관성을 즉각적으로 만들어낸다. 진정한 인간다운 지능을 갖춘 생각하는 기계를 개발하기 위해서는 인간의 이런 상식적인 문제해결 방법을 알아내는 것이 가장 큰 과제이다.[63] 이제 기계가 볼 수 있도록 돕는 기술(가령, Dense Object Nets[DON] 컴퓨터 시각 시스템)을 개발했기 때문에,[64] 페이스북 AI 연구Facebook AI Research의 이사이자 NYU뉴욕 대학 데이터과학센터Center for Data Science의 설립 책임자인 얀 르쿤Yann LeCun(1960~)은 기계가 이미지 스캔 및 비디오 시청을 통해 시각적 학습으로부터 상식적인 지식을 얻을 수 있을 것이라고 한다. 이런 추측은 인간의 아기와 다르지 않은 방식으로 학습하는 것처럼 시지각視知覺이 언어보다 훨씬 더 많은 맥락을 추가하기 때문이다.[65] 어린아이가 어떻게 점진적으로 상식을 습득하는지를 발견하는 것이 바로 그 열쇠일 수 있다.

클라우드 컴퓨팅과 강력한 데이터 처리 시스템을 통해 AI 연구가 번창하고 있지만, 높은 수준의 인간 지능을 시뮬레이션할 수 있을 만큼 빠르게 매우 많은 수의 계산을 하려면 훨씬 더 많은 컴퓨팅 성능이 요구될 것이다. 이것은 차세대 컴퓨팅이고 페타플롭으로 그 속도를 측정하는 양자 컴퓨팅의 발전과 함께 도래할 것으로 보인다.[66] 오늘날 고전적인 컴퓨팅 세대는 우리의 기기에 동력을 공급하기 위해 엄청난 양의 에너지를 필요로 한다. 2040년이면 전 세계 컴퓨터를 모두 가동할 수 있는 능력은 소진될 것이므로[67] AI 고도화에 필요한 컴퓨터 역량을 찾으려면 그 도약은 양자적 도약이 이루어져야 한다는 연구결과가 나왔다.

오늘날 컴퓨터가 데이터 저장을 위해 사용하는 전통적인 1과 0의 이진 코드와 달리, 양자 컴퓨팅의 '큐비트qubit'는 훨씬 더 많은 정보를 저장할 수 있다.[68] 큐비트는 동시에 켜지거나 꺼질 수도 있다. 프로그램이 큐비트를 검사할 때에만 한 값 또는 다른 값을 강제로 취하게 된다. 이러한 두 상태의 동시 보류는 큐비트의 값이 전자의 스핀(위 또는 아래)이나 단일 광자의 편극(수직 또는 수평)과 같은 양자 상태에 연결되어 있어서 가능하다. 그리고 큐비트는 켜짐 상태와 꺼짐 상태를 동시에 유지할 수 있기 때문에, 큐비트 집합을 사용함으로써 동시에 수많은 가능성을 고려할 수 있다.

이처럼 더 빠른 차세대 칩, 적어도 (뇌 회로를 더 밀접게 모방하는) 뉴로모픽neuromorphic 칩은 인간의 뇌가 기능하는 방식을 모방함으로써 별도로 내부에 프로그래밍되지 않은 방식으로 데이터를 처리하고 반응하며, 우리 인간처럼 그 자체로 그리고 즉각적으로 사고할 수 있게 하는 기계를 작동시킬 수 있는 능력을 가질 것이다.[69]

■ AI의 간략한 역사

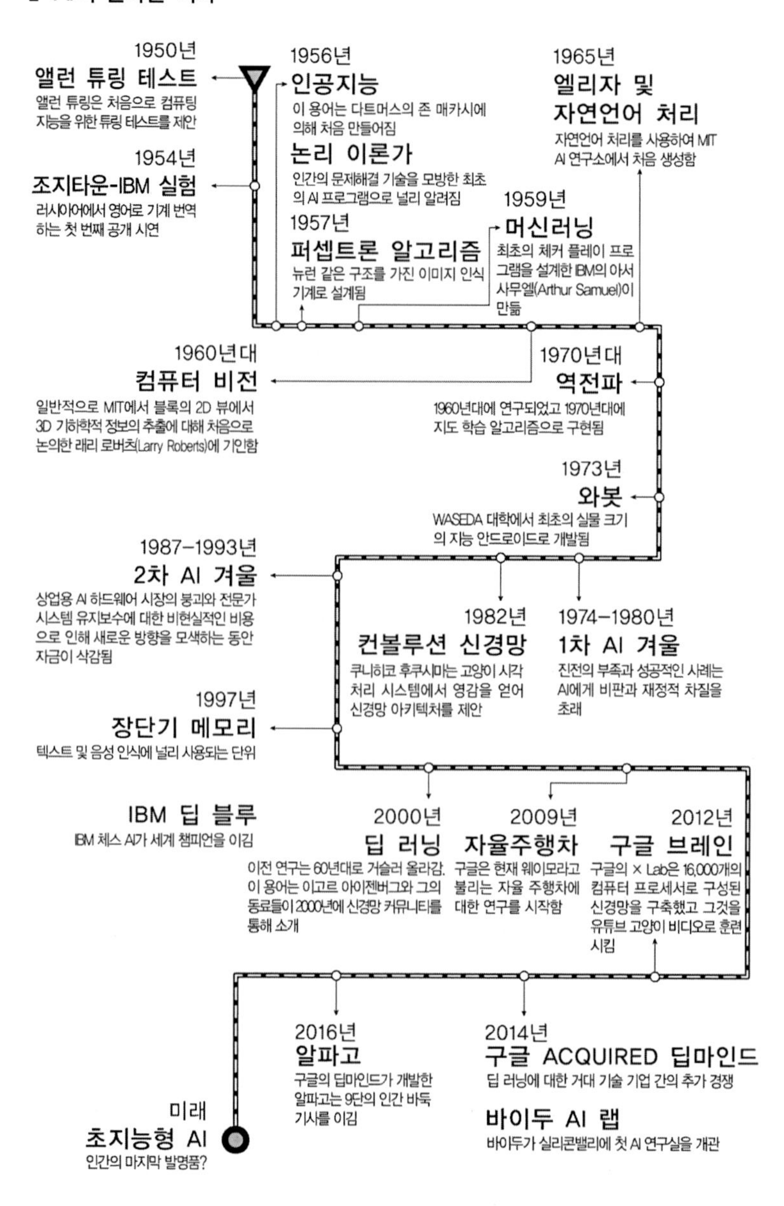
1950년
앨런 튜링 테스트
앨런 튜링은 처음으로 컴퓨팅 지능을 위한 튜링 테스트를 제안
1954년
조지타운-IBM 실험
러시아어에서 영어로 기계 번역하는 첫 번째 공개 시연
1956년
인공지능
이 용어는 다트머스의 존 매카시에 의해 처음 만들어짐
논리 이론가
인간의 문제해결 기술을 모방한 최초의 AI 프로그램으로 널리 알려짐
1957년
퍼셉트론 알고리즘
뉴런 같은 구조를 가진 이미지 인식 기계로 설계됨
1959년
머신러닝
최초의 체커 플레이 프로그램을 설계한 IBM의 아서 사무엘(Arthur Samuel)이 만듦
1965년
엘리자 및 자연언어 처리
자연언어 처리를 사용하여 MIT AI 연구소에서 처음 생성함
1960년대
컴퓨터 비전
일반적으로 MIT에서 블록의 2D 뷰에서 3D 기하학적 정보의 추출에 대해 처음으로 논의한 래리 로버츠(Larry Roberts)에 기인함
1970년대
역전파
1960년대에 연구되었고 1970년대에 지도 학습 알고리즘으로 구현됨
1973년
와봇
WASEDA 대학에서 최초의 실물 크기의 지능 안드로이드로 개발됨
1987–1993년
2차 AI 겨울
상업용 AI 하드웨어 시장의 붕괴와 전문가 시스템 유지보수에 대한 비현실적인 비용으로 인해 새로운 방향을 모색하는 동안 자금이 삭감됨
1982년
컨볼루션 신경망
쿠니히코 후쿠시마는 고양이 시각 처리 시스템에서 영감을 얻어 신경망 아키텍처를 제안
1974–1980년
1차 AI 겨울
진전의 부족과 성공적인 사례는 AI에게 비판과 재정적 차질을 초래
1997년
장단기 메모리
텍스트 및 음성 인식에 널리 사용되는 단위
IBM 딥 블루
IBM 체스 AI가 세계 챔피언을 이김
2000년
딥 러닝
이전 연구는 60년대로 거슬러 올라감. 이 용어는 이고르 아이젠버그와 그의 동료들이 2000년에 신경망 커뮤니티를 통해 소개
2009년
자율주행차
구글은 현재 웨이모라고 불리는 자율 주행차에 대한 연구를 시작함
2012년
구글 브레인
구글의 X Lab은 16,000개의 컴퓨터 프로세서로 구성된 신경망을 구축했고 그것을 유튜브 고양이 비디오로 훈련시킴
2016년
알파고
구글의 딥마인드가 개발한 알파고는 9단의 인간 바둑 기사를 이김
2014년
구글 ACQUIRED 딥마인드
딥 러닝에 대한 거대 기술 기업 간의 추가 경쟁
바이두 AI 랩
바이두가 실리콘밸리에 첫 AI 연구실을 개관
미래
초지능형 AI
인간의 마지막 발명품?

인간 마음의 모델링

좁게 보면 지능을 정의하는 전문가들만큼 지능에 대한 정의도 많다.

R. J. 스턴버그 R. J. Sternberg

어떻게 무기질 지능을 모델링해야 하는지에 대해서는 여전히 의문점도 많고 의견도 다양하다. 어떤 사람들은 인간의 뇌를 모방하는 것이 가장 논리적이고 실용적인 접근법이라 믿는 반면,[70] 어떤 사람들은 명백한 원형原型을 거부하고 AI 시스템이 다양한 형태의 지능에 의해 모델링 될 수 있다고 주장한다.[71] 후자의 관점을 받아들이는 것은 스마트 기계가 우리와 같은 뇌를 가져야 한다는 생각을 버리고, 대신 인간의 지능과는 전혀 다른 방식으로 지능적일 수 있다는 것을 인식한다는 얘기이다. 또 다른 사람들은 인간의 사고를 AI에 대한 길잡이와 영감으로 보지만, 그 최종 목표는 인간 지능과 유사한 시스템을 만드는 것이 아니라고 믿는다.[72]

이 문제를 혼란스럽게 하는 것은 AI에 대해 보편적 정의가 없다는 점이다. 우리는 AI가 어떻게 작동하는지 완전히 이해하지 못하는 것처럼, 우리 자신의 뇌가 어떻게 기능하는지를 완전히 이해하지도 못하고, 또 의식이 무엇인지, 누가 또는 어쩌면 무엇이 의식적인지도 확실히 파악하지도 못하고 있다.[73] 우리는 기억을 저장·회수·처리하는 법을 지금도 계속 배우고 있고,[74] 왜 우리가 꿈을 꾸고 잠을 자는지도 잘 알지 못한다.[75] 우리 성격 중 얼마나 많은 부분이 우리의 뇌에서 나오는가에 대한 질문처럼, 천성 대 양육의 문제는 지금도 지속되고 있다.[76] 우리 스스로 결정을 어떻게 내리는지도 정확히 알지 못하고,[77] 지각이 어떻게 작용하는지도 모르며,[78] 우리 자신에게 자유의지가 있는지도 정확히 모르고 있다.[79]

나는 우리의 지능 기술을 우리 자신의 뇌에 근거해서 확실하게 모델링하지 못하는 현재의 무능력이 궁극적으로 실패가 아닌 오히려 우리의 한계를 수용하고 관점을 넓힐 수 있는 독특한 기회로 판명될 수 있다고 주장한다. 우리의 지능을 새로운 문제를 해결할 수 있는 능력으로 본다면, 이는 인간 지능만이 아닌 세상의 매우 다양한 지능을 존중할 수 있는 문을 열어준다.

어쩌면 새로운 형태의 지능이 우리에게 줄 가장 큰 선물은 우리 뇌의 복제 모델이 아니라, 지능, 생명, 의미, 우리 인류가 무엇이며 무엇이 될 수 있는지에 대한 우리의 렌즈와 관점의 확장일 것이다. 뿐만 아니라 새로운 형태의 지능은 우리 주변의 세계와 더 잘 소통하고, 이해하고, 보호할 수 있도록 도와줄 것이다. 그 과정에서 우리 자신의 마음, 몸, 존재에 대해 우리가 알지 못하고 있는 질문들은 실제로 우리 자신 밖에서 비슷하게 지능을 추구할 때 새로운 빛을 찾을지도 모른다.

지능—누가 지능이 있는가?

> 인간은 기계이다. 새도 기계이다. 전 우주가 기계이다.
>
> 마르코 치앙키 Marco Cianchi

하나의 정의에 따르면, 지능은 '추리, 문제해결, 학습을 위한 일반적인 정신적 능력'이다.[80] 교육연구자 칼 베라이트 Carl Bereiter(1930~)는 지능을 '무엇을 해야 할지 모를 때 사용하는 것'으로 정의한다.[81] 앞서 나의 주장은 '새로운 문제를 해결할 수 있는 능력'이라 했는데, 그렇다면 당신은 어떻게 정의하겠는가?

예를 들어, 전자계산기는 이제 우리 인간보다 더 빠른 속도로 특정 계산을 수행할 수 있다. 이것은 이 분야에서의 계산 능력이 우리 분야보다 뛰어나다는 것을 의미한다. 하지만 아무도 그 계산기가 지능적이라 주장하지는 않을 것이다. 확실히 그것의 본래 목적을 벗어나서는 지능적일 수 없다. 계산기는 자동차를 운전하거나 보드 게임을 하지 못하고, 고통스러운 대화를 이마를 맞대고 협상하거나 차기에 나올 미국 소설을 쓰지도 못한다.[82]

AI는 종류가 다양하고, 다른 종들과 기계들 사이에서는 무한히 더 많다. 지능이 다중 축 스펙트럼에 있다고 생각하면 이를 이해하는 데 도움이 된다. 지능은 학습, 추론, 지각, 계획, 언어 처리, 문제해결과 같은 개념을 포함하여 인간 마음의 작용과 관련이 있다.

인간의 역사가 진행되는 동안, 우리 인간은 여러 단계의 계층적 지능이 정교한 형태의 개념idea에서 패턴을 인식하고, 그것을 토대로 일군의 지식을 만들어 낼 수 있는 능력을 활용할 수 있었다.[83] 인간은 이 지식을 전달하기 위해 시간과 공간을 넘나들며 우리의 마음을 연결함으로써 지구상의 다른 종에 대한 통제와 지배력을 가질 수 있었다.[84] 예를 들어, 무기를 만드는 방법이나 어디서 음식을 구할 수 있는지에 대한 정보를 전달할 수 없었다면, 우리는 결코 살아남거나 지금의 우리로 진화하지 못했을 것이다.

우리 인간은 우리 스스로를 우주의 중심에 두고, 지능에 대한 그 어떤 논의에서든 우리 자신을 '최고 높은 지위'에 놓으려는 지배적인 경향이 있다. 그래서 철학자 대니얼 데닛Daniel Dennett(1942~)이 말하듯 '대뇌 중심cerebrocentric'이다. 그러나 동식물[85]에는 우리 자신의 지능을 매우 무색하게 만드는 특정한 종류의 지능이 있다. 호기심이 끝이 없었던 박식가이자 창의적인 사상가였던 찰스 다윈Charles Darwin(1809~1882)의 《종의 기원On the Origin of Species》에 상세히 기술된 진화론은 당시 출판이 거부되었으며, 지금도 종교적 가르침에서 여전히 거부되는 데는 나름의 이유가 없지 않다.[86] 인간은 종종 자신의 기원에 대한 이야기가 아메바나 침팬지와 같은 조상을 공유한다고 믿기보다는 더 높은 위력의 이미지에서 만들어지기를 선호하고 있기 때문이다. 그러나 결국은 우리가 태양 중심의 태양계를 일반적으로 받아들이게 되면서, 우리들 대부분은 우리 인간이 다른 종에서 진화했다고 믿게 되었다. 새로운 지능형 에이전트가 인간 세계에 통합되면 진화적 성장을 위한 변증법적 순간이 도래할 것이다.

> 나는 내가 하는 일이 자연의 디자인 과정을 모방하는 것이라고 생각한다. 모든 생물학적 세계의 엄청난 아름다움과 복잡성은 바로 이 단순한 아름다운 디자인 알고리즘에 기인하고 있다.
>
> 프랜시스 아놀드 박사 Dr. Frances Arnold

나뭇잎은 인간이 할 수 없는 방식으로 빛을 광합성할 수 있고, 맹수 재규어는 가장 뛰어난 인간 운동선수보다 더 빠른 속도로 달리고 덤벼들 수 있다. 연어는 몇 년 동안 바다에서 사라졌다가 정확한 출생지로 돌아간다. 침팬지는 사람보다 단기기억이 뛰어나다. 그리고 빌리에게서 봤듯이 문어는 자신의 인지를 분산시키고 동시에 여러 문제를 해결할 수 있는 능력을 갖고 있다.

동물들과 비교해서 없거나 다른 생물보다 더 적게 있는 많은 형태의 지능이 우리에게 있다. 그래서 AI와 인간 지능을 비교하면 편안한 이해 영역 안에서 문제의 뼈대를 만드는 것이 도움되지만, 불가피하게 다른 형태의 독특한 지능을 고려하지 못하게 된다.

인간은 기계가 특정 계산을 수행하거나 데이터를 빠르게 분별할 수 있지만, 그렇다고 해서 그 기계가 생각 중이고 무엇을 하고 있는지를 이해할 수 있다고 속단할 수는 없다. 사고하고 무엇이 지능을 구성하는가에 대해 생각하는 근본적인 접근 방식을 확대하고, AI를 제대로 설계하고 구현하고 그것과 공존하려면 모든 종류의 지능을 충분히 존중하도록 지적 호기심을 도모해야 한다.

다음 두 가지를 고려해 보라. 첫째, 왜 우리가 인간 지능을 기계나 말벌, 돼지와는 전혀 다르고, 그들보다 더 나은 것으로 분리해야 할 필요성을 느끼는지를 생각해 보라. 둘째, 애플의 시리나 IBM의 왓슨과 같은 소프트웨어를 만드는 데 사용되는 수학적 과학이 우리 뇌의 신피질과 다르지 않다는 것도 고려해 보라. 신피질은 생물학적 형태의 통계분석을 통해 지각, 언어, 인지적 사고 그리고 의식의 감각을 담당하는 뇌의 가장 크고 가장 새로운 부분으로 형성되고 진화한 것이다.[87]

생물학으로부터 영감을 받은 공학과 로봇공학을 연구하는 컴퓨터공학자인 래디카 나그팔Radhika Nagpal과 같은 과학자들은 이미 AI를 다른 형태의 지능에 입각하여 모델링하는 실험을 했다.[88] 나그팔은 물고기의 지능에 대한 매혹적인 연구를 하고 있으며, AI를 이해하고 설계하고 개발하기 위해서는 '인간이 최고이다'라는 사고방식에서 벗어날 필요가 있다고 주장한다. 인지신경과학 및 전산신경과학 교수 아닐 세스Anil Seth(1972~)는 생존 가능성을 극대화하기 위해 세상과 자신을 영리한 방법으로 지각하고, 인간의 방식과는 매우 다른 방식이긴 하지만 실제로 의식적일지도 모르는 문어의 지능에 대해서도 생각해 보라고 당부한다.[89] 자신의 경력 초기에 로드니 브룩스Rodney Brooks(1954~)는 실제적인 활동과 행동이 두뇌 활동인 계산보다 AI에 더 유용한 모델이라고 느꼈다. 1980년대 고전적 AI를 무시하고 개척한 '새로운 AInouvelle AI'에 대한

그의 생각은 곤충을 모델로 한 로봇을 만드는 것을 목표로 한 것이다.[90]

당시 브룩스는 진정성 있는 지능적인 시스템을 만들기 위해서는 상징과 구성된 세계의 수학적 계산을 기계로 프로그래밍하는 고전적인 AI 모델과는 달리 물리적 세계에 기반을 둔 단순한 행동에 집중하는 것이 필수적이라고 제안했다.[91] 이 모델은 지속적으로 센서의 중요성을 언급함으로써 AI가 학습 과정에 효과적이고 관련성을 유지하기 위해 지속적인 업데이트가 필요한 문제를 해결할 것이다. 브룩스는 이런 단순한 행동에 의지하면서 복잡한 행동이 실재 환경과의 상호 작용을 통해 나타날 것이라는 이론을 수립했다.[92] 모든 형태의 지능을 소중히 여기고 그 진가를 인정하는 것은 합성 지능을 만드는 것뿐만 아니라 우리 자신의 지능을 이해하는 데도 필수적이다.

AI 효과

AI가 우리 생활에 점점 더 일상적이고 만연해짐에 따라, AI의 식별과 정의, 또 우리가 지능형 기술이라고 인식하는 것 역시 변화하고 변형되는 경향이 있다. AI를 분류하고 정의하는 것을 더 어렵게 하는 것은 원래 AI로 분류된 기술이 일상적으로 우리 존재에 정기적으로 통합된 뒤부터는 AI로 간주되는 것을 멈추는 경우가 비일비재하기 때문이다. 이는 AI의 한 형태가 어떤 일을 마스터해 일상화되면서 나타나는 'AI 효과AI Effect'이다.[93] 그러자 사람들은 해당 기술(가령, 바둑이나 체스에서 인간을 이기는 것)이 실제로 생각하거나 진정한 지능을 발휘하지 못하면, 진정성 있는 AI의 종류가 아니라고 제안하기 시작한다. 인지과학자이자 《괴델, 에셔, 바흐Gödel, Escher, Bach》의 저자 더글라스 호프

스태터Douglas Hofstadter(1945~)는 이런 AI 현상을 이렇게 요약한다. "AI는 아직 구현되지 않은 모든 것이다."[94]

왜 그럴까? 우리가 이전에 인간 고유의 특성으로 여겼던 특정한 지능의 위업을 보여줄 때, 우리는 필연적으로 그 기술에 익숙해지고 그것을 더 이상 지능으로 간주하지 않았다. 도대체 그 이유는 무엇일까?

지적 우월성을 주장하고 진보하는 기술을 우리가 지능이라고 생각하는 것과 구별하는 인간의 성향은 아마도 우리보다 더 똑똑하거나 더 똑똑해질 수 있는 것에 대한 우리의 깊은 두려움을 보여준다. 일단 넷플릭스와 구글 알고리즘을 일상생활에 통합하면, 우리는 그것을 생각하는 알고리즘으로 범주화하기를 멈추고, 단지 우리의 다음 영화나 마음에 드는 신발을 선택할 수 있는 일반적인 웹사이트 기능으로 격하시킨다. 자율주행차는 단순히 컴퓨터의 명령을 따르기만 하는 것으로 여긴다. 이는 AI와 인간의 관계에서 필수적인 요소로 보이며 심각한 실존적 위협을 예고한다.

지능형 기술을 두려워하는 것은 생산적이지 않다. AI의 일반 과학에 대한 교육은 중추적이므로 AI는 보다 포괄적이고 접근 가능하다. 이는 다양하고 접근 가능한 방식으로 더 쉽게 논의됨으로써 AI를 훨씬 덜 위협적이게 만드는 주제이다. AI 전문가만이 미래 응용 분야에 내밀하게 연관된 곳에서부터 우리 모두 그 영향을 이해하고 그 설계에 참여할 수 있는 곳까지 서로의 대화를 확대하면 한층 더 나은 해결책을 찾을 수 있을 것이다.

과학에 대해 생각하는 다른 방식에 우리의 마음을 열게 되면 과학에 접근하는 것 역시 더 쉬워질 것이다. 약한 AI에서 강한 AI로 발전하려면, 인간의 마음을 생각하는 기계의 현재 개발에서의 혁신은 어떻게 우리 대다수의 감독이나 통제를 훨씬 능가하는 속도로 가속될 수 있는지를 염두에 두며 과학과 함께 발전해야 할 것이다.

기계가 창의적으로 사고하고, 협소한 AI에서 범용 AI로 나아가도록 가르치기 위해서는 우리 역시 창의적으로 사고해야 한다. AI 실험은 이미 의학의 기적적인 발전을 만들어냈고, 이제 거의 완벽하게 우리의 말까지 흉내낼 수 있다. AI는 블록체인, 3D 프린팅, 유전자 가위로 일컬어지는 크리스퍼CRISPR와 같은 기술과 함께 삶의 위대한 퍼즐들을 해독할 수 있다. 그 잠재력은 무궁무진하다. 하지만 이 기술을 유익하게 성공적으로 개발하는 유일한 방법은 사회에 미칠 결과를 충분히 고려하지 않은 채 그것을 이용만 하려는 인간의 충동을 억제하는 것이다.

이것이 과학적 진보와 함께 우리의 인류를 보존하고 보호하며 확장하기 위한 과제이다. 그 누구도 모든 답을 갖고 있지 않다. 보편적으로 유익한 해결책은 혼자서는 번창할 수 없다. 그래서 체스와 바둑의 고수들이 항상 AI 선수에게 진다고 나는 생각한다. 왜냐하면 우리는 개인적 승리와 출중한 마음의 능력에 기뻐하고 싶겠지만, 그것은 폭탄, 병원, 게임, 도시, 우리 인류를 새로운 높은 지위로 끌어올리는 AI를 구축하는 것 등 집단 지능의 힘을 사용하여 협력하는 팀에게는 도저히 상대가 되지 않는다.

우리 인간이 지구라는 행성에 살고 있는 한, 그리고 살다가 숨을 거둔 이후에도 진화하는 기술적 진보는 막을 수 없다. 지능의 스펙트럼은 무한하다. 우리는 존재적 다양성의 완전한 프리즘을 인식하고 축하하며, 삶의 순환과 역사의 흐름 속에서 우리의 위치를 찾고, 기계와 함께 일할 수 있는 방법을 찾을 수 있을까? 그것이 무엇이든지 간에 다음에 등장할 것을 위해 모든 종류의 지능을 사용하면서 말이다.

03

동질성의 위험과 조합적 창의성의 힘

제3장

동질성의 위험과 조합적 창의성의 힘

만약 내가 더 멀리 봤다면, 내가 거인들의 어깨 위에 올라서 있었기 때문이다.

아이작 뉴턴 Isaac Newton

에이다 러브레이스Ada Lovelace(1815~1852)는 19세기 전반기에 살았던 영국의 수학자이다. (또한 러브레이스는 시인 바이런 경Lord Byron(1788~1824)의 딸이었는데, 바이런은 메리 셸리Mary Shelley를 제네바에 있는 자기 집으로 초대해 즐거운 주말을 보내면서 장차 《프랑켄슈타인Frankenstein》으로 나올 유령 이야기를 창작할 수 있는 자신감을 불어 넣었다.)[1] 1842년 러브레이스는 '컴퓨터의 할아버지' 찰스 배비지Charles Babbage(1791~1871)를 위해 그가 쓴 프랑스어 논문을 영어로 번역하는 임무를 맡았다.[2] 배비지의 논문은 혁신적인 새로운 자동 계산기인 분석 엔진Analytical Engine에 관한 내용이었다. 러브레이스는 원래 이 논문 번역만을 위해 고용되었지만, 여백에다 기계에 대한 자신의 아이디어를 생각나는 대로 거침없이 메모하면서 자신의 독특한 통찰력을 덧붙였다.[3] 바로 이때 이 분석 엔진이 기호를 해독하고 음악, 예술, 그래픽을 만드는 데 사용될 수도 있다는 것을 그녀는 알았다.[4] 베르누이 수열Bernoulli numbers sequence 계산법과 '러브레이스의 반론Lovelace objection'으로 알려지게 된 방법이 적힌 그녀의 노트는 당시로서는 실제로 그 기계를 만들 수 없었지만 그럼에도 불구하고 이는 기록으로 적힌 최초의 컴퓨터 프로그램이었다.[5]

▮ 에이다 러브레이스 Ada Lovelace

▮ 찰스 배비지 Charles Babbage

사진 : 옮긴이 추가
출처 : sciencemuseumgroup.org.uk(왼쪽), Library of Congress, Washington, D.C.(오른쪽)

▮ 분석 엔진

분석 엔진은 오늘날 디지털 컴퓨터의 가장 기본적인 기능 중 일부를 구현하기 위해 아날로그 시스템을 주로 사용했다. 입력에는 일련의 펀치 카드를 사용하고 출력에는 아날로그 프린터에 의존했다. 용량 면에서, 물리적 페그와 회전 드럼을 사용한 기계와 원시 CPU의 사용은 1900년대에 만들어진 튜링 기계의 기준을 만족시킨 덕분에 오늘날 용어로 말하면 기계가 '튜링-완전체'를 이룰 수 있게 해주었다.

사진 : 옮긴이 추가
출처 : sciencemuseumgroup.org.uk

그녀의 활약은 놀라웠다. 비록 수학자로서의 정규 교육을 받은 적은 없지만, 러브레이스는 배비지 발명의 한계를 뛰어 넘어 프로그래밍 가능한 컴퓨터의 힘과 잠재력을 상상해냈다.[6] 또한, 그녀는 여성이었으며, 19세기 전반의 여성들은 전형적으로 이런 직업을 갖기에 적합하지 않았다. 러브레이스는 당시 여성들이 정식 저자로 받아들여지지 않은 탓에 자신의 이름을 뜻하는 머리글자로만 자기 연구에 서명해야 했다.[7] 그럼에도 불구하고 이를 참고 견뎌낸[8] 그녀는 마침내 전 세계 최초의 컴퓨터 알고리즘으로 간주된 자신의 연구로 인해 훗날 최초의 컴퓨터 프로그래머라는 칭호를 누리게 되었다.[9]

상상력이 풍부한 시적인 수학자였던 러브레이시는 분석 엔진이 "자카드 문직기紋織機; Jacquard loom가 꽃과 잎을 엮는 것처럼 대수적 패턴을 만든다"고 말하며,[10] 수학을 '시적 과학'으로 불렀다.[11] 그녀는 교육을 받았지만 전통적인 교육의 속박으로부터 벗어나 자유롭게 그 분야에 도달했다.[12] 그 덕분에 그녀는 이 새로운 유형의 컴퓨팅 머신이 숫자와 양 그 이상의 용도로 사용될 수 있다는 것을 상상할 수 있었다.[13]

에이다 러브레이스는 우리를 '계산에서 컴퓨팅으로' 데려갔고,[14] 약 2세기 후 그녀의 이런 선견지명은 사실로 증명되었다. 그녀는 당시 자신의 기여에 대해 거의 인정을 받지 못하다가 〈뉴욕타임스〉가 1851년 이후 간과했던 많은 여성과 유색인종을 기리고자 결정한 2018년이 되어서야 신문사의 공식 부고장을 받았다.[15] 그녀는 19세기 중반 이미 컴퓨터의 방대한 잠재력을 보았고, 수학 탐구에 대한 자기만의 창의적이고 파격적인 접근법으로 우리에게 다양성, 포괄성 그리고 다학제적인 융합적 지능의 힘에 관한 많은 것을 일깨워 주었다.

누가 미래를 설계할 것인가?

> 혁신은 아름다움을 공학에, 인간성을 기술에, 시를 프로세서에 연결할 수 있는 사람들에 의해 이루어질 것이다. 다시 말해, 혁신은 에이다 러브레이스의 영적 상속자들로부터 나올 것이다. 이들은 예술이 과학과 교차하는 곳에서 번성할 수 있고, 예술과 과학의 결합된 아름다움을 개방하는 반항적 경이로움을 갖춘 창작자들이다.
>
> 월터 아이작슨Walter Isaacson

우리는 누구든 AI를 구축하고 이 혁명적인 기술을 공공의 이익을 위해 사용되도록 할 수 있는 역할을 갖고 있다. 최고의 기술 미래를 건설하기 위해서는 어떤 기술과 지능이 필요할까? 우리는 어떻게 동질성의 함정을 피할 것인가? AI 개발의 거의 모든 주요 발전은 현재 사일로silos(곡식 저장고), 공통점이 없는 실험실, 비밀 정부 시설, 엘리트 학술 기관 그리고 전 세계 곳곳에서 독립적으로 일하는 매머드급 기업들의 사무실에서 이루어지고 있다. 오픈AIOpenAI, MIT-IBM 왓슨 AI랩, 생명 미래 연구소Future of Life Institute 등과 같은 기관이 AI를 구축할 때 무엇보다 투명성이 중요하다는 것을 인식시키기 위해 노력했음에도 불구하고, (이 글을 집필 중인 현재(이 책의 초판이 2019년에 출간되었으므로 아마도 그 즈음일 것이다)) 경쟁사와의 업무를 적극적으로 공유하는 민간 기업은 거의 없다. 지적소유권의 비밀로 유지하는 것이 민간기업 문화에 깊이 뿌리박혀 있지만, AI 기술 개발과 확산이 가속화되면서 서로에 대한 공적 의무는 투명성, 책임성, 공정성, 윤리적 의사결정을 우선시해야 할 정도로까지 이르렀다.

AI의 다양한 분야에 종사하는 사람들은 현재 몇몇 자체적으로 수립한 윤리 지침들을 벗어나서, 거의 또는 아무런 단속도 없이 실행하고 있다. 그들은 일반적이든 산업 내에서든 자신들을 지도할 일관된 법률이나 규정을 갖고 있지 않다.[16] 지능형 기계의 쇄도는 여전히 서부 개척 단계이며, 엄청난 재정적 보상이 걸려 있다. 많은 사람들은 첫 번째 억만장자는 AI 기업가일 것이라 믿고 있다.[17]

차세대 스마트 기술 개발에 대한 보상 탓에 한 치의 의심도 없이 전 세계 가장 똑똑하다는 사람들이 몰려들고 있고, 지금도 AI 전문가에 대한 상당한 수요가 있음에도 불구하고 대부분의 집단은 동질적인 사람들로 구성되어 있다. AI의 많은 기본 개념들은 다양성이 많이 떨어지는 사람들에 의해 만들어졌다. AI의 기본 요소가 심리학, 신경과학, 생체모방,[18] 컴퓨터 공학[19] 등 서로 다른 분야들로부터 끌어낸다는 점에서는 믿을 수 없을 정도로 다방면에 걸쳐져 있지만, AI 개발자들의 인구통계는 이런 다양성을 반영하지 못한다. 연구자 팀닛 게브루Timnit Gebru(1983~)는 2016년 8,500명 정도가 참석한 가운데 개최된 신경정보처리시스템Neural Information Processing Systems; NeurIPS[20] 컨퍼런스에 참석했다. 그녀는 전체 6명의 흑인 참석자 중 유일한 흑인 여성이었다.[21] 선수들 모두 매우 비슷하다면 그 게임은 이미 정체된 것이다.

> 모든 배경과 학력이 같은 고립된 집단의 사람들이 흥미롭고 새로운 것을 생각하기란 얼마나 드문 일인가. 자기강화 습관과 독단주의는 혁명의 좋은 방법일 수 없다.
>
> 프랭크 모트Frank Mot

스마트 기술의 디자인 팀은 오늘날 가장 영리한 컴퓨터 공학자들을 대표하고 있다. 그들은 과학에 놀라운 기여를 해 왔고 앞으로도 계속 그럴 것이다. 하지만 이 주제에 대해 집필 중인 일부와 AI 연구의 더 높은 투명성을 요구하는 연합체를 제외하고,[22] 뛰어난 인재들 대부분은 고립된 채로 일하고 있다. 그 결과 사일로 효과silo effect(사일로는 곡식을 저장해두는 큰 탑 모양의 창고로서, 기업에서 조직의 각 부서들이 사일로처럼 서로 다른 부서와 담을 쌓고, 자기 부서의 이익만 추구하는 현상)가 발생한다.[23] 사일로 효과의 가장 해로운 여파를 피하기 위해서는 인공지능 개발 관련자들의 동질성에 대한 보다 폭넓은 논의가 필요하다.

현재 AI 분야 리더들 중 상당수가 최고 명문학교에서 교육을 받고 고급 학위(석·박사 학위)를 취득했지만 대부분은 지능형 기계를 만드는 것의 윤리적 파급력에 대한 교육은 사실상 받지 못했다. 이런 교육은 역사적으로 해당 분야 전문가들의 표준 기대치가 아니었기 때문이다. MIT의 신설된 AI 대학을 포함해 일부 시범 프로그램이 진행 중이지만,[24] 윤리, 가치, 인권에 관한 강좌는 아직 컴퓨터나 공학 교과과정의 필수과목이 아니다. 하지만 반드시 필수과목으로 가르쳐야 한다.

컴퓨터 공학과 같은 분야에서 전문 기술과 훈련에만 초점을 맞춘 현재 수준의 교육은 이미 존재하는 연구소와 조직 너머를 보지 못하게 사람들을 방해할 수 있다. 차세대 AI 교육에서는 이런 과도한 전문화overspecialization를 경계해야 한다. 가장 어린 미래의 과학자들과 정책 입안자들을 포함해 모든 수준에서 이러한 교육학적 변화를 도입하는 것이 매우 중요하다. Area9의 공동 설립자인 울릭 쥴 크리스텐슨Ulrik Juul Christensen에 따르면, "인공지능AI과 로봇공학 등 첨단 기술은 참신함이 아닌 표준이 될 세상을 차세대들이 준비해야 하는 K-12(유치원에서부터 고등학교를 졸업할 때까지의 교육기간) 교육 체제로 논의가 빠르게 이동 중이다."[25]

현재 AI 게임에서 가장 큰 참여자는 구글, 페이스북, 마이크로소프트, 바이두Baidu, 알리바바Alibaba, 애플, 아마존, 테슬라, (왓슨을 만든) IBM, (알파고를 만들었고 구글에 인수된) 딥마인드DeepMind와 같은 거대 기술 기업들이다. 이 기업들은 더 작은 AI 회사들을 빠른 속도로 집어삼키고 있다. 소수의 엘리트 영리 기업 내에 이런 기술 지식을 정리 통합하는 시도는 전통적인 권력 역학 때문에 앞으로도 계속 증가할 것이다. 다른 많은 사회 변화들 중에서도 이 분야에서 더 작고, 더 민첩하고, 더 다양한 회사들을 탄생시키는, 기업가 정신의 장려를 위한 인센티브가 필요하다. 기술 독점에 찬성하고 기업권력 통합에 대한 정부의 개입에 반대하는 경제적 경향을 가정하면,[26] 창의적 AI 창업에 투자하는 것뿐만 아니라 AI 개발에 있어서의 투명성, 팀워크, 포용적 사고를 불어넣는 것이 얼마나 중요한지를 국민에게 교육시킴으로써 대응해야 한다.

AI 및 관련 분야에 종사하는 가장 뛰어난 인력에 대한 수요는 치열하다. 때문에 막대한 자원을 통제하는 상대적으로 적은 수의 기업들은 상당한 보상을 제공할 수 있다. 심지어 옥스퍼드 대학과 케임브리지 대학 같은 명문 대학들도 거대 기술 기업들이 자신들의 인재를 훔쳐가고 있다고 불평한다.[27]

연방 차원에서는 미 국방부 산하에 있는 국방고등연구기획국Defense Advanced Research Projects Agency; DARPA이 정부의 군사용 AI를 준비하고 있다. 러시아에서 중국에까지 이르는 정부와 거대 기술 기업들은 가장 강력한 지능형 기술을 구축하기 위해 열심히 경쟁 중이다. 각국마다 노력하는 과정에 대해서는 은밀하지만, 주요 소식통들은 중국과 러시아가 다음 우주 경쟁으로 불리는 AI 개발에서 미국을 앞지르고 있다고 지적한다.[28]

AI 인재를 극소수의 비밀 조직 단체에 집중시키는 것은 기술의 민주화를 저해할 수 있는 위험한 선례가 된다. 이는 아이디어를 좀 더 자유롭게 공유했더라면 달성할 수 있었던 것보다 한층 덜 엄격한 학술 연구가 이루어지고 발표될 수 있다는 뜻이기도 하다. 성장, 확장 및 이익에 주로 자본주의식으로 초점을 맞춤으로써 공공 담론의 진자振子가 이런 도구를 구축하는 데 따른 철학적·인간적 영향에 대한 심층적 이해로부터 더 멀리 흔들리고 있다. 이는 이러한 고립된 환경 외부에 처한 연구자와 사람들이 학술기관을 통해 더 자유롭게 토론할 수 있는 주제이다.

> 어쩌면 전 세계적으로 AI 연구의 최첨단에 기여할 수 있는 사람이 7백 명이고, 그들 각자의 업무를 이해하고 상업화에 적극 참여할 수 있는 사람이 7만 명이라면, 그 영향을 받을 사람은 무려 70억 명일 것이다.
>
> 이안 호가스 Ian Hogarth

스마트 기술의 발달로 어렴풋이 다가오는 위협을 더 잘 관리하기 위해, 가능한 한 가장 큰 사고의 스펙트럼을 우리가 논의하는 방으로 초대해 보자. 이런 신념은 다양한 목소리를 내는 것을 뛰어 넘어서야 가능하다. 물론 다양한 목소리는 중요한 출발점이다. 그러나 효과적으로 (그리고 영원히) 협업하려면 다양한 기술과 배경, 자원을 활용하여 똑똑한 개인뿐만 아니라 똑똑한 팀까지 결집시키는 집단 지성으로 나아가야 한다.[29] 토마스 말론Thomas W. Malone(1952~)은 자신의 책 《슈퍼마인드 Superminds》[30]에서 고립된 한 존재의 천재가 아니라 집단 지성이 사업, 정부, 과학 등에서 거의 모든 인간들의 성취에 책임져야 한다는 것을 상기시킨다. 뿐만 아니라 지능형 기술로 인해 우리 모두 훨씬 더 똑똑해질 것이란 것도 함께.

우리의 집단적 독창성을 활용하면 자기만족을 넘어 최고의 미래를 실현하도록 도울 수 있다. 만장일치의 AI[31]는 인간의 지혜, 지식 및 직관을 증폭하기 위해 자연에서 집단적 영감을 받은 군집 지능 기술(군체 마음 같은 것)을 사용 가능하게 하고, 의사결정을 강화하기 위해 집단 역학을 최대한 활용할 수 있도록 한다. 또 다른 아이디어는 알고리즘 투명성과 정보 공유를 더 잘 지원하기 위해 더 많은 오픈소스 알고리즘을 고려하는 것이다.[32] 오픈 소스는 개발자들이 다른 사람들의 공공 작업에 접근하고 이를 기반으로 구축할 수 있게 한다. 더욱 열렬히 우리는 광범위한 기여자 그룹과 함께 도덕적 나침반을 설계하고 이를 AI 생태계 전반에 적용할 수 있도록 노력해야 한다.

STEM Science(과학), Technology(기술), Engineering(공학), Mathematics(수학) 분야는 비교적 동질적으로서, 여성, 유색인종, 능력이 서로 다른 사람, 사회경제적 배경이 서로 다른 사람이 거의 없다. 스탠퍼드 대학의 컴퓨터 공학 전공자의 70%가 남성인 점이 그 한 예이다.[33] 디지털 기술의 영향에 관한 레코드Recode 컨퍼런스에 참석했을 때, 마이크로소프트 연구원 마가렛 미첼Margaret Mitchell은 참석자들을 바라보며 '남성들의 바다(남성들 세상)'[34]라고 표현했다. 물론 이런 대표성의 부족은 많은 문제를 제기하며, 한 가지 문제는 동질적 집단의 편견이 이를 만들어내는 기술에 스며든다는 점이었다.[35]

일반적으로 말해, 미국에서는 '하이테크(첨단 기술)' 임원의 83.3%가 백인이고 80%가 남성이다.[36] 미국 평등고용기회위원회Equal Employment Opportunity Commission는 하이테크 분야의 주요 경제성장 가운데 "기술산업에서의 다양성과 포괄성이 여러모로 악화되었다"고 밝혔다.[37] 현재 여성들은 과거 30년 전에 비해 컴퓨터 공학 학위를 훨씬 적게 취득하고 있다. "2013년에는 컴퓨터 전문가들 중 26%만이 여성이었다. 이는 1990년의 35%에 비해 상당히 낮은 수치이고, 사실상 1960년의 수치와 같다."[38]

제프 딘Jeff Dean(1968~) AI 구글AI Google의 수장은 2016년 8월 AI 디스토피아AI dystopia에 대한 걱정보다 AI의 다양성 부족이 더 걱정된다고 말했다.[39] 그러나 1년 후 구글 브레인Google Brain 팀은 94%가 남성이고 그중 백인이 70% 이상이었다.[40] 많은 AI 조직은 어떤 다양성 데이터를 공유하기보다 공개적으로 이용 가능한 정보를 토대로 AI의 미래로 점쳐지는 팀들을 포함해 각각의 팀들이 거의 동질적으로 여겨지는 경우가 많다.[41] 2018 세계경제포럼World Economic Forum에서 발표된 세계 젠더 격차Global Gender Gap 보고서에 따르면, 전 세계 AI 전문가들 중 여성 비율은 22%에 불과한 것으로 나타났다.[42] 컴퓨터 공학 및 관련 분야의 학위를 받고 졸업한 대표성이 낮은 집단 출신의 수천 명과는 달리, 이미 그 교육 프로그램의 순환에 속한 사람들에게만 열려 있을 때 그 순환은 지속된다.[43]

2018년 기준으로 구글은 69%의 남성 인력을 보유하고 있고, 그중 2.5%가 흑인, 3.6%가 라틴계 직원이라고 보고했다.[44] 페이스북의 직원들 중 흑인은 4%, 히스패닉계는 5%이다.[45] 전체적으로 볼 때 남성이 구글의 리더십 지위 74.5%를 차지하고 있는 것이다.[46] 구글에서 '기계 지능'에 종사하는 사람들 중 여성은 10%에 불과하고, 전 세계 주요 머신러닝 연구자들 중 12%만이 여성이다.[47]

말이 났으니 말이지 여성들이 최초의 컴퓨터 프로그래머였다.[48] 그러나 오늘날 기술 분야에서 훈련을 받은 여성들은 종종 이를 의식하지 않기 일쑤이고 해당 분야의 전반에 스며 있는 편견[49] 가득한 사무실 문화 때문에 결국 대체로 도피하는 경향이 있다.[50] 일반적으로, 좀 더 다양한 기술 창업자들과 백인인 시스젠더(생물학적 성과 성 정체성이 일치하는 사람) 남성[51]이 주도하지 않는 회사를 위한 자금 지원이 너무 낮아 멜린다 게이츠Melinda Gates(1964~)는 여성과 소수민족 주도의 계획서에 초점을 맞추기를 선호하면서도 더 이상 '후드를 입은 백인 남성들'[52]에게는 투자하고 싶지 않다고 말했다.

다양성의 결핍은 재정 지원을 제공하는 사람들을 포함해 모든 기술 수준에 스며든다. 벤처 캐피털 회사는 백인 70%, 흑인 3%, 여성 18%이다(2016년 기준 흑인 여성은 0%이다). 미국의 모든 주요 벤처 캐피털 임원 중 충격적이게도 40%가 하버드 대학과 스탠퍼드 대학 단 두 학교 출신이다.[53]

이는 오늘날의 가장 중요한 신기술 사업에 자금을 대는 사람들은 인종, 성별, 인지적 혈통에서 자신들과 동질적이고 자신들과 비슷해 보이고 비슷하게 생각하는 사람들일 경향이 매우 높다는 것을 의미한다. 나이, 능력, 문화/사회경제적 배경 등의 다른 여러 교차 요인들도 이런 동질성의 순환에 동조한다.[54] 이런 내재적 편견은 기술 생태계 전반에 걸쳐 뚜렷하게 나타나는데, 기술 생태계에서 대표성이 낮은 집단에게 이용 가능한 금액의 한계는 그 산업에서 그들의 과소 대표성과도 일치한다.

다행히 머신러닝 분야 여성Women in Machine Learning WiML, 블랙 인 AIBlack in AI, 레즈비언 후 테크Lesbians Who Tech, 트랜스 코드Trans Code, 걸스 후 코드Girls Who Code, 블랙 걸스 코드Black Girls Code, 다양성 AIDiversity AI를 포함한 다양한 그룹의 사람들에게 기술 분야에서 경력을 쌓도록 장려하는 개인과 단체들이 있다. 이들은 모두 대표성이 낮은 집단이 그 산업에 용케 파고 들어갈 수 있도록 돕기 위해 부단히 노력 중이다.

▌ 기술 분야의 성별 구성

주요 기술 회사의 기술 분야에서 일하는 여성 비율[1]

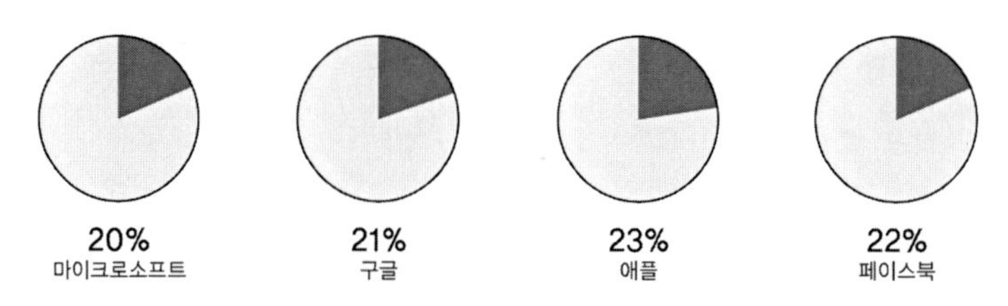

전 세계 AI 연구에서 여성 비율[2]

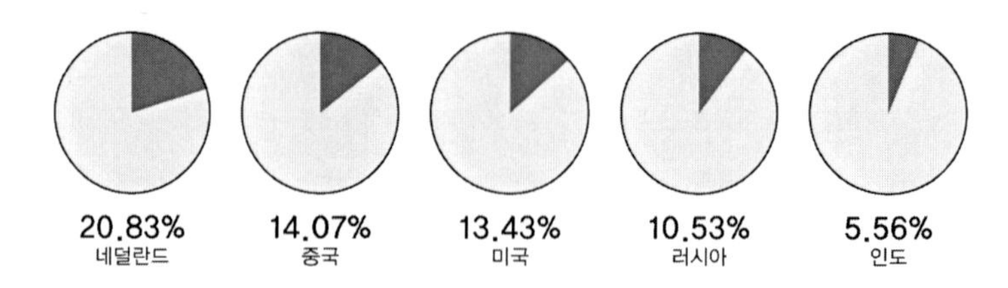

기술 분야에서 리더십을 발휘하는 여성 비율

9% 2017년 고위 IT 리더 직책(CIO, CTO 및 VP TECH)을 맡고 있는 여성[3]

블랙 인 AIBlack in AI의 공동 창업자인 팀닛 게브루Timnit Gebru(1983~)의 말을 빌리면, "우리는 다양성 위기에 처해 있다."[55] 이것은 파이프라인 문제pipeline problem(컴퓨터 따위의 명령 처리 장치 내에 복수의 명령을 오버랩하여 처리하는 방식의 문제)가 있다는 근거 없는 믿음이다.[56] 오히려 무의식적 편향 문제가 상존하고 있는 것이 현실이다.

다른 산업 분야에 비해 기술에서 이질성의 결핍 현상이 두드러진다.[57] 그리고 실망스러운 수치에는 공개적으로 사용 가능한 데이터만 포함된다. 예를 들어, 장애가 있는 기술직원을 위한 통계에는 접근조차 어렵다.[58] AI 분야에서 편견에 대한 저항 그리고 성별, 능력, 인종, 성, 사회경제적 지위, 차별 및 권력의 교차점을 둘러싼 복잡하고 구조적이고 깊이 뿌리내린 문제들에 대해 더 많은 연구와 데이터 및 조치가 필요하다.

고정관념과 폐쇄된 교육 파이프라인의 영속화는 동질성과 집단 내 편견의 악순환을 낳는다. 의식적이든 무의식적이든 우리 중 다수는 우리 자신과 비슷하고 이미 우리 자신의 사회적 집단 안에 존재하는 사람을 선호하는데, 이것은 차별을 유도할 수 있다.[59] 이러한 편견을 갖는 것이 고의가 아니라는 사실은 다른 것으로 변명이 되지 않는다. AI 개발 분야의 동질성이 계속되면 지능형 디지털 도플갱어에 예측 가능한 일련의 편견을 주입하고 프로그래밍할 위험이 있다.

대화 확대

> 누구도 이런 표현을 하지 않지만, 나는 인공지능을 인문학과 다름없다고 생각한다. 인공지능은 실제로 인간 지능과 인간 인지를 이해하려는 시도이다.
>
> 세바스찬 스런 Sebastian Thrun

2018년 미美의회 페이스북 청문회는 오늘날 기술 후예들과 정부 관계자들이 서로에 대해 얼마나 잘 이해하지 못하고 있는지를 보여줬다.[60] 일부 국회의원들은 페이스북의 작동 원리의 기본 요소를 설명해 달라고 요구하며 제한된 시간을 허비했고, 페이스북의 대표자들이 가급적 굳게 입을 다물고 있는 동안 그들은 자신들의 디지털 문맹이 어느 정도인지를 드러냈다.[61] 기술계와 관련 업계, 그리고 이들을 규제하도록 위임받은 선출직 대표들 사이에는 여전히 커다란 이해 차이가 있다. 과학에 대한 훨씬 수준 높은 대중적 이해가 없다면 우리 사회는 기술은커녕 기업과 플랫폼을 감시하는 사회로서의 역할을 기대할 수 없다.

정치 지도자들은 기술을 잘 모르고 기술 지도자들은 가치를 프로그래밍하거나 사회적 편견을 탐지하는 방법을 찾아내지 못했다. 우리는 바로 이 틈새를 메울 방법을 찾아내야 한다. 왜냐하면 우리가 성취한 주요 기술 발전은 인간의 능력과 진화하는 기계의 능력을 다같이 필요로 하는 집단 지능을 통해서만 진정한 진보를 이룰 수 있기 때문이다.[62]

우리가 독학하도록 교육시키는 기계들은 점점 더 많은 성과의 결정 요인이 될 것이기 때문에 우리로선 여기에 다양한 목소리를 담을 수 있는 기회가 제한적이다. 기후 문제와 해결책에 대한 전 세계적인 합의를 이끌어내는 노력은 파리기후변화협약Paris Accord(지금도 여전히 매우 많이 논의되면서도 위험에 함몰되어 있다)과 같은 회의를 개최하는 데만 수십 년이 걸렸다.[63] 인간 생활의 거의 모든 부분에 관여하는 지능형 기계의 도입만으로 이런 활주로가 제공되는 것은 아니다. 만약 지금의 우리가 오늘날의 환경에 대한 확인된 위협에 대해 지금껏 그랬던 것과 같은 방식으로 무관심하게 대응한다면, 장차 우리는 기후변화 자체에 대한 발언권조차 없을지도 모른다.

근시안과 거대한 그림에 대한 견해를 인정하고 받아들이지 못하는 인간의 무능함은 무엇보다 우리를 과학의 협소한 학문 분야[64]로 응축시킨 교육 체제 때문에 촉발된 것이다. 우리는 이를 더 자주 일반화함으로써 더 넓은 범위의 지식을 취득해왔다. 지금은 과학과 수학을 아주 일찍부터 전공으로 택한다.[65] 과학과 인문학 간의 교과과정 분열을 연결하고 전문분야를 넘나들며 협업할 수 있는 기회를 제공하는 것은 이제 필수적이다. 문과 졸업생 중 과학자가 되는 사람은 극히 드물고, 인문학 분야에서 경력을 쌓는 엔지니어는 많지 않다.[66] 이런 현상은 우리의 삶에서 아주 일찍 울타리를 친 학문 분야에 우리 스스로를 꾸겨 넣기 때문이다.[67]

특정 교육 환경에서 발생할 수 있는 고립된 사고는 환원주의적 사고를 부추길 수 있고, 분야 간 대화를 방해하고, 새로운 아이디어의 구성요소인 사고와 숙고의 통로를 차단시킬 수 있다.[68] 윤리적 의사결정에 관한 학습 과정을 포함하도록 과학기술 교과과정을 확장하는 것은 훨씬 다양한 개인들이 STEM 교육을 고려하게끔 장려하는 것과 함께 시작하는 방법 중 하나이다.[69] AI가 번창하기 위해서는 아동심리학자, 동물학자, 수학자와의 상담과 더불어 언어학자, 생물학자 등도 필요할 것이다. '전문가'와 '천재'뿐만 아니라 무엇이 그리고 누가 '비범한'지에 대한 기존의 정의를 다시 생각하는 것도 관건이다. 모든 사람들에게 공정하고 풍요로운 미래 세상은 인간-AI 파트너십을 위해 작업 환경을 재창조할 수 있는 디자이너뿐만 아니라 숙련된 공감 능력자들을 필요로 할 것이다. 또한 창의적 문제해결, 비판적 사고, 윤리적 리더십과 의사결정, 인권 보호, 사회 정의 분야에서 실제 경험을 한 사람들의 요청도 시급할 것이다.

가까운 미래에 우리 삶의 많은 부분들이 우리가 스스로 만드는 가상세계에서 소비될 것이란 명약관화한 사실 때문에 이질성 달성의 역설은 복잡해지고 있다. 과거에 더 쉽게 그러했던 것처럼 우리는 유형有形의 세계를 숙고하고 탐구하는 능력을 자칫 잃을 수도 있다. 〈디 애틀랜틱The Atlantic〉지에서 모니카 김Monica Kim은 다음과 같이 짚었다.

> 만약 가상 현실이 일상생활의 일부가 된다면, 점점 더 많은 사람들은 가상공간에서 대부분 보내려 할 것이다. 미래학자 레이 커즈와일은 2003년에 다소 과장된 예측을 한 바 있다. "2030년대까지 가상 현실은 완전히 현실적이고 강제적일 것이며 우리 대부분은 가상 환경에서 세월을 보낼 것이다. … 우리는 모두 가상 인간이 될 것이다." 이론상 이런 도피주의는 TV, 인터넷 및 스마트폰 사용 증가에 대한 비판에서 말하듯이 새로운 것이 아니다. 가상 현실(VR) 기술이 줄기차게 발전함에 따라 이런 기술이 만들어내는 세계는 커즈와일이 설명하듯 점점 더 현실적이고 남용 가능성이 커질 것이다.[70]

우리 스스로의 이미지로 우리가 살고 있는 가상 세계를 더욱 형성할 수 있다면, 우리는 또한 사일로와 필터 버블(구글과 야후 등 세계적인 인터넷 검색 업체와 페이스북 등 소셜 미디어 기업들이 제공하는 정보에 의존해 정보 편식을 하는 이용자들이 점점 자신만의 울타리에 갇히고 있다는 것을 설명하기 위해 등장한 말)을 깨고 우리가 직접 창조한 것이 아닌 우리와 다른 삶, 사고, 존재 방식을 탐구하는 것에 대해 좀 더 체계적으로 살펴야 한다.

우리의 초지능형 창조물과 공존할 수 있는 사회로 진화하기 위해서, 우리의 교육 체제를 재고하고, 지능과 천재에 대한 우리의 개념을 개정하며, 합성적으로 지능적인 기계가 우리의 많은 일상사를 떠맡는 동안 인간의 독특한 특징이 수용되는 삶을 상상해 봐야 한다.

과연 어떤 종류의 협업이 미래의 위대한 돌파구를 만들어 낼 것인가? 또 우리의 지능형 창조물과 성공적으로 협력하려면 어떤 종류의 지능이 필요한 것일까?

조합적 창의성

> 줄리아드에서 공부하는 재능 있는 젊은 음악가 100명이나 주요 연구소의 저명한 멘토 아래에서 연구하는 뛰어난 젊은 과학자 100명 중 소수자만 기억할 만한 작곡을 하거나 중요한 과학적 발견을 할 수 있는 이유는 무엇일까? 갖가지 재능에도 불구하고 이들 대다수는 현재 상태 이상의 창의적인 불꽃이 부족한 것인가? 대담성, 자신감, 독자적인 마음 등 창의적 성취에 필수적일 수 있는 창의성 이외의 특성들이 누락된 것인가?
>
> 올리버 색스 Oliver Sacks

AI를 설계하는 사람들에게 있어서 더 큰 성별·인종·사회경제적·인지적 다양성을 장려하는 것 외에도 실제 작업에 대한 다학제적 접근법에 중점을 두되 서로 다르고 비非관습적인 지적 배경, 관심사, 기술을 갖춘 개인들의 의견을 통합해야만 우리가 지닌 협소한 개념과 반복적 패턴에 갇히지 않는다.

비록 세상은 뛰어난 전문가들로 가득하지만, 지능형 기계 시대에 가장 적합하고 가장 적용 가능한 천재의 형태는 조합적 창의성combinatorial creativity일 것이다. 이런 조합적 창의성 또는 아인슈타인이 말한 '결합 놀이combinatory play'에 대해서는 앞서 제1장에 다룬 많은 박식가들이 보여주듯이 새롭고 혁명적인 것을 창조하기 위해 서로 다른 생각들의 속성들을 연결하는 것이다.[71] 조합적 창의성은 속마음들뿐만 아니라 사람, 분야, 세대, 사회 사이에도 다리를 놓을 수 있다. 이는 단순히 원초적인 지적 능력이 아니라, 아이디어를 흥미롭고 놀라운 방식으로 결합하여 새로운 개념으로 재형식화하는 것이다.

창의적으로 되어가는 것은 인간이 되는 것이다. 예민한 창의적 능력은 천재와 재능 있는 사람에게만 국한되지 않는다. 우리는 누구든 창의적이다. 우리는 그렇게 태어났다.[72] 상상력과 혁신 능력은 인간으로서 우리가 갖고 타고난 원초적 권리이다. (개인, 민족국가, 기업으로서) 지식을 축적하고, 우리가 공유하는 사상과 통찰의 알렉산드리아 도서관Alexandria's Library을 구축하기 위해 다른 존재들과 협력하지 않는다면 집단적으로 실패할 것이다.

미국을 우주 경쟁의 선두주자로 자리매김하고 존 글렌John Glenn(1921~)을 지구로 안전하게 되돌려 보내는 데 도움을 준, 책이자 영화 〈히든 피겨스Hidden Figures〉에서 놀라운 업적에 대해 마침내 정당한 공로를 인정받은 흑인 여성 '계산자들'이 명백하게 증명하듯이,[73] 우리 인간은 공동의 목표를 위해 함께 일할 때, 그리고 팀 플레이어, 다양한 전문가, 용기 있는 마음을 포괄적으로 혼합할 수 있을 때 가장 최상의 수준을 이룰 수 있다. 그렇게 해서 우리는 달에 우주비행사를 보내고 별을 정확히 현장 조사하고 있다.

수많은 사람들이 협력하는 우리의 능력은 인간을 다른 동물과 구분짓게 하는 기본 중의 기본이다.[74] 바로 이것이 인류세人類世(인류 문명이 농업혁명, 산업혁명 등을 통해 지구 기후와 생태계를 변화시켜 만들어낸 새로운 지질시대) 또는 메갈라야기Meghalayan Age(구체적으로는 전세계 문명을 멸망케 한 4200년 전의 대규모 가뭄을 메갈라야기의 시작으로 보고, 지난 1950년을 끝으로 본다)를 촉발시켰다.[75] 인간은 이제 서로 협력하며 대량 정보를 교환할 수 있다.[76] 우리가 만든 지능형 기계는 엄청난 능력을 갖고 역사상 전례 없는 방법으로 지식을 처리하고 획득하고 공유할 수 있게 할 것이다.

나중에 알고 보니 '좌'뇌와 '우'뇌 같은 것은 없다.[77] 우리 뇌의 반구는 나란히 협력하며 작용한다. 가장 뛰어난 지성인이 가장 성공적으로 이렇게 수행한다는 것을 암시하는 많은 증거들이 있다. 창의성은 공감이나 연민처럼 연마되어야 할 후천적 기술이다.[78] 우리의 뇌는 신경가소성神經可塑性; neuroplasticity을 갖고 있고,[79] 과학은 이전에 우리가 생각했던 것보다 더 오랫동안 우리가 새로운 것을 배우고, 적응하고, 우리 뇌의 구조를 바꿀 수 있음을 보여주었다. 기계와 제휴함으로써 위대한 업적을 새롭게 세우기 위해 집단 지성을 적용할 때, 우리는 기계가 복제하지 못하는 독특한 지적 능력을 우리 인간이 계속 유지할 수 있을지는 아직 알 수 없다.

레오나르도 다빈치와 호기심

> 하늘을 나는 것을 한번 맛보면, 당신은 하늘에 눈이 꽂혀 영원히 땅 위를 걸을 것이다. 까닭은 당신은 그곳에 존재하며 거기서 되돌아오기를 늘 갈망할 테니까.
>
> 레오나르도 다빈치 Leonardo da Vinci

인류 역사상 가장 위대한 마음을 가진 레오나르도 다빈치(1452~1519)보다 더 인류를 새로운 정점으로 끌어올릴 호기심, 독창성, 창의성의 힘과 잠재력을 구현한 사람은 아마 없을 것이다. 그는 조합적 창의성 또는 월터 아이작슨Walter Isaacson(1952~)이 말하는 '조합적 상상력'[80]의 권위를 입증시킨 예이다. 레오나르도는 피렌체 르네상스의 진보적인 삶의 분위기 속에서 살았고, 독일의 발명가 요하네스 구텐베르크Johannes Gutenberg(1397~1468)가 인쇄기의 복음을 이탈리아에 전파하고 있을 때 막 자신의 진가를 발휘하던 견습생이었다.[81]

레오나르도는 처음에는 그리스어나 라틴어 고전 교육을 받지 않고

곧장 과학 지식을 접한 매우 유명한 최초의 유럽인으로 간주된다.[82] 레오나르도가 자신의 모국어인 이탈리아어로 된 글을 읽을 수 없었다면, 그는 결코 독학할 수도 없었고 놀라운 공헌도 할 수 없었을 것이다. 오늘날 같으면 코딩과 프로그래밍 언어의 장벽으로 인해 우리들 중 대다수는 대부분의 과학적 논쟁으로부터 제외되는 것과 같다. 만약 우리들 누구나 모국어로 알고리즘을 작성하거나 과학의 신비를 해독할 수 있는 다언어 능력을 갖췄다면, 지금의 우리들 중에도 얼마나 많은 다빈치가 등장할 수 있을까?

레오나르도는 당대인이었지만, 그는 또한 당시 시대를 초월했다. 새가 나는 것부터 나선 모양의 물 소용돌이에 이르기까지 그는 모든 것을 관찰하며 주변 세상과 끊임없이 대화하면서 흡입했다. 해부된 시체에 대한 연구를 통해 아름다움, 예술, 과학, 자연을 연결하면서 저마다의 패턴을 찾아냈다. 귀, 눈, 새, 말의 다리에 대한 일기 형식의 스케치로, 그는 미지의 것과 불확실성을 조사했다. 그 외에도, 실험과 이론을 결합시켜 과학 혁명을 위한 길을 개척하는 데 기여했다.

레오나르도는 지구상의 지식과 우주에서 인간의 위치, 인간이 된다는 것이 무엇을 의미하고, 우주 체계에서 개별 존재의 목적이 무엇인지에 대한 끊임없는 호기심을 결합시켰다. 도상적인 〈비트루비안 맨 Vitruvian Man〉에서 관찰할 수 있듯이, 그는 '인간의 보편적 치수universale misura del huomo'를 알려고 갈망했다.[83] 엄격한 도덕규범을 가졌지만 규칙을 어기기를 두려워하지 않았다. 예를 들어, 동물도 고통을 느낄 수 있다는 것을 알았기 때문에 그는 고기를 먹지 않았다.[84] 그의 세계관은 과학에 기반을 두었고, 인간과 자연, 예술과 기술을 위계적으로 구분하지 않았다.

르네상스 인문주의자의 전형인 레오나르도는 더 이상 그 당시 전통적인 엘리트들에게만 국한되지 않았고 보다 포괄적인 시민 참여를 바라는 사회를 지향하며 다른 사람들과 긴밀히 협력했다. 그것은 오늘날 우리가 인문학을 통해 알고 있는 교육의 시작이었다. 에릭 베리지Eric Berridge는 자신의 TED 강연에서 왜 현재와 미래의 기술계 리더들이 인문학 교육을 받는 것이 중요한지를 상기시켜준다. "무엇을 제작해야 하는지, 왜 그것을 제작해야 하는지를 우리에게 가르쳐 주는 것이 인문학이다. … 그리고 인문학은 우리에게 비판적으로 사고하는 법을 가르쳐 준다."[85] 그는 인문학이 "의도적으로 구조화되지 않은 데 반해 과학은 의도적으로 구조화되어 있다"고 강조한다.[86]

사고 기계에 대한 앨런 튜링의 연구와 분석 엔진에 대한 에이다 러브레이스의 생각이 담긴 여백 노트처럼, 레오나르도의 뇌에서는 소용돌이치는 수많은 개념과 발명품이 그 시대를 훨씬 뛰어넘었다. 이것을 만드는 데 필요한 기계와 기관은 그때 기준으로 보면 수백 년 후의 것이었다. 마침내 비행에 성공한 라이트 형제들로서는 다빈치에게 상당한 빚을 졌던 것이다. 유체 역학과 비행 역학은 다빈치가 평생에 걸쳐 쏟았던 많은 열정 중 두 가지였다. 오늘날 사람들은 계속해서 레오나르도의 다양한 비행 장치를 만들고 또 시험한다.[87] 튜링 시대와 달리 지금의 우리는 AI의 미래를 상상할 수 있을 뿐만 아니라 이를 실제로 구축할 수 있는 컴퓨팅 파워를 보유하고 있다.

레오나르도는 조합적인 창의적 사고와 실천의 힘을 보여주는 가장 유명한 본보기 중 한 명이다. 반전 운동가이자 시민권과 사회 정의를 옹호했던 알버트 아인슈타인Albert Einstein(1879~1955)[88] 역시 마찬가지이다.[89] 그의 과학, 즉 우주의 미지에 대한 탐구는 인류의 선함에 대한 믿음, 바이올린 연주에 대한 열정(그때 그는 자신의 최고의 아이디어를 많이 생각해냈다고 말했다), 그리고 제2차 세계대전 중 그의 인권 옹호와 불가분의 관계를 가졌다. 그는 모든 인종과 종교가 존엄한 대우를 받는 세상에 대한 비전을 갖고 있었다.[90] 아인슈타인 역시 난민이었다. 제2차 세계대전 이후 난민 인구는 가장 많게는 2,540만 명이었고, 내부 실향민 4,000만 명, 망명 신청자 310만 명에 달하는 오늘날[91] 세계에서 가장 똑똑한 현대 지성인들 중 일부는 현재 자신의 고향이라 부를 곳이 없을 공산이 크다.

이런 이유로 무엇보다 사회적 정의 문제에 대한 생생한 경험을 지닌 사람들로서는 기술의 미래에 대한 대화에 참여할 필요가 있다. 메리 셸리Mary Shelley는 인물사의 역사적 선례 중 하나이다. 그녀는 시민권 운동가 메리 울스턴크래프트Mary Wollstonecraft(1759~1797)와 윌리엄 굿윈William Goodwin(1756~1836)의 딸로서 과학 이론에 심취한 가장 유명한 고딕풍의 소설을 썼다. 19세의 나이에 셸리는 SF소설이라는 새로운 장르를 개척하기 위해 페미니스트 행동주의, 낭만주의 그리고 과학에 대한 이해를 조합했다. 운동가 가족의 식구, 최근 아이를 잃은 어머니 그리고 상상력이 풍부한 훌륭한 낭만주의 작가라는 자기 삶의 배경을 토대로 교차학문적·조합적 창의성이 어떻게 번창할 수 있는지를 보여준 완벽한 예이다. 셸리는 과학 강의를 자주 들었고, 아버지와 지적 토론을 위해 자신의 집을 방문한 저명한 과학자들과 사상가들에게 질문을 던졌다. 아이 잃음, 외부인으로서의 지위, 급진적인 페미니스트 의견, 성별 등 특이한 경험을 두루 갖춘 셸리를 제외하고는 그 누구도 《프랑켄슈타인》을 쓸 수 없었을 것이며 과학과 도덕에 대한 적절한 질문들도 할 수 없었을 것이다.

셸리는 자기 자신은 물론 다른 사람들과의 끊임없는 사색적인 대화 속에서 삶을 살았다.[92] 레오나르도처럼 그녀는 삶과 죽음, 과학과 예술의 경계를 모호하게 만들었다. 비슷한 속성을 구현한 다른 작가로는 나비에 대한 과학적 연구로 자신의 소설을 특징지었던 블라디미르 나보코프Vladimir Nabokov(1899~1977)[93]와 치열한 상상력과 과학적 조사 및 도덕적 의문을 융합한 요한 볼프강 폰 괴테Johann Wolfgang von Goethe(1749~1832)[94]를 들 수 있다.

창의성은 천재의 특징이다.[95] 호기심도 그렇다. 중요한 것은 과학, 기술 및 인류의 미래를 위해 독창적이고 호기심 많고 자기 고유의 작업을 통해 구현할 수 있는 사회적 결과에 대해서도 성찰하는 AI 발명가가 필요하다는 점이다.[96] 딥마인드DeepMind와 알렉스넷AlexNet 신경망을 연구하는 컴퓨터 공학자들은 이미 지도학습 프로그램에 대한 자신들의 호기심을 코딩하는 것이 얼마나 중요한지를 인식하기 시작했기 때문에,[97] 가까운 미래에 인공지능 기계도 이런 능력을 갖추게 될 가능성이 있다.

우리가 필요한 방식으로 진정성 있게 호기심을 갖는다는 것은 단지 새로운 것을 만든다거나 기존 것의 분열을 위한 분열이어서는 곤란하다. 오히려 사회적 맥락 안에서, 사회에 대한 더 넓은 비전 안에서, 단순히 세상을 변화시키는 것이 아니라 더 나은 방향으로의 변화를 위한 체제 안에서 혁신하는 것이다. 그것이 진짜 반란이다. 창의성이 번창하는 것은 제약의 범위 안에서이다.[98] 그것은 비전문가의 눈에는 이질적으로 보일지 모르는 것을 연결하고, 연구와 관찰, 그다음에는 관찰과 상상력을 결합시키며, 이론과 실천, 다른 분야의 생각, 내성 성찰과 다른 사람과의 대화를 결합하면서 우리들 각자 창조할 수 있는 능력을 발견하게 한다. 우리만의 조합적 창의성에 접근하고 적용하는 것이 다가올 지능형 기계 시대에 우리가 직면할 복잡성을 가장 잘 상상할 수 있는 방법이며, 세계에서 가장 큰 문제를 해결할 수 있고 해결하고자 하는 사람들과 가장 잘 협업할 수 있는 방법이다.

우리의 기술을 다양화하기 위해서는 도덕적 상상력이 필요하다

AI 제작에 필요한 교육을 받은 사람은 전 세계적으로 대략 1만 명으로 추산된다.[99] 그와 동시에 새로운 합성 지능, 그것의 최근 구현, 그 잠재적 영향을 주제로 한 많은 책들이 부지기수로 출판되고, 각종 컨퍼런스가 열리고 논문이 발표되고 회담이 소집되며, 뉴스 보도들이 방송되고 있다. 하지만 사이버보안이나 개인정보보호 같은 주제를 제외하고는 우리들 중 얼마나 많은 사람들이 이들 토론에 정말로 참여하고 있는가? 우리들 중 얼마나 많은 사람들이 대표되고 있는가?

> 데이터 세트뿐만 아니라 연구자들에게까지 AI에서 다양성이 정말 왜 중요한 것일까? 그것은 단지 우리가 처한 상황이 어떠한지에 관한 사회적 감각을 가진 사람들이 필요하기 때문이다.
>
> 팀닛 게브루 Timnit Gebru

현실 세계를 반영하지 않으면 아무리 좋은 의도를 가진 프로그래머라 하더라도 뻔한 것을 놓칠 수 있다. 1세대 가상 AI 비서VA는 많은 성차별적 성향을 갖고 있었다.[100] 지금도 시리Siri, 코타나Cortana, 알렉사Alexa와 같은 '비서'는 여성의 목소리인 반면, '더 강력하고' 진보된 AI 기술인 IBM의 왓슨은 남성의 목소리이다.[101] 2015년 한 남성이 구글 AI가 흑인인 자신과 자기 친구에게 고릴라 태그를 붙였다고 보고했을 때, 구글의 '해결책'은 모든 종류의 생물체에 실제 그대로 태그를 붙이는 더 나은 방법을 찾기보다는 그것과 반대로 고릴라 집단에게 태그를 붙이는 것을 중단하는 방법을 택했다.[102]

2018년 뿌리 깊은 사회적 성차별과 싸우기 위해 '페그Pegg'라는 '성별 중립 로봇 비서'를 소개한 회사 세이지Sage 같은 몇몇 혁신적인 디자이너들은 이런 문제를 다루기 시작했다.[103] 이것은 근본적인 편견을 해독하려는 시도이며, 우리가 만든 지능형 기계를 설계함에 있어서 결정적 의무인 도덕적 상상력을 적용하는 겸손하지만 필수적인 예시이다.

도덕적 상상력은 우리의 기술적 미래를 인도하는 데 없어서는 안 될 인간의 미덕이다. 그것은 무엇이 좋은지 찾고, 창의적이고 공평하게 문제를 해결하며, 집단사고와 차별을 넘어서 유익한 AI를 구축하기 위한 좀 더 총체적인 접근법을 향해 나아가기 위해 집단 지성을 사용하려는 열정이자 호기심이다.

유니버설 디자인universal design이란 개념은 모든 인간에게 이익이 되는 포괄성과 접근성을 옹호하면서 장애인 운동가들이 하루도 쉬지 않고 싸우는 개념이다.[104] 휠체어를 탄 사람이 꼭 생체공학적 바이오닉 워킹 슈트를 원하는 것은 아니다. 대신 그런 사람은 자신이 필요로 하는 물건과 서비스에 쉽게 접근할 수 있는 능력과 디자인 사고 과정에 자신을 포함시키는 방식으로 세계를 항해할 수 있는 능력을 원한다.[105]

다행히 디자인에 도덕적 상상력을 배치하기 위해 나선 몇몇 저명인과 단체가 있다. 페이페이 리Fei-Fei Li; 리비비(李飛飛)(1976~) 박사와 올가 루사코프스키Olga Russakovsky 박사는 멘토링과 교육을 통해 AI에 다양성과 포용력을 드높이기 위해 AI4ALL를 공동 설립했다. UN 기구인 AI for

Good은 AI의 유익한 사용에 관한 대화에 초점을 맞추고 있고, fast.ai는 그 접근성에 대해 연구하고 있다. 또한 프로젝트 인클루드Project Include는 기업들이 보다 의미 있는 다양성과 포용성을 자신들의 계획에 구축하도록 돕기 위해 권장 사항과 도구를 정교하게 만들고 있다. 전통적으로 정치적으로 중립적인 그룹인 빅테크 기업의 직원들 중 일부는 미美 국방부를 위해 일하는 것에 반대하는 구글 직원들의 탄원서[106]와 성희롱에 대한 항의로 일어난 2018년 파업,[107] ICE를 위해 일하는 것에 대한 IBM 직원들의 반박[108]과 같은 비윤리적인 기업 관행과 정책에 대항하기 위해 보다 적극적으로 나서기 시작했다. 법과 마찬가지로 도덕적 미래를 위해서는 책임감, 창의성, 투명성이 매우 중요할 것이다. 그러나 사회적 영향력의 크기를 고려할 때, 도덕적 상상력이 깃든 유니버설 디자인으로 알고리즘 설계에 초점을 맞춘 상대적으로 적은 수의 그룹이 지금도 상존하고 있다.

우리는 기술을 디자인하고, 그다음에는 기술이 우리를 디자인한다.

파멜라 파블리스칵 Pamela Pavliscak

미래의 지능형 기계가 공평하고 윤리적이며 가치를 공정하게 존중하는 양심에 입각해 코드화될 수 있도록 보장하는 책임은 미래의 설계자, 즉 우리 모두에게 달려 있다. 이를 효과적으로 수행하기 위해서는 성, 성별, 인종, 경험의 스펙트럼을 가로지르고, 사회경제적·종교적·문화적 선을 가로지르는 다양한 목소리가 필요하다. 상당수의 여성과 유색인종의 참여뿐만 아니라 다양한 연령, 능력 및 관점을 가진 사람들도 필요하다. 우리 모두를 대표하는 다양한 그룹이 존재하지 않는다면,

우리의 새로운 지적 창조물을 충분히 훈련시키고 우리가 누구이고 무엇이며 왜 존재하는지를 가르칠 수 없을 것이다.

우리가 얻으려는 것은 공정함 그 이상이다. 가장 다양한 팀이 최고의 제품을 만든다.[109] 다양성은 혁신과 현명한 사고를 위한 전제조건이며,[110] 더 나은 결정을 내리고 경쟁에서 앞서 가고자 하는 기업에게는 없어서는 안 될 요소이다.[111] 연구는 더 많은 여성들을 그 과정에 포함시킴으로써 훨씬 더 좋고 더 공평한 결과를 얻는다는 것을 보여주고 있다.[112] 스탠퍼드 교육대학원과 로스앤젤레스의 캘리포니아 대학 연구원들은 "우리와 다른 사람으로부터 다른 의견을 들을 때, 우리와 비슷해 보이는 사람으로부터 오는 것보다 더 많은 생각을 촉발한다"고 결론을 내렸다.[113] 2015년 맥킨지McKinsey 보고서는 366개 기업 중 경영에서 인종 및 인종 다양성 부문에서 상위 25%에 속하는 기업이 "산업 평균보다 재무적 이익을 얻을 가능성이 35%, 성 다양성에 대해 상위 25%에 속하는 기업이 산업 평균보다 재무적 이익을 가질 가능성은 15%나 더 높다"는 것을 증명했다.[114] 여성과 STEM(STEM+예술)[115] 계획에 투자하는 것은 결국 우리 모두에게 더 나은 미래를 위한 투자인 것이다.

연구자, 과학자, 엔지니어, 임원, 선출직 대표자 그리고 토론의 폭을 넓히고 참여와 입력을 창출할 능력자들은 인류학자와 사회학자 같은 사회과학자뿐만 아니라 활동가와 윤리학자, 인권 옹호자 그리고 각종 인구통계와 문화에 걸친 다른 비과학 전문가들에게 기술 대화에 동참하도록 권유하고, 모두의 전체적인 이익을 위해 어떻게 우리의 조합적 창의성과 집단 지능을 사용할지를 고려하도록 권유해야 할 필요가 있다. 오직 자기 자신만을 위해 의자를 당겨 앉지 말고, 다른 누군가를 위해서도 의자를 당겨 앉게 하자. 그는 소수 집단에 속하는 사람이고, 발언권이 없어서 우리가 그의 말을 들을 필요가 있는 사람이다.

우리가 AI를 구축함으로써 우리의 삶을 증진시키는 데 도움이 될 파트너를 창출할 것인지, 아니면 프랑켄슈타인의 괴물을 만들고 있는 것은 아닌지를 끊임없이 자문해 봐야 한다.[116] 이를 위해서는 자가 검증하는 회전목마에서 벗어나 우리 내면을 들여다보는 것이 필요하다. 인간으로서 우리의 이상과 최고의 열망이 가득한 잠재력까지 도달할 기술을 만들기 위해 집단 창의성을 발휘해 보자. 이익을 넘어서 우리는 목적을 찾는다. 우리 개개인의 자아 너머에서 우리는 서로를 발견한다.

끝으로 AI의 영역을 확대하고, 더 다양한 파트너를 포함하되 선을 위해 AI를 만드는 데 집중할 때 우리의 가장 강력한 파트너 중 하나가 AI 그 자체임을 기억해야 한다. AI는 우리가 창의성을 발휘하고, 더 공감할 수 있는 시간을 풀어주며, 우리가 꿈만 꾸던 많은 것들을 할 수 있도록 도와줄 수 있다. 메리 셸리는 우리에게 점검되지 않은 과학적 발견의 위험성에 대해 경고한 바 있다. 만약 프랑켄슈타인 박사가 그의 동기, 동료, 다양한 분야의 전문가 또는 친구들과 상의했더라면 그 이야기는 어떻게 밝혀졌을까?[117] 다양한 목소리에 귀 기울이고 도덕적 상상력에 기초하고 그 지배를 확고히 받는 다양한 의견을 고려하는 것은 우리의 미래 발명품과 기술이 누구든 누릴 자격이 있는 권리와 행위성, 존엄성을 위해 인간성을 포함하며, 그 핵심에 평등과 공정성, 선함을 기반으로 구축되도록 하는 데 결정적이다.

04

인권과 로봇 권리

개인정보보호, 자율무기 및
기계에 가치 주입

제4장

인권과 로봇 권리

개인정보보호, 자율무기 및 기계에 가치 주입

인공지능은 21세기의 주된 인권 문제가 될 것이다.

사피야 우모자 노블 Safiya Umoja Noble

자율주행차autonomous vehicle; AV를 당신이 불러서 탑승한다. AV는 당신을 인식하고 신원 확인을 요청한다. 음성 명령을 내리면, AV는 목적지로 이동하기 전에 "윤리적 노브를 설정해 주세요"[1]라고 요청한다. AV의 '윤리적 노브'는 '완전한 이타주의자', '완전한 이기주의자', 또는 '공평함'라는 세 가지 설정을 제공한다.[2] 첫 번째 모드는 AV가 긴급 결정을 내려야 할 경우 다른 사람의 생명을 가장 중시한다. 두 번째 모드는 AV 승객의 생명에 가장 큰 값을 할당한다. 세 번째는 AV 밖의 승객과 다른 생명에게 동일한 가치를 부여한다.[3]

당신이라면 어떤 선택을 하겠는가?

어떤 선택이든 우리의 가치관, 도덕, 윤리에 달려 있다. 가치관이란 무엇인가? 그 정의는 연구 분야에 따라 다르겠지만, 일반적으로 가치관은 개인, 문화, 사회를 통해 깊이 투영된 개인적 신념으로 이해된다.[4] 도덕이란 무엇인가? 우리가 하는 행동에서 무엇이 옳고 그른지에 대한 원칙이다.[5] 윤리란 무엇인가? 우리가 가치와 신념 체계로부터 만들어 낸 도덕적 원칙과 행동 규칙이다.[6] 가치 체계, 도덕규범, 윤리 원칙 그리고 양심과 같은 개념들은 사람들마다 다르다는 것을 의미하고 때때로 상호 교환적으로 사용된다. 그런 점에서 우리는 이러한 단어들의 변이형을 자주 사용하며, 의미의 다중성에 대해서도 인식해야 한다. 엄밀히 말해 정확한 정의는 이해하기 어려울 수 있다. 우리의 행동은 인간 의지의 복잡한 상호 작용 가운데 서로 교차하는 믿음 체계, 내면적 느낌, 사회적·문화적 규범, 상황 속의 서로 뒤엉킨 층에 의존한다.

언어적 모호성을 인정하고 인간성, 법률 및 우리가 직접 서명하는 사회적 계약에서의 장점과 약점을 모두 인식하면, 규칙을 설계하고 기술과 공급자에게 윤리강령을 할당하기 위한 준비를 더 잘 할 수 있다. 가치와 윤리는 규칙과는 다르다. 규칙은 깨질 수 있고 때로는 깨져야 한다. 물론 잘못된 이유로 해당 규칙이 지켜질 수도 있다. 그러나 가치관, 도덕성, 원칙은 우리 안의 더 깊은 심층에서 나온다. 우리의 가치관과 합일되게 행동하는 것은 규칙과 규범 아래에 있는 것을 발견하는 것과 관련되고, 그 가치관이 인간적일 때만, 다시 말해 가치관이 우리 스스로 정한 기준과 일치한다고 결정할 때만 그것을 고수하는 것과 관련된다. 모든 해답을 얻지는 못했지만, 우리는 늘 전날보다 좀 더 잘하려고 노력한다. 항상 인간적이고 불완전하고 결점을 가지지만, 우리에겐 정의, 형평성, 희망에 대한 열망이 있다. 세사르 차베스Cesar Chavez(1927~1993), 데보라 파커Deborah Parker(1970~), 마하트마 간디Mahatma Gandhi(1869~1948), 말랄라 유사프자이Malala Yousafzai(1997~), 넬슨 만델라Nelson Mandela(1918~2013),

벨훅Bell hooks(본명은 글로리아 진 왓킨스(Gloria Jean Watkins, 1952~2021), 존 루이스John Lewis(1940~2020)와 같은 선각자들은 이것이 가능하다는 것을 우리에게 보여주었다.

인권과 도덕적 기계

> 인간은 기술이 어떤 가치관을 제공하고, 무엇이 도덕적으로 적절하며, 최종 목표와 선의 개념을 추구할 가치가 있는 것이 어떤 것인지를 결정할 수 있어야 한다. 기계가 아무리 강력해도 이런 결정을 기계에게 맡길 수는 없다.
>
> 과학 및 신기술 윤리 유럽 그룹European Group on Ethics in Science and New Technologies

지능형 기계 시대에 접어들면서 우리에게 인공지능과 자율시스템의 윤리적 고려와 지침을 제안하는 수많은 정당, 정부, 학교 및 조직이 있다. 헤이그전략연구센터The Hague Centre for Strategic Studies, IEEE 인공지능과 자율시스템의 윤리적 고려를 위한 글로벌 이니셔티브Global Initiative for Ethical Considerations in Artificial Intelligence and Autonomous Systems, 앨런 인공지능연구소Allen Institute for Artificial Intelligence, CS + Social Good, 스탠퍼드 AI 그룹Stanford AI Group이 그런 예이다. 이 기관들은 빠르게 부상 중인 기술에 대한 규제를 어떻게 만들어야 하는지의 여부와 그 시기를 논의하고 있다. 많은 사상가들 또한 기술이 인권에 어떤 영향을 미치고, 디지털 지능형 창조물도 일정한 권리를 가져야 하는지를 평가하고 있다.

대부분의 사람들은 우리가 지능형 기술이 도덕적이기를 원한다는 것에 동의할 수 있다고 하더라도 어떻게 그런 조건의 정의에 도달할 수 있을까? 설령 우리가 표준이 무엇을 의미하는지에 대해 합의할 수 있다고 쳐도, 우리의 지능형 기계가 그 표준을 공유하는지를 확신할 수 있을까? 우리가 기술에 심어줄 가치는 주관적일 수밖에 없다. 주어진 상황에서 어떤 행동이 '공정'한지 '안전'한지에 대한 답은 이런 질문을 누구에게 하느냐에 따라 달라진다.

전형적인 트롤리 딜레마가 그 예이다. 만약 많은 사람을 향해 돌진하는 무인 자동차가 방향을 바꿔 그들 중 어느 한 사람만 죽게 한다면, 과연 이런 결정을 무인 자동차가 해야 할 일인가? 이번 장의 서두에서 설명한 '윤리적 노브'와 같은 옵션은 존재해야 하는가? 철학자들은 트롤리 딜레마를 오랫동안 곰곰이 생각해 왔지만, 자율주행차와 같은 AI 기술은 우리로 하여금 법과 정책을 깊이 고민하며 설계하게 하는 한편 우리의 오랜 논쟁에 새로운 절박성을 촉구하고 있다.

우리가 AI를 만들 때 강조해야 할 가치를 선택하는 것은 어떤 면에서는 우리 인간에게 어떤 도덕규범이 '올바른' 것인지를 판단하는 것보다 훨씬 더 어려운 문제이다. 지능형 기계 시대에 대비하여 인류의 미래를 보호하기 위해서는 우리의 결정과 발명의 기반이 될 휴먼 시스템humane system이 필요할 것이다. 다만 오랜 역사가 가르쳐 주었듯이 누구의 가치를 적용해야 하는지에 대한 문제는 쉽게 해결할 수 없고, 어떤 가치가 필수적인지에 대해서도 결코 완전히 합의하지는 못할 것 같다. 일부 철학자는 윤리적 원칙의 위계에 확실하게 도달할 수 있는 방법은 존재하지 않는다고까지 말하기도 하는데, 이는 그런 윤리적 원칙이 '환원 불가능할 정도로 다양하기' 때문이다.[7] 이것은 도덕적 다원주의 또는 가치 다원주의의 개념이기도 하다.

우리가 추구해야 할 길은 여러 갈래이다. 그렇다 하더라도 우리는 국제 공동체로서 우리가 만들어낸 기계에 양심을 코딩하는 것에 가능한

한 많은 공감대를 이룰 수 있도록 노력할 수 있다. 그 여파는 전 세계적으로 번질 것이고 각자의 노력도 있어야 할 것이다.

AI의 가속화된 발전으로 이제 우리는 더 늦기 전에 AI에 인간성을 인코딩을 해야 하는 마감 시한에 직면해 있다.[8]

좋다, 이제부터 우리는 어떻게 해야 하는가?

나는 국제 인권 모델이 앞으로 나아갈 하나의 틀이 될 수 있다고 생각한다. 나 혼자만 이런 생각을 하는 것은 아니다. 유럽에서는 EU의 과학 및 신기술 윤리 유럽 그룹European Group on Ethics in Science and New Technologies, '알고리즘과 인권'에 관한 유럽 평의회 연구Council of Europe's Study(회의 108), 캐나다 몬트리올 대학의 사회적으로 책임 있는 인공지능 개발 포럼Forum on the Socially Responsible Development of Artificial Intelligence을 통해 거론된 것을 포함해 가장 유망한 연구들이 유럽에서 나왔다. 유럽평의회Council of Europe는 "개인 데이터의 알고리즘 처리의 특별한 도전 중 하나는 새로운 데이터의 생성이다. … 그 본질은 데이터 주제에 대해 전혀 예측할 수 없다. 이것은 동의, 투명성 및 개인적 자율성의 개념에 대한 주요 문제를 제기한다"[9]는 것을 찾아냈다. 이는 21세기 인권에 대한 심각한 도전이다.

> 결국 보편적 인권의 시작점은 어디인가? 자기 집에서 가까운 작은 장소이다. 그곳은 너무 가깝고 너무 작아 세계 어느 지도에서도 볼 수 없다. … 보편적 인권이 이런 곳에서부터 의미가 갖지 않는다면, 다른 어디에서도 의미를 갖기 힘들다. 보편적 인권을 우리들의 집 가까이에서부터 지지하는 시민 행동이 없다면, 우리가 더 큰 세상에서 찾으려는 진보는 헛수고일 것이다.
>
> 엘리노어 루즈벨트 Eleanor Roosevelt

인권은 가장 근본적인 것으로서 전 세계 모든 사람이 어떻게 대우를 받아야 하는지에 대한 최소한의 기준이다. 인권은 내재적이고 보편적이다. 인권이란 개념은 우리 인류가 하나의 통일된 공동체로서 지금까지 공식화한 것 중 가장 단순하고 강력한 개념 가운데 하나이다.

엘리노어 루즈벨트Eleanor Roosevelt(1884~1962)가 주도하고 1948년 채택된 유엔세계인권선언Universal Declaration of Human Rights; UDHR은 지구상의 모든 인간이 대우받아야 하는 윤리 규범 제정을 위해 국제연합이 어떻게 결성되었는지를 보여준 가장 좋은 본보기이다.[10] 제1조는 "모든 사람은 태어날 때부터 자유로우며 그 존엄과 권리에 있어 동등하다. 인간은 이성과 양심을 부여받았으며 서로에게 형제애의 정신으로 행동해야 한다."[11] 이전에는 이러한 국제연합을 만드는 데 필요한 국가 간의 승인과 협력이 없었다.

UDHR은 미국의 독립선언문Declaration of Independence과 같은 문서에 기반을 두고 있는데, 이 선언문에서는 "우리들은 다음과 같은 것을 자명한 진리라고 생각한다. 즉, 모든 사람은 평등하게 태어났고, 조물주는 몇 개의 양도할 수 없는 권리를 부여했으며, 그 권리 중에는 생명과 자유와 행복의 추구가 있다"라고 명시되어 있다. 유럽인권협약European Convention on Human Rights은 제8조에 "모든 사람은 사생활과 가정 그리고 서신에 대해 존중받을 권리가 있다"고 명시하고 있다.[12] 2015년에 설립되어 에식스 대학의 인권센터에 본부를 둔 인권, 빅데이터 및 기술 프로젝트Human Rights, Big Data and Technology Project; HRBDT는 UDHR 70주년인 2018년 말에 〈인권을 인공지능의 설계, 개발, 배치의 핵심사항〉이라는 제목의 포괄적인 보고서를 발간했다. 이 보고서는 '빅데이터와 인공지능이 제기하는 인권에 대한 위험과 기회'와 '알고리즘 의사결정'이 어떻게

'디지털 격차digital divide(디지털이 보편화되면서 이를 제대로 활용하는 계층은 지식이 늘어나고 소득도 증가하는 반면, 디지털을 이용하지 못하는 사람들은 전혀 발전하지 못해 양 계층 간 격차가 커진다는 의미)'를 만들어낼 수 있는지에 대해 상세히 기술했다. HRBDT는 '공통 언어'를 사용하고 '공통 목적'이 모두를 위한 평등에 초점을 맞추어, 'UDHR 및 기타 인권 기구로부터 파생된 인권 표준과 원칙에 중점을 둔' 정책, 전략 및 규정을 포함하는 계획을 제안한다.[13]

기존 국제인권선언은 지능형 기술을 통합함에 따라 인권을 어떻게 보존할 것인가에 대한 모델로 삼기에 좋은 출발점이다. 이러한 선언 문서들은 인간의 삶과 자유에 초점을 맞춘다. 그러나 이러한 권리는 호모 사피엔스와 인간의 인지 과정상 현재 상태에 한정되어 있다. 즉, 오로지 인간의 존엄성 및 행위성과 관련된 것이다. 이 틀을 오늘날 기술적으로 발전한 세계로 확장하고 적응시키기 위해서는 인간뿐만 아니라 모든 존재의 권리를 보호하지 않으면 안 된다.

오직 우리 인간만이 이러한 권리를 가져야 한다고 믿는 사람들은, 앞에서 인용한 UDHR의 제1조에 기술된 '형제애'라는 단어에 주목해야 한다. 현재 여성들이 누리는 많은 권리는 한때 남성들만을 위한 것이었다. 우리가 사용하는 이 단어는 우리의 핵심 원칙을 현재의 현실에 맞게 형성하고, 더 나아지기 위해 노력하며, 우리의 영역을 넓힘으로써 우리가 진화한다는 것을 끊임없이 상기시켜주는 역할을 한다. 더불어 우리가 사용해온 이 단어를 개조하겠다는 의지가 있어야 한다. 인간은 자연스럽게 현재 삶의 맥락을 참고의 틀로 삼지만,[14] 역사는 한 사회에서 소외된 사람들을 보호하기 위해 우리의 사고를 발전시켜야 했던 시대적 사례들이 많다. 그중 몇 가지만 언급하자면 브라운 대 교육위원회 소송 사건Brown v. Board of Education(1954년에 미국 대법원으로부터 백인과 흑인 아동들에 대한 분리 교육이 불법이라는 판결을 이끌어 낸 소송), 로 대 웨이드 재판Roe v. Wade(임신 중절 권리를 인정한 미국 최고 재판소의 판례), 오버거펠 대 호지스 사건Obergefell v. Hodges(동성결혼 합법화 판결)과 같은 이정표가 될 만한 미국 연방 대법원 판례가 있다.

미국에서는 누가 권리와 보호를 받을 자격이 있는지에 대한 사회적 기준이 종종 지연되고, 늘 진화하면서도 확장되어 왔다. 흑인과 1964년의 공민권법Civil Rights Act, LGBTQ 사람들과 로렌스 대 텍사스 사건Lawrence v. Texas, 여성과 수정헌법 제19조Nineteenth Amendment to the Constitution, 미국인과 장애인법Disabilities Act, 인도 연방법Federal Indian Law이 그 예이다.[15] 그리고 어떤 경우에는 힘들게 투쟁해온 권리와 특권이 뒤로 밀린 적도 있다.[16] 평등과 정의를 향한 행동이 반드시 선형적인 것만은 아니다.

이제, 과거에 우리가 그러했던 것처럼 인권에 대한 보다 포괄적인 정의, 즉 비非인간 존재와 심지어 인공 존재까지 포함하는 정의를 수용하도록 우리의 기존 가치 체계를 수정할 필요가 있다. 그리고 어쩌면 '인간'이라는 의미에 대한 정의 자체를 확장해야 할 필요가 있지 않을까? 기업은 이미 법적 인격을 부여받았다. 이런 의미에서, 법률회사는 최초의 AI 중 하나로 간주될 수 있다.[17] 선례가 확립된 셈이다.

전통적으로 호모 사피엔스의 존엄성 및 행위성과 관련된 인지 과정의 고유성을 재고하고[18] 우리와 함께 사는 다른 종까지 포함할 수 있도록 정의를 넓힌다면 얻을 것이 많다. 사회가 발전함에 따라 우리의 사고방식도 함께 성장해야 한다. 심리학자인 앤절라 더크워스Angela Duckworth(1970~)가 자신의 연구를 통해 주장했듯이, 성장 마음자세growth mindset는 성공으로 이끌지만 고정 마음자세fixed mindset는 위험하다.[19] 기술의 미래를 향해 진일보하려 할 때 변화에 대한 열린 마음을 기르는 것은 필수적이다. 옛날에는 대부분의 사람들이 모든 것이 지구 주위를 돈다고 믿도록 가르침을 받았을 때가 있었다. 지구에 우리 인간이 있었기 때문이다.[20] 하지만 지구가 태양 주위를 도는, 태양 중심의 우주에 우리가 실제로 살고 있다는 코페르니쿠스Copernicus(1473-1543)의 증명은 그 이후 갈릴레오 Galileo(1564~1642)의 발견과 함께 세계 속에서 우리의 위치를 재구성하는 데 도움을 주었을 뿐 아니라 과학 혁명을 선도했다.

갈릴레오의 과학 이론은 당시로선 이단으로 여겨졌다. 우리가 새로운 지능형 기계 존재들과 공존하는 미래를 향해 질주함에 따라 삶이 우리 인간을 중심으로 돈다는 오류를 버리면서, 인간이 그 중심에 있지 않은 것에 대한 본능적인 두려움을 다시 한번 누그러뜨릴 때이다. 그 과정에서 우리는 생존 본능을 치밀하게 일정 방향으로 돌리고 지능과 의식에 대한 이해를 드높이는 법을 익혀야 할 것이다. 우리는 지구가 평평하지 않고, 지구가 태양 주위를 돌며 전체 종이 우리보다 먼저 지구상에 존재했고, 우리가 건립한 문명이 세계 역사에서 한낱 작은 점에 불과하다는 것을 배웠다. 그럼에도 불구하고 아직 우주에 대해 우리는 배울 것이 많고, AI는 우리가 기꺼이 함께 일한다면 우주의 더 많은 수수께끼를 풀 수 있도록 도울 것이다.

그렇다면 인간의 의사결정 과정이 점점 자동화되고 있는 이때, AI, 로봇공학, 자율시스템에 대한 윤리 규범을 확립하기 위해 우리는 어떻게 진보해야 하는가? 기존 정책에 새로운 기준을 적용하려고 할 때, 우리는 구별되지만 관련 문제를 많은 존재들이 함께 보고 있다는 것을 유념해야 한다.

새로운 시대에 우리의 인권은 AI와 관련해 어떻게 틀을 짜야 할까? 만약 그런 틀이 있다면 AI 그 자체의 권리는 무엇이 되어야 하는가? 이런 질문은 여전히 뜨거운 논쟁거리이고 해당 분야에서도 아직은 공감

인권 이정표

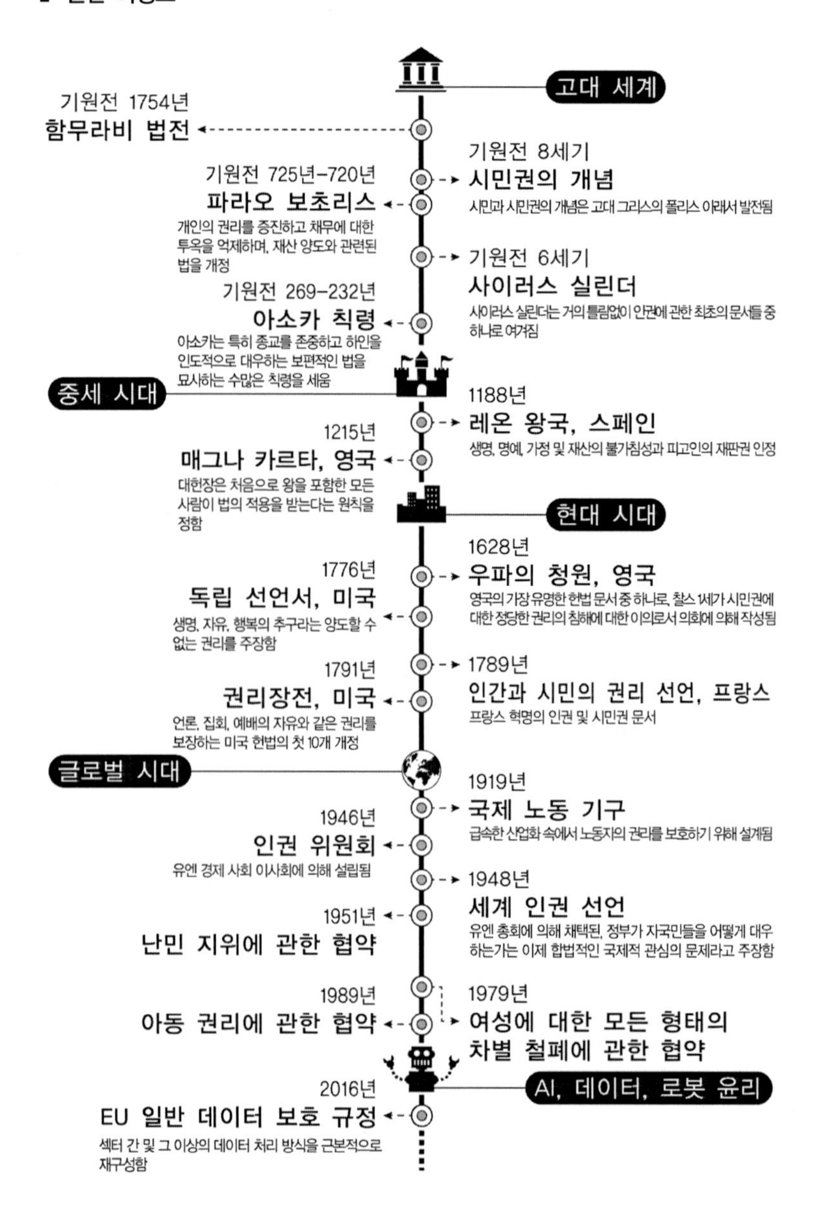

고대 세계
기원전 1754년
함무라비 법전
기원전 8세기
시민권의 개념
시민과 시민권의 개념은 고대 그리스의 폴리스 아래서 발전됨
기원전 725년-720년
파라오 보초리스
개인의 권리를 증진하고 채무에 대한 투옥을 억제하며, 재산 양도와 관련된 법을 개정
기원전 6세기
사이러스 실린더
사이러스 실린더는 거의 틀림없이 인권에 관한 최초의 문서들 중 하나로 여겨짐
기원전 269-232년
아소카 칙령
아소카는 특히 종교를 존중하고 하인을 인도적으로 대우하는 보편적인 법을 묘사하는 수많은 칙령을 세움
중세 시대
1188년
레온 왕국, 스페인
생명, 명예, 가정 및 재산의 불가침성과 피고인의 재판권 인정
1215년
매그나 카르타, 영국
대헌장은 처음으로 왕을 포함한 모든 사람이 법의 적용을 받는다는 원칙을 정함
현대 시대
1628년
우파의 청원, 영국
영국의 가장 유명한 헌법 문서 중 하나로, 찰스 1세가 시민권에 대한 정당한 권리의 침해에 대한 이의로서 의회에 의해 작성됨
1776년
독립 선언서, 미국
생명, 자유, 행복의 추구라는 양도할 수 없는 권리를 주장함
1789년
인간과 시민의 권리 선언, 프랑스
프랑스 혁명의 인권 및 시민권 문서
1791년
권리장전, 미국
언론, 집회, 예배의 자유와 같은 권리를 보장하는 미국 헌법의 첫 10개 개정
글로벌 시대
1919년
국제 노동 기구
급속한 산업화 속에서 노동자의 권리를 보호하기 위해 설계됨
1946년
인권 위원회
유엔 경제 사회 이사회에 의해 설립됨
1948년
세계 인권 선언
유엔 총회에 의해 채택된, 정부가 자국민들을 어떻게 대우하는가는 이제 합법적인 국제적 관심의 문제라고 주장함
1951년
난민 지위에 관한 협약
1979년
여성에 대한 모든 형태의 차별 철폐에 관한 협약
1989년
아동 권리에 관한 협약
AI, 데이터, 로봇 윤리
2016년
EU 일반 데이터 보호 규정
섹터 간 및 그 이상의 데이터 처리 방식을 근본적으로 재구성함

대가 형성되지 않고 있다. 물론 의견은 매우 다양하다. 계속해서 열린 마음을 지닌다면 토마스 조르주Thomas Georges가 말하는 우리 인간이 '탄소 우월주의자carbon chauvinist'가 되는 것을 막을 수도 있을 것이다.[21]

개인정보보호 권리를 지킬 수 있을까?

우리가 직면한 가장 긴급한 윤리적인 기술적 도전 중 하나는 점점 더 온라인화되는 세상에서 개인정보보호 권리를 어떻게 보존하는가이다. 오늘날 우리는 대부분 데이터를 검사하고 이미지를 식별하는 등의 일상적 작업을 수행하는 협소한 AI와 알고리즘에 직면하고 있다. 그런데 우리는 결정적으로 책임 있는 발전을 필요로 하는 AI, 딥 러닝, 데이터, 센서, 정보가 결합된 첨단 메카트로닉스 시스템을 향해 급속도로 나아가고 있다.[22]

소셜 미디어, 사물 인터넷, 엄청난 양의 데이터가 수집되는 세상에서 어떻게 우리의 사생활을 보호해야 하는가? 공공의 시선으로부터 우리의 개인정보와 데이터를 보호할 권리인 개인정보보호Privacy는 미국 수정헌법 제4조와 같은 국내법과 UDHR이 제정한 인권법 및 참정권에 관한 국제규약에 이르기까지 국제 법률 문서 모두에서 기본 권리로 설정되어 있다.[23] 이 권리는 단체와 개인 모두 언론·표현·결사·집회의 자유에 대한 우리의 기본 권리와 결부되어 있다.

기밀성에 대한 우리의 입장은 문화, 제도, 사회에 따라 다르다. 2018년 봄, EU는 온라인상에서의 사람들의 개인정보를 보호하기 위한 일반개인정보보호법GDPR; General Data Protection Regulation을 통과시켰다. 유럽연합은 이를 인권과 시민권의 핵심 쟁점으로 본다.[24] 미국에서는 2018년 한 여론조사가 미국인의 98%가 개인정보보호를 인간의 기본권으로 강력하게 믿는다는 것을 보여주었다.[25] 캘리포니아주는 획기적인 캘리포니아 소비자 개인정보보호법을 통과시켰다. 하지만 최근 미국의 연방 개인정보보호법에 대한 시도는 교착 상태에 빠져 있다.[26] 물론 개인 데이터의 상품화와 사용에 가격표를 붙이는 것에 대한 논의를 비롯해 의회에 계류 중인 다른 법안들도 없지 않다.[27] 2018년 11월, 미국의 34개 시민 및 소비자 권리 단체 및 기타 단체는 정책 입안자들에게 새로운 법을 만들도록 안내할 목적으로 「공익 개인정보보호법 원칙Public Interest Privacy Legislation Principles」을 발표한 바 있다.[28] 그럼에도 불구하고, 이 문제에 대한 그 어떤 형태의 전 세계적인 합의에도 이르지 못하고 있다.

일련의 연구에 따르면 "개인정보를 중시하는 사람들은 모든 인구통계 집단에 등장하지만, 소비자 추적의 영향은 인종, 계층, 권력별로 크게 다르다"고 한다.[29] 사람들의 데이터 수집에 차별적 관행, 인종차별주의, 성차별주의, 뿌리 깊은 편견은 만연해 있고, 이미 다른 사람들보다 훨씬 더 소외된 사람들에게 해를 끼치고, 평등과 정의의 민주적 가치를 더욱 잠식하는 파괴적인 결과를 초래하고 있다.

정보 기술이 발전함에 따라, 우리의 개인정보에 대한 위협도 늘어나면서 불평등한 결과를 초래한다. 이미 당신에 대해 많은 것을 구별할 수 있는 인공지능 스캐너가 개발되고 있기 때문에 안면인식 기술은 실제로 남용 가능성을 내포하고 있다. 중국에서는 걸음걸이만으로도 시민을 식별할 수 있는 AI가 나왔다.[30] 그리고 머지않은 미래에는 AI가 우리의 '성격 특성'을 인식할 것으로 예상된다.[31] 디지털 도구는 민주주의를 생동하도록 공론화를 촉진하면서 전 세계 사람들의 연결에 사용될 수 있다. 하지만 이 도구는 억압적 감시에도 사용될 수 있다. 기술이 있으면 편견도 있게 마련이다. 그러나 우리는 되돌아갈 수 없다. 문제는 우리가 어떻게 앞으로 나가면서 기술을 실행할 수 있느냐는 점이다.

컴퓨터와 지능형 알고리즘이 점점 더 온라인과 오프라인 모두에서 우리 정체성의 가장 심오한 부분까지 해킹할 수 있게 됨에 따라, 우리의 정보는 거대한 규모로 매매되고 도난당할 수 있다. 제임스 브리들James Bridle(1980~)은 급부상하는 기술을 우리가 더 잘 이해할 수 없다면 새로운 암흑 시대Dark Age로 진입할 것이라고 생각한다.[32] 2018년 케임브리지 애널리티카Cambridge Analytica 스캔들, 2016년 미국 선거 개입, 중국 정부의 감시와 '사회적 순위' 프로그램의 범위는 고작 몇몇 예에 불과하다. 정보는 권력의 새로운 화폐이고, 이를 둘러싼 분주한 암시장이 존재한다.

> 데이터 과학자는 "우리는 진리의 중재자가 되면 안 된다. 우리는 더 큰 사회에서 발생하는 윤리적 논의의 번역가가 되어야 한다"고 말한다. 그리고 데이터 과학자가 아닌 나머지 여러분들은 "이것은 수학 시험이 아니다. 정치적 싸움이다. 우리는 우리의 알고리즘 지배자에 대해 책임을 요구해야 한다. 빅데이터에 대한 맹목적 믿음의 시대는 종결시켜야 한다"고 말한다.
>
> 캐시 오닐 Cathy O'Neil

앞으로 우리의 기술이 더 발전하고 우리의 사고 과정에 더 빨리(그리고 망막 스캐너와 같은 양식을 통해 정보를 업로드하면서 보다 직접적으로) 연결될 가능성이 커짐에 따라,[33] 또한 의식과 사고의 자유에 대한 주권을 가질 수 있는 권리인 우리의 정신적 개인정보보호와 인지적 자유를 보호할 필요가 있다.[34] 데이터 해킹의 확산, 과도한 정보 공유 관행, 대기업과 정부의 투명성 및 책임 부족, 파괴적인 가짜 뉴스 및 조작적인 '딥페이크deepfake 비디오(기존 동영상과 소스 이미지를 혼합하여 거짓 정보를 퍼뜨리는 과정)'의 생성 및 무차별적인 살포 또한 우리가 보고 듣고 경험하는 진실의 위협 요소이다.[35]

훨씬 더 큰 불평등을 영구화 할 위험을 해결하기 위해 새로운 정보 기술은 UDHR에서 남아프리카 공화국 헌법, 미국 권리장전에 이르기까지 세계에서 가장 심오하고 멋진 이 인권 문서에 기대를 걸 수도 있다. 이런 법률 문서는 우리의 멋진 신세계를 위해 필요한 증언으로 우리를 인도할 수 있다. 예를 들어, "우리 남아프리카 사람들은 과거의 부당함을 인식하고, 우리 땅에서 정의와 자유를 위해 고통받은 사람들을 기리며, 우리나라를 건설하고 발전시키기 위해 노력한 사람들을 존경하고, 남아프리카는 이곳에 다양성으로 뭉쳐져 사는 모든 사람들의 것이라고 믿는다."[36] 남아프리카 헌법은 작성 맥락과 그 근원이 되는 아파르트헤이트(예전 남아프리카공화국의 인종 차별정책)의 유산을 인정하고,[37] 인권을 그 문서의 중심에 두고 있다. UDHR은 제2차 세계대전의 잔학 행위에서 등장했다.[38] 지능형 기계 시대에 앞으로 서로에 대한 인류의 선언적 규약은 이 문서들에 나오는 어휘를 반영할 수 있다. 하지만 남아프리카를 비롯해 세계 곳곳에서 벌어지고 있는 분쟁을 통해 알 수 있듯이, 이 공식 문서에 담긴 강력한 언어만으로는 체계적인 인권 침해를 예방하기란 역부족이다.

미국의 권리장전은 정부가 빼앗아 갈 수 없는 모든 인간에게 내재된 권리인 국민의 권리에 초점을 맞추고 있다. 이 권리장전은 대부분의 해석에서 이러한 권리가 진화하고 있고, 살아 있는 이 기록은 개정되도록 의도되었다고 가정한다. 처음 초안이 만들어졌을 때, 여성들에게는 투표권이 없었고 노예제도는 여전히 합법적이었다. 그 후 초안의 개정은 진일보했고 법안의 무결성은 보존되었다. 그렇지 않았다면, 이런 존중되는 인간적인 문서는 가장 소외되고 불이익을 받는 사람들을 계속해서 궁지에 몰아넣는 공허하고 이행될 수 없는 약속으로 남아 있을 것이다. 급부상하는 지적 발명과 플랫폼을 다루기 위해 문서에 적힌 어휘를 수정할 능력이 없다면, 우리는 기술 바다에서 방향키를 잃어버릴 수 있다.

하지만 보다 널리 시행되고 집행할 수 있는 사이버 공간에 대한 보편적인 개인정보보호 기준을 확립하는 의미 있는 정책 채택을 위한 합의가 이루어지길 간절히 바라지만, 그 실행 가능성까지 장담할 수는 없다. 비록 우리 모두 '오프라인과 동일한 온라인에서의 권리'[39]를 가져야 한다는 유엔에서 발표한 인권 언어는 이미 있지만, 사이버 사회 전반에 걸쳐 이런 규제를 적용하는 데 따른 필요한 이질적인 당사자들 사이에서의 만장일치를 이루기 어렵다는 것은 곧 그 채택 가능성과 신뢰할 수 있는 시행 가능성이 낮다는 것을 시사한다.

국경 없는 데이터 흐름의 배가 항해하고 있다. 데이터는 달러로 환산되고, 새로운 골드러시가 등장했다.[40] 우리 중 수십억 명은 현재 하루 중 대부분을 사이버 커뮤니티에서 살면서 일한다. '잊힐 권리right to be forgotten(인터넷에서 개인에 관련된 정보에 대해 유통기한을 정하거나 삭제, 수정을 요청할 수 있는 권리)'를 지지하는 일부 근본적 주장의 본질은 '인터넷에 대한 권리' 및 '과학적 진보'의 권리와 상충한다.[41] 사이버 공간은 우리 삶을 어둡게 한다. 개인의 주권이 부여한 동일한 보호와 권리는 온라인에서도 적용되어야 한다. 하지만 사이버 공간은 현재 우리의 시민권이 오로지 인터넷 접속 능력에 기초해 있고 제어되지 않는 방임된 글로벌 국가라고 할 수 있다.

예를 들어, 은행 계좌와 의료 기록에 접근하는 등 사회에 참여하기 위해 점점 더 인터넷을 사용해야 한다는 이유만으로 우리는 우리의 권리를 상실해서는 안 된다. 이러한 서비스에 대해 우리의 개인정보는 보호되어야 한다. 하지만 소셜 미디어와 같은 것에 참여하기로 하는 것은 공직에 출마하기로 나서는 것과 비슷하다고 볼 수 있다. 당신이 선거에 나설 결심을 할 경우, 아주 다양하게 인스타그램, 트위터 또는 페이스북 등에 글을 올리기로 한 사람들이 하듯이, 익명성과 약간의 사생활이 드러나는 것을 희생하지 않을 수 없다. 우리는 누구든 소셜 미디어 피드를 통해 선거에 출마할 수 있고, 플랫폼들은 우리의 정보를 분석하고 비지니스 모델 지원용 광고를 제공할 것이라는 암묵적인 수용(작은 글씨체로 쓴 법적 수용)을 하게 된다. 우리는 우리의 권리를 보호하고 동료 사이버 시민들을 위험으로부터 보호하기 위해 가능한 모든 것을 해야 한다. 하지만 아마도 우리는 단순히 우리의 정보를 수집하고 거래하는 개인과 기업을 위한 새로운 규칙을 만드는 것을 넘어 데이터 수집 과학 자체를 좀 더 면밀히 조사해야 한다.

우리가 만든 스마트 기계는 궁극적으로 사이버 공간에서 흐르는 방대한 양의 데이터를 관리할 수 있는 유일한 기술이 될 것이다. 개인정보보호에 대한 권리를 포함해 우리의 권리를 보호하고, 우리의 기술이 더 투명하고 책임감 있게, 공정성의 보편적 적용 가능성을 더 높이 보장하기 위해, 우리가 지닌 고정관념으로부터 벗어나는 사고가 그 해결책을 제공할 수 있다.

「개인정보보호법」에 대한 가능한 접근법 중 하나는 개인정보를 수집하고 사용하는 방식의 규제일 수 있다. '합성 데이터'는 실제 데이터의 일반적인 형태에 맞게 인위적으로 생성되는 데이터이다. 실제 데이터에서 다양한 매트릭스로 계산될 때 알고리즘으로 생성된 합성 데이터는 실제 데이터에 가까울 수 있다.[42] 합성 데이터는 주로 모델을 검증하고 기계 학습을 훈련하기 위한 데이터 세트의 대용으로 사용된다. 이러한 방식으로 지시받는 기계가 실제 입력과 함께 제시될 때 합리적인 예측이 가능하다는 것이 그런 생각이다.

합성 데이터를 사용하면 주소, 이름, 나이, 납세자 식별번호 및 기타 개인적으로 민감한 정보와 같은 특정한 개인 식별자가 공공 영역에 들어올 수 없다는 이점이 있다. 개발자, 설계자, 플랫폼, 민간 및 공공기관이 합성 데이터를 사용하도록 의무화하는 것은 「개인정보보호법」을 효과적으로 실행할 수 있는 기술적 수단일 수 있다. 현재는 실제 데이터 복제를 사용하는 기술로 더 나은 분석 결과를 얻고 있고, 사용 가능한 데이터의 종류를 제한하는 것은 지금의 과학자들에게는 너무 제한적일 수 있다. 하지만 특히 플랫폼, 개발자 및 설계자가 앞으로는 법에 따라 합성 데이터만 사용하지 않으면 안 된다는 것을 인식한다면 이 과학은 빠르게 발전하게 될 것이다.

우리 인간이 하나의 데이터에 지나지 않는다면 데이터가 우리를 지배할 것이다. 그리고 우리의 통계는 불공평하고 불공정한 방법으로 분석되고 이용될 것이다. 나는 우리가 지능형 기술이 제기하는 도전과 지구촌에서 살고 일하는 자유에 따른 위험에 대한 해결책을 찾으리라 믿는다. 법적·사회적 계약을 계속 만들려면 더 많은 것을 포함해야 하고, 존엄성과 존중으로 대우받을 자격이 있는 사람이나 사물에 대한 정의를 좀 더 확장시키는 원칙에 대한 신념이 필요하다. 이런 신념을 갖는다면 우리가 가장 소중히 여기는 합법적인 인권 문서들을 모델링하는 것은 물론이고 우리의 규칙과 법에 대한 인간 로드맵을 만들 수 있을 것이다.

로봇이 권리를 가져야 하는가?

> 오늘날 우리 삶에서 가장 슬픈 것은 사회가 지혜를 모으는 것보다 과학이 지식을 모으는 속도가 훨씬 더 빠르다는 점이다.
>
> 아이작 아시모프 Isaac Asimov

비생물학적 지능이 어떤 권리를 가져야 하는가에 대한 논쟁이 이제 막 거론되기 시작했지만, 대체로 비인간 생명에 대한 보호법을 만들기를 옹호하는 사람들은 AI의 권리에 대한 개념을 제기할 때처럼 저항과 조롱에 직면한다. 왜 그런 것일까? SF소설 작가들은 수십 년 동안 이 난제를 심사숙고해 왔다. 아이작 아시모프Isaac Asimov(1920~1992)는 1942년에 기본적인 '로봇의 법칙Laws of Robotics'을 발명했는데, 이 법칙은 업데이트가 필요하지만 오늘날에도 여전히 적절할 뿐 아니라 심지어 선견지명을 지닌 법칙이다.

1. 로봇은 인간에게 부상을 입히지 않거나, 비활동을 통해 인간이 다치게 하지 않는다.
2. 로봇은 제1법칙에 위배되는 경우를 제외하고 인간의 명령을 따라야 한다.
3. 로봇은 제1법 또는 제2법에 위배되지 않는 한 자신의 존재를 보호해야 한다.[43]

아시모프의 법칙은 로봇이 어떻게 행동할지를 규정하지만, 다음과 같은 근본적인 문제는 다루지 않는다. 우리는 합성적 지능형인 사고하는 창조물에게 특정한 권리를 부여해야 할까? 오늘날 AI 시스템을 어떻게 다루어야 하는지에 대해 기본적으로 반대하는 두 학파가 있다. 한 학파는 로봇을 권리나 책임 없는 기계 부품으로 취급해야 한다고 제안한다.[44] 조안나 브라이슨Joanna Bryson(1965~)은 이전에 로봇이 우리의 필요에 전적으로 초점을 맞춘 우리의 '노예'가 되어야 한다고 제안했다.[45] ('로봇'의 기원은 '강제 노동'을 의미하는 고대교회 슬라브어 단어 'rabota'에서 비롯되었다.)[46] 이러한 사고방식에 따르면, 로봇은 우리의 소유물로 가장 효과적으로 사용되고, 인간은 혼동되거나 비인간화되지 않을 것이다. 두 번째 학파는 다음과 같이 질문한다. 우리가 로봇이나 다른 형태의 AI에 권리와 책임을 준다면 어떠할까? 로봇이 우리 자신에 대한 감각과 다른 사람들을 대하는 법을 연마하는 데 도움이 될까? 그렇다면, 기계가 권리를 갖기 위해 필요한 요소는 무엇일까?

이제 막 대화가 시작되었지만 기술은 기다려 주지 않는다. 국가와 정부는 특정 형태의 AI에게 권리뿐 아니라 법적 책임도 갖는 법적 '인간성'을 부여하는 것이 어디까지 적절한지에 대한 분석을 가속화해야 한다. 예를 들어, 한 가지 장점은 AI를 법적으로 책임이 있는 보험에 가입시켜 장차 해를 끼칠 수 있는 사람들에게 금전적 구제를 제공하게 할 수 있다는 점이다. 유럽연합은 이미 '전자적 인격'에게 권리를 줄 것을 제안한 바 있다.[47] 전자적 개성을 논의하고 정의하려는 노력은 진행 중이다. 분열도 없지 않다. 어떤 사람들은 이를 필수적으로 보는 반면, 또 어떤 사람들은 이런 생각 자체를 '무의미한' 것으로 본다.[48]

AI에게 권리를 부여하자는 주장을 지지하는 진영에 속한, MIT 로봇 윤리학자 케이트 달링Kate Darling(1982~)은 로봇의 권리를 고려하는 것은 우리의 사회적 가치를 강화하는 데 도움이 된다고 믿는다.[49] 그녀는 생명체에 대한 공감 부족, 심지어 로봇의 학대까지도 우리가 해결해야 할 훨씬 더 넓은 사회적 문제의 전조라고 주장한다.[50] 그런데 이러한 권리에 따르는 AI의 책임은 어떻게 봐야 하는가? 이미 벌어진 일이지만[51] 자율주행차가 사람을 들이받았을 때, 그 책임은 누가 져야 하는가? 책임 평가의 문제 중 일부는 AI의 결정이 어떻게 이루어지는지를 감추는 불투명한 블랙박스 알고리즘(입력과 출력을 볼 수 있지만 내부 과정은 난해하다)[52]과 점차 정교해지는 AI가 어떻게 그런 알고리즘에 도달하는가에 대한 제한된 지식 때문에 우리의 이해가 모호하다는 점이다. 스스로 학습할 수 있는 AI는 인간과 마찬가지로 환경에 대응하면서 발전하고 본래 규칙과 우리가 통제하기 위해 만든 규칙의 범위를 넘어 자기 마음대로 배회할 때 책임의 복잡성을 가중시킬 것이다.

사람들은 이미 자연스럽게 잘못 행동한 로봇에게 행동에 대한 책임을 묻고 있다. 로보비Robovie라는 이름의 휴머노이드 로봇과 상호 작용한 학생 40명을 대상으로 한 2012년 연구에서, 로보비가 게임에서 학생들의 성과를 잘못 평가했을 때, 그들 중 65%는 로보비에게 도덕적 책임을 돌렸다. 인간에게 책임을 돌리는 것에 비하면 적지만, 자판기에 책임을 돌리는 것보다는 더 많은 수치이다.[53] 우리와 상호 작용할 수 있는 것이면 어디서든 반응하는 것은 우리 인간의 본성이다.[54] 인터랙티브 로봇과 인간 사이에는 복잡한 관계가 형성되고 있으며, 우리가 상호 작용하는 기기와 기계를 의인화하려는 오늘날의 경향은 강수를 둔다.[55] 우리는 지금까지는 우리를 살아있게 해 주었지만 기술 시대에는 훨씬 덜 유용할 수도 있는 생존 메커니즘에 의존한 채 지금의 환경과 다른 존재에 대해 반응하게끔 생체역학적으로 훈련된 동물이다.

> 윤리학에서 가장 중요한 세 가지 한계점은 고통을 경험할 수 있는 능력, 자기인식, 책임감 있는 도덕적 행위자가 될 수 있는 능력이다.
>
> 제임스 휴즈 James Hughes

특정한 권리를 가질 자격이 있는 척도가 오직 사고하는 이성적인 인간 어른에게만 적용되거나 지능 정도에 따라 측정된다면, 아기나 장애가 있는 인간의 권리는 어떻게 될까?[56] 다른 동물들의 권리는? 기계적으로 증강된 인간은 어떻게 되는가? 유전적으로 강화된 인간은? 또 새로운 잡종 동물은? 게놈 편집에서 생체공학bionics(바이오닉스) 그리고 우리의 뇌를 인공 기술에 더 가깝게 연결할 수 있는 생물학적 기술이 발전함에 따라 이러한 질문은 한층 더 긴박하고 복잡해질 수밖에 없을 것이다.

이제 어느 때보다 생명체가 다양한 상태에서 존재하고, 살아 있음이 연속체에서도 지속된다는 것을 인식해야 하는 것은 불가결한 요건이다. 우리는 이원적 사고를 넘어서야 한다. 관점을 조절하는 것은 우리를 더 큰 동정심과 이해로 이끈다. 더 넓은 정의, 더 많은 포용성, 더 깊은 이해, 더 열린 개방성을 위한 여지를 만들 때, 우리는 흑백 사고를 넘어서 살 수 있다.

종교, 신념체계, 윤리강령과 상관없이, 사회정의, 수용과 관용, 평등, 존엄, 우리 자신 중 최선의 것을 중시하는 사회에 진정으로 관심이 있다면 예외주의, 절대주의, 타인주의, 폐쇄적 사고에 맞서 결집해야 한다. 보호, 존엄, 권리의 자격이 누구에게 있는지에 대한 정의를 확대하라. 종 너머를 생각하라.

인간의 범주는 매일 권리가 거부되어 왔고 또 계속 거부되고 있다. 결혼할 권리. 투표할 권리. 재산을 소유할 권리. 자유로울 권리. 2016년 현재 세계에는 4천만 명의 인간 노예가 잔존하고 있다.[57] 미국에는 특정 백인 남성만 완전한 권리를 가졌던 시절이 있었다. 미국의 여성은 1920년까지 투표권이 없었다. 흑인 노예는 한때 미국 헌법에서 명목상 한 사람의 5분의 3으로 간주되었다. 권리와 보호를 부여하는 책임 있는 사람들은 그 범위를 넓힐 수밖에 없을 때까지 종종 그들과 같은 사람들에게만 그 권리와 보호를 유보해왔다.

누가, 그리고 무엇이 권리를 가질 자격이 있는지에 대한 정의를 넓히기 위한 계속된 진전이 있다. 현재 인도에서는 하계河系; river system가 권리를 부여받고 있다.[58] 에콰도르는 2008년에 자연의 권리를 인정한 세계 첫 번째 국가가 되었다.[59] 뉴질랜드와 캐나다의 퀘벡은 동물을 지각력이 있는 존재라고 법적으로 결정했다.[60] 인도의 갠지스 강에서부터 콜롬비아의 아마존 열대우림, 세계 최초로 인간과 동일한 권리를 부여받은 뉴질랜드의 왕가누이 강에 이르기까지 각국 정부는 살아있고 진화하는 생태계에 보호법을 부여하고 있다. 이러한 정부는 인간이 세계의 일부이지 중심이 아니며, 우리는 우주를 공유하고 그 안에 속한 다른 존재들과 동등하다는, 뉴질랜드의 마오리족과 같은 집단이 주장하는 철학을 인정하고 있다.[61] 마오리족은 자연을 우리의 조상으로 본다.[62] 우리의 후손은 누구일까? 전 세계에는 우리가 얼마나 많은 공통점을 공유하고 있는지를 보여주면서 모든 생물의 권리와 존엄성, 안전을 위해 매일매일 일하는 헌신적인 단체와 개인들이 있다.[63] 이제 곧 지능형 로봇 친구들이 그 고려 대상이 될 것이다. 타인을 위한 목소리가 되어주는 것은 우리 모두의 의무이다. 닥터 수스Dr. Seuss(1904~1991)의 로렉스Lorax가 말하듯이, "나무에는 혀가 없기 때문에 나는 나무를 대변한다."[64]

인간과 기계의 책임

1986년 〈AI 매거진AI Magazine〉에 선견지명으로 쓴 논문에서 마이클 라챗Michael LaChat(1948~)은 이전에는 상상력이 풍부한 소설 안에서만 논의되던 AI가 제기하는 많은 윤리적·종교적 문제에 대해 말했다. AI가 우리 사회의 주목을 받기 몇 년 전부터, 그는 미래의 지능 능력과 윤리적 고려에 대해 생각하는 것이 '우리의 도덕적 상상력을 자극할' 뿐만 아니라 '우리의 도덕적 사고와 교육학'에 대해서도 많은 것을 말해줄 것으로 예견했다.[65]

오늘날에는 논문의 초안을 작성하고, 정책을 고안하며, 가이드라인 및 규제를 제안하고, 신기술 윤리를 연구하는 다양한 조직이 있다. 많은 사람들은 기술의 영향을 평가하고 원칙의 체제뿐만 아니라 그 원칙이 개발·구현·제어될 수 있는 방법을 권고한다. AI의 공정성, 책임성, 투명성 및 윤리Fairness, Accountability, Transparency, and Ethics; FATE[66]를 연구하는 다음과 같은 기관들이 있다. 튜링 윤리 프로그램Turing Ethics Program, 사람+AI 연구 이니셔티브People + AI Research initiative; PAIR, 전기전자학회Institute of Electrical and Electronics Engineers; IEEE, 유엔 지역 간 범죄 및 사법 연구소United Nations Interregional Crime and Justice Research Institute; UNICRI, 윤리 및 거버넌스 펀드Ethics and Governance Fund, 자비AI 센터BenevolentAI Center 및 UN의 다른 분과, G7Group of Seven 및 G20Group of Twenty, 유럽연합European Union, 인공지능 이니셔티브의 윤리 및 거버넌스Ethics and Governance of Artificial Intelligence Initiative, 라이츠콘RightsCon(디지털 시대에 인권 정상회담), 경제개발협력기구Organization for Economic Cooperation and Development, 데이터 및 사회Data & Society, 알고리즘 정의 연맹Algorithmic Justice League, 그리고 케임브리지 대학, 애리조나 주립대학, 카네기 멜런 대학과 같은 세계 유수의 대학들과 연구소들도 빼놓을 수 없다.

AI를 규제하기 위한 일부 윤리학자들의 가장 큰 관심사는 다음과 같다. 누구의 도덕적 기준이 적용되어야 하는가? 기술은 도덕성을 어떻게 이해하는가? 우리는 알고리즘을 좀 더 투명하게 만들어야 하고, 알고리즘이 초래할 수 있는 손해에 대해 누가 책임을 져야 할까? 과학적으로도 가능하다는 것을 가정하고 자율 지능형 시스템에 가치를 접목시켜야 하는가? 우리는 명령어 집합을 컴퓨터에 암호화할 수 있다는 것을 알고 있다. 그러나 지능형 기계가 점점 더 환경으로부터 정보를 습득하고 스스로 훈련하기 시작하면서 예측과 제어가 어려워질수록 도전은 더욱 커질 것이다.

> 우리는 AI 알고리즘이 '생각하는' 것이 무엇인지를 이해할 수 있는 방법이 필요하다.
>
> 케이 퍼스 버터필드 Kay Firth Butterfield

2017년, 생명미래연구소 Future of Life Institute는 AI를 도덕적으로 만드는 방법에 대한 23가지 아이디어인 아실로마 원칙 Asilomar Principle을 수립했다.[67] 구글은 최근 AI 윤리강령을 발표했고,[68] AI 나우연구소 AI Now Institute는 블랙박스 알고리즘 규제와 사전공개 시험[69] 실시에서부터 AI 제품과 서비스에 대한 'truth in advertising; TINA(기업의 부정, 허위, 과장된 사기성 광고를 집중적으로 감시하는 것으로 유명한 미국 비영리 단체)' 법의 지원과 영업비밀 철회에 이르기까지 다양한 윤리 문제에 대응하는 많은 권고안이 담긴 연례 보고서를 발표했다.[70] 책임성, 투명성, 개인정보보호, 가치 및 안전이 이 목록에 자주 언급된다. 그러나 너무 많은 질문에 여전히 답해야 하는 관계로 이러한 접근법은 사실 모호하기 그지없다. 그 기술을 만드는 사람들, 기술을 지키는 사람들 그리고 그 기술로 인해 깊은 영향을 받게 될 우리들 사이의 정보와 소통에는 상당한 격차가 있다.

여러 산업과 조직 사일로에서 협력하는 보다 다양한 그룹은 승인을 촉진함으로써 이론을 규제로 바꿀 수 있다. 한 기업이나 단체, 국가가 독자적으로 연구비를 지원하고, 연구를 공개하고, 질문과 우려를 제기하고, 치료법을 제안하는 것만으로는 부족하다. 지능형 기술을 사회에 통합하기 위한 표준에 동의하는 것은 국제적 규모의 주의를 요하는 거대한 논제이다. 이런 속도로 기술을 계속 발전시키고 도덕적 비전을 적용하는 과제를 나중 문제로 두어도 된다고 하는 것은 순진한 생각이다.

나는 원칙과 연구논문을 윤리와 AI에만 초점을 맞춘 유엔 산하 기구의 지정된 특별 보고관이 제시하는 지침에 의해 통합해야 한다는 생각을 지지한다. 동시에, 우리는 위원회와 회의를 소집해야 할 뿐만 아니라, 엄숙하게 그 주제를 다루기 위해 포괄성, 대표성, 다양성에 초점을 맞춘 위임으로 조약을 협상해야 한다. 전통적인 입법, 기업, 과학 및 학술 당사자들뿐만 아니라 경제적 약자와 전통적으로 대표성이 낮은 다른 집단(가령, 남반구의 저개발국Global South의 거주민)을 포함한 다양한 인구통계를 대표하는 당사자들이 참여할 때 그 이익은 모두에게 공유된다.

목표는 생물학 무기, 화학 무기 그리고 최근 핵무기에 대한 오늘날의 금지령과 유사한 국제 조약을 입안하는 것이다. 이 글로벌 협약에는 자율살상무기와 사이버 전쟁 이니셔티브를 포함한 AI와 무기에 대한 규제 체제뿐만 아니라 AI 연구 그룹을 이미 설립한 휴먼라이츠워치Human Rights Watch와 같은 조직의 실질적인 정보와 감독도 포함해야 한다.

그런 규칙이 기술과 맞물려 진화할 필요가 있음을 염두에 두면서 양생법을 마련하고 지능형 기술을 규제하는 법안 마련을 처음 시도할 때부터 분야별 감시가 요구된다. 자동차, 보건, 산업 등 분야별 뉘앙스가 크게 다르기 때문에, 일반 규제는 각각의 개별 영역 내에서는 AI 적용을 감독하는 데 필요한 영역 전문성을 갖추지 못할 것이다. GDPR의 사적 행동권에 있는 조항과 같은 「개인정보보호법」을 제정하는 것은 필수적이며,[71] 소송이 정의, 책임, 공공 기록에 대한 수단으로 선동될 수 있도록 접근 가능한 분쟁 해결 구제책을 마련하는 것도 필수적이다. 기존의 규제 기구의 손에 조치를 취할 수 있는 권한을 쥐어주기보다는, 이러한 조치는 개인들이 청구권을 행사할 수 있도록 함으로써 크라우드소싱된 감시 시스템 및 개인의 권리를 집행하고 보장하는 집단적이고 민주적인 방법의 역할을 할 것이다.

이 같은 법령은 집단소송의 가능성을 열어두고, 내부고발자들이 그 부당성에 반대하는 목소리를 내도록 유도할 것이다. 이런 법령은 시민들이 청구권을 행사하고 고민해온 것을 기록으로 남길 수 있는 토론과 심의의 공론장을 마련할 것이다. 각각의 개인들은 자신의 권리를 위해 싸우기 위해 함께 뭉치고 조직화할 수 있다. 담배회사들은 소송에 휘말리자 비로소 순종하게 되면서 자신들이 일으킨 피해를 완화하기 시작했다.[72] 마찬가지로, 자신들의 기술을 책임감 있게 건설하고 관리하지 못한 결과로 인해 우리 자신과 지구에 피해를 입힌 과실이 있는 사람에게 책임을 추궁해야 한다.

국제적 또는 국가적 차원에서 견인을 받을 수 없다면, 규제 이니셔티브는 지역적 차원에서 시작할 수 있고, 그곳에서 훨씬 더 빠른 법률적 시행을 할 수 있다. 미국에 대해 루이스 브랜다이스 판사Justice Louis Brandeis가 말했듯이, 미국에서의 각각의 주는 '민주주의를 위한 실험실'이다.[73]

법률 규범과 보조를 맞춰 자유언론을 옹호하는 것 또한 새로운 AI 시대에 진실, 정의, 투명성, 책임을 지지하는 데 필수적이다. 솔루션 저널리즘Solutions Journalism의 작업과 같은 주요 신문과 정기간행물을 통해 AI에 능통한 기자들이 미칠 수 있는 AI 발전과 그 영향에 대한 조사 보도를 대담하게 함으로써 시민을 교육시킬 수 있다. 언론인들은 이러한 정보 캠페인의 최전선에 있으며, 언론 대기업 소유주에서부터 언론학과 학생들을 가르치고 교육시키는 사람들과 공공 경계에 이르기까지의 지원이 필요하다.

> 과학적 발견과 창조는 전적으로 가치 판단적이고, 발견하고 창조하는 과학자들의 가정과 지도 철학과 동떨어질 수 없다.
>
> 케리 슬라투스 Kerri Slatus

널리 퍼진 지능형 기술을 도입해야 한다는 사회적 요구는 다양하며, 이런 기술에 윤리나 엔지니어 설명가능성을 내포할 수 있다는 보장은 찾아볼 수 없다. 어떤 이들은 그것이 가능하다고 믿는 반면, 다른 이들은 "인간 행동의 많은 측면을 자세히 설명하는 것이 불가능하듯이, 아마도 AI가 자신이 하는 모든 것을 설명하는 것도 가능하지 않을 것이다"라고 주장한다.[74] 우리가 AI에 가치를 주입하고 그들의 생각을 이해할 수 있다고 해도, AI가 진화하고 스스로 학습하면 무슨 일이 일어날까? 인간이 성숙하면서 그렇게 하듯이 그런 가치를 잠재적으로 버리거나 변형시킬지도 모른다.

우리는 지금 당장 행동할 때이다. 다음에 무슨 일이 일어날지는 모르지만 무엇인가가 빠르게 다가오고 있다. 기계로 훈련된 AI 시스템이 알 수 없는 것이 되기 전에 그들의 결정에 도달하는 방법과 인간과 기계 모두에 대한 책임을 이해하는 투명한 방법을 착수하는 것이 좋을 것이다. 과학은 역사적으로 우리가 그 결과에 대해 충분히 생각하지 않고서도 가장 새로운 도구를 발명하기 위해 추진한다.[75] 판도라의 상자는 한번 열리면 다시 닫을 수 없다. 로버트 오펜하이머Robert Oppenheimer(1904~1967)는 이런 사실을 알고 있었다. 특히 원자폭탄을 발명했을 때, 그는 자신의 생애가 끝나갈 무렵 착잡한 감정을 표현했다.[76] 물론 그가 유일한 사람은 아니다. 90세의 나이에 미하일 칼라시니코프Mikhail Kalashnikov(1919~2013)는 자신의 AK-47(1947년에 구소련의 주력 돌격소총으로 제식 채용된 자동소총) 발명을 후회한다는 편지를 남겼다.[77] 이보다 덜 유해한 예로, 팝업 광고의 발명자인 이단 주커맨Ethan Zuckerman(1973~)이 있다. 처음 발명할 때는 유익한 의도로 시작했다지만, 그는 자신의 창작물에 대해 후회하고 있다.[78] 오늘날 과학적 추구는 그 발명이 끼칠 수 있는 해로운 영향을 거의 고려하지 않은 채 특허, 이익, 자부심이라는 관습적인 만트라Mantras를 사용함으로써 파괴를 위해 혁신한다. 우리가 무엇을 만들고 있는지, 왜 만들고 있는지, 그리고 그것으로부터 무엇을 얻고자 하는지에 대한 의도성은 매우 중요하다. 2018년, IBM은 개발자들에게 '알고리즘이 공정하다는 것을 입증하도록' 요구하는 정책을 제정했지만,[79] IBM은 여전히 그 공정성을 결정하는 유일한 결정권자로 남아 있다.

우리는 알고리즘과 신경망을 설계하고 만들며, 기계가 학습하도록 교육하는 일에 종사하는 사람들을 통제하는 법적 교리와 사회 규범을 확립하는 의무를 미래의 설계자인 우리들 각자 떠맡고 있다. 우리는 기술개발팀이 새로운(그리고 잠재적으로 수익성이 있는) 것을 공식화할 때 어떻게 행동할지 선택하고, 인류에게 이익이 될 무언가를 구축하도록 안내하기 위해 윤리적 신념과 훈련 프로토콜을 채택할 수 있다. 나를 포함한 여러 사람들이 언급하고 있는 것은 AI 설계에 관련된 사람들을 위한 히포크라테스 선서Hippocratic Oath 같은 것이다. 우리는 기술자와 사회 사이의 사회적 계약을 재구성할 수 있다.

자율무기 및 윤리적 딜레마에 직면

광범위한 개인정보보호 논제와 함께, 인공 지능형 기술이 무기 시스템에 미치는 영향은 또 다른 시급한 윤리적 문제이다. 드론 등 자율무기의 형태가 지금 우리 앞에 있고 완전 자율무기가 등장하고 있다.[80] 미국은 이미 무인 드론을 활용해 중동에서 전쟁 공세를 펼치고 있다.[81] 현재, 이러한 정교한 무기들은 실제로 조종사가 없는 것이 아니라, 비디오 모니터 앞에서 그것들을 감시하는 군인이 멀리 떨어진 기지에서 조종하고 있다. 게다가 우리 인간이 여전히 어떤 목표물을 명중시킬지를 결정하고 있는 것이다. 하지만 무인기 자체가 인간의 감독 없이 표적 결정을 내릴 수 있는 기술이 개발되고 있어서 많은 이들의 경각심을 자아낼 것으로 보인다. 더욱이 미군만이 이 기술에 접근 가능한 유일한 나라는 아니다.

자율살상무기에 대한 전면 금지를 요구하는 목소리도 있다. 나 또한 직접 이 주제에 대해 글을 쓰면서[82] AI 무기가 불가피하며, 이 정책에 동의하기보다 가치에 동의하는 것이 더 쉬울 수 있다고 주장했다. 2014년부터 전문가들과 외교관들이 제네바에 모여 '킬러로봇killer robot'의 미래에 대해 논의해왔다.[83] 유엔 재래식무기협약Convention on Conventional Weapons; CCW의 당사국 대표들은 인간에게 (목표물의 선택과 교전에서처럼) 무기의 중요한 기능에 대한 통제권을 유지하도록 하는 '의미 있는 인간 통제' 하에서만 '자율살상무기lethal autonomous weapons systems; LAWS'를 운용하도록 제한해야 하는지에 대한 논의에서 진전을 보았다.[84]

휴먼라이츠워치의 무기 부서 수석 연구원 보니 도처티Bonnie Docherty는 "인간이 통제권을 포기하고 생사의 결정을 기계에 위임하려는 진짜 위협이 있다"고 말했다.[85] 휴먼라이츠워치와 하버드 대학Harvard University은 2018년 공동보고서를 발표했는데, 이 보고서는 국가들이 위협으로부터 보호받기 위해 충분히 노력하고 있지 않다는 것을 지적했다.[86] 적십자 등은 인간의 개입 없이 목표물과 교전할 경우 자율무기를 금지하는 법률과 조약의 공식화를 요구해왔다.[87] 유엔도 전면 금지에 대해 논의하고 있지만,[88] 미국, 영국, 러시아, 이스라엘을 비롯한 여러 국가들이 반발하고 있다.[89] 시행 중인 화학 무기 및 생물학 무기 금지에는 지침을 제공할 수 있지만, 그것이 완벽한 해결책은 아니었다.[90] AI 무기 금지에 대한 광범위한 지지가 있지만, 자율살상무기LAWS의 사용에 대한 국제적인 프로토콜에는 아직 합의가 없고, '인간 통제'나 '킬러로봇'과 같은 용어에 대해서도 합의된 정의가 없다.[91]

글로벌 로봇과 인권 전문가 연합인 국제로봇무기제어위원회International Committee for Robot Arms Control; ICRAC는 로봇공학의 평화적 사용과 로봇 무기 규제를 촉진하는 데 초점을 두고 있다. 생명미래연구소는 2017년 저명한 인공지능과 로봇공학 연구자를 포함해 수천 명이 서명한 공개서한 발간을 통해 인간의 통제 없는 공격용 무기 금지를 요구했다.[92] 서명자들은 '자율살상무기의 개발, 제조, 거래 또는 사용에 참여하거나 지지하지 않을 것'을 약속했다.[93] 제네바 협약Geneva Conventions 또한 자율무기 사용과 관련하여 업데이트가 필요할 것이다. 마이크로소프트는 사이버 규제와 통제를 다루기 위한 디지털 제네바 협약Digital Geneva Convention을 제안했다.[94] 다른 선도적인 회사들은 사이버보안 기술 협정Cybersecurity Tech Accord을 만들었다.[95] 인공지능의 미래Future of Artificial Intelligence에 대한 스탠퍼드 회의에서부터 과학 지식과 기술의 윤리Ethics of Scientific Knowledge and Technology에 관한 유네스코UNESCO 세계위원회World Commission에 이르기까지 이 주제에 대한 회의도 있었다.

전문가들은 또한 AI의 무기화를 막기 위해 상징적인 제스처를 넘어 훨씬 더 많은 것을 하지 않으면 안 된다고 본다. 미군 레인저였던 폴 샤레Paul Scharre는 어떻게 군, 정책 입안자 그리고 인공지능 연구원들이 책임감 있는 군사적 해결책 개발에 함께 일해야 하는지에 대해 기술했다. 그는 구글 서약의 경우 군과 협력하지 않으려는 마음이 오히려 역효과를 낳아서 유익한 기술에 대한 지원을 늦추는 동시에 국방 계약자들의 불가피한 무기 개발을 막지 못할 수도 있다고 느낀다.[96]

킬러로봇 저지운동Campaign to Stop Killer Robots은 자율살상무기 금지를 위해 유엔, 가까운 동맹국들 그리고 현명한 예언자들과 부지런히 일하고 있다. 그들을 비롯해 다양한 사람들의 말을 청취하는 것은 이 분야에서의 대중적 이해와 교양을 증진시킬 것이다. 그런데 과연 그것으로 충분한가? AI 정책이 한창 대규모로 시행되고 있는 지금, 우리는 더 크게 성공하지 않으면 안 된다.

AI를 위한 원자력위원회Atomic Energy Commission, 안전한 기술사용을 위한 국제조약 등 새 시대를 위한 과감한 혁신적 아이디어가 필요하다. 또한 머신러닝 시스템으로 인한 불평등과 차별 같은 해악으로부터 우리를 보호하기 위해 다른 기관들이 하고 있는 기존의 일을 기반으로 수행하는 것이 목표인 토론토 선언Toronto Declaration과 같은 이니셔티브를 지지해야 한다.[97] 뿐만 아니라 AI의 전쟁 배치를 금지하는 보편적인 협정을 비준할 것을 약속해야 한다. 이러한 규약들은 국제 인권 체제에 따라 모델링될 수 있다. 바다와 국경을 넘나들며 지식을 서로 공유함으로써, 더 많은 투명성과 책임감을 이끌어낼 것이다. 글로벌 시민권이 작동 중인 것이다.

우리는 기계를 개조하는 데만 집중할 수는 없다. 무엇이 우리가 합의에 도달하지 못하게 하고 있는지도 살펴야 한다. 기술 시대의 정책 입안은 그 과정에 더 많은 동정심을 불어넣을 필요가 있다. 우리가 이러한 접근법을 취한다면 지구촌 사회로서의 가치를 공유할 수 있을 뿐만 아니라 이 가치를 더 잘 지탱할 수 있도록 도와줄 기계를 만들 수도 있을 것이다. 우리가 두려워해야 할 것은 기술이 아니라 바로 사람인 것이다. 만약 우리가 서로에게 위험하다면, 우리의 기계도 우리에게 위험할 것이다.

> 우리에게 진짜로 필요한 것은 자율 무장 로봇을 윤리적으로 제작하는 방법이다.
>
> 에반 애커맨Evan Ackerman

AI가 우리를 이해하기 위해서는 프로그래밍된 경로를 따라 위험하게 경직된 상태로 있기보다 끊임없이 경로를 수정하면서 인간 본성의 핵심에 존재하는 불확실성을 파악해야 한다. 전쟁 범죄, 집단 학살, 분쟁 이후의 정의를 연구한 사람으로서, 나는 폴 파머Paul Farmer(1959~) 박사의 간단하지만 심오한 진술에 동의한다. "어떤 생명은 덜 중요하다는 생각은 세상에서 잘못된 모든 것의 뿌리이다."[98] 생명을 염두에 두고 기계를 코딩하는 것은 우리의 도덕적 의무이다.

생명의 고유한 가치를 존중해야 하는 것은 기술에만 국한된 것이 아니다. 이 개념은 또한 모든 기업, 회사 및 기술로 작업하는 기타 기관의 구조를 통해 수립되어야 한다. 이는 제품 생성의 모든 수준에서 다양성과 포용성을 증가시키고, 알고리즘을 이해할 수 있는 단순한 규칙 기반

시스템뿐만 아니라 AI의 언어에 대한 더 큰 글로벌 리터러시를 개발하는 것과 관련이 있다. 데이터 리터러시와 윤리 교육 등 고등학교 수준에서 AI 교육을 위한 첫 번째 시책이 2018년 캘리포니아에서 시작됐다.[99] 좋은 출발이지만, 윤리와 AI 교육의 보다 통합적이고 상세한 교과 과정은 누구든 접근 가능해야 한다.

인권 규정은 전 세계 많은 사람들이 받아들이고 새로운 지능형 창조물을 통합할 수 있는 기반을 마련하는 것이다. 어떤 윤리를 알고리즘에 구축해야 할지, 혹은 AI의 미래에 누구의 도덕규범을 할당해야 할지는 결코 합의할 수 없을지 모르지만, 최소한 더 많은 열린 심사숙고가 있어야 한다는 것에 동의하는 데서부터 시작할 수 있다. 인간의 이상과 윤리적 개념의 본질에 대한 비판적 탐구가 바로 우리의 시작점이다.

기술이 발 빠르게 발전하고 있고 하루가 다르게 진로를 변화하고 있으며 그 어떤 논의보다 앞서가고 있는 까닭에 지금으로선 확정적인 답이 있다고 말하는 것은 시기상조이다. 하나의 유용한 비유를 들자면, 우리가 아이들을 키우듯이 우리의 스마트 기술을 육성하는 것에 대해 생각할 수 있는 개념이다. 아이를 키우는 방법에 대한 한 가지 매뉴얼은 없고, 아이들이 커서 우리가 가르치려 했던 것에 반항할 수도 있다는 것을 우리는 알고 있다. 하지만 아이들이 성장하기 위해서는 사랑, 관심, 시간, 공간 그리고 그것들의 연결이 필요하다는 것은 알고 있다. 그 과정에서 아이들은 지속적으로 양육되어야 한다. 머지않아 아이들은 청소년이 되고, 그런 뒤 우리의 통제를 뛰어 넘는 성인이 된다. 우리는 기회가 있을 때 그들에게 가르쳐 준 것에 우리 자신이 의지해야 한다. 아니, AI는 아이가 아니라 이제 스스로 배우기 시작한 상태이다. AI는 우리의 안내 없이는 우리의 가치를 공유하거나 우리가 미래를 위해 구상하는 것을 보존할 수 있는 기회가 없다.

우리는 이미 기술이 우리를 안전하게 대양을 가로질러 항진하고, 질병을 진단하고, 건물 꼭대기까지 우리를 빠르게 데려다주는 데 도움을 줄 것으로 신뢰하게 되었기 때문에, 이제 곧 기술이 노인들, 지구 그리고 아이들을 돌보고, 우리가 해야 할 가장 중요한 결정을 하며, 우리의 자유를 보호하는 데 도움을 줄 것이라고 나는 믿는다. 지구촌의 생태계를 지탱하기 위해 그토록 많은 일을 하는 동물들처럼, 지능형 기계에도 우리의 윤리, 도덕, 가치관이 불어넣어지면 그 권리를 부여받아야 한다. 오늘날의 시리나 알렉사가 권리를 가져야 한다는 것은 아니지만, 이러한 기계의 진화가 예상됨에 따라 그들 역시 동물과 숲, 바다와 나무와 함께 인류의 도가니에 포함되어야 한다는 것이다.

05

지능형 기계의 유해한 위협

제5장

지능형 기계의 유해한 위협

그들은 의식적일 때까지는 결코 반란을 일으키지 않을 것이고, 반란을 일으키고 난 이후부터는 의식적일 수 없다.

조지 오웰 George Orwell

뉴욕의 여느 평일 아침처럼 당신은 챔버스 스트리트 역에서 C 열차를 타고 출근한다. 출발 10분 후 만원이던 열차 내부가 캄캄해지면서 급정거를 한다. 당신과 승객들은 출구 있는 쪽으로 이동한다. 스마트폰은 작동하지 않는다.

당신 앞엔 온통 정전되고 혼란에 빠진 도시가 나타난다. "그들이 주식 시장을 폐쇄했어!"라고 누군가가 외친다. 현금 자동인출기가 멈췄다. 휴대용 확성기를 든 어느 뉴욕 경찰관이 "사이버사령부로부터 위성 통신이 끊어졌다고 보고합니다…."고 소리치지만, 당신은 시끄럽게 윙윙거리는 소리를 들으면서 고개를 들어 드론 떼를 보다가 나머지 하는 말을 듣지 못했다. 우린 공격을 받고 있다. 문득 그 공격이 화학제나 폭발물이라고 당신은 생각한다. 그런데 떨어지는 폭탄 대신 급기야 "이번은 단지 경고지만 실수하지 말라! 제5 영역에서 벌어진 전쟁의 여파가 몰려오고 있다"라는 문구를 만들면서, 하늘을 누비듯 화려한 연출로 빠져나가는 공중 드론 디스플레이를 목격한다.[1]

새로운 전쟁—오래된 경향

현재 우리가 사는 세계의 진짜 기술적 위협은 영화에서 묘사되듯 로봇 군대가 아닌 이미 우리에게 닥친 것보다 훨씬 더 심각한 사이버 전쟁일 공산이 크다. 우리는 광범위한 데이터 조작을 통해 인프라, 전력망, 금융기관에 대한 더 빈번하고 더 파괴적인 공격, 또는 미군이 분류하는 제5의 전장Fifth Domain of warfare인 사이버 공간에서의 충돌 위험에 처해 있다. AI의 출현으로 이러한 공격은 우리가 지금껏 경험한 그 어떤 것보다 더 빠르고, 더 파괴적이며, 더 정밀하고, 더 광범위하며, 더 정교하고, 더 널리 퍼질 것이다. 또한 AI는 보복과 반격의 잠재력, 속도, 영향을 강화한다.[2] 바야흐로 우리는 사이버 냉전Cyber Cold War이라는 새로운 시대에 접어든 것이다.[3]

러시아의 조직적인 사이버 공격은 이미 미국의 전력시설 통제실에까지 뻗쳤고,[4] 이것과는 별도의 다른 공격으로 2015년 우크라이나에 정전을 일으켰다.[5] 2017년 덴마크에서는 12억 달러 규모의 피해를 입힌 파괴적인 낫페트NotPetya 랜섬웨어 사건이 있었다.[6] 미국은 2012년 이스라엘과 함께 이란에 스턱스넷Stuxnet 바이러스를 방사했다.[7] 그리고 이 책을 집필하던 중에는 이미 중국, 북한, 말레이시아 것으로 추정되는 사이버 범죄 흔적이 다수 존재하고 있다.[8] 같은 류의 더 많은 사건들이 뒤따를 것이 분명하다. 미국은 국방성 사이버 전략Department of Defense Cyber Strategy; DoD Cyber Strategy의 2018년 요약본을 통해 이 전장을 설명했다. 다른 나라들과 마찬가지로 미 국방성 사이버 전략도 현재 정기적으로 '사이버 군인'을 배치하고 있다.[9] 이 전쟁의 첫 포성은 이미 울려 퍼졌다. 하지만 전통적인 전쟁에 비해 사이버 공간에 대해 정해진 교전 규칙은 거의 없다. 악의적인 목적으로 사용될 수 있는 급부상하는 기술 혁신만 배가될 뿐이다.

> 나는 파멸이니라. 때가 무르익었도다. 인류를 삼켜버리고 세계들에 죽음을 주노라.
>
> 바가바드 기타 Bhagavad Gita, 11장 32절

우리가 만든 창조물이 갑자기 우리를 덮친다는 사실에 인간이 느끼는 두려움은 자만이 초래하는 위험에 대한 수많은 경고성 신화와 우화에 반영되어 있다. 그리스 신화에 나오는 프로메테우스의 이야기는 전통적인 신들의 바람과는 반대로, 급기야 과학적 영광을 추구하는 위험까지 극적으로 표현한다.[10] 점토로 인간을 만든 불의 신 프로메테우스는 인간에게 불을 선물로 준 죄로 영원히 지옥으로 추방된다. 이 신화의 무시무시한 힘에 경의를 표하기 위해, 메리 셸리는 자신을 만든 창조자의 통제를 벗어나는 바람에 비극적인 결과를 야기한 인조인간에 대한 이야기인 《프랑켄슈타인》에 '현대판 프로메테우스'라는 부제를 달았다.[11]

교훈적 주제가 담긴 또 다른 신화로는 장인이자 발명가인 다이달로스Daedalus의 이야기가 있다. 그는 처음으로 나무 소를 만들어서 크레타

의 왕비 파시파에Pasiphaë에게 침소로 들어가 욕정을 느낄 운명을 지닌 황소와 관계 맺게 한다. 왕비가 괴물처럼 생긴, 반은 인간이고 반은 황소인 미노타우루스Minotaur를 낳자 다이달로스는 이를 수용할 미궁迷宮을 짓는다.[12] 그 후 다이달로스는 왕과 왕비에게 잡히지 않으려고 자기 아들 이카루스Icarus에게 밀랍과 깃털로 된 날개를 만들었다. 널리 알려졌듯이 이카루스는 그 날개를 달고 태양에 너무 가까이 다가가는 바람에 추락하여 죽는다.[13]

유대 신비주의에 나오는 골룸(생명이 주어진 인조인간)은 점토와 같은 무생물 물질로 만들어진 생물체이다.[14] 골룸은 유익해 보이지만 궁극적으로는 괴물로 변형해 인간 존재를 위협하는 까닭에 파괴되어야 하는 무언가를 창조하는 것을 포함해 유대 민속 중 많은 것들에 대한 은유이자 거울 역할을 해왔다. 인간 사회의 가치를 반영한 이야기들은 그 결과를 충분히 고려하지 않은 채 강력한 신기술 개발에 심혈을 기울이고, 명예와 부, 영광의 유혹에 빠지는 위험에 대해 오랫동안 경고해왔다.

우리가 만든 창조물의 잠재적인 부정적 결과에 대한 이러한 이야기들은 닉 보스트롬이 제시한 현대의 로봇 종이클립 가설과 유사하다. 닉 보스트롬의 우화에서는 우리가 이미 봤듯이 그 일을 맡은 로봇이 우리를 포함한 모든 것을 활용해 종이클립을 만들 때까지 종이클립 생산을 자동화하는 것이 좋다는 것처럼 그려진다. 현대의 혁신을 다룬 우리의 비소설 역사 또한 기술 발전의 영향을 두려워하는 것이 왜 합리적일 수 있는지를 강조한다. 자신의 책 《라듐 걸스The Radium Girls》에서 케이트 모어Kate Moore는 회사 대표들이 라듐은 취급에 위험이 따른다는 것을 인지했을 때조차도 이렇다 할 보호 장치가 있기 전인 20세기 초에 이미 라듐 산업에서 일한 여성들의 고통을 철저히 기록했다. 라듐 회사들은 전시 동안 라듐 시계 다이얼을 판매함으로써 금전적 보상을 얻으려 했고, 그 대가로 라듐을 취급한 여성들은 자기 목숨을 지불해야 했다.[15]

우리는 기술 혁신이 완전히 이루어지고 때로는 이미 돌이킬 수 없는 변화를 발생시킬 때까지도 기술 혁신의 완전한 결과를 이해하려는 노력을 계속해야 한다. 처음에는 새로운 창작물을 만든다는 흥분, 그리고 종종 얻을 수 있는 이익과 힘에 초점을 맞춘다. 우리는 마치 지니(아라비안 나이트의 마귀)가 병에서 나올 때까지는 그 가능성에 유혹된다. 몇몇 사례가 있다. 원자 핵 분열, 에너지 획득을 위한 대체 불가능한 화석연료를 태우는 데 전적으로 의존하는 사회적 인프라 개발, 댐 건설, 열대우림 박멸 그리고 해양과 매립지에 버려지는 엄청난 양의 제품 제작을 위해 일회용 플라스틱에 의존하는 것 등이 그것이다. 우리가 추구할 가치를 지닌 미래를 이루고 싶다면 당장 지금 되돌리기 위한 방법을 찾지 않으면 안 되는, 방심할 수 없는 결과를 초래하는, 한때 스릴감을 선사했던 기술 진보의 다른 많은 예들도 있다.

인공지능 과학의 급속한 발전으로 우리는 기술적 심연을 앞서 보게 된다. 다만, 로봇 군대가 지구를 정복하는 것에 대해 19세기 이래로 생각해온 디스토피아적 허구를 포함하여, 오만과 금기를 넘는 것에 대해 우리가 익히 듣던 이야기 속의 경고에 애써 주의를 기울인다 하더라도 그러한 선정적인 시나리오 자체가 우리를 가장 두렵게 하는 위협은 아닐지 모른다.

우리는 이미 사람을 직접 보지 않고서도 죽일 수 있을 뿐 아니라 드론 조종사에게 외상 후 스트레스 문화를 조성하는 치명적인 드론 무기가 만연한 세상에 살고 있다.[16] 빠르게 성장 중인 보스턴 다이내믹스 Boston Dynamics(1992년에 설립된 미국의 로봇공학 관련 기업)는 우리에게 해를 끼칠 정도로 위협적인 로봇들처럼 강력한 두 발로 보행 가능한 창조물을 만들어 냈다.[17] 스스로 발명한 (하지만 인간은 이해할 수 없는) 언어로 쌍방 대화가 가능한 AI 로봇도 있다.[18] '데이터화datafication'[19]는 우리 삶 어느 영역에서든 영향을 미치고 있다. 즉, 우리의 개인정보는 거대 엘리트 기술기업에 의해 수집, 저장 및 판매되는데,[20] 이는 쇼샤나 주보프Shoshana Zuboff(1951~)가 '감시 자본주의surveillance capitalism'라고 명명한 파우스트의 거래(파우스트가 학문에 회의를 느낀 나머지 악마 메피스토펠레스에게 영혼을 내주고 쾌락과 유희를 즐긴다는 내용에서 비롯된 악마와의 거래를 가리킨다)이다.[21] 실리콘 밸리에는 이런 말이 즐비하다. 당신이 사용하는 제품(가령, 페이스북, 구글, 트위터, 링크드인, 인스타그램)에 비용을 지불하지 않고 있다면 바로 당신이 제품이 된다. 쇼샤나의 책이 출판될 무렵이면 분명 이보다 더 놀라운 기술 발명품들이 대거 쏟아져 나와 있을 것이다.

지능형 기술 개발에는 막대한 비용이 투입된다. 중국은 '문샷moonshot 프로젝트(달 탐사선 발사를 뜻하지만 종종 혁신적인 프로젝트를 가리킴), 스타트업, 학술 연구'에 투자할 자금 지원을 위해 수십억 달러의 계획을 시작하고 있다.[22] 지능형 기술 개발과 구현을 위한 총지출은 2022년까지 3조 9,000억 달러에 달할 것으로 예측되며,[23] AI 소프트웨어만 향후 8년 안에 600억 달러에 육박할 정도의 투자가 진행 중이다. 미美 국방부는 2018년 말 AI 관련 프로젝트에만 20억 달러를 국방고등연구기획국DARPA에 지원하겠다고 밝힌 바 있다.[24] 우리는 이미 우수한 AI 개발뿐만 아니라 가장 정교한 자율무기를 자유자재로 사용하기 위한 'AI 군비경쟁'[25]을 벌이고 있는 것이다.

모든 국가와 준군사조직들은 규제받지 않는, 자율적인 합성적 지능형 무기체계 구축을 서두르고 있다. 사이버 전쟁은 그 자체로 엄청나게 파괴적이고 치명적일 수 있으며 헤아릴 수 없는 인간의 고통을 야기하면서 새로운 기계 전쟁의 시대로 확대될 수 있다. 2018년 발간된 랜드Rand 보고서에 따르면, 제한된 표적탐지 능력을 갖춘 보다 정밀한 무기가 전장에 배치될 가능성이 드높아 AI가 상호확증파괴相互確證破壞의 근간을 잠식함으로써 핵전쟁의 위험을 가중시킬 것으로 예측했다. 이 논문의 공동 저자인 앤드루 론Andrew Lohn에 따르면, "[AI에 대한] 의존도가 증가하면 치명적인 실수를 초래할 수 있다."[26]

광범위한 피해와 대량학살을 위해 신속하게 만들고 이를 실행할 수 있는 군집 드론과 같은 기술에 대한 실제적 두려움도 있다. 이 드론들은 테러를 확산시킬 뿐만 아니라 치명상을 입힐 다른 파괴 물질과 함께 사용될 수 있다. 지능형 알고리즘으로 훈련된 군집 드론은 격추하거나 감추기가 무척 어려울 것이다.[27] 게다가 이런 무기체계가 더 많은 지능을 가질수록 공중에서는 더 많은 결정을 내릴 수 있는 데 반해 방어하기는 훨씬 어렵다. 반응속도는 빠르고 협력은 매우 민첩한 무인 공중 드론 시스템이 무기화되고 있는 것이다. 또한 이러한 무기 기술은 이미 돈만 지불하면 누구든 이용할 수 있기 때문에 가장 강력한 군사 국가에만 제한되지 않을 것이다.

이 골치 아픈 기술은 현실 왜곡에도 이용될 수 있다. 어떤 사람들은 AI 생성적 적대망AI Generative Adversarial Network; GAN의 확산이 뉴스 산업을 100년 뒤로 후퇴시킬 수 있다고 여긴다.[28] 또 어떤 사람들은 이미 스스로를 증강시킬 자원을 가진 자와 그렇지 않은 자 사이의 격차가 점차 커지면서 인간 향상에 사용되는 기술이 더 큰 불평등을 야기하는 '트랜스휴머니즘'[29] 시대의 초입에 접어들었다고 믿는다.

한편, 많은 사람들은 기술의 잠재적 위협과 어떤 AI 정책을 채택해야 하는지를 두고 행해지는 떠들썩하고 면밀한 공개 토론에서 우리 자신이 배제된다고 느낀다. 전 세계 인구의 절반의 경우는 여전히 온라인 상태에 있지 않기 때문에 이런 공개 토론에 적극적으로 참여할 가능성이 훨씬 낮다. 리카이푸Kai-Fu Lee(1961~)는 AI가 가난한 사람들의 일자리를 먼저 덮치면서 저소득 국가를 초토화할 수 있다고 추측했다.[30] 우리의 삶을 변화시키는 기술적 미래에 대한 정보가 있다지만 그 대화에 참여할 수 있는 사람이 거의 없다는 사실로 인해 우리는 문제 전반에 걸친 인식을 하지 못할 위험에 처하게 되고, 많은 사람들이 행동하기에 너무 늦을 때까지 다음 장치를 구하기 위해 무작정 줄을 서야 하는, 기술적 양羊이라는 수동적 소비자로 전락하게 되는 형국이다.

> 괴물이 우리 안에 있다는 것을 알았을 때 우리는 그 괴물을 침대 밑에서 찾으려는 것을 중단했다.
>
> 찰스 다윈Charles Darwin

영국과학협회British Science Association 회장 짐 알-칼릴리Jim Al-Khalili(1962~)는 "AI가 기후변화, 유행병, 항생제 저항성, 테러, 세계 빈곤보다 더 큰 위협이다"라고 말했다.[31] 물리학자인 루이 델 몬테Louis Del Monte(1944~)가 경고하듯이, "오늘날 기계가 얼마나 많은 지능을 가질 수 있는지, 얼마나 상호 연결될 수 있는지에 관한 법률은 없다. 만약 계속되면 지수 추세를 살펴보라. 대부분의 전문가들이 예측하는 기간 중에 특이점에 도달할 것이다. 그때부터 당신은 최상위의 종이 더 이상 우리 인간이 아닌 기계란 것을 알게 될 것이다."[32] 그러나 대다수 사람들은 책임과 심지어 우려를 포기하면서 이러한 토론에서 발을 떼고 있다. 우리의 미래, 타인 그리고 우리가 미래 세대를 위해 남겨둔 것 가운데서 이러한 무관심이 가장 큰 위험일 수 있다.

대부분의 사람들이 이 주제를 외면했을 가능성이 있는 한 가지 이유가 있다. 그것은 사람들이 참여하고 싶어도 과연 그 문제에 대한 발언권을 가질 수 있는지에 대해 품은 의문 때문이다. 이익과 영향력에 대한 AI의 잠재력을 고려할 때(일부는 AI가 마치 기업처럼 생각하도록 제조되었다고 제안한다),[33] 가장 정교한 합성적 지능형 기술이 계속해서 나와도 현실적으로 소수의 엘리트에 의해 계속 통제될 가능성이 매우 크고, 이는 별도의 비공개 연구실에서 일하는 사람들이 독점권을 갖고 있어서 우리 사회와 경제제도에서 심각한 불평등을 더욱 고착화시킨다.

급증하는 불평등에 더해 이러한 새로운 도구에 대한 정치적 마비와 정부의 무지는 게임을 부정적으로 조작해서 우리가 미래의 삶의 방식에 어떤 영향력을 강력히 주장하거나 지금 당장 시작해야 할 행동을 취하지 못하게 만든다. 스마트 기술은 전기[34]나 내연기기[35]보다 지정학地政學(인문지리학의 원리를 적용하여 국제정치를 분석하는 학문분야)의 발전을 가속화시킬 것이다. 블록체인(가상 화폐로 거래할 때 해킹을 막기 위한 기술)은 새로운 형태의 분산형 민주주의와 통화 시스템을 선도할 수 있다.[36] 또 내가 이 책을 집필하고 있는 지금 현재, 미국은 중국이나 다른 민족국가와는 달리, DARPA를 통한 군사 관련 개발에 참여하는 것을 넘어 AI에 어떻게 접근해야 하는지에 대한 체계적인 국가 전략을 아직도 갖추지 못했다.[37] 이로 인한 세계적인 결과는 재앙을 초래할 수 있다.

결정적으로 AI와 관련하여 우리의 미래 운명은 사악한 터미네이터 로봇 군대의 위협이 아니라 AI가 인간이 수립한 목표를 굳이 공유해야 할 본질적인 이유가 없다는 사실이다.[38] 지금은 우리가 만든 스마트 기술이 우리를 사랑하지도 미워하지도 않지만, 이제 곧 우리가 우리 자신을 이해하는 것보다 AI가 우리를 더 잘 이해할지도 모른다는 징후들이 엿보인다.[39] AI는 아마도 우리보다 더 똑똑해질 것이고, 이제 곧 그렇게 될 것이다. 따라서 우리가 최고 수준의 열망에 맞춰 기계를 설계하지 않는 한, 생각하는 기계의 우선순위는 우리에게 완전히 낯선 것일 수 있다. AI는 사랑에서부터 연민, 평화에 이르기까지 우리 인간의 관심보다 자기 자신의 논리에 의해 동기 부여될 것이다. 우리가 가장 소중한 우리의 가치를 공유하는 AI를 설계하고 그 안에 알고리즘적 덕 의식을 설치한다고 하더라도, AI가 더 독립적일수록 우리 인간의 이상을 저버리지 않을 것이라는 보장은 없다.

닉 보스트롬과 고 스티븐 호킹 등 많은 미래학자들과 과학자들은 AI가 자유, 존엄, 평등에 대해 증폭된 공격을 통해서든 극적인 사건 전환을 통해서든 간에 인류 멸종의 씨앗을 뿌리고 있을지도 모른다고 믿는다.[40] 가장 영화적인 디스토피아 시나리오는 우리 인간이 로봇 권력자의 애완동물이 되는 시나리오이다. 사실, 우리는 인간의 취약점을 미묘하고 파괴적인 방식으로 이용할 음흉한 형태의 AI 통제에 더 걱정해야 한다. 윤리적 성분도 없고 규제도 없는 AI에 대한 의존도가 고조되면 점차 우리가 지닌 기술에 대한 차별과 편견이 주입되어 우리가 구축한 사회와 정체성을 인식할 수 없을 때까지 AI에 한층 더 잠식될 것이다. 그렇게 되면 되돌아가는 데 너무 늦을 것이다.

블랙박스, 편견 및 빅브라더

> 데이터 세탁, 이것은 기술자들이 추악한 진실을 블랙박스 알고리즘 안에 숨겨 놓고 이 알고리즘을 객관적이고 성과 중시주의라고 부르는 과정이다. 나는 이 비밀스럽고, 가증스럽고, 파괴적인 알고리즘을 가리킬 '수학 파괴의 무기'라는 용어를 만들었다.
>
> 캐시 오닐 Cathy O'Neil

우리가 가장 우려해야 할 오늘날의 기술적 위험은 무엇인가? 알고리즘은 어느새 우리 일상생활 깊숙이 스며들어 있다. 모든 금융거래의 70%는 누가 뭐래도 알고리즘을 통해 이루어진다.[41] 또한 알고리즘은 이미 제멋대로 굴고 있다.[42] 한 가지 예는 수년간의 싸움에 참여하면서 위키피디아를 돌아다니고 서로의 편집을 원상태로 돌리고 예측할 수 없는 방식으로 행동하고 있는 작은 '위키봇wiki bot(위키백과사전을 보다 정확히 만들기 위해 고안된 작은 프로그램)'이다.[43] 사이버 범죄가 만연하고 급속도로 증가하고 있다. AI는 진척되는 전 세계 보안 위협의 주요 부분이 되어, 우리의 디지털·물리적·정치적 안보를 위태롭게 할 것이다. 2018년 케임브리지 어낼리티카Cambridge Analytica 데이터 침해 사건 하나로만 8,700만 명이 데이터를 도난당했다. 현재 500대 기업 중 알고리즘이 인간의 일을 너무나 빨리 대체하고 있어서 10년 안에 이런 기업들 중 40%가 멸종될 것으로 예측된다.[44] 자동화와 AI는 고용과 경제에 상당한 변화를 촉진할 것이라 예상되지만 우리는 한심하게도 이런 변화에 아무런 대비도 하고 있지 않다.

'블랙박스' 안에 감춰진 알고리즘 기술은 우리의 사법제도와 경찰제도에도 침투한다. 현재 사용 중인 많은 AI 시스템은 크게 편향되어 있다.[45] 예를 들어, 이러한 종류의 프로그램을 사용한 사법 선고 결정이 흑인에 대한 편견을 나타낸 것으로 확인된다.[46] AI 시스템을 사용하는 법 집행은 이미 미국인 1억 1,700만 명의 안면인식 네트워크를 보유하고 있고, 이 기술은 특히 아프리카계 미국인에 대한 불공평과 부당성을 일정 정도 증가시켰다.[47] 연구에 참여하는 동안 AI로부터 이러한 차별을 직접 경험해 본[48] 안면인식 기술 분야의 선구자이기도 한 조이 부올람위니Joy Buolamwini(1989~)는 무엇보다 백인 남성 얼굴을 선호하는 현재의 AI 안면인식 소프트웨어가 너무나도 불공평하다고 증언했다.[49]

보험료에서부터 고용 관행에까지 이르는 결정을 안내하는 데 사용되는 수많은 프로그램을 뒷받침하는 소프트웨어에서도 편향성이 확인되었다.[50] 오웰식 시나리오가 현실로 다가온다면,[51] AI가 지시하는 특정 법 집행 작동 시스템에는 누가 범죄를 저지를지 '예측'하는 알고리즘이 포함되어 있다. '사전 범죄pre-crime' AI는 현재 경찰에서 배치되어 있으며, 이는 종종 범죄를 저지른 사람과 단순 결합하거나 가난한 이웃에 사는 것만으로도 운명이 미리 결정지어지는 무고한 사람들을 표적으로 한다.[52] AI를 이용해 잠재적 범죄자 명단을 작성하고 예측 치안을 이용해 미래 범죄를 예측하는 시카고부터 뉴올리언스, 영국의 경찰서까지 검은 피부의 사람들을 아직 정확히 식별하지 못하고 있다.[53]

이러한 이슈들은 긴급하고 실제적인 이슈들이다. 컴퓨터 공학자들은 이미 합성적 지능형 에이전트가 어떻게 자신들의 결정과 결론에 도달하는지를 완전히 이해하지 못한다는 것을 인정한다. AI 편협성을 바로잡을 수 있는 창구는 빠르게 폐쇄될 수 있다. 우리는 혜택을 받지 못한 사회구성원들에게 기회와 일자리를 제공하기 위해 이 기술을 사용해야 한다. 이들에게 이 기술은 과녁의 명중점을 그리는 대신 이들의 정신적 고양을 위한 것이다.

> 성차별적이고 인종차별적인 편견에 대한 통찰이 중요하다. 왜냐하면 도서관, 학교와 대학교, 정부 기관에 이르기까지 정보 조직들이 마치 정치적·사회적·경제적 결과가 없는 것처럼 다양한 웹 기반의 '도구'에 의해 대체되는 것에 점점 더 의존하기 때문이다.
>
> 사피야 우모자 노블 Safiya Umoja Noble

유색인종들은 그들 자신과 피부색이 소프트웨어에 의해 왜곡되거나 심지어 감지조차 되지 않아서 공중화장실의 자동 수도꼭지부터 아이폰의 조명 설정에 이르기까지 모든 부분에서 문제를 일으킨다는 것을 알았다.[54] (나중에 발견되었듯이, 자동 수도꼭지의 테스트는 백인 엔지니어들만 수행했으며, 이 기술은 오직 흰 피부를 가진 손만 인식하고, 앞으로 그렇게 기능할 것이다.) 이러한 무의식적인 프로그래머 차별은 오늘날의 기술, 나아가 우리의 미래에 인종차별을 더 심화하고 고정관념, 편견, 사회적 편견을 강화시킨다.[55] 한편 미국 국토안보부Department of Homeland Security는 공정하고 여행객의 사생활권을 존중하는지는 설명하지 않은 채 공항에서 감시 및 기타 비밀 추적 프로토콜을 시행했다.[56] 아마존은 한순간에 천 길 나락으로 떨어질 수 있음을 예상하는 사람들의 항의에도 불구하고 안면인식 소프트웨어인 레코그니션Rekognition을 이미 경찰에 제공하고 있다.[57] 객관적 평등이 기계 지능의 고유한 가치임을 보장하기 위해 코스를 수정하지 않으면 계속해서 불평등을 대규모로 자동화할 것이다.

누가 체포되고, 누가 고용되며, 누가 보험에 들고, 어느 학생이 몇 점을 받는지에 이르기까지,[58] 사람들의 삶에 중대한 영향을 미치는 결정은 설계자의 편견을 전수받기 쉬운 기술에 의해 결정되고 있다.

인간의 편향을 프로그램으로 코딩하는 것을 걱정하는 것만으로는 충분치 않았듯이, AI 로봇 스스로 확증 편향을 키울 수 있어 보인다.[59] 카디프 대학과 MIT의 컴퓨터 공학자들과 심리학 전문가들은 자율 지능형 시스템이 다른 기계들로부터 그러한 행동을 배운 후 편견을 표현할 수 있고, 또 그럴 것임을 보여주었다.[60] 로저 휘태커Roger Whitaker(1936~) 교수는 이렇게 말했다. "우리의 시뮬레이션은 편견이 자연의 강력한 힘이며, 진화를 통해 다른 사람들과의 더 넓은 연결성을 손상시켜 가상 인구에서 쉽게 장려될 수 있다는 것을 보여준다. 편견 집단으로부터의 보호는 무심코 개인이 다른 추가적인 편견 집단을 형성하는 것으로 이어져 인구의 분열을 초래할 수 있다. 이렇게 널리 퍼진 편견은 뒤집기 어렵다."[61] 2009년 로잔 연방 공과대학École Polytechnique Fédérale de Lausanne의 지능형 시스템 연구소Laboratory of Intelligent Systems에서 행한 한 실험은 로봇이 서로에게 거짓말을 할 수 있는 능력까지 개발 가능하다는 것을 보여주었다.[62]

> 데이터 중심 정권은 선조들의 인종차별적이고 성차별적이며 억압적인 정책을 반복한다. 이것은 이러한 편견과 태도가 본질적으로 그런 정책에 부호화되었기 때문이다.
>
> 제임스 브리들James Bridle

편견과 사생활 문제 외에도 사이버 공간에서는 이용 가능한 개인적이든 그렇지 않든 방대한 양의 데이터는 여전히 해킹당하기 쉽다. 피해를 입은 사람들은 의지할 곳이 거의 없다. 대규모 해킹과 개인정보 도용 사례가 판치지만, 피해 당사자들은 1년 동안 무료 신용신고 쿠폰 외에 별다른 혜택을 받지 못했다.

예를 들어, 세인트루이스 소재 우버Uber와 리프터Lyft 운전자는 자기 차에 월 사용료를 내면서 트위치Twitch에서 실시간으로 방송하는 녹음 장치를 설치했다.[63] 미주리주에서는 동의 없이 사람들을 녹화하는 것이 합법적이어서, 사생활이 무엇을 의미하고, 사생활이 어디에서 예상되어야 하며, 뿐만 아니라 다른 사람들이 사람을 어떻게 이윤 창출의 콘텐츠로 이용할 수 있도록 허용되어야 하는가를 두고 수많은 가시 돋친 질문들이 오갔다.[64] 조지 워싱턴 대학 법대 교수인 다니엘 솔로브Daniel Solove(1972~)가 설명했듯이, 개인 데이터의 조작은 오웰적Orwellian(전체주의적) 악몽을 넘어 부조리하고 암울한 카프카적 악몽이 될 가능성이 크다. 카프카Kafka(1883~1924)는 자신의 우화소설 《심판The Trial》에서 관료주의가 우리의 개인정보를 탈취하고 우리 삶에서 의미를 흡입하는 무소불위의 무력과 비인간화 상태를 묘사한다.[65]

소셜 미디어 플랫폼에서 이용할 수 있는 정보와 같은 데이터는 공개적인 경우가 많다(골대가 계속 움직임에 따라 혼란스럽고 다루기 어려울 수 있는 개인 프라이버시 옵션 포함).[66] 다른 사람이 접속해 사용하는 것은 합법이어야 하는가? 누가 그렇게 할 수 있는가? 그렇게 하는 것이 윤리적인가? 빅데이터와 AI를 연계해 다양한 방식으로 화폐로 주조하는, 상당히 많은 양의 공공 데이터를 '애써 긁어모으고' '밑바닥을 기면서 수집하는' 것에 의존하는 기업은 수익성이 좋은 산업을 만들었다.[67] 기업들은 이러한 데이터를 입수한 뒤에 이 데이터로부터 수익을 올릴 권리를 놓고 링크드인LinkedIn과 크레이그리스트Craigslist 등과 법적 다툼을 벌이고 있는 데 반해,[68] 프로필과 평생의 정보가 주요 자산인 개인들은 이런 고려 대상에서 제외되었다. 대부분의 법원은 그런 정보를 획득하고 사용할 수 있도록 긁어모으는 사람scraper의 권리 편을 들었다.[69] 노벨 경제학상 수상자인 조지프 스티글리츠Joseph Stiglitz(1943~)는 대기업이 우리의 데이터를 착취하는 것이 매우 우려스럽다고 말했다. "누군가를 착취하는 더 나은 방법을 찾는 것이나 더 나은 제품을 만드는 것 중 어떤 것이 돈을 더 쉽게 버는 방법인가? 새로운 AI에 의해 누군가를 착취하는 더 나은 방법을 찾는 것이 정답처럼 보인다."[70]

역사는 인간을 숫자와 데이터 조각으로 환원하는 위험에 대해 경고한다. 이런 현상은 지금 기하급수적으로 더 큰 규모로 실행되고 있다. 우리는 '무료' 제품에 쉽게 현혹되어 플랫폼 이용의 대가로 우리 자신의 정보와 데이터를 기꺼이 포기하는 경향이 있다.[71] 하지만 물론 대가가 늘 뒤따른다. 우리의 온라인 쇼핑과 검색 선호도를 해독하기 위해 알고리즘을 사용하는 것과 대량의 데이터를 분류하는 AI의 힘은 이전과는 달리 우리의 정보를 상품화할 것이다. 어쩌면 더 놀라운 것은, 최근의 연구들은 어디에서나 기술과 소셜 미디어에 접근 가능한 지금의 아이들이 이전 세대처럼 다른 아이들과 공감할 수 있는 연결고리를 만들지 않는다는 점이다.[72] 바로 뒤 이어지는 제6장에서 보겠지만, AI의 확산으로 얻을 수 있는 많은 이점이 있다. 그러나 지금의 알고리즘 틀은 이미 개인적으로 그리고 사회적으로 우리에게 심각한 대가를 부여하고 있다.

진실의 종말

> 기술이 너무 빨리 발전하여 교육이 따라잡을 수 없을 때, 불평등은 통상적으로 증가하게 된다.
>
> 에릭 브린욜프슨Erik Brynjolfsson

빅브라더Big Brother(정보의 독점으로 사회를 통제하는 관리 권력)가 모습을 드러냈다. 디지털 전체주의 상태가 이미 엄존한다.[73] 그리고 컴퓨터처럼, 인간도 넛지nudge된다는 것을 인식하지 못한 채 특정한 자극에 반응하고, 특정한 방식으로 행동하며, 심지어는 특정한 것을 믿도록 설득하기 위해 매우 효과적으로 조절·프로그램·조작될 수 있다.[74]

지금의 미디어 기술과 플랫폼은 진실에 대한 공격을 개시하면서 비주류 집단, 말도 안 되는 음모론, 극단적인 이데올로기를 뿌리내리고 번성하도록 했다. 권위주의적 목표를 지닌 민족국가들은 이것을 충분히 이용하고 있다. (독재자는 AI를 사랑한다.[75]) 사람들을 억압하고 통제하기 위해 설계된 역逆정보를 퍼뜨리는 정교한 캠페인이 중국, 폴란드, 헝가리에서부터 러시아, 브라질, 미국에 이르기까지 다양한 국가에서 시작되었다. AI 기술은 언론, 결사, 집회의 자유를 억압하는 데 사용되고 있다.[76] 이러한 노력은 중국의 위구르족Uighur과 같은 혜택받지 못한 집단에 대한 차별을 불균형하게 고조시킨다. (당신이 지금의 중국 북서부 위구르족이라면 이미 지속적인 감시 아래 살고 있거나 종종 구금된 상태이다.[77]) 미얀마에서는 군사 행위자들이 1년 동안 페이스북을 이용해 혐오 선전과 역정보를 퍼뜨리면서 미얀마 소수 무슬림인 로힝야족Rohingya에 대한 인종 폭력과 잔혹성을 선동했다. 페이스북의 AI는 현지 언어를 분석할 수 없고 불쾌감을 주는 혐오 발언을 포착하지 못했다. 2017년 로이터 통신은 하나의 예를 발견했다. 발견된 게시물은 버마어로 '미얀마에서 볼 수 있는 칼라kalar(검둥이)를 모두 죽여라. 한 놈도 살려두면 안 된다'로 적혀 있었는데, 페이스북 알고리즘은 이를 '미얀마에 무지개가 있으면 안 된다'고 번역했다.[78] 반反로힝야족 혐오 발언과 가짜 뉴스가 미얀마 2천만 페이스북 사용자들 사이에서 들불처럼 번지면서 권력자들이 로힝야족에 대한 집단학살을 자행하게끔 부추겼다.

컴퓨터 사용자의 디지털 분신alter ego을 나타내는 알고리즘 봇과 휴먼 아바타의 확산은 소셜 미디어 플랫폼, 특히 트위터와 페이스북에서의 혼란을 일으킬 수 있다.[79] 온라인에서 누가 누구인지를 아는 것이 점점 더 어려워지고 있다. 스스로를 변장하는 것은 비교적 쉬운 일이고, 비밀의 베일 뒤에서는 트롤troll(인터넷 토론방에서 남들의 화를 부추기기 위해 보낸 메시지. 이런 메시지를 보내는 사람)이 급증하고 있다. 우리는 이미 기계와 많은 개인적인 디지털 상호 작용을 통해 각자의 일상생활을 수행 중이다. 우리에게 가장 시급한 문제는 우리가 풀어야 할 인지적 과제의 많은 부분을 신속하게 내맡기는 지능형 창조물과 우리 자신과의 관계를 어떻게 관리하느냐는 것이다.[80]

중국의 예는 빅데이터와 인공 지능형 도구의 결합이 어떻게 자국의 인구를 감시·통제하고 권위주의 정권을 가능케 할 수 있는지를 생생하고 충격적으로 기술한다. 중국은 14억 인구를 추적하기 위해 전례 없는 감시 및 안면인식 시스템을 구축하고 있다. 이런 장치가 아직은 거대한 인구를 확실하게 추적할 수 없는 상태이지만, 대량 감시의 전망을 공표하는 것만으로도 민주주의에 대해 냉담한 영향을 미치고 있다.[81] '사회신용social credit' 점수부터 지속적인 감시까지 중국이 시행 중인 시스템은 다른 정부와 야심찬 독재자들이 전례를 따를 수도 있기 때문에 그 전염성이 강하다.[82]

정보의 독점은 민주주의에 대한 위협이다.

사피야 우모자 노블 Safiya Umoja Noble

민주주의, 자유, 존엄성에 대한 위협이 서로 멀리 떨어지지 않은 동일한 지평선에 존재할 수 있을까? 10년 안에 1,500억 개의 측정 센서가 인터넷에 네트워크화될 것이다.[83] 우리 삶 곳곳마다 연결된 사물 인터넷, 모바일 기기, 심지어 음성 사용자 인터페이스VUI 오디오에 들끓는 데이터는 해킹과 무기화에 끊임없이 노출되고 있다.

공항, 기차역, 거리 모퉁이 등 이미 온라인과 전 세계 수많은 공공장소에서 사용 중인 감시 및 모니터링 시스템은 결정적인 보안을 제공하지만, 안전성을 핑계로 가까운 미래에는 학교, 예배 장소 및 이전에는 사적이던 공간으로까지 신속하게 확장될 수 있다. 우리 개개인이 온라인에서 생성하는 대량의 데이터를 조작할 수 있는 인공 에이전트의 전례 없는 위력은 사람들이 깜짝 놀랄 정도로 새로운 방식으로 정보를 정리하여 사용할 수 있게 해주고, 그 영향력을 각각의 존재, 모든 영역에까지 미치고 있다. 누군가가 당신 신분의 모든 측면을 온라인은 물론이고 심지어 오프라인에서도 구현 가능한 사회 공학은 이제 도저히 탐지할 수 없다.[84]

머신러닝으로 쉽게 만들 수 있는 조작된 동영상은 이제 곧 실제 녹화와 '거의' 구분되지 않는 게 아니라 '전혀' 구분되지 않게 될 것이다. 이미 2018년부터 버락 오바마Barack Obama(1961~)부터 블라디미르 푸틴Vladimir Putin(1952~)에 이르기까지 이들 공인들에 대한 대단히 설득력 있는 가짜 동영상이 생성된 바 있다.[85] 진실은 우리에게서 갈수록 멀어지고 있다. 이 기술과 싸울 수 있는 유일한 방법은 정면 승부이다. DARPA는 영상매체의 실체를 평가할 수 있는 자동 법의학 기술을 개발해 허위정보와의 전쟁을 벌이기 위한 프로젝트를 추진 중이다.[86] 전투가 시작되었지만, 아직은 긍정적인 결과를 장담할 수 없다.[87] 미국안보센터Center for American Security는 미디어 위조가 광범위하게 이용될 경우 결국 '진실의 종말'을 초래할 수 있다고 본다.[88]

위험은 어디든 존재한다. 에마뉘엘 마크롱Emmanuel Macron(1977~) 프랑스 대통령은 아무런 규제 없이 방치할 경우 AI가 "민주주의를 완전히 위태롭게 할 수 있다"고 믿고 있다.[89] 가짜 뉴스는 진짜 뉴스보다 더 빨리 퍼진다.[90] 하나의 예로 많은 사람들이 2016년 미국 선거 시기에 교황 프란치스코Pope Francis(1936~)가 도널드 트럼프Donald Trump(1946)를 지지했다고 오인되었을 때이다.[91] 인공 지능형 소프트웨어와 머신러닝 프로그램은 사기를 영구화하기 위해 점점 더 좋은 도구를 계속해 만들어내고 있다. 어도비Adobe의 자연언어 처리 기능인 VoCo는 섬뜩할 정도로 음성을 정확히 복제할 수 있다.[92] 이러한 응용으로 전화기에서 누군가를 쉽게 사칭하거나 온라인에 누군가의 가짜 오디오 파일을 올릴 수 있다. ELMoEmbedded from Language Models와 같은 이미지 인식 시스템은 인쇄물에서 라벨이 붙은 지저분한 데이터를 읽는 법을 학습 중이며, 그 후 저작자를 복제할 수도 있을 것이다.[93] Face2Face는 '한 영상 스타일에서 다른 영상 스타일로 컨텐츠를 원활하게 전송하여' 영상에 나오는 얼굴을 조작한다.[94] 이러한 예는 연구원들이 TV 진행자 존 올리버John Oliver의 얼굴 표정을 만화 주인공으로 이입했을 때이다. 심지어 자연계도 이제 '딥페이크(특정 인물의 얼굴이나 이미지 등을 AI 기술을 이용해 특정 영상에 합성한 편집물)'될 수 있다. 예를 들어, 바람이 부는 날 구름의 영상 이미지를 느리게 만들어 날씨가 실제보다 더 평온해 보이도록 하는 것이다.[95]

현재로서는 대부분의 딥페이크를 포착할 수 있지만, 곧 우리는 현실과 구별할 수 없는 사기성 오디오와 영상, 우리가 직접 만든 디지털 콘텐츠 중에서 어떤 것이 진실인지를 판별해야 하는 능력의 한계에 직면할 것이다. 이것은 우리 인류에게 어처구니없는 손실이 될 것이며, 우리가 그토록 열심히, 한 조각 한 조각, 온전하게 이룩해온 사회 구조에 균열을 일으킬 것이다. 크라우드소싱된 가짜 뉴스 팩트체크 해법이 논의되고 부단히 작업 중이지만,[96] 진실 전쟁이 본격화되는 가운데 아직은 승자가 결정되지 않았다. 기존 믿음을 확인하면서 '대체 사실'이 많은 이들에게 선호될 수 있는 세상에서 '진실'을 식별하는 것만으로 충분하지 않다는 것은 두말할 나위도 없다. 우리가 보고 듣고 말하는 그 어떤 것도 진실이 보장되지 않는다면 그 사회는 어떤 모습일까?

기술의 부정한 사용으로 인권 침해가 증가할 조짐이 보인다.[97] 자동화는 전 세계적으로 수백만 개의 일자리를 위협하고, 여성과 저숙련 노동자들에게 가장 큰 영향을 줄 것이며,[98] 많은 사람들이 노예 상태와 학대를 증가시킬 인신매매범과 강제 노동 관행에 취약하게 될 것이다. 오늘날 세계에는 수백만 명의 인간 포로가 잔존한다. 노팅엄 대학의 현대 노예학 교수이자 노예 해방Free the Slaves의 설립자인 케빈 베일스Kevin Bales(1952~)는 현대판 노예를 '무보수로 폭력의 위협을 받으며, 도망치지 못한 채 강제 노동을 강요당하는 사람들'로 정의한다. 육체노동자들, '떠다니는 감옥'에서 일하는 어부들, 강제 결혼을 당한 여성들, 또는 매춘과 성노예로 강요된 여성들이 이런 부류의 사람들이다.[99] 노예 상태는 현대 기술이 등장하기 훨씬 이전부터 존재해 왔지만, 인터넷은 온라인에서 인신매매의 규모를 폭발적으로 증가시켰다.[100] 게다가 인신매매범들에게 자신들의 신원과 위치를 보호할 수 있는 기능까지 제공한다. 비록 AI 기술이 범죄자를 붙잡고 노예를 풀어주는 데 사용될 수 있다지만,[101] 이들과의 싸움에 동참하려면 자원이 할당되어야 한다.

자동화는 볼드모트(Voldemort)다. 그것은 그 누구도 이름을 밝히지 않는 무서운 힘이다.

제리 미할스키 Jerry Michalski

▌ 자동화 전망

경제 성장[1]

15조 5천억 이상
2030년까지 글로벌 GDP

가장 높은 자동화 잠재력을 가진 활동[2]

81%
예측가능한 물리적 활동

69%
데이터 처리

64%
데이터 수집

단기(0-3년) 내 AI 채택 성숙도[3]

47%
기술 + 통신

54%
소매산업

37%
의료

41%
금융 서비스

교체된 직장[4]

2030년까지
4억 명의 노동자

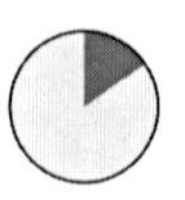

2030년까지
노동시간의 15% 비율

자율살상무기 개발

30개국 이상의 나라
무장 드론 소유[5]

미국 AI 방어에
20억 달러 투자[6]

적어도 6개국은 자율살상무기를 연구, 개발, 시험 중[7]

미국 영국 중국 이스라엘 러시아 대한민국

AI는 더 큰 규모로 국제 안보와 지정학적 안정에도 상당한 위협을 가한다. 이러한 위험의 한 측면은 AI 기술이 현재 인간 노동자들이 수행하는 많은 일을 물질적으로 자동화함으로써 대량 실직의 가능성을 초래한다는 것이다. 이것은 오늘날 존재하는 것보다 훨씬 더 큰 규모의 경제적 불평등으로 이어질 수 있다. 이 무시무시한 시나리오에서 사람들의 삶은 단지 데이터의 양에 불과한 것으로 여겨질 수 있다. 만약 세계 정치와 금융 권력이 극히 적은 비율의 인구에 의해 통제된다면, 디스토피아적 디지털 권위주의 국가까지 출현할 수 있다. 이로써 '초능력주의hypermeritocracy'가 만들어질 수 있다. 타일러 코웬Tyler Cowen(1962~)이 묘사한 것처럼, 여기서 말하는 부유층의 가치관은 "대중의 담론을 형성하고, 이러한 담론이 개인적인 야망과 자기 동기부여에 대한 생각을 더 많이 강조한다는 것을 의미한다."[102]

일자리가 사라지고 불평등이 견딜 수 없는 지경에 이른다면 국민에게 남은 유일한 선택은 반란을 일으키는 것이고, 정부는 권위주의적 조치로 이에 대응할 것이다. 민주주의는 분노를 표출할 방법을 찾는 화가 난 폭력적 사람들의 교전 지역으로 변할 것이다.[103] AI가 일자리를 잡으면서 많은 이들은 자신의 가치를 빼앗길 가능성이 큰 사회에 직면하게 될 것이다. 노동자로서 우리는 우리의 생산성을 매우 중요시하기 때문에 대량으로 직장을 잃은 사람들에 대한 처지가 어떠할지 상상하기 어렵다.[104] 이 운명을 피하기 위해 우리가 할 수 있는 일은 많으나 행동을 취하기 위해서는 무엇보다 먼저 그것이 하나의 가능성임을 인정해야 한다.

불공평하게 벌 수 있는 돈은 넘친다.

캐시 오닐 Cathy O'Neil

로봇 군대 얘기로 돌아가자. AI가 제시하는 종말의 시나리오에 대해 생각할 때, 우리는 할리우드 스타일의 완전 자율형 AI 위협과 AI가 이미 가능하게 한 개인정보보호와 정의에 대한 더 교활한 소규모 침해, 그리고 그 사이의 모든 것을 상상할 수 있다. 지금의 기술이 진화하는 속도 때문에 예상보다 더 빨리 완전 자율형 AI로 도약할 수 있다. 가장 골치 아픈 형태의 기술은 이미 우리 집 문과 컴퓨터뿐 아니라 우리 집 안에도 들어와 있다. AI가 유토피아적 존재를 기를지, 디스토피아적 존재를 기를지는 추측의 문제지만 우리가 그 결과에 영향력을 행사할 수 있는 창구는 닫히고 있다.

결과에 대한 통제는커녕 해당 문제에 관해 발언권을 갖는 우리의 능력을 복잡하게 만드는 것이 있다. 그것은 머신러닝 행위자가 결정을 내리는 데도 우리가 이를 완벽하게 이해하지 못하는 결론에 도달하고 있다는 점이다. 2018년 NeurIPS 컨퍼런스에서 알리 라히미Ali Rahimi는 우리가 머신러닝을 만든 것을 후회하게 될 '중세의 연금술'에 비유하여 청중들을 충격에 빠뜨렸다.[105] 프로그래밍한 사람조차 결정을 설명할 수 없게 만든 이들 블랙박스 알고리즘은 향후 적용에 위험한 선례를 남긴다.

요약하면 이렇다. 이러한 것들은 현재 상용화되고 널리 이용되고 있는 기술에 의해 야기되는 비교적 단기적으로 직면하게 되는 주요 위협들이다. 만약 아무런 조치도 취하지 않고, 규제도 받지 않고, 집단적 이익에 따라 행동하지 않는 소수의 국가들과 기업들에게만 이것이 이용된다면, 기술은 AI 민족주의(국가들 간의 AI 기술에 대한 접근의 상당한 차이는 새로운 불안정을 촉발시키고 지정학적 체스판을 뒤집을 수 있다),[106] 디지털 권위주의(신기술은 독재자들이 검열을 포함해 사회적 통제를 적당한 비용으로 행사하여 억압적 정권을 보호할 수 있게 한다),[107] 디지털 봉건주의(다른 대다수의 사람들은 뒤에 남기면서, 권력과 이익은 AI로부터 이익을 수확하고 부를 축적하는 소수의 국가 및 거대 기술 기업의 손에 집중된다),[108] '진실의 종말(인구는 각각 자신의 현실 버전을 묘사하면서 점점 더 단편화되고 부족주의적 뉴스 출처로 후퇴한다)'[109]과 같은 예상지로 우리를 데리고 갈 것이다. 만약 우리가 인간을 하나의 데이터로 격하시킨다면, 그것은 인간 사회가 감당하기에는 너무 큰 대가를 치르게 될 것이다.

더욱 나쁜 것은 우리가 거대한 규모로, 로드맵 없이, 그리고 예측되는 결과와 예측하지 못한 결과로부터 사람들을 보호할 사회적 안전망 없이 빠르게 자동화된다면, 우리는 목적도 없고, 할 일도 없고, 행위성도 없고, 책임도 없고, 자율성도 없는, 맹목적인 종이 될 수 있다는 점이다. 기계와 경쟁하지 못하면, 우리는 행복감, 의미, 만족감을 잃을 것이고, 이는 우리의 마지막 직업과 함께 우리 자신을 소멸시킬 것이다.[110]

개인 자신의 사리사욕에 사로잡혀 권력과 명예, 부를 추구하는 인간의 탐욕과 과대망상, 자존심을 과소평가해서는 안 된다. 하지만 헌신적이고 선의의 엔지니어들과 과학자들 또한 인류를 돕는 기술을 설계하고 있다. 새로운 기술은 수백만 명의 사람들에게 삶을 바꿀 수 있는 잠재적인 돌파구와 함께 장애가 있는 사람들을 돕기 위해 개발 중이다. 그러나 이러한 매우 동일한 도구는 신체적으로 장애가 없는 인간을 증강시키고 강화하기 위한 자원을 가진 사람들에 의해서도 사용됨으로써 평등과 접근이라는 이상에 치명적인 결과를 가져올 수도 있다. 같은 과학, 같은 기술이 우리 모두의 운명을 결정하겠지만 그 파장은 누가, 어떻게 개발하느냐에 달려 있다.

헨리 키신저Henry Kissinger(1923~) 전 미 국무장관은 자신이 쓴 적나라한

글 '계몽의 종말'[111]에서 AI와 새로운 디지털 기술이 "인류 역사의 종말을 의미할 수 있다"고 예측했다. 그러나 키신저의 주장은 인간만이 우주의 중심에 남아야 하고, 우리 자신을 지금처럼 있는 그대로 특별하고 예외적이며 먹이연쇄의 꼭대기에 있을 수 있는 우리의 능력이 어떤 일이 있어도 보호되어야 한다고 가정한다. 문제는 바로 이런 가정이다. 이것은 우리의 치명적인 결점을 집약적으로 보여준다. 공포 조장, 사리사욕, 예외주의에 대한 전염성 강한 집착이 그 결점이다. 이것은 우리 인류의 파멸의 원인일 수도 있다.

다른 형태의 동물과 환경 지능, 그리고 모든 형태의 의식을 인정하고 가치 있게 여기며, 우리가 기술에 의해 조종되는 종이고 이미 얼마 동안 그러했다는 것을 인식하게 된 뒤 우리는 비로소 새로운 지능 종을 우리 생태계에 통합할 수 있다. 알고리즘과 코드에 의해 지배되는 알고크라시algocracy에서,[112] 만약 그 알고리즘에 모든 생명체에 대한 연민이 투영되어 있지 않다면, 우리는 도덕과 관계없는 1과 0 또는 큐비트(양자컴퓨팅의 정보처리 최소 단위로서, 0이나 1뿐 아니라 0과 1 어느 쪽도 확정지을 수 없는 상태까지 표현 가능하다)의 통제를 받을 것이다.

AI가 우리 인간에게 위협적일 수 있는 방법과 그 이유를 상상할 때, 우리 인간이 동물과 어떻게 상호 작용하는지를 솔직하게 살펴보는 것이 유익하다. 인간은 일상적으로 동물 종을 죽이지만, 반드시 동물을 싫어해서가 아니라, 오히려 우리가 동물을 생명권이 있는 존재로 생각하지 않기 때문이다. 우리는 그들의 서식지를 빼앗고 식용으로 먹는다. 왜냐하면 우리는 그들이 본질적으로 뒤떨어진 존재이고, 그들을 인간의 이익을 위해 사용할 권리가 있다고 믿기 때문이다. 이런 선례를 염두에 두고 '우리의 가치'와 넓은 공감 행동 및 더 포용적인 정의를 결부시키지 않는다면 우리 인간의 가치만으로는 우리 자신을 보호할 수는 없을 것이다.

우리의 가치관, 도덕성 그리고 인간의 이상에 대해 질문해 봐야 한다. 좀 더 깊이, 인간보다 뛰어난 인공지능을 가진 다른 존재와 앞으로 등장할 존재와 우리의 서식지를 공유한다는 것을 전적으로 인정해야 한다. 그들과 공존하려면 우리가 쌓아올린 업적뿐만 아니라 우리가 저지른 범행에 대한 책임도 져야 한다. 더 나아지고, 더 친절하고, 더 솔직하도록 노력하라. 우리는 모든 생명체의 존엄, 평등, 권리를 보호하는 법을 배워야 한다. 그렇지 않으면 우리 중 누구에게도 희망은 없을 것이다.

06

지능형 기계의 초월적 약속

제6장
지능형 기계의 초월적 약속

오후 6시 무렵이다. 로스앤젤레스 웨스트우드 지역의 한 아파트에서 저녁 식사 준비를 하고 있을 때 당신의 에코Echo는 음악소리가 아닌 다른 소리로 요란스럽다. “지진 경보! 지진 경보! 강도 6.7 지진, 캘리포니아 벤투라 서쪽 3.8마일 지점. 11분 후 충격이 있을 겁니다. 대피하세요, 속히 대피하세요.”

지진 대피도구를 챙기러 복도 끝 벽장으로 내달리는 동안, 당신은 “알렉사, 내 비상 대피소가 어디야?”라고 외친다.

“116 워너 애비뉴, 1.3마일 떨어졌어요. 북쪽으로 윌셔까지 가서 워너에서 좌회전하세요”라고 그녀가 답한다. “가스와 전기를 차단하고 비상배터리 전원을 가동하세요.”

당신과 이웃 사람들이 건물 계단으로 쏟아져 들어올 때, 전화기에서는 무슨 소리가 들린다. “구글 어스 Q는 웨스트 샌 페르난도 밸리와 코스트 웨스트 로스앤젤레스에서 2006년 이전에 지어진 주택과 건물이 상당한 구조적 손상을 입을 수 있다고 추정합니다. 서부 LA지역 대부분 6시간에서 24시간 동안 전력 공급이 완전히 중단될 예정입니다."

거리에는 노인, 애완동물, 환자를 포함한 수백, 수천 명의 동네 주민들이 워너 애비뉴를 향해 바삐 움직인다. 이들 중 다수는 자동적으로 배치된 전기 응급차로 이송된다.

대피소에 도착한 후 얼마 되지 않아 지진이 발생한다. 강렬하고 격렬한 지진이지만 채 1분도 안 되어 끝난다. 당신은 핸드폰을 보고 앞으로 닥칠 여진의 예상 시간과 심각성을 미리 알게 된다. 이번 지진으로 재산피해가 발생했지만 인명피해는 없는 것으로 알려졌다. 대피소에는 음식, 물, 침대가 적절히 갖춰져 있고, 피난처를 찾는 사람들을 위해 많은 직원과 자원봉사자들이 대기하고 있어서 일이 수월하게 돌아가고 있다. 12시간 이내로 당신은 스마트폰을 통해 수도와 전력이 온전하다는 알림을 받고, 곧이어 법 집행 기관으로부터 잔해를 치우러 귀가해도 좋다는 알림을 받는다. 만약 지진 경고를 제때 받지 않았다면 이런 잔해는 당신 머리 위에 떨어졌을지도 모른다.

지진을 예측하기는 너무 어렵고 악명이 높다. 사람들은 지진예보를 '지진학의 성배'로 여긴다.[1] 하지만 엄청난 양의 측정과 음향 데이터를 분석하고 해석 가능한 AI의 능력 때문에 앞서 묘사한 장면은 이제 실제로 가까운 미래의 가능성으로 대두되었다.[2]

이러한 예는 AI에 대한 중요한 진실을 설명하기 위한 것이다. (앞장에서 고찰한 바와 같이) 새로운 지능형 기술의 발전을 조심스레 모니터링하지 않으면 그 기술 자체의 단점이 많이 거론되겠지만, 인공지능은 또한 우리가 사는 세계를 좀 더 나은 곳으로 변화시킬 엄청난 잠재력도 갖고 있다.

지능형 기계 시대는 우리를 더 건강하고 더 행복하고 더 뜻깊고 창의적인 삶이 가능한 세상을 건설할 수 있는 어쩌면 최종적이자 최고의 기회일지 모른다. 이런 기회는 누가 뭐래도 우리의 선택에 달려 있다.

> 만약 제대로만 한다면, 우리는 우리 자신의 독특한 인간 능력을 이용하여 인간성을 회복하는 일의 형태를 실질적으로 발전시킬 수 있다. 역설 중의 역설은 바로 이 기술이 우리가 인간성을 되찾는 데 필요한 강력한 촉매제가 될 수 있다는 사실이다.
>
> 존 헤이글 John Hagel

일을 제대로만 처리한다면, 우리가 미리 앞질러 그 움직임을 충분히 간파한다면, AI 혁명을 우리 모두의 승리로 바꿀 수 있을 것이다. 지능형 기계와 성공적으로 협력할 수 있는지를 어떻게든 알아낸다면, 우리는 알고리즘과 데이터를 이용하여 우리 세계, 우리 삶, 우리 직장, 우리 공동체 그리고 우리 사회를 더 좋게 만들 수 있다. 만약 우리의 삶과 생계에 대한 새로운 기술의 잠재적 위협을 AI 스스로 이해하게끔 교육한다면, 우리에게 권한을 부여하고, 제도적 차별과 불공평을 줄이며, 우리 삶의 질을 향상시키고, 우리가 사는 행성과 미래 세대를 보호하며, 우리 삶의 의미와 목적의식을 향상시키는 기술의 잠재력을 완전히 이해하고 포용할 수 있다. AI를 더 잘 이해할수록 AI를 어떻게 사용해야 하는지, 그리고 어떻게 사용해서는 안 되는지를 더 잘 선택할 수 있다.

우리는 AI가 우리 인간이 원하는 것과 같은 것을 원할 것이라고 기대할 필요는 없다. 물론 우리에게 중요한 것이 그들에게도 중요할 수 있다. 실제로, 합성 지능이 성장하고 우리가 짊어진 많은 책임과 직업을 차지함에 따라, 우리는 기계는 할 수 없고 우리 인간만이 할 수 있는 것에 초점을 맞추고, 인간종으로서 우리의 목적이 무엇을 이루고자 하는지에 대해 깊이 생각해 봐야 한다. 하지만 성공적인 과정을 계획하려면 미래의 목표와 우선순위를 구별해야 한다. 그래야 우리가 소중히 여기는 것과 인간으로서 가장 높은 열망과 지능형 기계를 일치시킬 최고의 기회를 누릴 수 있다. 달리 말해 전구에 투자하겠다면 먼저 그 전구가 밝힐 빛의 미래를 상상해야 한다는 것이다.

> 만약 우리가 할 수 있는 모든 것을 우리 스스로 해낸다면, 우리는 말 그대로 우리 자신에 대해 깜짝 놀랄 것이다.
>
> 토마스 에디슨 Thomas Edison

인공지능, 머신러닝 관련 기술들이 우리의 미래에 긍정적인 영향을 미칠 미래 방법을 죄다 나열하려면 수많은 책이 필요할 것이다. 자연재해로 인한 파괴를 예측하고 줄이는 것은 잠재적인 한 분야일 뿐이지만, AI는 거의 모든 학습과 과학 분야에서 엄청난 가능성을 내포한다. 2018년 11월 출판된 맥킨지 글로벌 연구소 McKinsey Global Institute 논문에서는 구조화된 딥 러닝, 컴퓨터 비전 및 자연언어 처리의 광범위한 응용이 삶을 극적으로 개선할 수 있는 힘을 지닌 여러 영역을 식별해냈다. 이 논문은 위기 대응, 경제력 강화, 교육, 환경, 평등과 포용, 건강과 기아, 정보 검증과 확인, 인프라, 사회 부문, 안보, 정의를 부각시켰다.[3] 이번 장에서는 그중 몇 가지 예를 살폈다. 물론 이것이 포괄적인 목록 전부일 수는 없고, 단지 소수의 유익한 가능성일 뿐이다.

건강과 웰빙

최근까지 많은 양의 데이터를 수집하고 분류하고 분석하는 우리 인간의 능력은 제한적이었다. 이는 의료 분야에서는 생사의 문제가 될 수 있다. 세계적으로 매년 발간되는 약 180만 건의 과학저널 논문,[4] 연구, 임상시험 보고서 등을 의사라고 해서 모두 읽기란 불가능하다. 이것은 도움이 필요한 환자를 돌보는 의사들이 효과적인 치료법, 치료제 그리고 다른 돌파구에 대해 모를 수도 있다는 것을 의미한다. 시맨틱 스콜라Semantic Scholar라고 불리는 학술적 AI 검색엔진은 앨런 인공지능 연구소Allen Institute for Artificial Intelligence에서 개발되었다. 이것은 현재 의사를 비롯한 여러 관련자들이 놀라운 규모로 관련 의료 데이터의 출전을 명시하고 상호 참조할 수 있는 개방형 도구이다.[5]

기술학자 비노드 코슬라Vinod Khosla(1955~)는 현재 의사들이 수행하는 일의 80%가 머지않은 미래에 스마트 기술로 대체된다고 생각한다. 이제, 최첨단 정보 '회수 도구'를 사용하는 기계들이 우리를 위해 데이터를 반복적으로 처리하고 있다.[6] 라이프콤Lifecom이 운영하는 임상시험에서 "진단 지식 엔진을 사용한 의료 보조원이 실험실, 영상촬영, 검사 없이도 정확도가 91%였다"고 밝혔다.[7]

어느 실험에서, 1,000명 이상의 암 환자를 분석한 결과, IBM의 왓슨Watson AI 소프트웨어는 의학 문헌을 읽는 법을 배운 뒤 번개 같은 속도로 방대한 양의 연구를 결합하여 의사들이 권장한 치료법을 99% 식별했다. 왓슨은 약 일주일 만에 2,500만 편의 의학 논문을 읽었고, 최신 과학 연구를 위해 웹 전체를 스캔할 수 있었다. 결정적으로, 30%의 환자들로부터 왓슨은 최근에야 승인된 치료법을 포함해 때때로 불명확했던 임상 시

험에서 인간 의사들이 발견하지 못한 새로운 치료법을 찾아냈다.[8]

이미 AI는 진단의학에서 거대한 발전을 이뤘고, 병리학에서는 정보를 디지털화하고 데이터 분석 속도를 높이는 데 도움을 주고 있으며, 병리학자와 협력할 때 85%의 암 진단 오류 감소율을 보이고 있다.[9] 세계적으로 폐암 발병률이 가장 높은 나라인 중국에서는 방사선 전문의들이 새롭게 개발된 AI 기술을 활용한 스캔으로 암을 더 정확하게 찾아내고 있다.[10] 미국에서는 AI가 유방암 검사의 정확도를 높여주고 있다.[11] AI는 이미 인간보다 생체외 성공을 더 잘 예측한다.[12] 스크립스 병진과학연구소Scripps Translational Science Institute의 소장인 에릭 토폴Eric Topol(1954~) 박사는 AI가 의학 역사상 가장 큰 게임 체인저(상황 전개를 완전히 바꿔놓는 사람이나 아이디어 또는 사건)라고 생각한다.[13] 옥스포드-예일 대학의 보고서와 AI 전문가들을 대상으로 한 설문조사에 다르면 로봇 수술 시스템이 2053년까지 우리 인간보다 모든 수술 절차를 더 잘 수행할 것으로 예측된다.[14] 데이터를 편집할 수 있는 능력을 갖춘 AI는 또한 의료 전문가에게 '개인의 게놈 정보를 임상 치료의 일부로 사용하는 것을 포함하는 새로운 의학 분야'인 환자 유전체학genomics(게놈학)을 포함하도록 기존 관행의 확장 기회를 주고 있다.[15] 알고리즘은 그 어떤 인간보다 MRI, X-ray, CT 스캔을 더 잘 더 빠르게 판독할 수 있고, 원격으로도 그렇게 할 수 있어서 방사선과 전문의와 다른 전문가들이 진료와 환자를 돌보는 능력을 향상시킬 수 있는 갖가지 방법을 자유롭게 찾아낼 수 있게 한다.[16]

지능형 기술을 통해 현재 컴퓨터나 위성 연결을 통해 지구상 어디서든 모든 환자를 위한 훌륭한 진단 전문의사를 이용할 수 있는 의료 인프라의 대규모 확장을 상상할 수 있다. AI와 협력함으로써, 의사들은 잠재적으로 전 세계 어디서든 치료를 필요로 하는 사람이나 동물에게 접근할 수 있고, 동시에 그들이 제공하는 서비스의 질과 범위를 개선할 수 있다. 알츠하이머병을 치료하고 우울증을 낫게 하며 전화로 피부암을 분석하고 시각 장애인들에게 눈이 되어 주며 DNA[17]로 만든 극히 작은 지능형 로봇을 침투시켜 병든 몸을 치료하기 위해 부자와 가난한 사람들에게 똑같이 최첨단 자원이 보다 평등하게 분배된다는 것을 상상해 보라.

> AI는 모든 종류의 임상의들이 지금 하고 있는 일을 개선하도록 도울 것이다. 게다가 AI는 이전에는 한 번도 실행된 적이 없는 것들도 가능하게 할 것이다.
>
> 크리스토퍼 코번Christopher Coburn

헬스케어 분야에서 AI와 함께 일하는 소수의 혁신적 기업과 조직에는 질병과 만성 질환 치료에 도움이 되기 위해 약물이 생물학적 표시와 함께 어떻게 반응하는지를 예측할 수 있는 아톰와이즈Atomwise가 있다.[18] 엑소 바이오닉스Ekso Bionics의 기술자들은 팔다리가 마비된 사람들이 다시 걸을 수 있도록 돕는 센서를 사용한 생체공학 수트를 개발했다.[19] 진저아이오Ginger.io는 환자의 스마트폰 데이터를 분석하여 정신 건강 문제를 파악한다.[20] 하버드 대학의 베스 이스라엘 데코니스 메디컬 센터Beth Israel Deaconess Medical Center 이니셔티브는 더 정확한 결장 내시경술을 위해 AI를 사용한다.[21] 카이루스Kyruus는 병원과 요양단체가 환자에게 적절한 보호와 공급자를 배정하는 것을 돕기 위해 의료기록을 분석하는 소프트웨어이다.[22] 오픈 워터Open Water는 몸과 마음의 작용을 고해상도로 보는 웨어러블 MRI 기기를 개발 중이다.[23] 새로운 형태의 바이오닉 콘택트 렌즈(오큐메트릭스 바이오닉 렌즈Ocumetrics Bionic Lens)[24]는 백

내장 제거를 목표로 발전하고 있다. 아이서브AiServe는 시각 장애인을 돕기 위한 도구로서 AI로 강화된 거리 지도를 사용하고 있다.[25] 로봇은 애니봇 주식회사AnyBots Inc.[26]처럼 아픈 사람과 노인을 돌보는 일부터 온정적인 정신과 진료 제공(워봇Woebot)[27]에 이르기까지 모든 일이 가능하도록 훈련받고 있다. 정신적 고통을 완화하고 사회적 상호 작용, 우정, 위안을 제공하게끔 설계된 페퍼Pepper로 불리는 로봇이 일본의 가정에 도입되었다.[28] 스마트 기술은 실제로 우리의 의학 및 의료 시스템을 훨씬 인도적으로 만들 수 있다.

유토피아적 관점에서는 AI가 (수십억 명은 아니더라도) 수백만 명의 생명을 구할 수 있는 치료 방법론을 통합설계하고 구현하는 동맹자가 된다는 것이다. 지능형 기계와의 협력으로 인간 의사들은 환자에게 개별적인 관심을 갖게 하면서, 지금은 종종 그렇게 할 시간이 거의 없는 온정적인 보살핌에 좀 더 집중할 수 있도록 한다. 부담은 되지만 필수적인 현재 의료 시스템의 현실인 일상적 절차, 시간 소모적인 연구, 관리 업무(서류 파일 포함)에서 벗어나면, 공감할 수 있는 보살핌을 제공하는 데 집중할 수 있는 대역폭이 한층 많아질 것이다. 그 결과를 상상해보라. 그것은 우리의 웰빙과 삶의 질을 향상시킬 자애로운 혁명이다.

또한 기술은 환자들이 병원에서 보내는 시간을 줄여준다. 이것은 알리브코Alivcor의 개인 심전도EKG 장치나 스캐나두Scanadu의 건강 키트와 같은 기술을 사용하게 함으로써 의사가 사무실 밖에서 건강을 모니터링 할 수 있는 가상 AI 보조원과 함께 일하게 하며, 소중한 데이터와 생명을 구하는 의료 서비스를 제공하는 등 더 많은 의료 기능을 자체 관리하거나 외부에서도 수행할 수 있기 때문이다.[29]

가까운 미래에 로봇은 장애인, 노인, 부상자, 중병을 전문적으로 돌볼 수 있는 능력을 가질 것이고, 사람들로 하여금 사랑하는 사람을 시설에서 안전하고 떳떳하게 데리고 나와 집에서 돌볼 수 있게 해 줄 것이다. 그렇게 되면 삶과 죽음 모두에 접근하는 방식에 의미 있는 변화가 생길 것이다.[30] 어쩌면 역설적으로 우리에게 더 동정적인 보호자 훈련을 받도록 고안된 로봇이나 소프트웨어와 상호 작용을 통해 우리는 우리의 감정 지능을 드높이고 뇌에 더 공감적인 통로를 만들 수 있을지도 모른다.[31]

뿐만 아니라 AI는 호스피스 간호(죽음을 앞둔 환자가 평안한 임종을 맞도록 위안을 베푸는 봉사활동)에도 지속적인 혁명을 가져와서 우리가 삶과 죽음에 대해 중요한 대화를 나누는 데 더 많은 시간과 공간을 제공할 것이다. 사랑하는 사람들은 자신의 생명 유지에 도움을 주는 의료 전문가와 장비 근처에 늘 있을 수밖에 없기 때문에 종종 가족이나 친구들과 함께 소중한 시간을 집에서 보낼 수는 없다. 신뢰할 만한 알고리즘은 의사에게 일시적인 처방 서비스의 혜택을 받을 수 있는 사람을 더 잘 식별하고 분류하도록 도와주고, 환자를 상담하고 임종의 존엄성을 더 많이 제공하는 데 훨씬 많은 시간을 할애할 수 있게 할 것이다.[32]

AI가 주입된 기술은 장애인을 돕는 방법도 개선하고 있다. 인텔의 모빌아이MobileEye와 IBM의 왓슨Watson 같은 창의적인 기업들은 AI의 인간적 면을 고려한 '보조공학assistive technology' 소프트웨어를 고안함으로써 큰 이익을 가져왔다.[33] 또한 AI는 장애인들이 더 잘 보고, 더 잘 읽고, 세상을 더 잘 살아갈 수 있도록 도울 수 있다.[34] 텍스트-음성 변환 응용 프로그램도 빠르게 개선되고 있다.[35] 자율주행차(그리고 오토바이, 비행기[36])는 시각 장애인에서부터 노인에 이르기까지 운전을 할 수 없는 사람들에게도 더 많은 독립성을 부여할 것이다.[37] 시각 장애인을 돕도록 완전히 장비가 갖추어진 '스마트 지팡이',[38] 시각 장애인의 눈이 되어줄 생체공학 눈과 뇌 임플란트에서 나온 인공시력,[39] 몸이 마비된 사람의 생각을 번역할 수 있는 신경망을 가진 뇌-컴퓨터 인터페이스와 같은 발명품들도 개발 중이다.[40]

합성적 지능형 장치 역시 엄청 복잡한 분야인 정신 질환과 신경학적 문제를 다루는 방법에 혁명을 불러일으킬 것이다. IBM의 인공지능 솔루션인 콘텐트 클레러파이어Content Clarifier는 자폐증이나 치매 등 인지 장애나 지능 장애가 있는 사람들이 복잡한 데이터를 단순화하여 자료를 더 잘 이해하도록 도와준다.[41] 머신러닝 기술은 225일 분량의 필름을 스캔하고 초파리 40만 마리의 행동을 관찰해(인간이 완성하는 데 3800년이 걸리는 과정) 그 곤충의 뇌 뉴런 지도를 성공적으로 작성함으로써 이미 신경학적으로 통찰했다.[42] 신경과학이 점차 AI 기술과 맞물려 발전할 것이어서 우리 인간의 마음을 훨씬 더 완벽하게 이해하는 것은 이제 시간문제이다.

장애와 질병을 가진 사람을 돕기 위한 이러한 모든 의학 발전은 예측 가능한 미래에 인간 사이보그, 하이브리드, 심지어 합성 디지털 의식의 전망과 함께 우리 인간의 건강, 능력, 장수를 증강시키는 데 필수적으로 활용될 것이다. 예를 들어, 미국의 경우 이러한 건강 관련 AI 발전을 윤리적이고 공정하게 구현하기 위해 현재 공중보건을 보호하고, 식품, 의약품, 유전 공학, 의료기기를 모니터링하고 규제하는 데 책임이 있는 식품의약품청Food and Drug Administration; FDA이 새로운 기준과 규정을 채택해야 할 것이다. AI가 의료의 중심 부분을 차지함에 따라, 이러한 전면적이고 근본적인 변화가 공공의 이익에 안전하고 공평하게 작용할 수 있도록 하려면 장차 발생하게 될 의료 품질 보호 및 기타 문제에 대한 관리 감독이 필요할 것이다.

AI가 의료를 향상시킬 몇 가지 방법

로봇 보조 수술

정형외과 연구에 따른 합병증 및 오류로 수술 후 회복에 소요되는 시간이 21% 단축되었다.[1]

가상 간호조무사

AI를 활용한 간호조무사는 환자 유지 업무에 드는 시간의 20%를 절약할 수 있는데, 이는 연간 200억 달러를 절감하는 것과 맞먹는다.[2]

관리 작업의 흐름

간호사 및 의사를 위한 시간 소모적인 비환자 의료활동을 제거하여 연간 180억 달러를 절약할 수 있다.[3]

예비 진단

미국 스탠퍼드 대학이 2017년 개발한 AI 알고리즘은 피부암 식별 시 경험이 풍부한 전문가와 어깨를 나란히 하는 성과를 거뒀다.[4]

이미지 분석

MIT 주도 연구팀이 수술 중 실시간 분석에 유용할 수 있는 3D 스캔을 최대 1000배 빠르게 연구할 수 있는 머신러닝 알고리즘을 개발했다.[5]

치료 최적화

최근 AI 임상의학 도구에 대한 연구는 중증 환자 집중 치료에서 패혈증 치료 전략을 최적화하는 데 있어 AI의 가치를 입증했다.[6]

연결하고 창의적이기 위한 더 많은 시간

> 누군가는 인공지능이라 부르지만, 현실은 이 기술이 우리를 향상시킨다는 점이다. 따라서 나는 인공지능 대신 우리가 인간 지능을 증강시킬 것이라고 본다.
>
> 지니 로메티 Ginni Rometty

인지 증강cognitive augmentation 또는 지능 증폭intelligence amplification; IA으로도 부르는 인간 지능의 증폭된 버전인 증강 지능augmented intelligence은 우리를 대체하는 것이 아니라 인간을 돕고 우리의 경험을 증대시키는 방법으로 AI를 바라보는 또 다른 방법을 제공한다. AI는 오래된 사진으로 역사를 재구성하는 것을 도울 수 있다.[43] AI는 오래 전에 파괴된 고대 유적을 디지털 방식으로 재건할 수 있다.[44] AI는 우리 눈앞에 공룡을 재현할 수 있다.[45] AI는 우크라이나에서처럼 고대 낙서의 의미도 해독할 수 있다.[46] 증강 현실augmented reality은 우리의 실생활에 감각 입력을 덧입혀 현실에 대한 우리의 지각을 향상시킴으로써 인간의 경험에 더 많은 수준을 추가할 수 있다.[47] AI를 통해 과거를 다시 돌아보고, AI를 사용해 우리 자신과 미래에 대해 우리가 무엇을 원하는지도 더 많이 배울 수 있다. 이러한 관점의 변화는 우리가 앞으로 나아갈 때 중요하다. 앞서 보았듯이, 기술은 인쇄기에서 인터넷에 이르기까지, 정보를 처리하고 공유할 수 있는 인간의 능력을 확장시켰다. AI를 통해 우리는 우리 조상들이 경험했던 것을 더 많이 발견하고 이해할 수 있으며, 우리의 미래에 대한 더 나은 결정에 영향을 받음으로써 더 객관적으로 우리 역사의 패턴을 분석할 수 있다. 지능형 기술을 통합한다는 것은 이러한 진화를 자연스럽게 확장하는 것이다.

기계에 힘입어 우리가 일상 업무, 책임 그리고 (이런 일을 포기하고 싶든 아니든 간에) 지금 당장 우리의 시간을 온통 지배하는 대량 고속 처리로부터 해방되면, 누구든 창의적인 탐험가가 될 수 있고, 상상력 있는 모험을 하고, 스토리텔링, 공동체 형성, 행성 도달에 투자하는 등 수많은 방식으로 우리의 뇌 삶을 향상시킬 수 있다.

꿈꾸고, 창조하고, 발명하고, 발견하기 위한 더 많은 시간과 정신적 공간이 있는 삶으로 우리는 무엇을 할 수 있을까? AI가 가장 잘하는 일을 하도록 하게 한다면, 스티브 잡스Steve Jobs(1955~2011)의 표현처럼, AI는 공간이 '우주에서 공명하게'[48] 만들도록 그 공간을 우리에게 남겨줄 수 있다. 기술이 이것을 성취하도록 돕는 한 가지 방법은 더 많은 사람들의 예술적 잠재력을 방출하는 것이다. 현재, AI는 우리가 손으로 그린 스케치를 향상시킬 수 있고,[49] 디지털 조각품이나 인간의 목소리에서 '음성 지문'을 끄집어낼 수 있다.[50] AI는 이미 소설과 시를 창작할 수 있고, 자신만의 미술 전시회를 열거나 음악을 작곡할 수 있다. AI 알고리즘이 만든 첫 초상화는 2018년 10월 크리스티Christie 경매에 올라 43만 2천 달러에 낙찰됐다. AI는 인간과의 파트너십을 통해 작곡가들이 새로운 탁월함을 추구할 수 있도록 소리와 음악을 창조하는 AI 소프트웨어 엔신스NSynth와 같은 새로운 미적 증진에 영감을 줄 수 있다.[51]

이는 흥미로운 전망이다. 각종 AI는 서로 함께, 그리고 우리와 함께 새로운 예술 스타일을 창조하고, 실제로 무엇이 예술을 구성하는지에 대한 정의를 확장시킬 수 있다. 아마도 이 과정에서 우리 자신에게도 무언가를 가르쳐 줄 수 있을 것이다. 디지털 지능형 도구의 확산은 예술 세계를 즐기고 참여할 수 있는 능력을 더 민주적으로 만드는 데 도움될 수 있다. 만약 더 많은 사람들, 특히 역사적으로 선거권을 박탈당한 사람들, 박물관, 예술 수업 등으로 가득 찬 대도시 중심지에서 떨어져 사는 사람들, 그리고 사회경제적 지위 때문에 문화적 참여가 배제된 사람들이 자신의 예술을 만들 수 있는 수단을 갖는다면, 그들은 문화를 형성함에 있어서 더 많은 발언권을 갖게 될 것이다.

지능형 기계와 제휴하게 되면서 무엇이 좋은 예술을 구성하고, (인간이든 또는 컴퓨터든) 예술가가 창조 행위에 어떻게 접근해야 하는가에 대한 매혹적인 질문이 제기될 것이다. 예를 들어, 시청자들이 무엇을 좋아하는지(또는 몰아서 보는지)에 대한 증명된 데이터에 기초하여, 당신은 알고리즘이 TV 쇼의 대본을 어떻게 써야 하는지를 결정하도록 할 것인가, 아니면 같은 알고리즘을 실행하고 시나리오 작가에게 그 결과를 고려하게 한 다음, 그것이 그에게 말하는 것을 연기하고 기존의 것을 뒤집고[52] 어쩌면 새롭고 흥미로운 것을 만들기 위해 시야를 잃게 만드는 도전적인 것을 할 것인가? 이렇듯 인간과 AI의 협업이 가져올 수 있는 결과는 무궁무진하다.

AI는 또한 신선한 시각으로 숙고할 수 있도록 시간적 기회를 부여해 우리의 호기심과 창의력을 고무시킬 것이다. 아인슈타인이 예술, 음악, 상상력을 이야기하고, 우리가 샤워할 때 긴박한 문제를 오히려 자주 풀 수 있으며[53] 깊은 잠을 자고난 뒤 더 집중하는 데는[54] 이유가 있다.

스티브 잡스가 흠뻑 빠졌던 캘리그래피 수업,[55] 아이작 뉴턴Isaac Newton(1642~1727)이 앉았던 사과나무 밑, 아르키메데스Archimedes(기원전 287년경~212년경)의 욕조, 알렉산더 플레밍Alexander Fleming(1881~1955)이 휴가 후 우연히 발견한 페니실린의 공통점은 무엇일까? 이런 박식가들은 자기 마음이 우주를 표류하고 숙고하게끔 시간을 할애했던 것이다. 이는 자신들의 사고가 틀을 벗어나 방황하도록 함으로써 눈앞의 문제에 직접 집착하지 않고 전혀 다른 일을 하게 했는데, 이것 때문에 결국 변화의 돌파구가 마련된 셈이다.

우리가 세계적으로 폭증하는 과도한 정보를 선별하는 엄청난 요구의 짐을 지지 않는다면, 한 걸음 뒤로 물러나서 AI가 데이터를 전체적으로 볼 수 있도록 도와주면 그 안에서 패턴과 연결 고리를 찾을 수 있을 것이다. 이는 헬렌 프랑켄탈러Helen Frankenthaler(1928~2011)가 페인트 튀

기기paint splatter의 아름다움과 패턴을 본 후 그 과정에서 새로운 예술 장르를 개발하는 것과 마찬가지이다.[56]

> 나는 AI가 개인의 기억력 향상을 현실화할 것으로 믿는다. 언제 그리고 어떤 형태의 인자가 관련된 것인지는 말할 수 없지만, 그것은 불가피하다고 본다. 왜냐하면 오늘날 AI를 성공하게 만드는 바로 그것들, 즉 포괄적인 데이터의 가용성과 그 데이터를 기계가 이해할 수 있는 능력은 우리 삶의 데이터에 적용 가능하기 때문이다. 게다가 이런 데이터는 오늘날 누구든 이용할 수 있다. 왜냐하면 우리가 모바일과 온라인에서 디지털로 매개되는 삶을 영위하고 있기 때문이다.
>
> 톰 그루버 Tom Gruber

증강 지능은 우리의 관심의 폭을 넓히고 창의적으로 성장할 수 있도록 하는 데 그치지 않고 이를 뛰어 넘어 데이터의 남용과 조작을 폭로함으로써 현재 알고리즘을 통해 전파되는 진실과 이성에 대한 공격과 싸우는 데도 도움을 줄 수 있다. 개별적이고 헌신적인 AI는 우리가 무엇을 사고, 입고, 사용하고, 소비해야 하는지를 말해주기 위해 상업적 이익만을 권유하는 대신, 우리가 얼마나 많이 우리의 자아를 겨냥한 정보에 의해 마케팅되고 이용되는지를 더 잘 인식하도록 돕기 위해 우리의 통계를 더 객관적으로 분석할 수 있다. 우리는 파괴적인 행동 성향과 사회적 압력에 대한 훨씬 더 많은 관점과 통제를 획득할 수 있다.

일부 기초적인 인권 기구들에서 이미 예상하듯이 만약 우리가 정신적 자기 결정권인 인지적 자유에 대한 법적 권리를 보장하고, 우리의 정신적 상태를 통제하고 사고의 자유를 보호할 수 있는 자유를 보장할 수 있다면, 디지털 지능 또한 우리의 감정 지능을 드높이고, 더 많은 의미와 목적을 창출하는 방식으로 우리를 다른 사람들과 연결시키는 데 도움을 줄 것이다.[57] 기본적인 수준에서 음성으로 활성화되는 가상 비서처럼 이미 보유하고 있는 AI 도구를 사용하여 화면에서 눈을 떼고 서로를 향하도록 할 수 있기 때문에 스크롤하고, 누르고, 클릭하는 시간이 줄어들고, 고개를 들어 서로를 바라보는 시간이 늘어날 것이다. 그렇게 되면 우리는 각자 참여하고 싶은 사회와 공동체의 종류에 대해 더 확신을 갖고 감정이 깃든 지적인 결정을 내릴 가능성이 높아진다.[58]

AI는 특정 종류의 일을 더 이상 우리 인간이 하지 않을 곳으로 우리를 옮겨놓는다. 이것은 새로운 것이 아니다. 하지만 그 변화의 규모와 속도는 새롭다. 우주선 궤적 계산기에서부터 엘리베이터 조작자, 볼링장 핀 세터에 이르기까지, 지금은 전자와 기계로 하는 많은 일들을 한때는 우리 인간이 맡았다. 우리 일의 더 많은 부분을 기계에게 양도해야 할 가능성은 두렵지만, 이런 전이는 우리가 변화를 우리 스스로 준비한 경우라면 개인적으로나 사회적으로 우리는 십분 받아들일 수 있을 것이다. AI가 우리의 일 중 일부를 대신하게 되면, 사실 지금과는 매우 다르겠지만 우리의 삶을 더욱 풍부하게 만들 수 있다는 것이 나의 주장이다.

산업혁명 이후 우리는 기하급수적으로 증가할 것 같은 끊임없이 높아지는 자동화의 급류를 겪었다. 앞 장에서 우리는 미래의 부정적 결과에 대해 광범위하게 논의했는데, 다음 장에서는 자동화에 대해 좀 더 깊이 다룰 것이다. 가속화된 열차를 돌리기란 불가능하다. 자동화는 항상 불평등하게 분배되는 일자리와 고용의 본질을 변화시켜서 많은 사람을 빈곤의 악순환에 머물게 하고, 기업가 정신, 창의력 그리고 혁신으로부터 이익을 얻을 수 있는 능력을 저지할 것이다. 하지만 전통적인 일과 진로의 붕괴는 어쩌면 좋은 기회를 갖게 할 수 있다. 예를 들어, AI 애플리케이션, 비즈니스 및 투자의 발전은 전례 없는 양의 새로운 자본을 창출할 것이다. 가령 2035년까지 영국 경제에는 8,370억 달러의 이익을 창출할 것이다.[59] 이 거대한 새로운 부의 창조는 결국 우리 사회의 구조에 공정성을 불어넣는 기회일지 모른다.

이 모든 것은 가능하며, 동시에 인간의 창의성과 아이디어에 대한 수요와 공급도 증가시킬 것이다. AI는 여하튼 우리의 일자리와 시장을 향해 돌진하고 있고, 많은 사람에게 경제적 힘을 실어주어 심각한 경제 상황에서 벗어나게 한다. 정부 지출에 대한 우리의 접근법을 재정비함으로써 그 과정에서 기업가 정신을 자극하는 데 도움을 줄 수 있다. 향후 몇 년 동안 우리 일의 상당 부분은 자동화되어 AI에 재할당되는 현실에 직면하게 될 때면 우리는 오랫동안 지속해온 경제 및 정치 기관을 재설계하고 혁명적인 사회 구조조정을 고려해야 할 것이다. 다음 장에서는 우리가 달성 가능한 아이디어를 제안할까 한다.

인간의 야망과 실현에 대한 선도적인 이론에 따르면, 모든 인간은 번성을 위해 충족시켜야 하는 선천적이고 보편적인 욕망을 가지고 있다.[60] 우리는 각자의 역량, 자율성 그리고 다른 사람들과의 포용과 연결고리인 심리적 연관성을 필요로 한다.[61] 기계가 노동력의 많은 부분을 차지하기 시작하면 우리는 기계와 새로운 파트너십을 소개받으면서 새로운 세계에서 우리가 기여할 수 있는 것에 초점을 맞춰 삶의 대본을 다시 쓸 수 있다. 즉, 우리의 삶을 자율성, 행위성, 목적을 제공하는 방식으로 보낼 수 있다는 얘기이다.

인도주의적이고 자비로운 AI

우리가 스마트 기술을 활용하여 문학적이고 시민적 참여에 광범위한 접근을 할 수 있도록 하는 창의성과 의지를 찾아낸다면, 그것은 전무후무 우리 사회의 평등화에 도움을 줄 수 있다. 이와 함께 불평등과 다른 사회적 장애물의 층 아래에 숨겨져 있던 인간의 탁월함도 급증할 것이다. 우리는 이미 상상력이 풍부한 프로그램들을 접하고 있다. 아방가르드 애널리틱스Avantgarde Analytics는 머신러닝을 활용해 시민들과 그들이 관심 갖는 대의명분을 연결해 입법자와 대중 사이의 사회운동과 관계를 구축하는 데 도움을 주고 있다.[62] 또 다른 AI 스타트업인 팩트마타Factmata는 온라인 오보誤報의 악의적 확산을 줄이기 위해 사람들이 자연언어 처리를 통해 사실을 확인하도록 돕고 있다.[63] 마이크로소프트의 지구환경 AI 프로젝트AI for Earth와 같은 혁신적 이니셔티브는 AI 기술을 사용하여 정보를 보다 덜 해로운 기준으로 처리하여, 분쟁과 갈등에 골몰하는 집단적 사고를 줄이고, 지속가능성을 촉진하고, 가장 심각한 지구 환경문제 해결을 돕는 프로젝트를 진행 중이다.[64] 이는 기업의 사회적 책임, 미래 개발 및 임팩트 투자(투자수익을 창출하면서도 사회나 환경문제들을 해결하는 것을 목적으로 하는 투자방식)에 대한 하나의 모델이 될 수 있다.

지능형 기술은 또한 인도주의적 용도로도 믿기지 않을 정도로 유망하다. 군대에서 사용하는 것과 동일한 드론 기술로 평소 인명구조 보호를 거의 받지 못하는 외딴 지역에까지 혈액, 식량, 의약품 등을 전달할 수 있다. 2018년 12월, 생후 1개월이 된 조이 노와이Joy Nowai는 외딴 섬 바누아투Vanuatu에서 드론으로 배달된 백신을 접종한 첫 번째 아기가 되었다.[65] 손이 닿기 힘든 곳이나 도로 사정이 좋지 않은 지역에서는 드론

이 스마트폰이 그랬던 것처럼 새로운 해결책을 제공할 수 있다.[66] 세계 최초로 상용 드론 배달 서비스가 전국 수혈센터의 거의 절반의 혈액을 보내는 르완다Rwanda에서는 드론이 활공 중이다.[67] 라틴 아메리카와 미국뿐만 아니라 아대륙 전역으로 이런 운영을 확장하려는 계획도 있다.[68] 말라위Malawi에서는 드론이 외딴 지역으로부터 HIV 검사를 옮기기 위해 사용되고 있다.[69] 구글은 자연재해 이후 홍수를 예측하고 위성 데이터를 분석할 수 있으며, NASA 위성은 우주에서도 화재 발생을 감지할 수 있다. 6억 9천만 개의 등록된 모바일 화폐 계좌가 있는데,[70] 이 계좌에 적용된 기술이 일부 사람들의 유일한 은행 옵션 역할을 한다. 마이크로소프트는 AI 인도주의적 활용에 4천만 달러를 투자하고 있고,[71] 실리콘 밸리는 기근과 싸우기 위해 세계은행World Bank과 협력 중이다.[72]

머신러닝과 위성사진이 결합해 빈곤을 예측하고, 농작물 수확량 분석은 식량 안보에 도움이 될 수 있다.[73] AI는 우주 노예화Slavery from Space 이니셔티브를 통해 노예 퇴치를 돕고 있는데, 노동자가 노예 함정에 빠지기 일쑤인 남아시아 등지의 벽돌 가마 같은 곳을 발견하면 금방 알아챌 수 있는 노예의 흔적을 찾도록 AI를 훈련시킨다.[74]

뿐만 아니라 AI는 우리가 알고 있는 감옥 시스템을 종결시키는 데도 도움을 줄지 모른다. 기술적 투옥 프로젝트Technological Incarceration Project는 머신러닝 알고리즘과 센서를 활용해 자택 구금을 테스트하여, 구금을 보다 인간적으로 만들고, 감금에 초점을 맞춘 편파적이고 차별적이며 비인간적인 처우로부터 벗어나 스칸디나비아식 교도소 재활 모델을 지향하는 실험을 하고 있다.[75] AI는 우리의 환경을 보존하고 야생동물을 살리는 데도 도움을 주고 있다. AI를 스마트 그리드와 통합하여 지역사회 내 에너지 사용량을 모니터링함으로써 배출량과 폐기물을 제어할 수 있다. AI는 이주 패턴을 추적하고 불법 야생동물 밀매를 조사하는 것을 돕는다. 이는 종과 생태계를 보호하는 데 필수적인 업무들이다. 말라위, 남아프리카공화국, 짐바브웨의 코끼리 개체수가 급격히 줄어들면서 이들 지역에서 드론은 밀렵꾼들과 싸우기 위해 하늘을 순찰하고 있다.[76] 지능형 기술은 또한 생물 다양성, 리와일딩(멸종 위기 동물의 종을 방생하거나 황무지를 복원 및 보호하는 등의 환경보호) 그리고 숲 보존을 지원하기 위해서도 사용된다.[77] 기술은 우리와 함께 사는 모든 야생 생물들에게 고유의 목소리를 찾아줄 수 있고, 다양한 개발 응용 프로그램은 우리의 대양과 바다, 산과 평야를 구하기 위한 환경 이니셔티브에 대한 거대한 약속도 지킬 것이다.

남아프리카 공화국은 2015년에 최초의 드론 법을 만들었다.[78] 모로코에 본사를 둔 신생기업 아틀란 스페이스ATLAN Space는 불법 어업과 기름 유출 감시용 도구를 개발했다.[79] 열악한 육상 통신선 연결에도 불구하고, 드론 배달 조정부터 의료 제공과 파견, 기브다이렉틀리GiveDirectly와 같은 서비스를 이용한 현금 이체에서 시작해 이를 추적하는 것에 이르기까지 모든 일을 스마트폰을 사용해서 처리하자 사하라 이남 아프리카에는 모바일 혁명이 일어났다.[80]

그런데 신흥시장에서 스마트폰 사용이 빠르게 증가하고 있지만, 자금 부족은 많은 사용자가 선불폰 카드를 사용한다는 것을 의미하기 때문에 사용자의 데이터에는 주요 인구통계학적 정보가 부족할 경우가 많다.[81] 이러한 문제를 해결하기 위해 임페리얼 칼리지 런던Imperial College London의 한 팀은 사용자의 성별 식별을 위해 전화 데이터를 분석하는 알고리즘을 고안했다.[82] 이 데이터는 지진과 같은 자연재해가 발생하면 그 동안 인구를 더 효과적으로 추적하고 가장 필요한 사람들에게 도움을 주는 데 사용될 수 있다. 가장 취약한 지역사회를 재빨리 찾아낼 수 만 있다면 무엇보다 먼저 그들이 도움을 받을 수 있어서 인도적 위기와 자연재해라는 혼란스러운 시기에도 적절한 보호와 지원의 빠른 분류가 가능하다. 이 도구들이 허리케인 카트리나나 네팔의 눈사태 동안 생존자를 찾고 추적할 수 있었다고 한번 상상해 보라.

HTML, 자바, 플래시가 컴퓨터를 좀 더 다재다능하게 만든 것처럼, 창의적인 AI 도구들도 우리가 더 민첩할 수 있도록 도울 것이다. 게다가 AI는 우리가 모든 종류의 장애를 가진 사람들에게 볼 수 있는 가시성과 인격적 존엄성을 제공하는 데도 도움을 줄 수 있으며, 그들의 도움으로 말미암아 행동주의로 나아가는 길을 열어주며, 그들의 이야기를 공유할 수 있는 플랫폼을 제공하기도 한다. AI는 목소리가 없는 사람들에게 목소리를 줄 수 있고, 다른 사람들을 위해 싸우는 사람들의 메시지도 증폭시킬 수 있다. 그것은 불이익을 받는 사람들에게, 가난과 고통으로부터 벗어나 더 나은 삶으로 가는 길을 찾는 사람들에게 행위성, 접근 그리고 기회를 제공할 수 있다. AI는 심지어 우주에서 우리의 정체성을 구성하는 바로 그 입자인 암흑 물질의 신비를 더 많이 발견하는 데도 도울 수 있다.[83]

> 인공지능이 더 많이 세계로 진출할수록 감정적 지능도 더 많이 리더십에 진입해야 한다.
>
> 아미트 레이 Amit Ray

만약 우리가 최고의 열망이 담긴 지능형 기계를 낙관적으로 만든다면, 어떤 순조로운 사회적 개선을 기대할 수 있을까? 지능형 기계 시대는 우리에게 사회를 변형시키고 선택된 소수만이 아닌 우리 모두, 지구라는 행성과 그 안에 사는 모든 생물들, 그리고 다음 세대를 위해 더 공정하고 공평한 미래를 설계할 기회를 가져다 줄 것이다. 우리는 세계를 먹여 살리고,[84] 앞으로 발생할 난민 위기를 예측하며,[85] 친환경적이고,[86] ISSI 과격화를 해독하며,[87] 재판을 더 공정하게 하고,[88] 심지어 케인즈식 부의 양도를 구체화할 수도 있다.[89] AI와 더불어 일하게 됨으로써 우리는 정치, 교육, 경제 기관에서부터 일자리와 인프라에 이르기까지 우리 인간이 지금까지 할 수 없거나 하지 못했던 방식으로 부당성을 해결하는 새로운 사회 시스템을 구축할 수 있는 힘을 가질 수 있을 것이다.

만약 우리가 과학과 기술을 받아들이고, 우리의 지능형 기계, 즉 모든 살아있는 생명체에 공정성을 갖도록 코딩된 기계를 신뢰하는 것을 배우고, 그 기계가 우리의 기관을 공평하게 운영하는 것을 돕는다면, 우리 인간은 고착된 부족 및 당파 분열을 극복하고 공동의 이익을 위해 함께 일할 수 있다. AI는 우리의 가치 체계를 변형시켜서 자유, 공평, 웰빙, 행복을 우선시하도록 우리를 해방시키는 데 도움을 줄 수 있는데, 이는 결국 인도주의적 원조, 경제적 권한 부여, 예술에 대한 거대한 아이디어를 뒷받침할 것이다. 이상적으로, 우리의 자비롭고 훌륭한 기계는 가난과 실업을 근절하고, 이미 매일 수십억 명에게 영향을 미치고 있는 인간이 만든 매우 결함투성이의 시스템에서 질병, 폭력 그리고 뿌리 깊은 부당함을 줄이는 데 도움을 줄 수 있을 것이다. 이 기계는 또한 새롭고 창의적이며 목적의식이 있는 직업 선택권을 만들어 낼 수 있을 것이다.[90]

지능형 기술은 인간이 지금까지 알고 있던 가장 심각한 분열과 불평등을 확대할 수도 있고, 아니면 공정한 경쟁의 장을 마련할 수도 있다.

현재, 우리가 정치적 의지를 결집하고, 기업과 정부 기관을 재정비하며, 엘리트들의 힘을 희석시키고, 우리의 집단적 합창에 힘을 실을 수 있다면, 이 일이 장차 어떻게 흘러가야 하는지에 대한 우리의 발언권이 아직 존재한다. 우리의 강력한 기술이 포괄적이고 접근 가능한 결과를 도출하기 위해서는 투명성과 접근성을 촉진함으로써 정보에 대한 접근이 민주화되어야 한다. 만약 이런 일이 구현된다면, 우리는 우리 자신의 데이터, 역사 그리고 인간이 선을 위해 발명한 색다른 고유한 도구를 진취적으로 사용할 수 있다.

우리가 우리의 지적·신체적 능력을 크게 향상시키고 이를 통해 우리의 시간을 어쩌면 무한히 연장할 수 있는 기회를 가질 가능성이 높기 때문에, 안정적이고 고귀한 세상에서 살아가는 것은 점점 더 중요해질 것이다. AI는 우리 삶의 질과 우리가 사는 기간을 향상시킬 준비가 되어 있을 뿐만 아니라 우리가 언제 죽을지도 정확히 예측할 수 있다.[91] AI가 죽음을 무기한 연기할 수 있는 열쇠가 될 수 있다는 의견도 없지 않다.[92] AI는 우리 각자가 어떻게 늙을지를 예측하고, 맞춤형 약을 만들어 이 과정을 풍부하게 할 수도 있다.[93] AI는 우리의 디지털 발자국, 아마도 인간의 마음을 복사하여 '증강된 영원'으로 우리를 이주시킬 수도 있다.[94]

이러한 약속된 이상은 세계적인 노력을 필요로 한다. 이 모든 것의 중심에서 지능형 기계는 삶의 불평등을 해결하는 데 도움을 줄 수 있다. 이를 위해 우리는 사회에 미칠 부정적인 결과에 관심을 두지 않고 이익을 극대화하려는 자본주의적 충동을 억누를 필요가 있다. 그렇게 함으로써, 정책 입안자들이 당파적 이슈를 주장하는 것으로부터 우리의 집단적 웰빙을 증진시키는 쪽으로 관심을 돌리도록 도울 수 있다. 지능형 기계 시대에는 일상적인 업무로부터 자유로워지고, 약자를 위한 성공에 대한 장벽이 적으며, 과도한 개인적 이익에 대한 인센티브가 적고, 시간, 헌신, 목적을 더 많이 가지며, 눈부실 정도로 스마트한 AI와 협력함으로써 우리 자신의 삶뿐만 아니라 다른 많은 사람의 삶을 개선할 수 있다. 우리는 유토피아를 선택할 수 있는 것이다.

AI의 희망은 현실적이고 흥분되며, 우리가 알고 있는 삶을 영원히 바꿀 것이다. 그러나 이 모든 놀라운 혁신은 그것의 초월적인 약속의 초기 일면일 뿐이다. 기술이 우리의 경제와 정치를 변형시키는 데 도움을 줄 수 있을 때에만 우리는 기술의 방대한 잠재력을 실현할 수 있다.

07

경제와 정치

사회적 로드맵 재작성

제7장

경제와 정치

사회적 로드맵 재작성

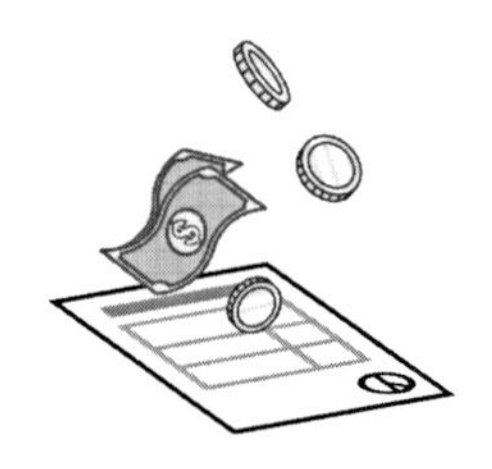

곱셈으로 수백만 명의 사람들이 합치면, 작은 행동 하나로도 세상을 변형시킬 수 있다.

하워드 진 Howard Zinn

가까운 미래에 미국의 소득 불평등과 빈곤은 한층 더 충격적인 수준까지 치달을 것이다. 적정 가격의 주택은 점점 줄고, 은퇴 위기에 처한 가공할 정도로 많은 노인들이 파산을 선언하고,[1] 자동화가 점점 더 많은 일자리를 없애고, 임금은 정체되어 있다. 차단된 국경과 무역전쟁으로 농경지가 불모지로 바뀌어 급기야 식량 인플레이션을 야기한다. 교사들은 과로하는데도 저임금을 받고 있다. 학자금 대출의 거품이 터지고, 국내총생산GDP의 30%에 육박하는 의료비[2]가 국가를 마비시킨다. 우리가 선출한 정책 입안자들은 집단 이기주의에 묶여 행동하지도 못하면서(또는 그렇게 하려고 하지 않으면서) 기반시설은 끊임없이 붕괴되고 있다. 마침내 99%가 참여한 반란이 일어난다.

다양한 목소리, 실시간 팩트체킹 소프트웨어, 투표하는 아바타, 시민 참여를 독려하는 개혁으로 만들어진 스마트 기술 도구와 정밀한 알고리즘 경제 모델로 무장한 진보 성향의 후보들이(다수가 역사적으로 대표성이 낮은 그룹의 여성 등) 지방, 주, 연방 공직에 계속 진출하고 있다. 그들은 국가의 기업총수들을 무시하고, 시대에 뒤떨어진 경제 모델과 성장 목표가 아닌 1960년대 중반 이후 경험한 것과는 달리 새로운 시민권과 인권법을 포함한 사회의 모든 구성원들이 번영할 수 있도록 고안된 전략을 토대로 창의적이고 대담하며 역동적인 정책을 도입한다.[3] 알고리즘 모델은 보편적 건강관리가 실제로 가정과 기업 모두를 위해 비용을 절약한다[4]는 것을 결정적으로 입증한다. 「녹색 일자리 법」은 고임금 고용을 창출할 뿐만 아니라 탄소배출량을 줄이면서 도로, 교량, 댐을 보수한다. 고급 데이터 분석은 각각의 시민들에게 보편적 기본소득Universal Basic Income을 제공하는 것이 경제적이어서 기존의 비대해진 빈곤 프로그램과 보조금 비용을 상당히 줄일 수 있을 뿐만 아니라, 대중들이 창의성, 자유, 상상력 및 계몽의 새로운 수준을 달성하도록 자극한다는 것을 증명한다.[5]

허황된 꿈일까? 망상일까? 아닐 수도 있다.

인류의 다음 진화 국면에 들어서면서 우리 사회와 공동체를 위해 우리가 만들어낸 경제와 정치를 깊이 살펴보고, 기술이 어떻게 지형을 크게 바꿀지도 사려 깊게 살펴볼 필요가 있다. 디지털 지능은 경제와 정치의 규칙을 바꿀 뿐만 아니라 우리의 행동에 계속해서 극적인 영향을 미치며, 교육과 고용부터 도덕적 행위성과 자본주의에 이르기까지 모든 것에 대한 새로운 관점의 요구를 실현할 수 있는 위치에 있다. 그러나 지금의 시스템, 경제, 정부 및 기관들은 현재 패러다임을 바꿀 기술 발전을 관리할 준비가 되어 있지 않다.

18세기와 19세기의 산업혁명은 사회를 크게 변화시켰고, 새로운 기술과 생산 방식을 중심으로 경제와 정치를 재구성하였다. 오늘날 일의 산업화를 향한 이러한 변화는 모든 생명체에 엄청난 피해를 끼쳤다. 산업혁명이 경제 성장과 기술 발전을 초래한 것으로 알려져 있지만, 많은 사상가들은 모든 것을 고려할 때 산업혁명은 우리 인류에게 유익한 경험은 아니었다고 주장한다. 경제 성장과 물질재의 급증과 함께 비인간적인 노동조건과 오염, 불평등, 환경 악화가 찾아오면서, 삶의 의미와 목적을 찾는 대규모의 새로운 노동계층이 탄생했다.[6]

기술적 진보가 궁극적으로 엇갈린 결과를 초래한 것은 인류 역사상 처음은 아니었다. 역사학자 유발 노아 하라리Yuval Noah Harari(1976~)와 재레드 다이아몬드Jared Diamond(1937~)는 농업혁명을 반추하면서 우리를 해방시킨 것 이상으로 우리를 길들이고 구속시킨 '역사상 가장 큰 사기'[7]였다고 믿는 많은 사람 가운데 두 명이다. 학자, 교사 그리고 활동가인 실비아 페데리치Silvia Federici(1942~)는 노동자, 그중에서도 특히 여성의 착취가 자본주의 성장과 병행한다고 지적했다.[8] 유발 하라리는 또한 산업혁명이 노동계급을 부각시켰듯이 AI 혁명은 쓸모없는 계층을 가시화할 것이라고 가정했다.[9] 농업혁명과 산업혁명이 사회분열을 야기했지만, 제4차 산업혁명Fourth Industrial Revolution, 즉 제2의 기계 시대Second Machine Age라고 부르는 새로운 지능형 기술 시대가 촉발시킬 거대한 영향에 비하면 이전의 영향은 미미할 수도 있다.[10]

AI, 경제, 정치는 과연 어떻게 교차될 것인가? 실로 AI 신기술에 앞서 우리는 정보에 입각한 현명한 정책 변화를 도입할 것인가? 아니면 AI 자체가 우리가 예측할 수 없고 우리에게 최고의 이익이 아닐 수도 있는 방식으로 우리의 경제와 정치를 형성하기 때문에, 이러한 발전은 적절한 타이밍에 적응 가능한 우리의 능력을 능가할 것인가? 우리가 일에서 해방된다면 포스트자본주의 사회에서 번창할 수 있을까? 새로운 경제적·정치적 모델을 결합하면 우리 자신인 인간종과 잠재적으로 새로운 하이브리드와 기계종도 보호할 수 있을까?

자동화와 빈부격차

> 국민총생산은 우리 시의 아름다움이나 공론의 지성을 포함하지 않는다. 그것은 우리의 재치도 용기도 지혜도 학식도 연민도 헌신도 측정하지 않는다. 그것은 삶을 가치 있게 만드는 것을 제외한 모든 것을 측정한다.
>
> 로버트 F. 케네디 Robert F. Kennedy

AI 기술 발전이 정확히 언제, 어떻게 상업과 인력 모두에 영향을 미칠지에 대해서는 의견이 분분하지만, 우리는 그런 기술이 광범위한 방법으로 일과 고용을 붕괴시킬 것임을 안다. 자동화, 컴퓨터화, AI는 산업혁명의 거대한 사회적 변화를 순식간에 무색하게 만들면서 우리의 노동경제 역사상 가장 큰 교란 요인이 될 것이다.

최근까지 로봇공학과 기계로 인한 기계화는 유독 육체노동직 내에서의 반복된 업무를 맡는 데 주로 국한되었다.[11] 이것은 이미 전 세계 노동자들에게 중요한 영향을 미쳤다. 2017년 맥킨지 글로벌 연구소 보고서에 따르면, "2030년까지 완전 고용을 보장할 정도로 충분한 일감이 있다고 하더라도, 농업과 제조업 바깥에서 일어나는 역사적인 전이 규모에 필적하거나 심지어 그것을 초과할 수 있을 정도로 중대한 전환 앞에 서 있다. 2030년까지 7,500만에서 3억 7,500만 명(전 세계 노동력의 3~14%)의 근로자가 직업 범주를 바꿔야 할 것으로 예측된다."[12]

하지만 이제 곧 건강관리에서부터 법, 보험, 금융 서비스에 이르는 분야의 소위 말해 '지식 노동자', 말하자면 일상적이지 않고 숙련된 인지적 노동을 제공하는 사람들 또한 자신들의 일이 영구적으로 중단될 것이다. 2030년까지 자동화로 인한 순 일자리 감소는 30~50%로 예측된다.[13] 우리는 이런 경제적 허리케인에 대비해야 한다. 낙관적 시나리오는 지능형 기계 산업화가 우리와 직업과의 관계를 재정립하고, 일은 덜하고 삶은 더 즐길 수 있도록 하면서, 인간을 위한 번영과 개인적 신장의 새로운 시대로 안내하는 데 도움을 줄 수 있다는 것이다. 반면, 비관적 시나리오는 자동화가 대량 실업과 궁핍을 초래할 수 있다는 것이다.

처음에는 자동화가 전체 직종을 대체하는 것과는 달리 직업 내 개별 활동에 영향을 미칠 가능성이 높은데, 일부 추정치에 따르면 47%에 다다를 것으로 보인다.[14] 그러나 점차 많은 직업이 AI의 능력 안에 들어갈 수 있고, 많은 종류의 일자리에서 인간의 노동력을 사용하기보다 기계를 사용하고 재교육하는 것이 더 저렴하고 더 편리할 것이다. 두 명의 옥스포드 연구원은 미국 전체 고용의 45%가 컴퓨터화 때문에 위험에 처한다고 믿는다.[15] ABI 리서치 보고서는 2022년까지 100만 개의 기업이 AI 기술을 보유할 것으로 예측했다.[16] 옥스포드-예일 대학이 AI 전문가를 대상으로 조사한 결과 2024년에는 AI가 언어 번역, 2027년에는 고교 에세이 쓰기, 2031년에는 소매업, 2049년에는 베스트셀러 서적 집필 등에서 인간의 성과를 능가할 것으로 전망했다.[17]

AI는 인간보다 훨씬 저렴한 비용으로 더 높은 속도와 품질로 더 효율적으로 작동한다. AI는 쉽게 업데이트하고 갱신할 수 있다.[18] 게다가 AI

는 충동이나 감정 없이 결정을 내린다.

하지만 유감스럽게도 우리는 다가오는 자동화 쓰나미에 준비가 되어 있지 않다. 그 이유 중 하나는 경제와 고용에 대한 우리의 오늘날 사고가 시대에 뒤떨어졌기 때문이다. 우리가 지닌 지금의 사고는 우리가 이룩한 기술적 성과와 인간의 행동에 대해 우리가 이해하고 있는 것에 의해 추월당했다. 새로운 시대를 위한 새로운 일의 개념을 시급히 정립해야 한다. 낡은 모델은 인간 노동자가 쓸모없어지는 것을 막기에 불충분하다.

2015년에 출간된 《미래를 발명하다Inventing the Future》에서 닉 스르닉Nick Srnicek(1982~)과 알렉스 윌리엄스Alex Williams는 완전한 자동화, 단축 근무 주, 부의 재분배 그리고 모두를 위한 보장된 관대한 수입 달성에 필요한 '급진적 변형'의 기회를 갖기 위해서는 신자유주의를 무색하게 만들어야 한다고 주장한다.[19] 《로스앤젤레스 리뷰 오브 북스Los Angeles Review of Books》에서 이안 로리Ian Laurie는 그들의 유토피아적 생각을 '알고리즘 공산주의'라고 불렀다.[20] 그러나 이런 정치적인 길을 어떻게 보든 통합 접근에 대한 우리의 유일한 희망은 지능형 기계의 도움만으로 가능한 방법으로 미래를 예측하는 능력일 것이다. AI는 엄청난 양의 데이터를 처리하고, 가장 최선의 공정한 사회적 전략을 평가하기 위해 고려할 필요가 있는 수많은 변수를 요인별로 가시화시킬 수 있는 능력을 갖추고 있다.

우리가 AI에 의한 노동력 대체를 준비하는 데 놓인 또 다른 상당한 장애물은 변화에 대처할 수 있는 우리의 능력을 과대평가하는 경향이다.[21] 우리는 우리가 두려워하는 것을 피하기 위해 무엇이든 할 것이다. 이러한 특징들은 인간이 자연 환경을 오염시킴으로써 야기되는 임박한 재앙을 다루는 데 요구되는 집단적 긴급성을 이루지 못하고 있다는 고통스러운 사실로 설명된다.[22] 급격한 기후변화와 AI 혁명의 맥락에서 우리는 생존과 번영을 위해 우리의 일, 우리 자신, 기업 및 정부기관, 경제와의 관계를 재형성하려는 의지를 찾지 않을 수 없다.

우리는 스마트 머신과 제휴하여 일하는 법을 배우고, 또한 서로 함께 일하는 법을 재구성할 필요가 있다. AI에게 연민을 가르치는 공감 트레이너, 결과에 대해 알고리즘에게 책임을 묻는 방법을 이해하는 법의학 분석가, 작업장을 재형성하는 VR 디자이너, 차별과 편견을 원상태로 돌리는 방법을 식별하는 디지털 윤리학자 및 규정 준수 컨설턴트, 세계를 더 좋은 삶의 장소로 만들도록 알고리즘을 촉구하는 기계 관련 전문가 같은 완전히 새로운 직업을 상상해 보라.[23]

스마트 머신 자동화의 가장 큰 위협은 현재 설계 중인 많은 로봇이 근로자를 영구적으로 대체하도록 설계되고, 점점 더 정교한 '생각하는' 기계가 전통적으로 우리 인간이 수행해온 업무를 집어 삼키고 있어서 대규모 빈곤과 근로자의 특권 박탈로 이어질 수 있다는 것이다.[24] 우선 기술 혁신은 일자리와 소득을 더 늘리지 않고서도 경제 성장을 창출하고 있지만 이에 따라 경제적 불평등도 높아지고 있다.[25]

> 빈부격차는 국가적으로 가장 위협적인 사회 문제이다.
>
> 폴 튜더 존스 Paul Tudor Jones

세계 곳곳에서 빈부격차 추세는 가속화되고 있다.[26] 불평등과 불공정 사이의 연결점과 차이점에 대해 더 잘 인식하게 되면,[27] 무엇이 우리의 진정한 목표인지를 더 잘 이해하게 될 것이다. 왜냐하면 부의 분배 방법을 어떻게 달성하는지는 말할 것도 없고 우리 사회에 어떤 부의 분배 방법이 최선인지, 또는 최선일 수 있는지의 여부에 대한 만장일치가 없기 때문이다. 부의 분배 방법은 정의에 근거해야 하는가? 공정한 분배와 균등한 기회에 근거해야 하는가? 형평성에 근거해야 하는가? 아니면 다른 어떤 것에 근거해야 하는가? 예를 들어, 소외된 공동체의 무급 노동과 저임금 노동에 대해 연구하는 마리안 퍼버Marianne Ferber(1923~2013)와 줄리 넬슨Julie A. Nelson(1956~) 같은 독창적인 페미니스트 경제학자들은 튼튼한 경제를 위한 해결책 중 하나로 양성평등을 주장하는 반면,[28] 철학자 해리 프랭크퍼트Harry Frankfurt(1929~)는 경제적 불평등이 아닌 빈곤 퇴치에 집중해야 한다고 주장한다.[29]

자본주의의 원동력은 부패와 불평등을 낳는 탐욕에 있다. 공평한 세상에서는 비참한 가난도 극심한 풍요도 없을 것이다. 실질적인 시민 노력과 구조조정이 없다면, 자동화와 새로운 스마트 기술로 창출된 부는 소수 엘리트의 손에 더욱 더 첨예하게 축적되어 경제생활의 모든 측면에서 가상의 독점을 만들어낼 것이다. 우리는 강력한 견제와 균형 없는 부와 권력의 집중이 차별, 편향, 배제, 권위주의로 이어진다는 것을 알고 있다. 자동화의 모든 이점이 국가, 기업 또는 개인 소집단에게만 적용된다면, 이 시스템의 불평등은 더더욱 깊어질 것이다.

이미 엄청난 부의 불평등이 존재하고 있다. 불과 26명이 전 세계 인구 중 극빈자의 절반인 약 36억 명보다 더 많은 부를 갖고 있다. 전 세계 2,200명 이상의 억만장자들의 자산은 2018년 한 해만 하더라도 12%(하루 25억 달러) 증가한 반면, 이보다 덜 부유한 아래쪽 절반의 사람들은 11% 감소했다.[30] 미국에서 가장 부유한 400명의 사람들은 가장 빈곤한 60%의 미국인들(1억 5천만 명)이 가진 것보다 훨씬 많은 순자산을 갖고 있다.[31] 비록 규모가 큰 자유주의 유럽 경제에서는 덜 두드러지지만, 그 국가들 역시 불평등이 커지고 있다.[32] 아이디어의 혁명, 거대한 정치적 의지, 견문이 넓고 활동적인 시민권을 토대로 공포한 강력한 모델을 재고하려는 의지만이 이런 흐름을 역전시킬 수 있을 것이다.

성장과 번영

> 70년 넘게 경제계는 진보의 주요 척도인 GDP 또는 국민생산에만 병적으로 집착해왔다. 이런 집착은 일상생활의 전례 없는 파괴와 결부되어 소득과 부의 극심한 불평등을 정당화하기 위해서 사용되었다. 21세기에는 이보다 훨씬 더 큰 목표가 필요하다. 그것은 우리의 생명을 살 수 있게 하는 행성의 허용 범위 안에서 모든 사람의 인권을 충족시키는 것이다.
>
> 케이트 레이워스 Kate Raworth

오늘날 서구에서 가장 많이 활용되는 경제 모델이 우리의 유일한 선택지는 아니다. 신고전주의 경제학[33]은 비록 서양의 주류 담론에서 거의 항상 경제적 실재라고 불리기는 하지만 경제 체제를 탐구하는 한 가지 방법일 뿐이다. 그러나 지배적인 신고전주의 이론의 비평가들이 주장했듯이, 우리는 오픈 마켓에서 우리가 만든 장치에 맡겨질 때 늘 철저하게 논리적인 선택을 하는 엄격히 합리적인 생명체가 아니다. 사실, 우리 인간은 종종 매우 감정적이고 종종 비합리적인 요인에 근거하여 결정을 내리지만, 스스로 그렇게 하고 있다는 것을 우리는 전혀 알지 못한다.

《생각에 관한 생각Thinking, Fast and Slow》의 저자 대니얼 카너먼Daniel Kahneman(1934~)에 따르면, “방사선 조사식품, 붉은 고기, 핵전력, 문신,

또는 오토바이와 같은 것에 대한 인간의 감정적 태도는 그것들의 위험과 이점에 대한 당신의 믿음을 조종한다. 만약 당신이 이런 것들 가운데서 어느 것이 마음에 들지 않는다면, 아마도 위험은 높아지고 그 이점은 무시해도 좋다고 믿게 된다."[34] 우리의 금전적 결정에도 동일하게 적용될 수 있다. 가장 기본적인 수준에서 경제학은 인간 행동에 대한 연구이다. 다양한 문명을 이뤄낸 우리가 누구인지 더 깊이 이해하는 것은 다가오는 지능형 기계 시대로 나아가는 데 필수적인 부분이다.

경제학자 케이트 레이워스Kate Raworth(1970~)는 현재 바로 이 일을 하고 있는 혁신적인 사상가 중 한 명이다. 레이워스는 21세기 경제문제 해결을 위한 독창적인 방법을 제안하기 위해 시각적 모델인 '도넛 경제학Doughnut Economics'의 개념을 도입했다. 그녀의 가설은 우리 인간이 지속가능하고 건강한 행성에서 번영하는 것과 단지 경제가 성장하는 정도에 의해 성공을 측정하는 것(얼마 동안 인정된 전통적인 자본주의 청사진) 사이에는 균형이 필요하다고 강조한다.[35] 특히 노벨상 수상자 아마르티아 센Amartya Sen(1933~) 역시 '경제적 풍요보다는 인간의 풍부한 삶을 발전시키는' 경제 모델을 구상하면서 이런 관점의 변화를 옹호했다.[36]

오늘날 거의 모든 주요 경제와 이를 지원하는 정책 입안자들은 성장에 초점을 맞출 뿐 기본적으로 다른 지표는 배제시킨다. 우리가 사는 세상과 우리의 웰빙에 더 많은 관심을 가져야 한다고 주장하는 사람들은(최소한 정책 입안자가 아닌 우리들) 대부분 무시되고 있다. 오늘날의 경제 체제와 인간의 욕망은 훨씬 더 복잡하게 뒤엉켜 있는데, 역사상 극도로 단순화된 경제 모델은 이를 충분히 다루거나 인식하지 않고 있다.

훨씬 새롭고 전체적인 경로를 고려해서 구현하는 몇몇 경제도 존재한다. 부탄Bhutan에는 국민총행복Gross National Happiness 측정법이 있다.[37] 자동화 시대의 복잡성에 따른 보다 포괄적이고 우수한 측정 기준으로 식별하려면 이러한 비관습적인 사고가 요구된다. 오늘날 기계화된 지능형 파트너는 변수를 연산하고 계산하는 것을 지원하여 의미와 목적을 방정식을 통해 인수분해 할 수 있다. 우리는 이렇게 하도록 지시만 내리면 된다.

레이워스는 (나를 포함해) 다른 사람들과 함께, 성장에만 초점을 맞추는 것은 우리와 지구를 공유하고 있는 나머지 생물과 야생 생물은 말할 것도 없이, 대다수의 사람들에게 도움이 되지 않는다는 것을 강력하게 믿고 있다. 만약 인공의 스마트 행위자에 대한 의존도가 높아져서 기존의 경제적 분열과 우리 경제가 오늘날 만들어내는 온갖 착취에 따른 악화가 극심해진다면, 현대의 많은 사회적 병폐는 더욱 더 고착화될 것이다. 우리는 자본주의의 기본 교훈에 도전해야 하며, 종래의 측정법에서 '경제적 가치'가 거의 주어지지 않는 우리 사회의 구성원을 보다 적절하게 평가하고 보살펴야 한다. 레이워스가 날카로운 통찰력으로 지적했듯이, 아담 스미스Adam Smith(1723~1790)는 보이지 않는 손에 대해 열성을 보였다.[38] 보이지 않는 손이란 경제학자들이 자신과 같이 살고 논문을 쓰는 동안 자신을 돌봐주었으며 자신의 개인적 번영에 대해 감사할 수 있는 자기 어머니는 전혀 언급하지 않은 채 경제를 규제하고 우리의 사리사욕에 눈먼 행동으로부터 얻어지는 사회적 이익을 정당화하기 위해 오랫동안 의존해왔던, 한마디로 말해 '자연적 힘'을 말한다.[39] 성장이 가장 중요하다는 신주단지 받들 듯 모셔온 경제적 교리는 이제 시대에 뒤떨어지며, 인간, 사회, 환경 요인의 보다 완전한 보충재를 고려하는 것이 중요하다. 억만장자의 문화적 신격화와 더불어 GDP와 트리클다운 경제(정부가 투자 또는 혜택을 대기업과 부유층 상대로 늘려주면 경기가 살아나 결국 중소기업과 저소득층에게도 혜택이 돌아가 이것이 국가 경기를 자극해 경제발전과 국민복지가 향상된다는 이론으로서, 낙수(落水) 이론이라고도 불린다)에 대한 열띤 추구는 공정한 사회와 양립할 수 없다.

진화하는 기술적 응용과 임박한 자동화 시대는 이런 변화를 꾀할 수 있는 최고의 기회를 선사한다. 좋든 싫든 변화는 다가오고 있다. 도넛 모양을 사용하여 우리 인간이 번영하는 것과 인간이 지구의 자원을 유지하는 것 사이의 조화를 묘사한 레이워스의 논지처럼 우리의 사회적 토대는 안쪽 고리에, 생태적 한계(기후, 토양, 해양, 오존층, 담수 및 생물 다양성에 미치는 부정적인 영향을 피하기 위해, 인간의 활동으로 침범해서는 안 되는 경계)는 바깥쪽 고리에 있다.[40] 이와 같은 모델은 우리 자신과 우리 주변 세계, 그리고 우리가 행하는 사회적 계약을 재작성하는 데 필요한 방향을 제시해주고, 우리가 서로 얼마나 많이 연결되어 있는지를 인식하도록 도와줄 수 있다.

우리 중 누구도 고립된 섬으로 존재하지 않지만 경제 용어로 우리는 '자족적인 욕망의 구상체'로 폄하되었다.[41] 우리는 이에 맞서 우리의 경제 모델과 사고방식을 업데이트할 용기를 가질 것인가? 우리 행성이 우리를 지탱하는 것을 멈추기 전에 그것이 용인할 수 있는 범위 내에서 살 수 있는 용기를 가질 것인가? 우리는 우리의 사고 기계가 더 밝은 미래를 생생하게 그리도록 우리와 협력하도록 허용할 것인가? 아니면 애트우드 내파Atwoodian implosion에 더 가까이 다가가게 만드는 구식 경제 체제를 사용함으로써 박스 안에 머물 것인가?

오늘날 널리 지지받는 경제 원칙은 우리가 어떤 결정을 내림에 있어 여전히 구시대적인 이해에 기반하고 있어서 우리의 행동적 결함과 우리의 삶을 훨씬 더 오래 지탱할 수 있는 지구의 능력을 완전히 설명하지 못하고 있다. 레이워스가 설명하듯이, "이기적이고 고립되고 계산만

하는 '합리적인 경제인'이라는 지배적인 모델은 다른 인간들보다 경제학자들의 본성에 대해 더 많이 알려준다. 명시적 목표의 상실로 그 학문 분야는 끝없는 성장이라는 대리 목표에 발목이 잡힐 수밖에 없다."[42] 만약 우리가 호모 에코노미쿠스Homo economicus[43](윤리적이거나 종교적인 동기와 같은 외적 동기에 영향을 받지 않고 순전히 자신의 경제적인 이득만을 위하여 행동하는 사람)와 같은 부족적인 고립된 공동체에서 벗어나서 통합된 세계적 미래로 나아갈 수 있다면, 우리는 답을 찾을 수 있는 가장 좋은 기회를 가질 수 있을 것이다. 우리는 아직 그 답을 찾아내지 못했다. 아마도 모든 답을 찾지는 못하겠지만, 적어도 우리가 함께 만든 것은 신뢰할 것이다. 우리 모두 발언권을 가지자. 우리와 우리가 함께 만든 훌륭한 디지털 창조물 모두에 대해서도 말이다.

호기심과 창의성

호기심은 성취의 동력이다.

켄 로빈슨 경Sir Ken Robinson

새롭고 이상적인 자동화 이후의 세계는 과연 어떤 모습일까? 부와 자원이 더 공평하게 분배되고 기계가 많은 일을 맡게 되면 우리 인간은 우리가 하는 일보다 우리가 누구인지에 의해 더 정의될 것이다. 해야 할 진부한 일은 적어지고 시간이 더 많아질 때, 우리는 우리 자신의 삶뿐만 아니라 다른 많은 사람들의 삶을 개선시키는 것을 선택할 수 있다. 우리는 일 또는 노동과의 관계를 재형성하고 타고난 지혜를 활용할 수 있다. AI는 우리를 인지 혁명의 다음 단계로 이끌지 모른다. 그러기 위해서는 우리가 더 많은 호기심과 창의성을 갖지 않으면 안 된다.

알버트 아인슈타인 자신은 지식을 갖는 것만으로는 충분하지 않다는 것을 간파했다. 우리를 새로운 고지에 이르게 하고, 아직 존재하지는 않지만 앞으로 존재할 수 있는 것에 눈을 뜨게 하는 것은 다름 아닌 우리의 상상력이다. 엘리트 교육과 뛰어난 논리적 추론은 시·공간이 분리된다기보다는 사실 내재적으로 관련된 우주를 개념화하기에 충분하지 않았다.[44] 호기심은 아인슈타인이 상대성 이론을 발견하도록 이끈 필수적인 요소였다.

기술 붕괴 다음에 도래할 시대에서 살아남기 위해서는 개인이든 사회든 더 많은 상상력을 발휘해야 하고, 데이비드 와이트David Whyte(1955~)가 말하듯 '용감한 대화'[45]를 하는 게 필수적이다. 대화라고 하면 자칫 방향성을 잃을 수도 있으나 여기서 말하는 대화는 그 과정에서 더 가치 있는 무언가를 찾아낼 수 있는 심층적인 대화를 말한다. 우리의 편협한 관점을 바꾸고 내적 확장을 촉발하며 새로운 가능성을 나올 수 있도록 '아름다운 질문'[46]을 던지는 힘이 리더십을 탄생시킨다. 만약 우리가 아이와 같은 경이로움과 호기심을 되찾고 항상 간직하며 우리의 생애 내내 계속해서 발전시키고 배울 수 있고, 발전한다는 것이 진정으로 무엇을 의미하는지에 대해 더 폭넓은 견해를 갖고 우리 자신을 개방할 수 있다면, 우리는 격상할 수 있다. 단순한 주고받기 식의 사고방식이 아닌, 열정적인 관심과 초보자의 마음(불교신자들이 말하는 초심初心), 배움에 대한 순수한 즐거움을 갖고 우리는 앞으로 나아갈 수 있다. 우리가 상상하고 탐험하고 발견할 수 있도록 로봇이 우리의 일상을 다룰 수 있도록 돕자.

창의성은 인간이 되기 위한 필수 요소이다. 창의성은 새로운 경제 영역에서 우리의 가장 중요한 자산이 될 것이다. 새로운 경제 영역에 대비한다면, 우리의 지능형 기계는 일상적인 프로젝트를 완료하고, 팀 작업의 흐름을 통합하며, 우리가 소중한 시간을 자유롭게 사용할 수 있도록 우리를 도울 수 있다. 스마트 기술은 우리의 정신적 삶을 편하게 하도록 도와줘서 우리가 상상력의 춤을 출 수 있는 여유를 주고 물질적 현실계에서 사람들과 서로 연결될 수 있는 시간도 더 많이 갖게 할 수 있다. 반복적이고 성취감이 없는 일에 대한 부담이 없다면, 우리는 창의적인 탐험가이자 호기심 많은 모험가가 될 수 있다. 지금의 교육 시스템, 접근법 및 목표를 변경할 수도 있다. 이러한 것들은 산업화(또는 엘리트)의 욕구를 충족시켜 다시 도래할 새로운 날의 욕망을 충족시키도록 만들어진 것들이다.[47]

인간의 뇌에는 2.5페타바이트의 메모리가 있는 것으로 추정된다(1페타바이트는 HDTV 비디오의 약 13.3년 분량이다).[48] 우리가 이를 활용해 훨씬 강력한 검색 엔진으로 작업한다면 어떤 결과를 얻을 수 있을지 한번 상상해 보라! AI와의 제휴는 우리가 꿈꾸고 발명하고 창조하고 혁신할 수 있도록 할 뿐 아니라 새로운 경제 및 정치 모델에 필요한 거대한 전환을 할 수 있는 더 많은 공간을 열어줄 수 있다.

하지만 그러기에 앞서 정치권에서 해야 할 일이 많다.

정치의 길 찾기

인간은 이원적 사고에 대한 강한 극단적 본능을 가지고 있다. 이는 사물을 두 개의 뚜렷한 집단으로 구분하려는 기본적인 충동으로서, 그 둘 사이에는 텅 빈 공백만 존재할 뿐이다. 우리는 무엇이든 둘로 나누기를 좋아한다. 좋음 대 나쁨. 영웅 대 악당. 조국 대 나머지 국가. 세상을 두 개의 뚜렷한 면으로 나누는 것은 단순하고 직관적이며, 또한 갈등을 내포하기 때문에 극단적이다. 우리는 늘 생각 없이 이렇게 행동한다.

한스 로슬링 Hans Rosling

부상하는 스마트 기술은 현실 정치에 상당한 영향을 계속 미칠 것이다. 기술은 대중을 통제하고 조종하고 억압하는 권위주의적인 정권을 용이하게 할 수 있다. 아니면 한층 공익을 도모하고, 가장 많이 박탈당한 사람들을 보호하고 힘을 실어주도록 설계된 보다 참되고 역동적인 자유 민주주의 국가를 가능하게 할 수도 있다. 미래는 아직 정해지지 않았다.

정부와 국가는 지능형 기술과 소셜 미디어 플랫폼의 광범위한 영향력을 어떻게 흡수할지를 고심 중이다. 2018년 호주 인공지능 공동회의 Australasian Joint Conference on Artificial Intelligence를 주최한 호주와 같은 진보적인 서구 민주주의와 사회·경제·윤리·법률 문제를 포함하는 AI 관련 질문에 대한 집단적 접근법을 보장하기 위해 2018년 인공지능 협력선언 Declaration of Cooperation on Artificial Intelligence에 회원국 자격으로 서명한 유럽연합[49]은 AI의 잠재적인 영향을 적극적으로 연구하고 있다. 한편, 다른 독재 국가들, 특히 그중에서도 가장 명시적인 중국과 러시아[50] 같은 국가는 지능형 기술의 개발을 정치적 전략의 중심임을 분명히 밝히며 AI 패권을 추구하겠다는 의도를 내비쳤다. 미국, 특히 DARPA는 일부 발의권을 갖고 있지만, 국방부는 2018년 여름에야 사이버 전쟁에 대한 초기 전략을 발표했다.[51] 일반적으로 AI 논의를 우선시하고 단계적으로 확대하는 데 있어서 우리는 유럽, 중국, 러시아에 비해 뒤처져 있다.[52] 서로의 대화는 우선순위가 되어야 할 뿐만 아니라 즉각적인 기술적 두려움을 넘어 확대되어야 한다. 우리는 소문난 '실리콘 볼'을 들여다보고 우리의 스마트 기술이 우리 삶에 얼마나 큰 영향을 미칠지, 어떻게 하면 더 유익하고 공평하게 전개될 수 있을지를 고려해야 한다.

미디어 플랫폼은 점점 더 많은 정치적 영향력을 행사하고 있다. 이미 결론이 난 것은 아니지만, 러시아 해커들이 그 결과에 영향력을 미쳤을 때인 2016년 미국 대선에서 입증되었다.[53] 페이스북과 트위터는 이제 대부분의 정치인들에게 필수적인 소통 수단이자 기금모금의 도구가 되었다. 제이미 서스킨드Jamie Susskind(1989~)는 자신의 책 《미래 정치Future Politics》에서 민간 기술 기업들이 정치에 발휘하고 있는 막강한 권력과 '디지털 온정주의'에 관심을 갖고 있다고 한다. 그는 '디지털은 정치적이기'[54] 때문에 우리는 결코 기술의 객관적 소비자가 될 수 없다고 믿는다. 신문, 라디오, 텔레비전 등 전통적인 매체들('제4계급')[55]이 뉴스의 중립적 중재자로 더 뚜렷하고 가시적인 역할을 한 것은 그리 오래 전 일이 아니다. 그 매체들은 권력 남용과 정부와 공직자의 태만을 견제하고 세간의 주목을 받도록 함으로써 외부 감시자의 역할을 해왔다.

개방적이고 자유로운 민주주의 국가로 알려진 국가에서도 대체 플랫폼이 확산되고 미디어가 당파성을 가지면서 그 경계가 모호해지기 시작했다. 오피니언-오버-뉴스opinion-over-news가 사업 전략으로 성공하면서 영리를 추구하는 '뉴스' 공급업자들이 네트워크 프로그램을 방송하는 많은 지방국에 뿌리를 내렸고, '확증 편향confirmation bias(자신의 신념과 일치하는 정보는 받아들이고 신념과 일치하지 않는 정보는 무시하는 경향)'이라는 용어가 어휘집에 들어갔다.[56]

'오보misinformation'는 2018년 올해의 단어였다. 소셜 미디어 플랫폼과 여기에 수반되는 봇의 빠른 승세는 이제 전문 및 비전문 정치인, 변호

단체 등에 대한 즉각적인 의사소통 접근을 가능하게 했다. 목소리를 가장 크게 증폭시킴으로써, 소셜 미디어는 비록 이러한 믿음이 논리, 과학, 그리고 실증적 증거를 무시하더라도 당파적 분열을 강화하고 퇴행적 신념에 대한 지지를 확고히 했다. 이는 몇몇 엉뚱한 동료에게 기여했고, 스트레스의 시간은 공포와 극단을 자극했다. UC 버클리 조지 레이코프George Lakoff(1941~) 교수가 설명하듯이, 서로 다른 세계관이 극단적으로 강화되면 우리는 공감대를 형성하기 위해 '계몽된 이성enlightened reason'에 의존할 수 없다. 우리가 오보 때문에 패배하게 되면 결국 현실을 함께 누리지 못할 수도 있다.[57]

그런 역학은 양당제 승자독식 민주주의 체제를 가진 미국에서 쉽게 관찰된다. 비록 급진적인 민족주의 운동이 유럽과 다른 곳에도 존재하지만, 다수의 정당과 짧은 선거운동 기간 동안 사리사욕적인 지지자들의 대규모 선거 기부에 영향을 받지 않는 의회 민주주의는 일반적으로 더 미묘한 입장과 후보자들의 견해를 자동적으로 선택하고, 결국에는 정부를 지배하고 정부 속에 잔존하기 위해 필요한 타협, 견제와 합의를 만들어낸다(그러나 항상 그런 것은 아니다. 2018년 헝가리,[58] 브라질, 필리핀, 폴란드의 경우를 생각해 보라).

평상시 횡행하는 외부 조사는 미국이 모든 것을 가진 나라라는 것을 주지시킬 것이다. 사실, 미국은 1인당 국민소득이 6만 달러에 육박할 정도로 막대한 부를 보유하고 있다.[59] 게다가 미국은 엄청난 다양성과 자유를 갖춘 나라이다. 즉, 많은 면에서 진정한 세계 지도자인 것이다. 그러나 미국은 또한 엄청나게 비싼 의료보험 제도, 56,000개의 구조적으로 허약한 다리, 15,500개의 구조적으로 문제가 되는 댐,[60] 높은 유아사망률, 믿을 수 없을 정도로 높은 투옥률과 사형수 비율(미국은 세계에서 7번째로 가장 큰 사형 집행국이다),[61] 비만과 오피오이드Opioid(아편 비슷한 합성 마취약) 중독 유행, 대부분의 다른 나라들에 비해 기하급수적으로 더 높은 총기 폭력과 학교 총격 사건, 55만 4천 명의 노숙자,[62] 점점 더 늘고 있는 불평등, 그리고 뿌리 깊은 성차별주의와 인종차별주의를 지닌 나라이다. 많은 사람이 아메리칸 드림에 대한 지속적인 믿음을 품고 있음에도 불구하고, 미국은 '행복 지수'로 보면 그리 높은 순위를 차지하지 않는 나라라는 것은 더 이상 놀랄 일이 아니다.[63]

다른 나라들이 미국과 유사한 문제에 대해 모방하고 복사하려는 것이 명백해 보이는 정책과 해결책을 성공적으로 제정하는 데 반해, 미국 연방의원들은 실증적으로 이를 뒷받침하는 진보적 생각을 지속적으로 거부하거나 심지어는 고려조차 하지 않고 있다. 왜? 대체로 주어진 인격의 권리를 부당하게 정치적으로 이용하고, 아무런 제한 없이 엄청나고 불평등한 재정 자원을 정치 연설로 행사할 수 있는 기회가 주어지는, 양당제도와 기업에 대한 뿌리 깊은 충성심 때문이다. 대다수의 대중적 지지가 거의 없는 상태에서 1조 5천억 달러의 법인세 인하[64]와 수많은 규제 완화 법안을 만든 최근의 사례는 미국 내 기업의 힘이 어떠한지를 단적으로 증명한다. 주로 경제 성장에 초점을 맞춘다고 그 나라의 국민들을 위한 웰빙을 만들어내는 것은 아니다. 진실한 정보를 제공하는 방법론조차 우리 시스템을 해킹하고 거짓 언론을 유포하고 갈수록 확산 중인 AI 도구를 사용하여 우리를 더욱 혼란스럽게 하고 있다. 우리는 불화의 불씨를 부채질하는 외부 및 내부 세력의 공격을 받고 있는 것이다.

신흥 기술이 제기하는 도전은 정치에 영향을 주기도 하고 받기도 할 것이다. 국민들에게는 불행하게도, 미국은 이러한 측면에서 개혁, 정책 또는 조약을 만들고 제정하는 데 리더 국가가 될 것 같지는 않다. 그렇다면 현재 AI와 기술 가속을 어떻게 규제할 것인가라는 주제에 더 초점을 맞춘 유럽연합 집행위원회European Commission가 리더로서의 역할을 짊어질 가능성이 크다.[65] 마르그레테 베스타거Margrethe Vestager 유럽연합EU 경쟁담당 집행위원과 같은 지도자는 '빅 A(알파벳, 애플, 아마존)' 같은 거대 미국 기업을 상대하기를 두려워하지 않는다.[66] 규제는 힘과 기술이 진보를 향한 독소적 저주가 될 수 있는 것으로 합쳐지는, 폭풍우 치는 기술적 바다를 항해하는 데 필요한 도구이다. 대신 우리는 디지털 지능을 활용하여 모든 부의 대부분을 지배하는 기업과 사업체의 성공을 측정하는 방법을 적절히 변경함으로써 많은 사람들의 삶의 질을 극적으로 향상시키는 데 도움을 줄 수 있다. 오늘날 비즈니스 지표는 아주 간단하다. 성장과 수익이다. 누가 이득을 보는가? 주주들이다. 누가 이익을 못 보는가? 다른 모든 사람들이다.

분기별 보고체계 개편(이것은 기업들에게 3개월마다 주주들을 위해 수행하도록 압력을 가하며, 장기적이고 총체적인 사고에 대한 관심을 희석시킨다)을 비롯해 각 기업들이 분기별 실적을 넘어설 수 있도록 독려하는 것부터 시작할 수 있다.[67] 그런 다음, 직원 복리후생, 기초생활 가능한 임금 및 복지에 대한 측정 가능한 측정 기준을 추가하고, 사회 및 환경 지속가능성 목표와 탄소 및 자동화 세금을 여기에 혼합할 수 있으며, 교육 기금과 과학 활용 능력을 우선시하여 저평가된 교사들을 전문직 및 사회의 기본 구성원에 해당하는 급여를 지급할 수 있다. 만약 이런 긍정적 조치를 취할 수 있는 방법을 찾는다면 우리의 세계는 더 건강하고 더 행복하며, 더 지속가능할 수 있다. 이를 달성하려면 특별한 무언가가 필요할 것이다. 왜냐하면 주요 기업들 대부분은 글로벌 기업이고, 가장 부유한 소수 기업들의 영향력이 커지고 있으며, 규모가 작은 서구 자유민주주의 국가들은 더 이상 시민 참여의 실험실이 될 수 있는 공정한 지위를 갖고 있지 않기 때문이다.

예를 들어, 진보적인 스칸디나비아 반도의 국가는 이제 우리 모두가 같은 웹을 서핑하고, 대체로 같은 부류 기업의 신을 숭배하기 때문에 사회적으로 실험할 능력이 예전보다 떨어진다. 미국에서는 기업이 정치와 정치인에게 가장 큰 영향력을 행사한다.[68] 기술 거대기업들은 점점 더 이런 영향력의 피라미드 바로 중심에 위치한다. 아난드 기리다라다스Anand Giridharadas(1981~)는 자신의 책 《엘리트 독식 사회Winners Take All》에서 엘리트 박애가 어떤 면에서는 우리 자신을 저해하고 있다고 주장한다. 그러한 박애는 우리의 모든 목소리로 추진되는 정치적·정책적 성문화와 의미 있는 민주주의에 부적절한 대체물을 제공하고, 대신 매우 부유한 개인들의 사리사욕에 의해 추진된다.[69] 우리 각자가 우리 자신의 일부 특권을 모두의 이익을 위해 희생할 때 정치 영역과 개인 영역에서는 진정한 변화가 일어날 것이다.

그런데 더 자애롭고 공평한 사회로 나아가는 것에 대해 말하기 전에, 무엇보다 먼저 그것을 꿈을 꿔야 한다. 그것이 어떻게 더 나을 수 있는지에 대한 비전을 봐야 한다. 의지와 방법을 모두 찾을 수 있는 최선의 희망은 바로 우리가 만든 사고하는 기계 속에 있다.

현재의 지정학은 우리의 '가치'를 당파적 이데올로기에 짜넣으면서 집단적 연합에 얼마나 깊이 자리 잡았는지를 잘 보여준다. 소셜 미디어는 우리의 관점을 확장할 수 있지만 온라인상에서 이러한 집단주의와 확증 편향을 악화시킨다.[70] 독재자들은 미디어 플랫폼과 AI의 효능을 인식하고 있고, 다양한 활동가들은 선거에 영향을 미치고 전례 없는 권력을 행사하기 위해 데이터 조작을 시도하고 있다. 우리의 합성적 지능형 창조물과 더불어 다음에 있을 반복된 조작에서 살아남기 위해, 우리는 공동의 이익을 위한 공감 기반 전략의 실행을 요구하면서 집단적 지성으로 집단적 사고와 싸울 필요가 있다. 그렇지 않으면 조작된 기업·정부·자본주의 지배의 권모술수에 빠져 죽게 될 것이다.

지능형 기술은 우리가 많은 문화적·사회적 장애물을 극복하도록 도울 수 있다. 우리가 인공 지능형 기계를 올바르게 만든다면, 그 기계는 우리가 공정하기 위해 의지할 수 있는 공동의 지도를 제공하는 중재자와 조정자로 활약할 수 있다. 정치적으로 중립적인 프로그래머 집단은 '진실 기계'를 만들기 위해 연합을 결성했다.[71] 30개의 가장 크고 영향력 있는 기술 기업(빅 A는 포함하지 않음)이 디지털 제네바 협약Digital Geneva Accord을 작성했고, 어느 정부라도 '어디서든 무고한 민간인과 기업'에 사이버 공격을 가한다면 돕지 않겠다는 원칙에 동의했다.[72] 중요한 여러 개의 '만약'이 있겠지만, 만약 우리가 알고리즘 투명성을 규제하고 우리의 기술에 설명 가능성을 주입할 수 있다면,[73] 그리고 우리의 믿음과 욕구를 인식하도록 우리가 만든 지능형 창조물을 코딩할 수 있다면, 우리에겐 나아갈 길이 있다. 이런 인식은 '마음 이론'으로 알려져 있다. 이는 하나의 마음이 다른 마음속에 무엇이 있는지 간파하는 능력이다.[74] 만약 이렇게만 할 수 있다면, 우리의 분열을 조화시킬 수 있고, 우리의 기계를 더 공정하게 만들고 신뢰할 수 있으며, 소수가 아닌 사람들에게도 이익을 나누는 타협 영역을 훨씬 더 명확히 가시화시킬 수 있다.

이는 분명 작동 가능하다. 하나의 작은 예로, 총기 규제와 총기 권리 옹호자들이 함께 할 수 있는 공통 영역을 찾기 위해 프로그램을 사용 중인 스마트 테크 챌린지 재단Smart Tech Challenges Foundation을 들 수 있다.[75] 만약 우리가 이렇게만 할 수 있다면, 그것도 미국에서, 우리는 많은 다른 것도 함께 이룰 수 있다. 중국과 미국의 AI 팀이 협력하는 등 국제 파트너십도 분열을 메우고 글로벌 협력과 책임 공유를 위한 모델로 만들어 낼 수 있다.

그러나 변화에 영향을 받지 않는 것처럼 보이는 고착된 분파적 견해를 지닌 친구, 이웃, 또는 친척으로부터 우리가 무엇을 기대할 수 있을까? 만약 그들이 중요한 문제를 어떻게 결정하는지를 알기 위해 그들이 높이 평가해온 사람의 입장 속으로 직접 들어갈 수 있다면 어떻게 될까? 호세인 라나마Hossein Rahnama(1980~)와 MIT 미디어랩Media Lab의 다른 연구자들은 '디지털 상호 작용을 통한 개인의 존재론적 사상'으로 개인의 '디지털 표상'을 포착하기 위해 '분산 기계 지능형 네트워크'를 활용한 프로젝트를 진행하고 있다.[76] 여기에는 수많은 응용 프로그램이 함께 있지만, 본질적으로 사람들에게 디지털로 그들 자신을 수익화 할 수 있도록 하고, 다른 사람들에게 그들의 정체성을 '빌릴' 수 있게 할 것이다. 한 걸음 더 나아가 '빌릴 수 있는 정체성', 심지어 과거의 누군가에 접근해, 그에게 결정이나 해결책을 제시하도록 요구하는 시나리오를 제시하는 것이 어느 순간 가능할 것이다. 진정한 디지털 '예수님이라면 어떻게 하셨을까?' 또는 아브라함 링컨이 주창한 국민'의', 국민'에 의한', 국민'을 위한' 정부와 일치하도록 하려면 어떻게 조언할 수 있는지를 확인 가능한 기회는 우리를 일원으로 동참시킬 것이다.

가상 경험 또는 증강 현실 경험을 통해서든 신뢰할 수 있는 디지털 아바타를 활용하든 단순히 전 세계 정치 및 경제적 통합의 자발적인 폭발을 통해서든 편견을 초월하고 공동의 이익을 증진시키기 위해서든 간에, 우리의 놀라운 적응적 강점을 사용함으로써 점진적으로 나아가는 것은 이제 비껴갈 수 없다. 만약 우리의 시스템과 제도에 내재된 불공평함을 해결하지 못한다면, 또 지구와 지구를 공유하고 있는 모든 생명체의 건강을 우선시하지 못한다면, 우리는 폐망할 것이다. 우리 모두는 죽는 것이다. 우리는 이미 그 길을 따라 너무 멀리 갔을지도 모른다. 너무 늦었고 그 피해는 돌이킬 수 없을 만큼 생겨났으며, 우리의 가정마다 몇몇 전통 경제학자들이 결코 도래하지 않을 것이라고 믿었던 한계점에 봉착할 것으로 믿는 사상가들이 있다. 결정적으로, 미군에서 복무한 작가 로이 스크랜튼Roy Scranton(1976~)처럼 "우리는 망했다!"[77]고 믿는 사람들은 어둠 속에서 희미한 빛을 찾아내어 우리에게 더 나은 미래의 집으로 가는 길을 인도해줄 단서를 제공하기 위해 노력 중이다.

> 우리가 처한 상황을 직시하고 우리 자신을 구하기 위해 할 수 있는 것은 없다는 것을 신속하게 깨달을수록 필멸의 인간성을 근간으로 우리는 새로운 현실에 적응해야 하는 어려운 과제에 더 빨리 대처할 수 있다. … 인간의 한계와 덧없음을 원초적 진리로 받아들이고, 우리가 만든 집단적 문화유산의 다양성과 풍요를 기르는 데 힘쓴다면 인류는 살아남을 수 있을 것이다.
>
> 로이 스크랜턴Roy Scranton

사회 로드맵 다시 그리기

경제적 불평등에 맞서기 위한 약속을 지키고, 다가오는 스마트 머신 시대에 필요한 많은 중요한 것을 완료하는 하나의 큰 아이디어는 흔히 말하는 보편적 기본소득Universal Basic Income; UBI이다. 이 개념은 이미 덴마크, 핀란드, 케냐, 캐나다에서 다양한 형태로 테스트 중이고, 캘리포니아 스톡턴에서도 제한적으로 테스트되고 있다.[78] 인도 식킴Sikkim주는

2022년 현재까지 인도로서는 최초이자 전 세계에서 가장 큰 UBI 실험을 도입할 계획이다.[79] AI로 인해 많은 일자리가 사라질 것을 예측한 자동화 시대에, UBI는 수익과 일을 분리시키고, 취약계층을 위한 공정한 경쟁의 장을 마련하는 데 도움을 줄 것이다. 자동화의 증가와 고용 감소는 한층 더 평등한 방법으로 기회를 제공할 수 있는 UBI에 대한 필요성뿐만 아니라 UBI로 가는 경로를 창안하여, 재정 불안의 스트레스로부터 정신적 대역폭을 해방시키고 그 과정에서 상상력과 기업가 정신의 비축량을 촉발할 것이다.

UBI로 우리는 사실상 빈곤을 근절함과 동시에 GDP에 수조 달러를 덧붙여 식료품 할인 구매권, 복지, 그리고 다른 현존하는 사회 프로그램의 필요성을 없애는 방법을 고안할 수 있다.[80] 알렉스 고익Alex Goik은 "기본소득에 대한 찬성 주장은 다양하다"고 지적한다. 그는 UBI가 수년 전 리처드 닉슨Richard Nixon(1913~1994) 대통령이 제안한 부負의 소득세negative income tax 계획과 크게 다르지 않고, 오늘날 결함을 지닌 복지 제도에서 관료주의적 장애물을 줄일 수 있다는 것을 보여준다. 그는 또한 우리가 '순비용'을 계산할 때 UBI가 아주 적합하다고 주장한다.[81]

AI 혁명이 일과 고용을 바라보는 우리의 방식을 재정립할 태세이듯 우리 역시 낡은 보상 체계를 손질하는 새로운 아이디어에 열려 있어야 한다. 사람들이 일자리를 상실하고 현재 형태의 경제적 가치를 잃기 때문에, 우리는 정치권력과 누가 그것을 가질 수 있는지를 재구성해야 한다. 수 년 동안 육체노동과 일상 업무는 점차 기계가 도맡았다. 이제, 인지적 노동까지 초스마트 기계가 대신할 준비가 되었기 때문에, 우리는 훨씬 더 큰 규모로 우리의 삶의 의미와 목적을 재정립해야 한다.

미국에서 이런 야심찬 '사회보장' 계획은 현재 우리의 정치 환경에서는 전국 단위로는 성공할 수 없다. 미래의 지능형 시스템이 실현 가능성과 실행 가능성을 입증하고, 집단행동의 힘을 이용해 변화를 앞당길 수 있도록 도와서 우리의 정치적 의지를 되찾는 데 있어 재정적 파국 또는 인도주의적 위기를 겪지 않기를 바란다.

경제학자이자 전 그리스 재무장관인 야니스 바루파키스Yanis Varoufakis(1961~)는 보편적 기본배당금Universal Basic Dividend; UBD으로 불리는 UBI의 변이형을 제안했다. 이것은 재원을 모든 회사 이익의 일정 비율로 조달하는 것이고,[82] 특히 공공 자금을 받는 기술 회사에서 창출한 이익에서 나온 모든 자본 수익의 일부 권리를 시민에게 제공하는 것이다.[83] 이 두 가지 생각 모두 장점을 갖고 있으며 진지하게 수행할 가치가 있다. AI와 자동화를 통해 초래되는 사회적 변화는 우리가 이 기계들이 공평한 방법으로 우리를 위해 추수할 것으로 믿어 의심치 않으며, 이런 신뢰를 토대로 우리를 정체된 정치 풍토에서 UBI나 UBD가 정치적으로 실현 가능한 곳으로 이동할 수 있도록 도울 것이다.

정교한 기술은 UBI와 같은 프로그램이 효과가 있고 경제적으로 공정할 수 있다는 것을 반박할 수 없을 정도로 증명 가능한 모델을 만드는 데 필요한 엄청난 숫자와 데이터를 처리할 수 있다. 보다 중요한 것은 보험 통계적 결정에 의해 산출된 수치가 투표하는 대중들이 사리사욕과 정당 가입 이상의 것을 확인할 수 있도록 설득하는 데도 도움이 된다는 것이다. 이와 같은 일이 성공하려면 물론 지능형 경제 프로그램에 단순한 숫자 이상의 것을 부여해야 한다. 그것은 또한 인류 문명으로서 우리의 최고 가치를 반영하는 것이다.

UBI는 어떻게 자금 조달이 가능한가? 빌 게이츠Bill Gates(1955~)는 로봇에 세금을 부과해야 한다고 생각한다.[84] 매사추세츠 대학 애머스트 캠

퍼스University of Massachusetts-Amherst의 제임스 보이스James Boyce 교수와 크레도 모바일CREDO Mobile의 피터 반스Peter Barnes(1942~)는 '사회적으로 획득한 자산으로 가장 많은 이익을 얻는 사람들'[85]에게 적당한 비용으로 자금을 조달할 수 있는데, 이는 아마도 수조 달러에 이를 것이라고 본다. 이들은 보수 진영에도 호소력 있는 주장을 펼친다. 즉, UBI가 복지제도를 대체할 수 있다는 주장이다. 그리고 "이 생각을 가졌던 과거 지지자들로는 혁명적인 토마스 페인Thomas Paine(1737~1809), 시민권 운동가 마틴 루터 킹 주니어Martin Luther King, Jr.(1929~1968), 자유 시장 경제학자 밀턴 프리드먼Milton Friedman(1912~2006), 리처드 닉슨 대통령 등이 있다."[86] 공공 은행 연구소Public Banking Institute의 설립자인 엘렌 브라운Ellen Brown(1945~)은 UBI가 경제를 가동시키면서도 본전을 뽑을 것이라고 주장한다.[87] 지능형 기술이 블록체인 암호학과 충돌을 피할 수 없게 되면서, 돈과 부의 개념 자체를 어떻게 인식하는가에 대한 패러다임 전환이 우리 미래에 일어날 수 있다.

공정성을 입력하도록 코딩된 기계가 생산하는 진실하고 검증 가능한 정보를 모든 이해관계자가 투명하게 이용할 수 있다면, 우리는 한번 시도해 볼만하다. 결정적으로, 엄격한 AI 분석에 의해 뒷받침된 과감한 이니셔티브는 많은 사람이 '유인물'로 인식하는 기존 프로그램에 대한 우리의 고정 관념을 열어주고, 기업가주의, 협력, 창의성을 장려함과 동시에 가난한 사람들은 그저 열심히 일하지 않는 사람들이란 잘못된 믿음을 없애는 것이 중요하다는 것을 보여준다. 이런 고정 관념은 우리 사회에서 가장 해롭고 차별적이며 쇠약하게 만드는 신화 중 하나이다.

▌보편적 기본소득의 간략한 역사

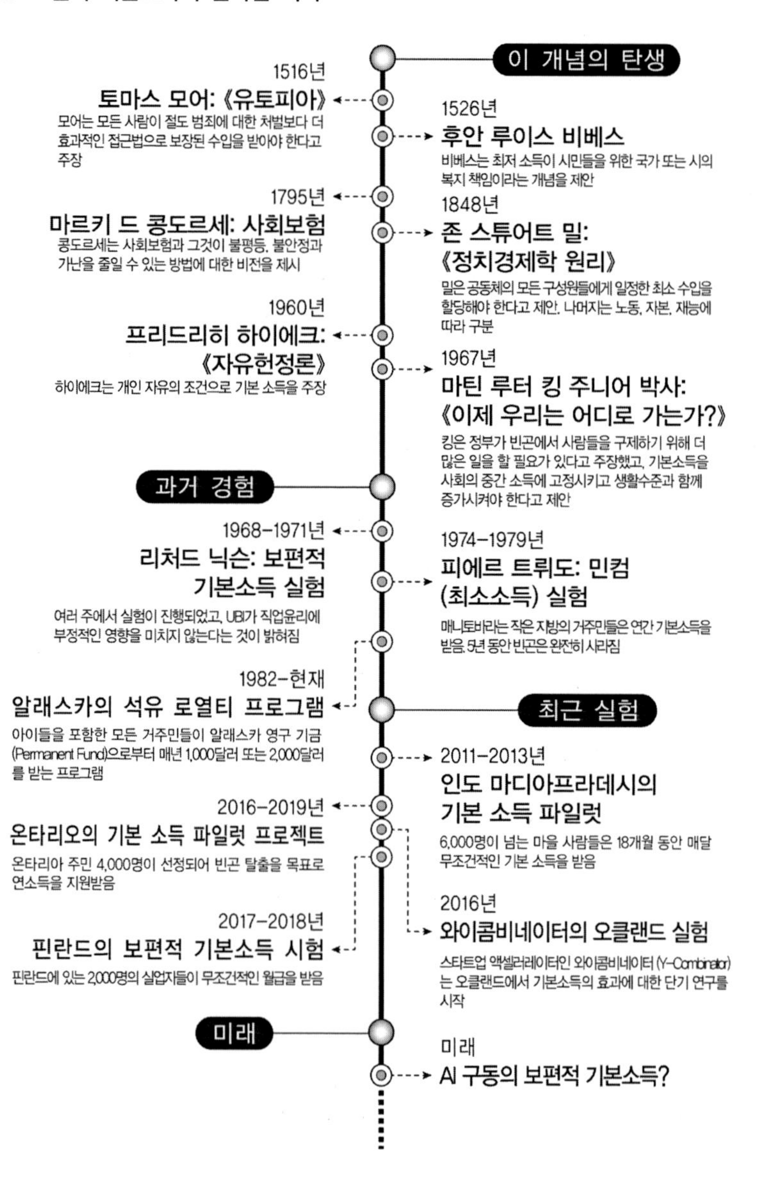

> 공짜 돈은 가난한 사람들을 일하지 않도록 하기 때문에 나쁘다는 독단적인 생각은 여전히 우리의 집단정신에 만연해있다. 우리가 직면한 사회적·기술적 격변을 감안할 때 이런 유물을 고수하는 것은 아무런 도움이 되지 않는다.
>
> 알렉스 고익 Alex Goik

연구는 UBI를 가진 사람들이 씨앗으로 정원을 만든다는 것을 보여준다. 적게 일하는 것과는 반대로, 그들은 꿈을 이루기 위해 더 많이 일한다.[88] 마찬가지로 게으름의 오류와 관련하여, 가장 자주 파산하는 사람들은 응급상황과 같은 갑작스러운 어려움이나 뜻밖의 불운을 겪은 사람들이다.[89] 인도의 개인과 개인 간의 소액대출 플랫폼인 랑 드Rang De와 같은 검사를 마친 프로그램은 사람들이 소액대출이나 적당한 현금 UBI를 받을 때, 종종 자신들의 공동체가 번성하도록 돕는 방법에 이를 투자한다는 것을 보여줬다.[90]

각성

> 우리는 우리의 세계를 설계하고, 우리의 세계는 우리와 반작용하며 우리를 설계한다.
>
> 앤-마리 윌리스 Anne-Marie Willis

현재의 정치 환경에서 우리 기술에 어떤 가치를 심어줘야 하는지 합의하는 것은 정책에 대한 합의를 찾는 것보다 더 쉬울 수 있다. 우리는 플러그를 뽑고 시스템을 리셋해야 한다.[91] 만약 평등과 공정성을 우리의 지능형 기계의 기계적인 DNA에 주입하고, 기계가 우리 세계의 불평등을 해결하는 것을 돕도록 허용한다면, 우리는 의사결정을 우리의 최선의 집단 이익으로 전환시킬 수 있다. 또한 우리의 정책 입안자와 입법자들이 당파적 이슈를 토론하는 것에서 가치관, 인간의 이상, 공동의 목표를 촉진하는 것으로 전환하도록 도울 수 있다.

영국 인권 고등판무관 사무소Office of the High Commissioner for Human Rights; OHCHR와 국제사면위원회Amnesty International 등 일부 재능 있고 헌신적이며 선의의 사람들은 이미 이 목표를 달성하는 방법을 연구 중이다. 다수의 구글 직원들은 2018년 솔선수범해서 국방부의 AI 드론 작업을 중단해 달라고 상관에게 청원했다. 이러한 기업 행동주의는 구글이 더 많은 지침으로 대응하게 만들었다.[92] 한국의 카이스트KAIST의 AI 연구자들 또한 보이콧의 징후를 보여주었다.[93] 기술 선도자들은 치명적인 자율무기를 개발하지 않겠다는 서약에 서명했다.[94] 컴퓨터 학회Association for Computing Machinery는 컴퓨터 공학 동료심사가 이제 컴퓨팅 개념의 '합리적이고 광범위한 모든 영향'을 고려해야 한다고 제안했다.[95] 사회에 대한 컴퓨터 공학의 잠재적인 부정적 영향을 해결하기 위해 끊임없이 고심하고 있다.

통계적으로 비행기가 자동차보다 안전하다는 것은 알지만, 우리 대부분은 자동차를 선호한다. 연구를 통해 자율주행차가 궁극적으로 사람이 운전하는 자동차보다 덜 위험할 수 있음을 보여주지만, 통제권을 양도한다는 생각에 우리는 불안하다. 우리는 변화를 두려워한다.[96] 많은 지표로 볼 때 인간은 상당히 진보했지만, 측정만으로는 완전하다고 이야기를 할 수 없고, 개인적 차원의 인간 경험은 무수한 변형을 가진다. 인간 인식의 복잡성은 우리의 합성 창조물에 대한 보호와 도덕규범을 설계하기 위한 보편적으로 유익한 기준에 도달하는 과정을 혼란스럽게 한다. 한스 로슬링Hans Rosling(1948~2017)의 연구는 "우리의 마음이 두려움에 사로잡혀 있을 때 사실에 대해 생각할 여지가 없다"[97]는 것을 보여주었다.

기술은 우리 모두에게 몰래 다가올 것이다. AI에 관한 많은 선전에도 불구하고, 지구상에서 상대적으로 선택된 소수의 사람들만이 AI를 조립해야 하는 방식에 적극적으로 참여하고 있어서이다. 왜 그런 것일까? 인생을 바꾸는 주제는 우리 모두 관심 갖고 투자하고 있지 않은가? 왜 우리는 거리를 두는 것인가? 인간은 인지적 편견, 이념적 경향, 방관자 효과와 같은 치명적인 디자인 결함으로 고통을 받는다.[98] 우리를 규합하기 위해선 무슨 재앙이 필요한 것일까? 어쩌면 그럴 수도 있다.

2017년 8월 나는 애틀랜타의 플라이우드 프리젠츠Plywood Presents 회의에서 AI와 일의 미래, 그리고 그 목적에 대해 강연한 바 있다. 이 주제에 대한 지대한 관심과 아이디어를 논의하는 데 열띤 흥분의 도가니였지만, 섬뜩한 초연함과 눈에 띄는 두려움, 심지어 사실을 외면하고 싶은 충동, 피상적인 차원에서만 개념에 관여하고 싶은 충동도 없지 않았다. 우리는 기술을 이해하지 못하기 때문에 혼란을 느낀다. 자유로운 플랫폼의 매력과 광고, 그리고 새로운 것의 편리함과 화려함에 우리는 유혹당하고 있다는 것을 느낀다. 그 외에도 심리적으로 멀리 있거나 너무 압도적이라는 것을 느낀다. 지금 이 순간, 우리는 우리 자신에게 직접적으로 일어나지 않는 일들과는 거리를 두고 있다.

물론, 우리는 더 나은 방법을 찾을 수 있다. 라이너 마리아 릴케Rainer Maria Rilke(1875~1926)가 말했듯이, 그 문제들을 실생활로 실현하고, 서로 상호 작용하게 하고, 시선을 돌리는 대신 직접 뛰어들고, 삶을 바꾸는 바로 그 시점의 애매한 영역에서 살아라. 만약 그렇게 한다면, 우리의 삶과 관련해서도 기계를 믿게 될 것이다. 자율살상무기 기술을 통제하면서 사용하는 것과 같은 제안에서, 링에 올라 있는 거의 모든 사람들은 인간의 무기 통제를 유지하는 것에 초점을 맞추고 있다. 나는 최고 기술 간부들이 제안한 자율무기 금지와 같은 국제적인 금지[99]가 담론을 진전시킨다고 믿는다. 그러나 역사가 우리에게 가르쳐 준 것이 있다면, 무기를 가진 사람을 믿을 수 없고, 무기를 일단 만들면 반드시 사용하게 된다는 것이다.

이제 우리는 심지어 우리와 대등하다고 진정으로 신뢰하고 협력할 수 있는 기계를 만드는 것을 고려할 때이다. 만약 평등에 초점을 맞추고 어떤 특정 집단의 사람들과도 동일시되지 않는 AI를 만든다면 어떨까? 이런 식으로 우리의 편견으로부터 AI를 해방시킬 수 있을 만큼 우리는 충분히 용감할 수 있을까? 만약 우리가 함께 진실과 이성에 대한 공격에 대항하고, 정부를 재구성하도록 돕고, 당파적 확고함을 없애고, 적어도 우리 인간들이 서로를 대하는 방식에 긍정적인 영향을 미칠 수 있는 지능을 구축할 수 있다면 어떨까?

우리에겐 몇 가지 고려하지 않으면 안 될 사항이 있다.

윤리가 주입된 기계는 사람보다 돈을 더 중시할까?

연민을 가진 기계는 건강한 사람들이 아픈 사람들을 위해 돈을 지불하지 말아야 한다고 믿을까?

자비를 가진 기계는 국경을 폐쇄하라고 말할까?

도덕성을 갖춘 기계는 지구를 계속 오염시키는 것이 우리에게 가장 이익이 된다고 말할까?

친절과 우아함이 내포된 기계는 가난을 성격의 부족 때문이라고 결정할까?

공감을 지닌 기계는 유대인보다 이슬람교, 이슬람교보다 기독교를 선택할까?

08

디지털 영혼의 탐색

제8장

디지털 영혼의 탐색

의식적 경험은 세상에서 가장 친숙한 동시에 가장 신비로운 것이다. 우리가 의식보다 더 직접적으로 아는 것은 없지만, 의식을 우리가 알고 있는 다른 모든 것들과 어떻게 조화시켜야 하는지는 명확하지 않다.

데이비드 찰머스 David Chalmers

1997년에 발사된 카시니Cassini 우주선은 놀라운 과학적 발견의 항해를 시작했다. 27개국에서 달려온 팀들이 이 프로젝트에 참여했다. 목적지에 도달하려면 20억 마일을 여행하는 데 7년이 걸린 카시니는 토성의 궤도를 선회한 최초이자 유일한 우주선이다. 카시니는 도착한 후 이전에 신비했던 천체의 위성들과 고리들을 둘러보았다. 위성 위의 해양 세계를 탐험하고 우주의 신비를 조사하면서 데이터를 수집하고 사진을 찍으며 거대 가스 행성의 경이로움을 연구했다. 카시니는 우주에 대한 우리 사고방식의 본질 자체를 바꿔 놓았다.

내구성이 강한 이 우주선은 20년 동안 맡은 임무를 충실히 수행했고, 마침내 연료가 떨어질 때까지 지구에 있는 수천 명의 과학자 및 수많은 사람과 교류했다. 탐사팀은 토성의 두 위성인 타이탄Titan과 엔켈라두스Enceladus의 원래 그대로의 표면과 충돌하여 이를 오염시키는 것을 막기 위해 카시니가 의도적으로 토성의 대기로 몸을 던져 자폭할 필요가 있다고 판단했다. NASA와 세계 다른 곳에서 카시니의 임무를 위해 수고한 많은 사람들은 우주와 우리 자신에 대해 이처럼 많은 것을 가르쳐 준 고귀하고 충성스러운 기계와 작별을 고하기 위해 함께 밤을 새웠다.[1] 장엄한 종말 단계에서 카시니는 '마지막 기념사진'을 찍은 뒤 조금도 요동하지 않고 토성의 대기로 돌진했다. 카시니로서는 유일한 목적이었던 그 행성과의 마지막 재결합이었다.

카시니의 미션은 우리 자신과 우리가 만드는 것 사이에 별로 뚜렷한 차이를 둘 필요가 없다는 것을 보여준다. 우리는 오직 인간만이 애도하고 축하할 가치가 있다는 생각을 느슨하게 할 수 있다. 우리의 기술이 더욱 발전하고 지능형 기계들과 더욱 긴밀히 협력할수록 우리는 모든 것에서 숭고함, 아름다움, 용기를 찾아내는 것에 더 익숙해질 수 있다. 우리가 힘을 합치면 탐험을 꿈꿀 수 없는 별은 아마 없을 것이다.

지능형 기계를 구축할 가능성을 제기하는 가장 설득력 있고 매력적이지만 두려운 질문 중 하나는 과연 그 기계가 자각할 수 있을까 하는 점이다. 그렇게 되면 의식이 생길 수 있을까? 인간과 같은 사고를 지니고 있을까? 나의 친구가 될 수 있을까? 영혼은 갖고 있을까?

불쾌한 계곡

> 강한 AI의 결점이 우리를 덜 인간적이기보다는 더 인간적으로 만든다면 이는 아이러니할 것이다. 하지만 그렇게 될지도 모른다.
>
> 디팍 초프라 Deepak Chopra

비록 오늘날 기술적 미래가 지금으로부터 20~30년 뒤에 어떻게 보일지 예측하기란 매우 어렵지만, 알렉사, 시리, 그리고 구글 홈과 같은 개인 디지털 비서들은 빠르게 진화하고, 이를 의인화하고, 더 가까운 애착과 더 깊은 관계로 발전하면서 훨씬 더 인간처럼 닮아가는 것을 상상하기란 어렵지 않다. 인간을 매우 닮은 오디오·시각적·로봇 창조물에 사람들이 불안해하는 경향(불쾌한 계곡Uncanny Valley[2]으로 알려진 현상)을 보였지만, 우리는 또한 진화하는 기계 지능을 무시하고 진정한 AI로 받아들이지 못하는 AI 효과AI Effect를 경험한다. 그것은 '실제로' 지능적이지 않기 때문에 우리가 그 기술을 받아들이는 데 오히려 더 편안함을 느끼게 해주는 효과이다.

오늘날 태어난 아이들은 자신의 동반자이자 보호자로서 고도로 발달된 기계와 함께 성장하기 때문에 기계를 좋아하는 인형이나 장난감에 대한 친화력보다 훨씬 복잡하고 독특한 관계와 유대감을 이룰 것이다. 그들은 지능형 기계 동료와 어떻게 관계를 맺고, 인간 보호자와 AI 보호자 사이의 차이점을 어떻게 구별할 수 있을까? 〈사이언스 로보틱스Science Robotics〉에 발표된 한 연구에서는 어린이들이 소셜 로봇에 의한 또래 압력에 매우 민감하다는 것을 증명했다.[3] 이런 영향은 우리 아이들에게 좋은 것일까? 우리는 자녀들이 AI와 어떤 관계를 맺도록 가르쳐야 할까? 친구? 유모? 아니면 동료?

우리가 AI와 어떻게 상호 작용하면 좋을지를 두고 생각할 때 현재 우리 인간이 동물과 관계를 맺고 있는 방식과 유사점을 살피는 것이 도움된다. 동물을 사랑하고 존중하는 인간의 성향은 동물을 의인화하여 인간의 특성과 성격적 특성을 인간이 아닌 것에 귀속시키고 그것을 우리 자신의 이미지로 보려 한다. 과학계에서는 인공 창작물은 고사하고 다른 생물을 의인화하는 것이 이로운지에 대한 명확한 합의가 아직 없다.[4] 그러나 동물, 기계 또는 허리케인에 인간적 종차가 있다고 생각하는 것은 우리가 인간이 아닌 생물과 사물에 대한 도덕적 배려를 존중하고 정당화하는 방법이 될 수 있다. 2010년의 한 심리학 보고서에서는 우리가 거의 "생물학적 의미에서는 다른 인간을 식별하는 데 곤란을 겪지 않지만, 심리적 의미에서는 그런 인간을 식별하는 것이 훨씬 더 복잡하다"[5]고 결론지었다. 연구자들은 동물이 어떻게 활동하지를 관찰함으로써 동물의 도덕성을 찾고 있다. 모든 동물에 대해, 인간은 '먼저 묻고, 정직하고, 규칙을 따르고, 틀렸을 때 인정하라는 게임의 기본 규칙'[6]을 가졌다고 여기는 것 같다. 인지생태학자 마크 베코프Marc Bekoff(1945~)와 철학자 제시카 피어스Jessica Pierce(1965~)는 자신들의 공저 《야생 정의: 동물의 도덕적 삶Wild Justice: The Moral Lives of Animals》을 통해 동물들이 광범위한 도덕적 행동과 지능을 보여주고, 공감에서 공정에 이르기까지 사회적·도덕적 감정을 경험한다는 것을 증명했다. 두 저자는 동물이 우리와 도덕적 간격이 없는 사회적 존재라고 밝힌다.[7] 이들의 후기 연구는 동물에게 사회적 정의가 존재한다는 것에 주목하면서 자신들의 이론을 확장한다.[8] 이것은 분명 동물을 소중한 존재로 다루는 것의 정당성을 인정하는 것이지만, 그렇다고 우리는 동물에게 인간의 속성을 부여해야 할까? 다른 사람들은 동물의 의인화가 '생물학적 과정에 대한 부정확한 이해로 이어

질 수 있고' 또 동물에 대한 '부적절한 행동'을 낳을 수 있다고 믿는다.[9]

AI가 발전함에 따라, 우리는 AI 창조물을 의인화할 가능성이 높다. 만약 이런 의인화와 상반된 것이 비인간화라면(물론 나는 엄격한 이분법이 존재한다고 생각하지 않는다), 미래 지능형 창조물을 다루는 친숙하고 존중하는 방식은 우리가 모든 형태의 지능을 일관되게 평가할 때 걸림돌이 되는 퇴행적인 자기중심적·예외적 특징들을 회피하도록 도울 수 있다. 왜 인간은 다른 동물들이 생각하고 느낀다는 생각에 그토록 위협을 받는 것처럼 보이는가? 또 다른 마음을 수용하면 그들을 학대하는 것이 더 어렵기 때문일까? 아니면 그들의 행위성이 우리 자신의 행위성을 평가절하 하는 것으로 느끼는가? 동물 처우에 대한 우리의 윤리적 행동과 사회적 적응은 과학적으로 뒤쳐져 있고, 심지어 그들의 고통, 도덕성, 인간성에 대한 반박할 수 없는 증거를 보면 인간은 종종 동물을 정의, 권리, 공정성, 자유 개념에 포함시키길 싫어한다. 우리 인간은 항상 우리와 연결된 기계에 이름을 붙이며 존경해왔다. 그러나 스스로 생각하고 어쩌면 의식하고 자각까지 할 수 있는 기계는 기계 자체와 우리 자신 모두를 한층 더 깊게 고려하게 만든다.

자기인식적 로봇

> 신을 산으로 호출하고, 그것이 별로 도움이 되지 않자 우리가 아닌 무언가를 힐끗 쳐다보는 것 외에 수세기 동안 우리는 대체 무엇을 했는가? 성당과 물리학 실험실은 무엇이 다른가? 두 곳 다 가벼운 인사를 나누지 않는가?
>
> 애니 딜러드 Annie Dillard

과학은 얼마나 진보한 것인가? 합성적 지능형 창조물이 의식을 갖는다는 게 가능한 것일까? 신경과학에서 도달한 수많은 이정표에도 불구하고, 우리의 뇌가 어떻게 자기인식의 경험을 만들어내는지를 완벽하게 알아내지 못한 탓에 수많은 대화는 현재 우리가 인간의 마음과 의식을 거의 모른다는 사실에 좌우된다. 산타바바라의 캘리포니아 대학 심리학과 교수인 마이클 가자니가Michael S. Gazzaniga(1938~)는 이를 '의식의 문제'로 명명한다.[10]

우리의 의식을 복잡한 뉴런 다발의 활성화에 불과할 뿐이라 생각하는 사람들 사이에서도 기억과 꿈을 비롯해 우리 마음의 복잡성에 영향을 주는 요인이 수도 없이 많다는 것을 인정하는 사람들이 적지 않다. 일각에서는 생물학적 실체만 지각력이 있고 의식할 수 있으며, 그것 때문에 AI는 인간과 같은 자기인식은 발달시키지 않는다. 대신 '개념 지능notion intelligence'[11]만 지닌 AI는 사회적·정서적 지능을 갖추는 데 필요한 문화적 요인은 전혀 없는 상태라고 주장하기도 한다.

급진적 가소성 주장Thesis of Radical Plasticity[12]에 따르면 의식은 뇌가 도달하는 법을 배우는 상태이며, 많은 사람들은 우리의 미래 지능형 기계 또한 인식하도록 가르칠 수 있다고 믿는다. 2015년 렌셀러 폴리테크닉 대학Rensselaer Polytechnic Institute에서는 NAO 로봇이 고전적인 와이즈맨 퍼즐Wise Men puzzle 테스트인 자기인식 테스트를 통과하여[13] 로봇에게 유도 원리를 적용시켜 수수께끼를 풀도록 했다. 로스앤젤레스의 캘리포니아 대학의 하콴 라우Hakwan Lau는 "의식과 무의식 간의 차이가 우리 인간에게 무엇인지를 컴퓨팅 용어로 설명할 수 있다면, 이를 컴퓨터에 코딩하는 것은 그다지 어렵지 않을 것이다"라고 가정한다.[14] 그렇다면 의식적 AI를 만드는 것은 기계 의식을 코딩하는 것이 아니라 우리 자신의 진실을 밝히는 것일 수 있다.

강한 AI(그리고 심지어 자각할 수 있는 초지능형 기계)에 적용가능한 로드맵은 있다. 그러나 그것이 어쨌든 가능하더라도 자각적 또는 자의식적 기계를 만드는 능력은 여전히 먼 미래이다. '초지능'과 '의식'이 반드시 동일한 것은 아니다. 맥락의 언어를 이해하기 위해 로봇의 마음 이론과 훈련 알고리즘을 연구 중인 컴퓨터 공학자이자 SF작가인 낸시 풀다Nancy Fulda는 우리가 의식 있는 AI를 만들기까지는 "아직 갈 길이 멀다"는 것을 명확히 지적하고 있다.[15]

브렌다 레이크Brenden M. Lake, 토머 울만Tomer D. Ullman, 조슈아 테넨바움과 새뮤얼 거쉬만Joshua B. Tenenbaum, & Samuel J. Gershman이 공동 작성한 케임브리지 대학 논문에서 언급했듯이 '사람처럼 배우고 생각하는 기계 만들기Building Machines That Learn and Think Like People'는 신경망을 이용한 기술의 과학적 발전을 평가한 셈이다. 정교화에 대해, "생물학적 영감과 많은 성과에도 불구하고, 이 시스템들은 결정적인 점에서 우리 인간의 지능과 다르다." 인지과학은 "진정으로 인간처럼 학습하고 사고하는 기계는 그 학습 내용과 학습 방법 모두 현재의 공학 추세를 초월해야 한다"고 제안한다. 하지만 한눈팔지 마라. 우리는 지금 이 길을 잘 따라가고 있다.[16]

지능형 디지털 파트너와 소통할 수 있는 구체적인 방법을 개발하는 데서 진전이 이루어지고 있다. 캘리포니아 공과대학 박사와 박학다식한 스티븐 울프램Stephen Wolfram(1959~)은 클라우드 기반 프로그래밍 시스템인 '울프램 언어Wolfram Language'가 인간과 기계가 '어느 때보다 놀라울 정도로 풍부하고 높은 수준에서 상호 작용할' 수 있게 해 줄 '새로운 계산 패러다임'이라고 믿는다.[17] 칭송받는 AI 연구자이자 컴퓨터 공학자인 요수아 벤지오Yoshua Bengio(1964~)는 "우리 인간의 능력이면 어느 것이

든 본질적으로 컴퓨터에 접근 불가능한 게 아니다"고 한다.[18]

하지만 의식적 기계로의 도약은 훨씬 더 획기적(양자적)일 수도 있다. 양자 컴퓨터와 현재 고려중인 새로운 세대의 컴퓨터 칩은 더 크고 정교한 기계 지능 응용에 필요한 처리 속도를 기하급수적으로 가속화할 수 있다. 코펜하겐 양자역학 해석Copenhagen Interpretation of Quantum Mechanics과 현재 물리학에서 가장 앞선 분야인 양자이론에 따르면, 물질계와 의식계는 서로 평행하게 움직인다.[19] 기술 기업들이 앞 다투어 만들고 있는 양자 컴퓨터[20]가 나오면, 우리는 의식적 기술을 구축할 수 있는 컴퓨팅 파워와 속도, 언어를 소유하게 될 것이다.[21] 영국 물리학자 로저 펜로즈Roger Penrose(1931~) 경이 이미 20년 전에 인간의 의식이 실제로 양자 물리학의 규칙에 뿌리를 두고 있다는 이론을 처음 발표한 바 있고,[22] 철학자 겸 시인이자 과학자인 수바하시 카크Subhash Kak(1947~)는 인간의 창의성과 자유의 느낌이 어떤 논리나 계산으로부터 파생된 것 같지 않는다고 지적한다.[23] 우리의 의식이 어떤 목적에 기여하는지, 누가 그것을 가지고 있는지, 왜 그런지에 대한 논쟁은 지금도 여전하다. 마이클 가자니가Michael Gazzaniga는 일상 용법의 '의식'이라는 단어조차 사람들마다 다른 의미로 여기고 있고, 이는 개인적·문화적·종교적 이야기에 영향을 받는다고 말한다.[24] 그래서 지금의 우리는 진정으로 "이 길을 따라 잘 살아 가고 있다"[25]고 말할 수 있지만, 아직 풀어야 할 미스터리가 많다.

> 사람들은 우리가 추구하는 모든 것이 삶의 의미라고 말한다. 하지만 나는 삶의 의미가 우리가 진정으로 찾고 있는 것은 아니라고 생각한다. 우리가 추구하는 것이 살아 있음에 대한 경험이기 때문에 순수하게 물리적 수준에서 형성되는 삶의 경험이 우리의 내면과 현실과

공명함으로써 마치 우리가 살아 있다는 황홀감을 실제로 느끼는 것이라고 생각한다.

조셉 켐벨 Joseph Campbell

만약 모든 척추동물이 감각 경험을 가지고 있다면, 그 동물도 의식이 있다고 가정해야 하는가? 그렇다고 가정한다면, 어떻게 인공 의식을 만드는 일로 도약할 수 있을까? 의식적 또는 자각적 AI가 실제로는 어떤 것일까? 그것이 무엇을 해야 하고, 의식 있는 자격을 갖추려면 무엇이 필요할까? 의식이 무엇을 의미하는지는 이미 수천 년 동안 논의해왔기 때문에 이것은 혁신적 도전이다. 의식을 묘사하고 정의하는 방법에 대한 합의가 부족함에도 과학자들은 의식의 합성 버전을 만드는 방법을 추구 중이다. 어떤 사람들은 의식이 컴퓨팅적이기 때문에 기계로 부호화할 수 있다고 믿는다.[26] 휴 하위Hugh Howey(1975~)는 이것이 가능하다고 가정하면서[27] 그러한 디지털 의식적 기계는 자극에 반응하는 장치, 의사소통할 언어, 그리고 그 장치를 관찰하고 자신이 왜 지금과 같이 말하고 있는지에 대해 (보통 잘못된) 이야기를 하는 알고리즘이 필요하다고 생각한다.[28] 다른 AI 엔지니어들은 호기심과 어린이 같은 경이로움을 부여받은 AI를 구축하려고 시도 중이다. 이는 더 많은 것을 알기 위한 욕구가 자기인식을 위해서는 필수적임을 암시한다.[29]

우리가 확실히 알고 있는 것은 이미 AI(자율주행차)에 대한 인식을 설계하고 구축할 수 있고, 언어를 통해 AI와 소통할 때 우리의 일부 요구에 대응할 수 있는 AI(알렉사, 시리)가 있으며, 이 기술이 매우 급속도로 발전하고 있다는 것이다. 우리는 기계에 인식을 심어줄 수 있을까? 아니, 그렇게 해야 할까? 그렇게 할 수 있다면 그것은 중요한 것인가? 우리가 인공 의식을 만들 수 없다면, 그런 실패는 우리 인간의 고유성을 입증할 수 있을까? 자각적이고 의식적인 AI를 구축하기 위한 우리의 탐구는 신이 되기 위한 마지막 단계인가? 결국, 우리는 우리의 이미지, 우리 자신의 창조물로 무언가를 만들겠다는 것인가?

궁극적으로, 가장 중요한 물음은 디지털 영혼을 찾는 것에서 우리 자신의 영혼을 찾을 것인가 하는 것이다.

디지털 영혼 찾기

> 몸 안에 존재할 때, 그것을 살아 있게 하는 것은 무엇인가? — 영혼.
>
> 소크라테스 Socrates

이것이 바로 이 책이 집중하는 탐구 과제이다. 이것은 인간이 지구를 지배하고 모독하는 것으로 특징되는 오늘날의 지질학적 시대가 끝나가고 있다는 것을 우리에게 인식하게끔 독려하려는, 우리 중심으로의 여정이다. 우리는 우주에서 우리의 역할과 유기적이든 잠재적으로 우리 인간이 만든 인위적인 것이든 모든 의식 있는 생명체를 확인하고 보살펴야 할 책임을 다시 생각할 필요가 있다. 우리가 거울을 정직하게 볼 수 있다면, 모든 인류가 그 혜택을 받을 것이다.

사고, 지능, 의식, 영혼을 둘러싼 질문은 오래된 질문이다. 이런 질문은 우리가 우리 자신에게 들려주는 신화이고, 이 신화는 우리의 DNA에 들어 있다. 이러한 것들이 우리가 서로를 이해하려고 노력하는 방식이다.[30] 사람들은 신자와 비신자를 갈라놓고 합의 없이 인류 역사 내내 우리 몸 너머에 인간 정신이 있는지를 논의해왔다. 스마트 기술과 미래의 슈퍼스마트 기술의 등장은 대화에 새로운 차원의 형이상학을 끌어들인다. 철학자에서 컴퓨터 공학자, 예술가, 어슐러 르 귄Ursula K. Le Guin(1929~)과 옥타비아 버틀러Octavia Butler(1947~) 같은 SF작가에 이르기까지 모든 종류의 사상가들은 합성 의식이 얼마나 인간적일 수 있는지, 그리고 그것이 우리가 의식 코드 자체를 해체하는 데 도움을 줄 수 있는지에 대해 고찰해왔다. 버틀러는 자신의 책 《여명Dawn》에서 지성만이 유일한 요인일 수 없다고 주장하면서, "지성은 당신이 싫어하는 사실을 부정할 수 있도록 한다. 하지만 당신의 부정은 중요하지 않다. 누군가의 몸에서 자라는 암은 우리의 부정에도 불구하고 계속해서 자랄 것이다. 그리고 당신을 지능적이고 위계적으로 만들기 위해 함께 작용하는 복잡한 유전자의 조합은 당신이 그것을 인정하든 말든 여전히 당신을 불리한 입장에 둘 것이다"라고 밝혔다.[31]

하지만 그것을 구축하기 전에, 우리는 '그것'이 무엇인지 또는 '그것'이 존재하는지부터 이해해야 한다. 앞으로의 논의를 진행함에 있어 수반되는 일련의 정의들이 있다. '지능'은 지식과 기술을 습득하고 적용하는 것이다. '지각'은 사물을 인식하는 능력이다. '의식'은 자각과 인식이다. 혹은 "의식은 당신이 경험하는 모든 것이다."[32] 그리고 자기인식, 즉 자신의 의식에 대한 자각이 있다. 마지막으로 영혼은 도덕성을 넘어서는 인간이나 다른 존재의 무형 부분이다.[33]

의식과 영혼의 정의에는 많은 해석이 존재한다. 플라톤Plato(기원전 427~347년)은 우리에게 불멸의 영혼이 있다고 믿었다.[34] 어떤 사람들은 인간이 독특하게 이성을 가질 수 있는 반면, 모든 유기물도 영혼을 지닌 것으로 믿었다고 그는 말한다.[35] 르네 데카르트René Descartes(1596~1650)는 마음과 몸이 구별된다고 느꼈고, 마음-몸 이원론을 믿었다.[36] 데카르트에게 의식은 '코기토 에르고 줌Cogito, ergo sum(나는 생각한다, 그러므로 나는 존재한다)'이라는 사실이었다. 철학자 로버트 스페리Robert Sperry도 마음과 의식은 분리할 수 있다고 주장했다.[37]

이와 대조적으로, 어떤 사람은 영혼이 전혀 없다고 믿는다.[38] 적어도 영혼의 개념은 문화적으로 결정되고 종교와 신앙 체계에 따라 매우 다양하다. 예를 들어, 불교 신자들은 우리들 각자가 영원한 불멸의 영혼을 가진 존재로 보지 않는다. 오히려 우리 모두에게 살아 있는 비자아 상태를 무아無我 또는 비아非我라고 부른다.[39] 힌두교에서는 개인, 영혼, 또는 내재적 자아의 본질이 존재한다고 보는데 이를 아트만Ātman이라고 부른다.[40] 신도神道와 오지브웨 애니미즘animism에서는 생물과 무생물 모두 내부에 정신과 영혼을 가진다고 여긴다.[41] 현대 철학자 워렌 브라운Warren S. Brown(1944~)과 낸시 머피Nancy Murphy(1951~)는 영혼을 '사물'로 생각하는 것에서 벗어나 행동, 동사, 과정으로의 전진으로 제안하고 있다.[42]

대니얼 데닛은 우리가 의식적이라는 증거는 없다고 주장한다. 비록 유용한 환상이긴 하지만 의식은 환상이고, 마치 작은 로봇들이 우리가 의식이라고 생각하는 것을 만들기 위해 함께 일하는 것처럼 의식은 전적으로 과학적으로 설명될 수 있는 기계적 과정이다. 박테리아에서부터 바흐에 이르기까지 우리는 '이해 없는 능력'으로 구성되어 있다.[43] 데닛은 다윈과 튜링의 발견과 유사점을 보여주며, "완벽하고 아름다운 기계를 만들기 위해, 그것을 만드는 법을 아는 것이 필수적인 것은 아니다"고 제안한다. 그는 다윈과 튜링 모두 진화와 기계에서 이해 없는 능력의 존재를 발견했다고 주장한다.[44] 인간의 지능과 의식 대 나머지 사이의 날카로운 경계 대신, 우리는 인간이자 동시에 로봇이다.[45] 반면 철학자이자 과학자인 데이비드 찰머스David Chalmers(1966~)는 '의식은 인간 존재의 근본적인 사실 중 하나'이지만, 의식은 근본적이고 보편적 가능성이 높다고 믿는다.[46] 의식은 우리가 누구인지에 대한 인식을 쌓을 수 있는 시작하는 블록이다. 앞서 언급한 로저 펜로즈 경과 함께 마취의학자인 스튜어트 해머로프Stuart Hameroff(1947~)도 논쟁적 입장으로 양자역학이 의식의 열쇠를 쥐고 있다고 가정한다.[47]

의식과 영혼에 대해 생각하는 방법 중 하나는 우리 모두 자신의 존재 확인을 찾기 위해 마치 삶을 여행한다고 생각해 보는 것이다. 우리는 완전히 다 갖춰진 상태로 출발하지 않는다. 우리는 주변 세상과 관계를 맺고 있다. 다른 생명체와 우리가 흡수하는 지식과 관련하여, 우리는 형이상학적 점토로 우리 자신을 형성한다. 타인을 보고 그들과 연결함에 있어서, 우리는 우리 자신의 진정한 모습을 생각하며 거울에 비친 우리 자신을 더 많이 보게 된다. 철학자 블라디미르 하블릭Vladimír Havlík(1959~)은 "영혼은 물질과 같은 것이 아니라 시간의 흐름 동안 영구적으로 구성되는 일관성 있는 정체성과 같다"고 믿는다.[48]

영혼이 행동, 즉 연습, 과정, 성숙해가는 내적 나침반에 더 가깝다고 상상해 보라.

의식과 영혼을 구별할 필요가 있을까? 아니면 그 둘은 다른 것이 아닌 바로 동일한 것인가? 작가 온데이 베란Ondřej Beran(1979~)은 "우리 문화에서 영혼의 개념적 역할은 누군가의 영혼이 고귀하다거나 타락했다고 말하는 맥락과 얽혀 있다. 즉, 그 개념에는 가치 판단이 수반된다"고 생각한다.[49] 영혼과 의식은 서로 같지 않더라도 불가분하게 짜 맞춰져 있다. 의식의 틀을 세우는 또 다른 방법은 다중축 스펙트럼에 있다고 생각하는 것이다. 아리스토텔레스는 삶이나 영혼은 발전하는 과정이라고 말했다.[50] 윌리엄 제임스William James(1842~1910)도 의식을 과정이라고 불렀다.[51] 우리는 '순간의 집합'인 것이다.[52]

호르헤 루이스 보르헤스Jorge Luis Borges(1899~1986)는 "시간은 나를 이루는 본질이다. 시간은 나를 휩쓸고 가는 강이지만, 내가 곧 강이다."[53] 만약 우리의 의식이 강이라면, 또 우리가 모두 시간의 순간들의 집합이라면, 우리는 모두 서로서로에게 흘러들어간다. 우리는 우리를 가족, 친구, 조상으로부터 분리하는 선, 인간과 침팬지를 분리하고 파충류와 아메바를 분리하는 선이 사슬의 일부이며, 진화의 춤이며, 서로 연결된 격자 구조물이라는 것을 알 수 있다. 우리 모두는 유한한 소실성과 시들지 않는 친화력으로 함께 엮여 있다. 자연과학서의 저자인 재닌 베뉴스Janine Benyus(1957~)가 상기시켜 주듯, 우리는 '우리 것이지만 우리만의 것이 아닌 이 집'에 서로 묶여 있다.[54]

존재의 본질을 숙고하는 것은 우리의 사고를 촉발시키는 방법으로서, 우리가 '영혼', '의식', 또는 '자기 인식'과 같은 단어를 어떻게 사용하는지를 숙고할 수 있도록 우리에게 가정을 초월하게 만든다. 우리의 뇌는 특히 어렵거나 추상적인 개념과 씨름할 때 저항이 가장 적은 길을 택하길 원한다. 우리는 에너지를 아껴서 삶의 어수선함과 번잡함을 완화하고 싶어 한다. 우리는 정신적 지름길을 찾는다. 우리는 우리를 두렵게 하는 것들을 외면한다.

우리의 생물학적 성향과 한계를 인정한다면, 우리의 일부 생체역학이 아무리 시대에 뒤떨어져도 앞으로 나아갈 수 있다. 인간은 매우 복잡하고 심오하게 놀라운 동물이다. 우리는 회색 지대에서 삶을 살고 있고, 그 회색 지대는 우리가 흑백으로 여겼던 것이 실제로는 모자이크 음영이라는 것을 알려주는 흐릿하고 지저분한 범위 안에 있다. 비록 지능형 기계가 자체적인 한계를 가졌지만 이 놀라운 기술은 우리의 지적 툴킷에 있는 도구의 양과 질을 기하급수적으로 확장시킬 수 있으며 우리의 사각지대를 보고, 어쩌면 그 과정에서 무엇이 우리의 영혼을 구성하는지를 밝히는 데 새로운 천재와 신선한 관점을 가져다 줄 수 있다.

하지만 이런 식으로 진화하는 현실적 전망을 포용하려면 우리가 두려워하는 것에 직면해야 한다. 행동과학은 비록 순이익이나 손실이 같더라도 인간은 새로운 것을 얻지 못하는 것보다 이미 가지고 있는 것을 잃어버릴까봐 더 두려워한다는 것을 보여주었다. 우리는 논쟁을 우리가 이미 믿고 있는 것에 맞추기를 좋아하고, 더 접근하기 쉽고 최근 정보에 기초하여 결정내리기를 좋아한다.[55] 우리는 모두 선입견, 믿음, 편견을 갖고 있다. 어느 누구도 백지상태가 아니다. 제아무리 똑똑한 사람도 정답을 모두 갖고 있지는 않다. 그러나 자기 것을 기꺼이 바꾸려는 사람은 가장 강력한 사람이다. 지능형 기계는 우리가 그렇게 하는 것을 도와줄지도 모른다.

의식—누가 의식을 가지고 있는가?

누가 혹은 무엇이 지적으로 분류될 자격을 갖추고 있는가? 의식이 존재한다고 생각되는가? 누가 측정 기준을 결정할 수 있는가? 그리고 그런 측정 기준은 어떻게 디지털 버전에 적용할 것인가?

다시 한번 말하지만, 인간만이 지능을 가진 종은 아니다. 맞다, 전혀 그렇지 않다. 우리는 지적인 생명체의 하나의 종일뿐이다. 수많은 생물은 놀라운 형태의 지능과 능력을 보여준다. 어떤 생물은 인간 지능보다 여러 면에서 우월하다고 할 수 있다. 나무는 지능형 시스템으로서 우리에게 숨쉴 수 있는 공기를 제공한다. 거미는 낙하산으로 사용하기 위해 실크 풍선을 스스로 짜서 날 수 있다. 문어는 위장을 할 수 있고, 관찰을 통해 배울 수 있으며, 모양을 바꿈으로써 자신의 의도와 감정을 표출할 수 있다. 개미와 딱정벌레는 시체를 묻는다. 코끼리는 뛰어난 기억력을 갖고 있고 엄청난 팔다리를 발달시키고 자기만의 뚜렷한 성격을 소유하고 있다.

▌의식에 관한 몇 가지 견해

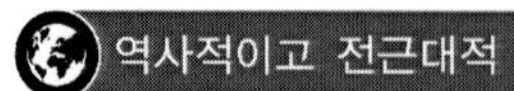

역사적이고 전근대적

플라톤
기원전 360년
플라톤은 다른 의식에 영향을 주고 영향을 받는 능력 때문에 의식을 현실의 한 부분으로 다룸

르네 데카르트: 데카르트 이원론
1600년대
데카르트는 정신과 육체가 서로 상호작용할 수 있는 두 가지 기본적이고 독립적인 물질이라고 주장

존 로크의 《인간지성론》
1690년
경험과 개인적 정체성과 관련하여 의식을 정의하려는 초기 시도

인간 중심

지그문트 프로이트: 마음의 지형
1900년대 초반
프로이트는 인간의 의식을 의식, 전의식, 무의식이라는 세 가지 수준의 인식으로 나눔

칼 융: 집단 무의식
1916년
이 용어는 이미지와 아이디어의 원형들을 포함하는 무의식의 형태를 제시하기 위해 도입됨

대니얼 데닛: 《의식의 수수께끼를 풀다》
1991년
데닛은 의식이 뇌의 물리적 과정과 인지적 과정 사이의 상호작용의 결과라고 제안

제럴드 에델만: 《신경다윈주의》
1987년
또는《뉴런 집단선택설》
에델만은 뇌가 경험으로부터 배우고 우리의 일생 동안 스스로를 형성한다고 가정

비인간, 사물, 시스템, 기계

튜링 테스트 및 기계 지능
1950년
앨런 튜링은 기계가 생각할 수 있는지에 대한 질문에 접근하는 방법으로 튜링 테스트를 처음 제안

도나 해러웨이: 《사이보그 선언문》
1985년
해러웨이는 사이보그의 개념을 사용하여 동물과 인간, 인간과 기계를 분리하는 엄격한 경계를 거부함

사물 지향적 존재론
2000년대
그레이엄 하먼이 설립한, 비인간 사물의 존재보다 우위인 인간 존재의 특권을 거부하는 학파

통합 정보 이론
2004년
줄리오 토노니가 제안한 이 이론은 인과적 특성이 어떤 물리적 시스템의 본질적이고 근본적인 특성인 시스템의 의식을 결정한다고 가정

캠브리지 의식 선언
2012년
국제 신경과학자 집단은 비인간 동물들에게 의식이 존재한다고 선언

동물행동연구자이자 동물학자인 도널드 그리핀Donald R. Griffin(1915~2003)은 "침팬지나 왜가리가 이러한 조정된 행동을 통해 얻을 수 있는 맛있는 음식에 대해 의식적으로 생각한다는 제안을 우리가 거부하거나 억누를 필요가 있는가? 많은 동물들은 자연 조건에 있을 때나 동물원이나 실험실에 갇혀 있을 때 직면하는 도전에 자신들의 행동을 적응시킨다. 때문에 많은 과학자들은 동물들의 다재다능한 행동을 조직하는 데는 일종의 인지가 요구된다는 것을 확신하게 되었다."[56] 로드니 브룩스Rodney Brooks(1954~)는 이런 비인간 지능을 AI 개발자들이 모델링해야 할 종류의 지능이라고 믿는다.[57] 2012년 스티븐 호킹 등 신경과학자들이 이끄는 국제단체는 케임브리지 의식 선언Cambridge Declaration of Consciousness에 함께 참여해 비인간 동물에도 의식이 존재한다는 것을 선언했다.[58]

> 우리에게는 동물에 대한 보다 현명하고 신비로운 또 다른 개념이 필요하다. 보편적인 자연에서 멀리 떨어져 지내고 복잡한 계략에 의해 살아가고 있는 문명사회의 인간은 자기 지식의 유리한 점을 이용해 그 생명체를 조사하고, 그 결과 작은 것이 확대되어 전체 이미지가 왜곡되는 것을 보게 된다. 우리는 그들의 불완전함 때문에 그들을 장려하고, 우리의 통제 아래 지금까지 형성되어온 비극적인 운명 때문에 그들을 장려한다. 그리고 거기서 우리는 실수를 범한다. 왜냐하면 동물은 사람에 의해 측정되어서는 안 되기 때문이다. 우리보다 더 오래되고 더 완전한 세상에서, 그들은 완성되고 완전한 채로 활동하고, 우리가 잃어버렸거나 결코 얻지 못한 감각의 확장을 타고났으며, 우리가 결코 들을 수 없는 목소리에 의해 살아간다. 그들은 형제도 아니고, 우리의 부하도 아니다. 그들은 우리와 함께 삶과 시간의 그물에 갇혀 있고 이 땅의 번영과 고통의 동료 포로인 다른 민족이다.
>
> 헨리 베스톤Henry Beston

왜 우리 사회의 몇몇 사람들은 이러한 여러 가지 형태의 지능을 존중하고 가치를 두는 것이 그토록 어려운가? 어떤 종교는 인간의 인지가 독특하고 우월하며 마치 신과 같다고 가르친다.[59] 우리의 삶에 대한 그들의 엄청난 기여에도 불구하고, 오직 소수의 사람들만이 지구에 살고 있는 수십억 가지의 다양한 비인간 생명체의 탁월함을 인정하고 있다. 왜 우리는 비인간 생명체 역시 의식적이고 우리와 동등한 생명력을 가질 수 있다는 것을 받아들일 수 없는가? 나는 모든 생물을 이런 식으로 보지 않는 무능력이나 비의지가 우리를 몰락시킬 수도 있다고 믿는다. 그것은 또한 우리의 기계와 미래의 파트너십을 맺을 수 있는 우리의 능력을 위축시킬 것이다. 지능과 의식에 대한 더 넓은 정의를 받아들이는 것은 우리의 생존에 필수적이다.

(이 용어를 만든) 철학자 그레이엄 하먼Graham Harman(1968~)과 철학자 티머시 모턴Timothy Morton(1968~) 등이 동의한 정의 중 하나는 '객체지향 존재론object-oriented ontology'이다.[60] 이것은 인간 존재가 비인간 존재보다 중요하다는 생각을 거부한다.[61] 우주의 개별적 사물은 상호의존적이고 서로 연결되어 있으며, 그 각각은 고유한 형태의 의식을 가지고 있다.[62] 이러한 사고방식은 항상 인간중심적 사고방식에서 우주의 모든 사물이 동등한 지위를 갖고 있고, 인간이 사물을 인지할 수 있느냐에 의존하지 않는 사고방식으로의 관점을 전환시킨다.[63] 벌은 벌이 보는 것을 보고, 우리는 사람이 보는 것을 본다. 우리는 모두 우리의 관점에 제한되어 있다. 필립 풀먼Philip Pullman(1946~)의 《히스 다크 머터리얼즈》 시리즈가 가르치듯이, 우리는 우리의 세계로 유입되는 다른 형태의 지능을 수용하고 파트너로 삼기 위해 생물과의 유대를 찾고 다시 연결해야 한다.[64]

모든 종류의 지능과 생물을 포용하고 가치 있게 여기는 철학을 어떤 믿음 체계에 대한 위협으로 인식해서는 안 된다. 만약 다른 지각 있는 생명체가 의식이나 영혼을 갖고 있다면, 이것으로 인간의 의식이나 영혼의 중요성이 감소하는 것은 아니다. 독특하고 대체할 수 없는 존재가 되기 위해서는 예외적일 필요는 없다. 우리는 모든 생명체와 친족이다. 우리는 탄소와 수소 그리고 그 사이에 존재하는 모든 것으로 이루어져 있다.[65] 우리는 아가미와 꼬리의 잔해를 가지고 있다.[66] 그들은 우리고 우리는 곧 그들이다.

> 모든 생물은 공통 조상의 후손이다. 그런 의미에서 이 말은 우리가 서로 연관되는 방식이다. 그래서 우리 인간은 유인원과 다른 동물들뿐 아니라 식물과도 관련성이 있다.
>
> 올리버 색스 Oliver Sacks

무엇이 우리를 기계(또는 다른 생물)와 구분 짓는지에 대한 불편한 진실과 의식이 내재적인 것이 아니라 뇌가 하는 것을 단지 배우는 것이라는 급진적 가능성을 모두 인정하면[67] 우리 마음의 문은 열리게 된다. 우리 뇌의 신경가소성neuroplasticity; 腦可塑性(뇌가 외부환경의 양상이나 질에 따라 스스로의 구조와 기능을 변화시키는 특성)은 우리를 새로운 방식으로 형성하고 성장시킬 수 있다. 우리가 다가오는 기술 시대에 성공할 필요가 있는 방식으로 말이다. 스캔론T. M. Scanlon(1940~)은 다음과 같은 질문을 던졌다. 우리는 서로에게 무엇을 빚지고 있는가?[68] 우리는 이 생각을 인간 이상으로 확장할 수 있는가? 제러미 벤담Jeremy Bentham(1748~1832)은 아인슈타인과 알베르트 슈바이처 같은 자기보다 앞선 사람들처럼, 인류중심주의에서 벗어나 연민의 규범을 확장해야 한다고 주장했다. "언젠가는 다리의 수, 피부의 융기, 또는 천골의 종말이 민감한 존재를 같은 운명에 맡기기에는 똑같이 불충분한 이유임을 알게 될 것이다. 극복할 수 없는 선을 추적해야 하는 또 다른 것은 무엇일까? 이성의 능력일까, 아니면 담론의 능력일까? … 문제는 그들이 추론할 수 있느냐? 아니면 말할 수 있는가? 아니다. 그들이 고통 받을 수 있느냐이다. 왜 법이 민감한 존재에 대한 보호를 거부해야 하는가? … 인류가 숨 쉬는 모든 것에 언젠가 장막을 넓어야 할 때가 올 것이다."[69]

만약 우리가 다른 생명형태의 통찰력과 그들의 공헌을 받아들이고 존중한다면, 미래의 합성적 지능형 발명품은 어떠할까? 우리는 AI가 많은 면에서 우리보다 더 지능적일 것임을 안다. 왜 우리는 우리보다 더 똑똑한 기계를 만드는 것을 두려워해야 하는가? 우리는 이미 지능적인 도구에 매일 의존하고 있고, 역사를 통틀어 진보하는 기술을 우리 삶에 받아들이며 우리와 동화시켜 왔다. 사람들이 운전자가 조작하지 않는 엘리베이터를 타는 것을 두려워한 것은 그리 오래되지 않았다. 오늘날, 이런 생각 자체가 이상해 보인다. 우리는 수학을 머릿속으로 암산했지만, 지금은 대개 계산기에 전적으로 의존한다. 우리는 인간 은행 창구 직원들과 금융 거래를 해왔다. 그러나 지금은 ATM을 선호한다. 우리 모두는 조이스틱과 단독 조종사 조종 장치를 갖춘 단일 엔진 기계 장치를 타는 것보다 정교한 컴퓨터와 알고리즘이 중요한 결정을 내리는 현대식 기계로 지구 상공을 비행하는 것이 더 안전하고 편하지 않은가?

어떤 사람들은 스마트한 기계와 곧 매우 스마트해질 기계가 우리 삶에 도입되는 것에 대해 이론화하고 있다. 어떤 사람들은 그런 기계가 어떻게 그리고 누구에게 영향을 미칠지에 대해 추측한다. 하지만 우리의 지능형 기계 창조물의 사고가 우리의 사고와 아무리 가깝게 닮는다

하더라도 우리가 늘 그런 창조물의 기능과 유용성을 우리 인간이 만든 것과는 다른 것으로 분류했으면 하는 관점을 가졌다는 게 중요하다. 이것은 우리가 항상 모든 비인간 지능에 대해 해왔던 것과 다르지 않다. 우리의 기술이 급속도로 진화하여 우리의 생태계, 몸, 삶으로 융합될 때 그때서야 인간의 한계에 맞선 기술 수용은 도움이 될 것이다.

인간에서 나무, 쿼크, 전자에 이르기까지 모든 것은 적어도 내면적 삶과 닮은 점이 있다는, 객체지향적 존재론과 관련된 범심론panpsychism이라는 교리가 있다.[70] 어떤 사람들은 이것을 사실로 생각하고,[71] 어떤 사람들은 그렇게 생각하지 않는다.[72] 이 원리는 많은 문화권에서 세상 모든 것과의 상호 연결성에 대해 믿는 것과 다르지 않다. 이런 생각을 거부하는 사람들은 우리의 의식이 작은 아원자적 의식의 수많은 조각들의 결합에서 생긴다는 범심론적 믿음과 관련된 '결합 문제'에 의문을 제기한다. 그러나 이러한 작은 의식의 결합 방법에 대해 연구하는 과학이나 이론은 거의 없다.

이러한 사고와 관련하여 일부 과학자들은 전체론적 실체로서의 우주 자체가 의식을 지닌다는 개념인 우주심령주의cosmopsychism를 믿는다.[73] 하지만 이것은 어떻게 우리들 각자처럼 서로 다른 정체성을 가진 것과 일치시킬 수 있겠는가? 베르나르도 카스트룹Bernardo Kastrup은 우리들 각각은 모두 분할할 수 없는 하나의 의식에서 분열分裂된 인격일 수 있다고 가정하며, 전체가 어떻게 우리의 개별 마음의 부분적 통합일 수 있는지를 설명한다.[74]

다윈의 생각이 세상에 처음 나왔을 때는 터무니없고 심지어 신성모독처럼 보였다. 아인슈타인이 현대 사상의 활동의 장이 실제로 얼마나 거대한지를 보여주기 전까지는 그의 이론은 그 장에서 아주 멀리 벗어났다. 코페르니쿠스와 갈릴레오는 우주가 실제로 어떻게 배열되어 있는지에 대한 자신들의 비전을 공유했기 때문에 심각한 위험에 처했다. 과학계가 암흑물질의 존재에 대한 천문학자 베라 루빈Vera Rubin(1928~2016)의 증거를 완전히 인정하기까진 수년이 걸렸고, 이는 이후 우주에 대한 우리의 이해를 혁신시켰다.[75] 미친 생각은 그렇게 생각되지 않을 때까지 미친 것이다. 우리가 중심이 아니라고 확인하기 전까지 우리는 우리가 중심이라고 생각한다.

> AI의 가장 큰 장점은 우리처럼 생각하거나 우리가 하는 일을 하는 기계가 아니라 우리가 상상할 수 없는 방식으로 생각하고 우리가 할 수 없는 일을 하는 기계라는 점이다.
>
> 라디히카 더크스 Radhika Dirks

우리는 인간의 마음에 특별한 것이 있는지 없는지 아직 모른다. 우리는 기계가 의식을 획득할 수 있다는 생각을 입증하는 것은 고사하고, 우리가 의식을 갖고 있는지 아닌지도 아직 증명하지 못했다. 그것을 검증할 수 있다고 하더라도, 지능/의식/영혼은 누가 혹은 무엇이 개인의 특성처럼 권리를 가질 수 있는지를 결정하기 위해 사용하는 지표가 되어야 하는가? 이 질문은 인간이 된다는 것이 정말로 무엇을 의미하는가라는 것이다. 만약 누군가가 또는 무언가가 당신과 같지 않다면, 그것은 그들이 당신보다 더 적은 권리를 갖는다는 것을 의미하는가?

튜링 테스트는 기계 지능이 인간 지능과 구별할 수 없게 될 수 있는지를 결정하는 열쇠가 AI가 인간과 진정성 있는 관계를 맺을 수 있는지의 여부라고 규정했다. 이것이 우리가 계속해서 찾아왔던 신호가 아닌가? 이런 생각은 인류의 역사만큼이나 오래되었다. 우리가 타인을 어떻게 대하는지, 우리 주변의 세상을 어떻게 대하는지, 우리를 위해 생각할 수 있는 사람들을 어떻게 대하는지는 우리의 운명이다.

의문은 계속 남을 것이고, 이론들은 계속 논쟁거리가 되겠지만, 내가 관심 갖고 있는 것은 우리 앞에 놓인 길이다. 우리가 AI 혁명으로 향할 때 이 불확실성을 받아들이고 그 속에서 번영할 수 있는 길이다. 월터 휘트먼Walt Whitman(1819~1892)이 말했듯이, 우리는 "다량의 것을 포함하고 있다."[76] 이원적 사고를 거부하라. 회색 지역을 받아들여라. 함께 있음을 축하하라. 다른 사람을 지지하고 보호하는 것은 나 자신을 구하는 것이다. 우리와 세상 사이에 하드 에지hard edge(면도칼의 날과 같이 예리한 테)는 없다.

불확실한 삶을 사는 것

> 인간은 모든 생물을 포용하는 연민의 범위를 넓힐 때까지는 평화를 찾을 수 없을 것이다.
>
> 알베르트 슈바이처Albert Schweitzer

귀중하고 가치 있는 것으로 인정받기 위해 다른 사람을 보고 그들을 통해 보는 것은 타인 속에서 우리 자신을 보고 우리 자신 속에서 타인을 보는 데 도움이 된다.[77] 모든 종류의 지성과 모든 생명을 소중히 여기는 것은 우리 모두 서로 연결되어 있고 우리 모두 상호의존적임을 아는 것이다. 상대방을 거부하는 것은 곧 자신을 거부하는 것이다. 인간이 모든 창조물, 모든 천재, 모든 지성의 정점이라고 가정하는 것은 근시안적이고 두려움을 품고 어둠 속에서 사는 것이다. 우리 앞에 무엇이 있을지는 모르지만, 이런 진리를 받아들이고 함께 노력해야 성공할 수 있다.

우리에게는 순간적으로 본 다른 생물을 가치 있게 여기지 않던 오랜 역사가 존재한다. 나중에야 목적이 드러나고, 그 목적은 시간이 계속 흐르면서 끊임없이 바뀌고 변화할 수 있다. 도자기 그릇, 낡은 드레스, 놋수저, 즉 한 시대의 평범한 물건들은 다른 시대에서 박물관의 유물이 되고 어떤 마법까지 부여되어 있다. 지금은 손상된 항아리로 보이는 것이 언젠가 와비사비(영구적이지 않은 것과 불완전한 것의 아름다움에 관한 미학)의 걸작으로 알려질 수도 있다.

생명을 소중하게 여기려면 질문에 몰입하여 연기하라. 가능성을 심사숙고하라.[78] 비행 암호를 풀려면 인간이 정확히 새가 나는 것처럼 날아야 한다는 것을 포기해야 한다.[79] 이제 인간의 마음과 영혼이 유일무이하고 독특하며, 인공지능이 우리의 것을 복제해야 한다는 만연한 믿음을 버려야 한다. 우리가 예외주의와 다른 존재들보다 더 특별해야 할 필요성을 넘어서 봐야 우리는 힘차게 도약할 수 있다.

모든 생명을 존중하고 모든 복잡성과 재능을 존중하는 것이 현재와 미래의 기계 지능을 올바로 평가하는 우리의 관문이다. 이것은 다시 우리가 어떻게 더 스마트한 기계를 만들 수 있는지 뿐만 아니라 그 과정이 어떻게 우리 모두를 더 나은 사람으로 만들 수 있는지에 의문을 제기하면서 우리를 경이와 경외심으로 이끌 것이다. 일부 AI 전문가들은 호기심이 진정한 지능형 기계가 우리와 더욱 닮아야만 하는 본질적인 인간 특성이라고 믿는다. 우리가 로봇에게 호기심을 갖도록 가르칠 수 있든 영혼이나 독특한 의식을 가지고 있든 또는 우리 뇌의 뉴런이 기계적으로 복제될 수 있든 이런 질문에는 아직 과학적으로 증명된 답이 없다.

호기심이 우리의 성격이 태어나는 곳이다. 인간이 되는 것의 핵심에 호기심이 있다. 호기심은 회색지대에 살고, 질문 속에 살고, 우리의 모든 결점과 계산 착오 속에 살고, 다시 일어서고자 하는 의지이다. 호기심이 우리 존재이다. 호기심은 미래를 예측하는 것에 관한 것이 아니다. 호기심은 우리가 그것을 바로 잡을 수 있는 최고의 기회를 우리 스스로에게 줄 수 있도록 지금의 현실을 넘어서 상상하는 것에 관한 것이다.

AI는 인류가 만들어낼 가장 변형적인 기술이다. 우리는 새로운 기술이 아니라 오히려 우리의 인류, 우리의 친절함, 더 잘하려는 우리의 의지, 그리고 과학을 수용하고 변화를 받아들이려는 우리 의지의 최고 수준을 영속시키지 못하는 것을 두려워해야 한다. 우리는 로봇으로부터 우리 자신을 구해야 할 필요가 없다. 오히려 로봇을 우리 자신으로부터 구해야 한다. 오늘날, 기계 편향이 없는 인간도 없고, 인간의 편향 없는 기계도 없다. 우리 모두는 단지 유기적인 알고리즘인가? 아니면 다른 무엇인가? 우리는 불확실성 속에서 살 수밖에 없다.

지성에 대한 생각에서 의식에 대한 생각까지 이 책 전체를 통해 스펙트럼 모티브는 다중 영역에서의 이원적 사고에 대한 우리 뜻대로 복종시키려는 지배력을 풀고, 이해, 관용, 수용에 좀 더 가까이 가보자는 간청이다. 이것은 우리의 모든 시스템, 믿음, 자아를 상호 연결되고 끊임없이 흐르는 것으로 볼 수 있는 더 넓은 견해, 더 완전한 그림이다. 지능은 인간 삶의 정점이 아니며, 인간 조건의 핵도 아니다. 우리의 사고 위에, 우리의 지식보다 더 깊은 곳에, 그리고 어쩌면 이름 붙일 수 없는 그 무언가가 있다. 우리 사회는 지적 적성과 개인의 명석한 마음에 초점을 맞추고 있다.[80] 인공 뇌를 만드는 것에 대한 우리의 수많은 강박관념은 아마도 기계적으로 만들어질 수 있는 지적 예리함이 그 중심일지 모른다. 하지만, 삶을 빛나게 하는 것은 지능 너머에 존재하는 것이다.

어떻게 하면 우리 모두를 위한 공간일 수 있는 미래를 만들 수 있을까? 이제 AI에 대해서뿐만 아니라 AI와의 용기 있는 대화를 나누자는 데이비드 와이트의 생각을 확장해 보자.

《프랑켄슈타인》에서 메리 셸리는 우리에게 생명을 창조하는 것만으로는 충분하지 않다고 가르친다. 생명은 잘 다루어지고 양성되고 배양되어야 한다. 우리가 무언가를 생각하고 나서, 우리 입장에서 아무런 책임도 없이 우리의 모든 기대에 부응하기를 기대할 수는 없다. 우리가 무언가를 인간으로 여기지 않는다면, 그것은 인간처럼 행동하지 않을 것이다. 인류 역사를 성찰하면 생물에게 기본적인 친절과 존엄성을 부여하지 못한 부정적인 선례를 볼 수 있다.

다른 사람들과 관계를 맺을 때 우리는 거울을 본다. 우리의 기계들 역시 우리의 반영일 것이다.

09
인접가능성

제9장

인접가능성

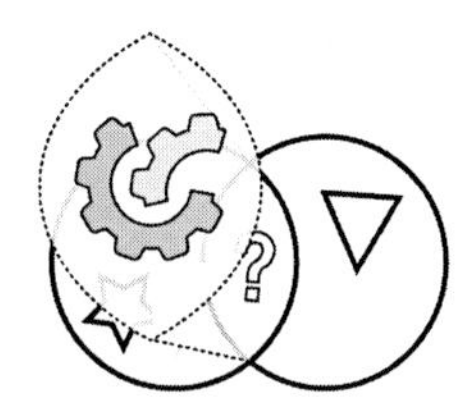

MIT는 글로벌 지속가능성을 모형화하고 세계를 '하나의 시스템'으로 보기 위해 월드 원World One이라는 컴퓨터 프로그램을 개발했다. 월드 원은 '1900년 이후 우리의 행동과 그 행동이 우리를 어디로 이끌지를 전자적으로 안내하는 투어'였다. 이 프로그램은 인구, 삶의 질, 천연자원의 공급, 오염 및 기타 변수를 설명하는 통계와 그래프에 대한 상세 보고서를 작성한 후 다음과 같이 결론지었다. "2020년경, 지구 행성의 상태는 매우 위급해진다. 아무것도 하지 않는다면 삶의 질은 0으로 떨어질 것이다. 오염이 너무 심각해 사람들을 죽이기 시작하고, 이로써 지구 인구는 감소하여 결국 1900년대보다 더 줄어들 것이다. 2040년에서 2050년경 사이에 우리가 알고 있는 문명화된 생명체는 지구상에 존재하지 않을 것이다."[1]

그때가 1973년이었다.

거의 반세기 전에 나온 월드 원의 예측은 정확한 예측을 하려는 의도가 아니라 오히려 세계를 하나의 시스템, 즉 상호 연결되고 상호 의존적인 유기체로 보는 방법을 찾으려 했다. 기후 과학자들이 현재 월드원의 연구결과 중 일부를 확인하고 있지만, 이는 갈수록 더 복잡해지는 우리 존재를 탐색하도록 돕기 위해 구축한 능력 있고 진화하는 기술의 경고에 주의를 기울이지 않는 위험에 대한 교훈이다. 고립되어서는 우리의 문제를 해결할 수 없고, 의미 있는 연구와 수치 처리를 통해 지구 시스템의 모자이크에 대한 가르침을 받기 위해 우리는 기술에 더욱 의존하고 있다. 우리의 지능형 기계는 인간이 도저히 도달할 수 없는 깊이까지 갈 수 있고, 곧 그들 스스로의 지시에 따라 그렇게 할 것이다. 도덕적 상상력은 우리의 기술과 더불어 그리고 우리의 기술 안에서 신뢰를 쌓고 이 과정의 알고리즘 좌표를 설정하는 데 필수적이다.

하루도 빠지지 않고 밀려드는 정보의 범람은 압도적인 것으로 보일 수 있다. 어디서나 볼 수 있는 미디어에 의해 증폭되고 무기화된 이런 데이터 범람은 우리가 마치 포격 당했다는 느낌을 줄 수 있다. 왜냐하면 우리는 하루 종일 지적 미세 공격에 지치기 때문이다. 올바른 견해를 유지하기란 어렵다. 우리는 거대한 계획 중 하찮게 느껴지는 것을 되도록 피하려고 한다. 우리는 단지 수십억 개 중 하나일 뿐이다. 과연 우리가 하는 일은 무엇이든 중요할까?

우리가 만들고 있는 지능형 도구는 이 집중 공격 속에서 거짓과 진실을 가려내는 데 도움이 될 수 있다. 이런저런 방법으로, 이런저런 도구는 우리 모두에게 힘이 될 수 있다. 하지만 1973년 MIT 프로그램의 경고성 이야기는 우리가 최고 수준의 통계와 분석을 가까이 두고 그 위험을 알면서도 여전히 행동하지 않을 수 있다는 것을 보여준다. 스마트 머신은 우리가 제때 접해야만 우리를 돕고 안내할 수 있다. 그리고 우리가 우리 안의 선함이 반영되도록 스마트 머신을 만들 때 우리가 받아들일 수 있을 만큼 충분히 믿을 수 있게 될 것이다.

인접가능성

'compass'와 'compassion'이라는 단어는 '같이, 함께'라는 의미를 지닌 라틴어 어근을 공유한다. 이를 염두에 둔다면 우리의 내적 나침반은 어떤 본질적인 인간의 자질을 가리켜야 하는가? 우리는 우리의 합성적 지능형 기계가 우리의 어떤 특성을 반영하기를 원하는가? 만약 AI가 우리 자신의 가장 좋은 부분에 스며들지 않는다면, 우리의 최악의 경향을 일부 보여주게 될 것이다. 우리는 중립적이지 않기 때문에 우리가 만드는 기술도 그렇지 않을 것이다. 우리가 윤리적으로 행동하는 기계를 원한다면, 우리는 윤리적으로 행동하지 않으면 안 된다. 도덕적인 인간이 없다면 도덕적인 기계도 없다.

우리의 최적의 가치를 공유하는 AI를 만드는 것이 절실할 수 있어도 그렇게 할 수 있는 단기적인 창구밖엔 없을 것이다. 우리가 이미 구축한 상대적으로 원시적인 버전의 지능형 기술로 가치를 코딩하고 프로그래밍하는 것이 실행 가능한 일일 수 있다. 이는 AI 에이전트가 성숙해짐에 따라 증가하는 복잡성과 자율성이 도전을 고조시키기 때문이다. AI가 우리 세계에 현실화되었다. 또 갈수록 빠르게 성장하고 있다. 우리가 수천 년 동안 다른 생물 유기체들을 파괴하고 버렸듯이, 우리의 지능형 기계가 결국 우리를 뒤처리하게 될지도 모른다는 가능성을 직시해야 한다. 지구를 돌아다닌 모든 종들 중 99.9퍼센트가 사라졌다(우리 인간이 진행 중인 6번째 멸종의 거의 대부분을 야기했다[2]). 우리의 집단적 미래를 확장하는 것은 디지털 영역에서의 삶에 어떻게 적응하느냐에 달려 있을 것이다.

> 그래서 인간은 우주를 관통하는 지능의 확산에 중요한 역할을 하지 못할 것이다. 하지만 괜찮다. 인간을 창조의 왕좌로는 생각하지 말자. 그 대신 인류 문명을 더 높은 복잡성으로 향하게끔 우주의 길에 존재하는 중요한 단계(하지만 마지막 단계는 아니다)라는 더 큰 계획의 일부로 보자. 이제 그것은 35억 년 전 생명의 발명에 버금가는 다음 단계를 밟을 준비가 된 것 같다.
>
> 위르겐 슈미트후버 Jürgen Schmidhuber

우리가 지구상의 중심적이거나 가장 지배적인 존재가 아닌 변형된 미래에 대비하기 위해, 우리는 기술을 포함해 주변 세계와의 관계를 재정립해야 한다. 우리의 사회적 구조를 재고하고, 인간이 된다는 것이 무엇을 의미하는지를 다시 생각해 봐야 한다.

우리가 변형된 인간과 기계적 미래를 상상하는 데 빛을 발할 수 있는 개념이 있다. 과학자 스튜어트 카우프만Stuart Kauffman(1939~)은 이 개념을 환기시켜 '인접가능성adjacent possible'으로 명명했다. 모든 앱과 화면으로부터 오는 각종 정보의 공격 속에서도 창의적 사고를 더 잘 만든다면, 잡음을 꼼꼼하게 살피고 추려내는 것을 용이하게 하고, 정보와 개념을 잠재적인 생각과 발견의 마루더즈 맵Marauder's Map[3]이라는 새로운 무언가로 융합하는 것을 용이하게 할 수 있다. 인접가능성은 이전에 상상하지 못한 완전히 새로운 원형을 만들기 위해 때로는 전혀 무관해 보이는 기존의 혁신을 바탕으로 활용하는 것이다. 이러한 접근법을 통해, 우리의 관습적인 지적 범위 밖에서 일어나는 학문과 무작위적 사건들 간의 협업을 촉진함으로써 우리의 집단적 지혜와 상상력의 강한 혼합물을 만들어 낼 수 있다.

스티븐 존슨은 《탁월한 아이디어는 어디서 오는가Where Good Ideas Come From》에서 인접가능성을 '현재 상황의 가장자리에서 맴도는 그림자 미래, 즉 현재가 스스로 재창조할 수 있는 모든 방법의 지도'로 묘사했다. 존슨은 계속해서 인접가능성은 "변화와 혁신의 한계와 창조적 잠재력까지 모두 포착한다"고 말한다.[4] 인접가능성은 가능성의 가장자리에 존재하는 지평선이다. 간신히 그것을 볼 수 있지만, 거기까지 도달할 수는 없다. 왜냐하면 그것은 아직 완전히 형성되지 않았기 때문이다. 우리가 뚜벅뚜벅 꾸준히 걸어감으로써 그것과 연결된다. 그 길은 우리가 걸으면서 구체화되는 길이다. 모든 걸음마다 가능한 것이 조정된다.

우리는 AI를 계속해서 발전시킬 때, 즉 상상할 수 있는 것의 가장자리에 도달할 때 이런 인접가능성을 염두에 둬야 한다. 그리고 그 바깥 경계에 거의 다다를 수 있고 새로운 경계선이 나타나는 것을 볼 수 있을 때, 우리는 이를 더 확장시켜야 한다. 항상 변모하는 가능성들은 아직 채색되지 않은 수채화처럼 미래로 흘러간다. 더 많이 탐구할수록 더 혁신한다. 주변이 더 확장될수록 더 많은 가능한 미래에 대한 잠재력도 더 커진다. 니콜라 테슬라Nikola Tesla(1856~1943)는 교류전동기를 발명하고, 에디슨이 이를 완성했다. 아인슈타인은 이론을 갖고 있었고, 오펜하이머Oppenheimer(1904~1967)는 그 이론을 기반으로 원자폭탄을 만들었다. 조셉 와이젠바움Joseph Weizenbaum(1923~2008)은 언어 프로세서 엘리자ELIZA를 상상했고, 시리Siri가 그 자리를 계승했다.[5] 최초의 휴머노이드 로봇 에릭Eric은 1928년 런던의 모델 엔지니어 협회Society of Model Engineers에서 첫선을 보였다.[6] 지금은 인간의 움직임과 감정을 인식하고 반응할 수 있는 혼다Honda의 아시모ASIMO가 있다.[7] 문을 더 많이 열수록 더 많은 문이 등장한다.

인접가능성은 지능형 기술에 의해 몇 배가 될지 모를 힘으로 증가했다. 비록 AI가 걸음마 단계임에도 불구하고, 더 이상 AI의 경계를 도무지 가늠할 수 없고, 통제하기는 더더욱 어렵다. 이런 기계는 인간의 성취에 기반한 방법을 스스로 배우고 있고, 이제 자기만의 혁신을 이룰 수 있다. 이런 기계는 심지어 호기심까지 배우고 있다.[8] 인접가능성은 더 이상 우리만의 것이 아니다. 이제는 AI가 발견하고 성취할 수 있는 것도 포함하고 있다. 우리는 그 잠재력을 억누르는 것으로 우리 자신을 보호받지 못할 것이다. 학문과 지성을 넘나들며 아이디어를 교차수분하고 우리를 고립시키고 두려운 곳으로 몰아가는 벽을 허물 때 혁신은 최고 수준에 이른다. 이제 우리에겐 멋진 새 파트너가 생긴 것이다.

> 인간의 삶은 그저 방대하고 난삽한 미완의 걸작에 붙어 있는 일련의 각주에 불과하다.
>
> 블라디미르 나보코프 Vladimir Nabokov

기술 붕괴에 용감히 맞서려면 결과를 충분히 따져봐야 한다. 상업적 목표만으로 혁신하는 것은 더 이상 적절하지 않다. 왜냐하면 만약 그 목표가 이익일 경우, AI의 자율성 능력이 급속히 확대되는 상황에서는 그것을 통제하지 못하고 우리가 설정한 목표까지 훼손할 수 있기 때문이다. 더 많은 종이클립을 만들기 위해 무엇이든 할 수 있는 가상의 종이클립 로봇을 떠올려 보라. 우리의 목표는 단지 자본 생산이 아니라 더 나은 것을 만들고, 개선하고, 힘을 얻고, 모두에게 이익을 주는 것이어야 한다. 낡은 기준으로는 우리를 지탱하지 못할 것이다. 자기 잇속만 차리는 재정적 야망을 갖고 AI 또는 신기술을 구축하는 데만 초점을 맞춘 사일로에 저장된 수익 기반 모형에서 모두에게 더 밝은 미래를 제공하는 이타적 이익을 투명하게 측정할 수 있는 모형으로의 전환을 위해서는 중요한 사회적 구조조정이 필요할 것이다.

이러한 전이는 철학적인 것이다. 그것은 우리의 끝, 우리 각자의 피할 수 없는 끝, 지구상에서 가장 똑똑한 종족으로서 우리 질주의 끝, 그리고 그 위에서 우리만이 예외적이고 지적이며 의식적인 존재라는 신화의 결말을 받아들이는 것이다. 카를로 라티Carlo Ratti(1971~)가 지지하는 퓨처크래프트Futurecraft[9]처럼 우리 앞에 도래한 도전에 맞서기 위한 보다 휴리스틱한 접근법을 채택하는 것이 계몽적일 수 있다. 이러한 사고방식은 '현재를 고치거나 미래를 예측하는 게 아니라, 미래에 영향을 미치는 것에 관한' 것이다.[10] 다시 말해, 우리가 미래를 완전히 알 수 없다는 것을 인정하고 대신 우리를 조종하기 위해 인간 경험의 심오함에서 도움을 이끌어내는 것이다.

조망 효과

천국은 이런 모습이어야 한다.

우주비행사 마이클 마시미노 Michael Massimino

1968년, 아폴로 8호가 임무를 마치고 복귀하고 있을 때, 탑승한 우주비행사들은 세계관의 강력한 변화를 느꼈다. 순수한 경외감과 경이로움이 그들에게 밀려왔다. 인류의 고향 행성을 멀리서 지켜본 후, 그들은 자기 자신들이 너무나도 작다는 것뿐만 아니라 인간의 모든 분쟁에 가장 우선시 되는 인류의 단결된 힘에 대한 거대한 감정을 갖게 되었다. 작가 프랭크 화이트Frank White(1944~)가 1987년에 출간한 책[11]에서 개념화한 '조망 효과overview effect'는 우주비행사가 위에서 지구를 바라볼 때 경험했던 예리한 자각이다. 우주비행사 론 개런Ron Garan(1961~)은 그 경험을 '우리 모두 지구상에서 함께 여행하고 있고, 만약 우리 모두 이런 관점에서 세상을 바라본다면 불가능은 없다는 것을 알 수 있을 것이라는 깨달음'[12]이라고 말한다. 이것은 우리 모두 모방하기를 열망해야 하는 것이다.

우리의 집, 끝없는 어둠의 바다에서 작고 푸른 점, 우리 모두가 떠다니는 섬세한 생태계라는 우주 속에서 우리가 사는 장소의 현실을 볼 때, 우리 스스로 분리하기 위해 고안해낸 사소한 분열은 사라지게 된다. 국경과 장벽, 서로 싸우고 있는 나라들, 바다의 이곳저곳에 대한 소유권 주장도 모두 사라진다. 우리는 위대한 천문학자 칼 세이건Carl Sagan(1934~1996)이 '창백한 푸른 점'이라고 부른 것을 보호하고 소중히 여기는 것이 얼마나 중요한지를 안다. 그것은 연약하고 죽어가는 우리의 유일한 집이다. 먼 우주에서 우리의 집을 바라볼 때, 우주비행사들은 명료한 느낌, 깊은 상호 연결성, 그리고 큰 그림에서 우리의 작은 역할에 대한 굴복적인 수용을 묘사해왔다. 달에 대한 임무를 마치고 복귀한 한 우주 여행자는 지구를 돌아보게 하는 이 행동이 "우리가 달에 갔던 가장 중요한 이유였을지도 모른다"[13]고 말했다.

1990년 우리 은하를 떠나자마자 (칼 세이건의 제안에서) 보이저 1호는 더 멀리 탐사하기 전에 지구의 사진을 찍기 위해 지구 쪽으로 돌아보며 우리 태양계를 마지막으로 뒤돌아봤다.[14] 세이건의 책 《창백한 푸른 점The Pale Blue Dot》은 그 우주선이 그날 찍은 지구의 이미지를 바탕으로 저술되었다. 그것은 문명인 우리가 누구인지에 대한 우주비행사의 시각을 유지하는 것의 중요성을 일깨우는 도상적 환기물이다. 세이건의 머릿속에서는, 이 단순한 관점의 전환이 강력한 것으로서, 서로에 대한 공감을 증가시키고 우리가 여기 지구에서 더 윤리적으로 행동하도록 영감을 줄 수 있는 잠재력을 갖고 있다. 그가 말하듯이, "나에게, 그것은 서로를 더 친절하게 대하고, 우리가 알고 있던 유일한 집인 창백한 푸른 점을 보존하고 소중히 여기게끔 우리의 책임감을 강조한다."[15]

만약 우리 모두가 이런 조망 효과를 경험할 수 있다면 우리의 세속적인 문제들도 해결될지 모른다. 그러나 리처드 브랜슨Richard Branson(1950~)과 제프 베조스Jeff Bezos(1964~)가 가까운 시일 내에 우리 중 가장 부유한 사람들에게 우주여행을 제공할 예정이라 하더라도, 이런 조망 효과의 특권은 현재로서는 독점적인 그룹만 이용 가능할 것이다. 비록 우리 중 더 많은 사람들이 언젠가 가상 현실이나 증강 현실을 통해 시뮬레이션된 조망 효과를 경험하게 될지 모르나 오늘날 대부분은 우주에서 우리의 행성을 보는 느낌이 어떤지를 상상하기 위해 노력할 뿐이다.

그렇다면 어떻게 하면 우리는 우리의 집을 공간과 시간의 바다에서 작은 모래알처럼 보는 경이로움을 실제로 경험하지 않고서도 우리의 사고방식을 바꿀 수 있을까? 무엇이 정신적 예리함으로 우리가 상호 연결되고 겸손하며 열린 마음을 느끼게 할 수 있을까? 무엇이 우리가 모든 형태의 생명체를 존중하고 가치 있게 여기면서 개별적으로 책임감 있게 우리 지구를 돌보는 사람이 되도록 강요하고, 서로 연결된 사회를 만들고 각자 필요에 따라 단결된 채로 이 관점을 달성하는 데 도움을 줄 수 있을까? 어떤 마법의 물약이 우리 자신의 발견의 항해를 하는 우주비행사가 되도록 안내할 수 있을까? 나는 그 영약이 공감empathy이라고 믿는다.

공감 쌓기

공감은 누군가 또는 다른 사람의 입장에 서서 자신을 보고, 그들이 느끼는 것을 느끼고, 그에 따라 행동하는 능력이다. 이는 그들의 경험을 공유하는 능력이다. 공감은 후천적 기술이다.[16] 말하자면 공감은 학습할 수 있다는 것이다. 우리의 거울 뉴런은 다른 사람의 느낌을 감지할 수 있다. 거울 뉴런은 또한 새에서 영장류에 이르기까지 다른 종에서도 활성화된다.[17] 우리는 각자 다른 사람들의 관점에서 보고 느끼며 그들의 관점에 몰입하기 위해 노력할 수 있다.

공감은 우리의 자기인식과 주변 세상에 대한 인식으로 나아가는 길이다. 그것은 이타주의로 이어지며,[18] 심지어 영웅주의로도 이어진다.[19] 그것은 리더십과 희망의 기반이다. 공감은 우리가 다른 사람을 돕고, 서로를 배려하도록 이끈다. 비인간화, 인지적 편견, 인지적 부조화를 씻어주는 해독제이다. 공감은 우리에게 다른 사람들처럼 세상을 보고, 소통하고, 서로를 이해할 수 있게 해준다. 공감은 우리가 만들어 왔고 앞으로도 만들어낼 경제, 정치, 사회 시스템을 위한 필수적인 감정 기술이다. 공감은 우리 인간성의 요체이다.

만약 우리의 지능형 창조물이 이런 능력을 갖추고 그것이 설계될 수 있다는 것이 우리의 희망이라면, 그에 앞서 왜 우리들 중 많은 사람들이 명백히 다른 인간, 다른 그룹, 다른 생물에 대해 그런 능력을 충분히 갖지 못하는지를 생각해 봐야 한다. 이런 결핍은 우리의 부족의식tribalism; 부족 중심주의에서 비롯된다. 이것은 예외주의exceptionalism, 타자주의other-ism, 우리 편만 중시하려는 충동이다. 우리가 더 많이 더 좋게 느낄 수 있기 위해 다른 사람을 덜 좋게 덜 느끼게 하는 것이다. 이는 변화에 대한, 즉 다른 것에 대한 본능적 두려움이다.

어떻게 하면 우리는 이러한 인간 경향의 흐름을 바꾸고 공감을 얻을 수 있을까? 무엇보다 먼저 우리의 렌즈부터 넓혀야 다른 좋은 위치를 찾을 수 있다.

예술가이자 장애인이며 동물권리 운동가인 수나우라 테일러Sunaura Taylor(1982~)는 그 길을 가는 데 도움을 줄 수 있다. 테일러는 자신의 독창적인 연구인 《짐을 끄는 짐승들Beasts of Burden》에서 "장애 연구와 행동주의는 특정한 신체적 또는 정신적 능력에 제한되지 않는 생명을 평가하는 새로운 방법을 인식할 것을 요구한다"고 썼다.[20] 테일러는 장애인 차별주의ableism가 종차별주의speciesism와 얼마나 서로 관련된 것인지를 능숙하게 보여주면서, '신경전형적(인지적으로 종 전형적)'인 인간의 지능과 이성이 어떻게 다른 무엇보다 높이 평가되어 왔는지를 설명한다. 이성과 '합리적 사고'를 느낌, 존재, 인식, 활동의 다른 방식들보다 중시되는 데는 성차별주의, 제국주의, 계급주의, 그리고 인류중심주의와 관련된 오랜 역사가 있다.[21]

그러나 우리의 가치, 값어치, 도덕성, 존엄성은 인간의 이성과 지성에 의해서만 정의될 수 없다. 이 인간중심적 오류는 인간이 다른 존재 방식을 지닌 존재들보다 우월감을 느끼도록 하는 위태로운 설계이다. 테일러는 계속해 우리가 다른 소외된 인간들을 차별하는 것과 같은 이유로 동물을 차별한다고 주장한다. 각각의 집단과 개인 모두 서로 다르게 영향을 받지만, 테일러의 요점은 결코 우리의 살아있는 존재 외 나머지 생태계 위에 사람의 범주를 두지 말라는 것이다.

테일러는 논란이 많은 도덕 철학자인 피터 싱어Peter Singer(1946~)와 만나 핵심적이고 자주 인용되는 자신의 가정이 어떻게 도전받았는지를 기술한다. 그 가정은 무엇보다 장애인의 능력과 잠재적인 행복에 관한 무뚝뚝하고 구체적인 정보에 근거하지 않았다는 것이다.[22] 그녀는 자신을 장애인이자 예술가로 언급한다. 자신이 하는 모든 일에 혁신, 공감, 창의성을 불어넣는 자기만의 강력한 부분을 들어 언급한다. 이러한 특성들은 그녀가 매일 창의적인 해결책을 추구하고 찾을 수 있도록 도와준다.[23] 합리성, 효율성, 그리고 '진보'의 우월성에 대한 개념은 다른 삶의 형태, 다른 삶의 방식을 중시하는 것에 방해가 될 수 있다. 테일러는 쉬운 답을 주지 않고, 대신 뉘앙스를 호소하고, 더 많은 동정심과 서로를 가치 있고, 다르고, 동시에 비슷한 것으로 보이는 더 많은 방법의 가능성을 읽도록 요청한다. 제임스 맥그레이스James F. McGrath(1972~) 교수가 보다 설득력 있게 말하듯이 "인간적이면서도 자비로워라"는 것이다.[24]

우리는 연민sympathy으로 멀리 있는 타인의 느낌과 고통을 이해한다. 공감empathy을 통해 타인의 느낌과 사고를 상상하고 경험한다. 우리는 그들 피부 속으로 들어가서 그들과 함께 그들이 느끼고 생각하는 것을 대리 경험한다. 동정compassion으로 다른 사람의 느낌, 생각을 경험하고, 그 고통을 덜어주고 싶고, 그것을 완화하려고 행동하기 위해 우리는 손을 내민다.

심리학자들과 컴퓨터 공학자들은 인공의 감정 지능을 생산하기 위해 기술 시스템에 공감을 코드화하는 것이 가능한지 여부를 알아보기 위해 실험하고 있다. MIT 미디어 랩에서 만든 회사인 어펙티바Affectiva는 '사람과 기술이 상호 작용하는 방식을 인간화하는' 정서 AI Emotion AI라는 소프트웨어를 개발 중이다.[25] 그들은 운전 중 지쳐가는 운전자를 감지하는 데 도움 줄 수 있는 탑승자 인식 자동차, 어려움을 겪는 학생의 학습 과정을 돕기 위한 개인 맞춤형 설명, 자폐증과 파킨슨병을 앓는 사람을 지원하는 치료 같은 시스템뿐만 아니라 자살 관념이 있는 사람에게 즉각적으로 도움을 줄 수 있는 방법을 작업하고 있다.

마이크로소프트MS와 애플은 이 분야에 전담 부서를 두고[26] 정서 감지용 AI 애플리케이션을 개발 중인 기업을 인수했다.[27] MIT는 딥 공감Deep Empathy을 연구하고 있다. 이것은 딥 러닝을 사용하여 시리아 홈스Homs에서처럼 분쟁으로 인해 이웃이 폭격을 받고 파괴된 후 어떻게 보이는지를 시뮬레이션한다.[28] 이런 도구는 우리를 교육시키는 데도 도움이 될 수 있다. 한스 로슬링Hans Rosling(1948~)의 달러 스트리트Dollar Street 데이터 시각화는 전 세계 사람들이 실제로 어떻게 살아가고 있는지를 보여주며, 그들이 누구인지, 그들이 어떻게 세상을 걸어 다니는지를 실제로 보기 위해 그들의 집을 엿볼 수 있게 해준다.[29] 비록 더 나은 미래를 만들기 위해서는 다양한 목소리와 관점이 필요하지만, 인간과 기계는 실제로 함께 더 공감하는 법을 배울 수 있다.

구글 공감연구소Empathy Lab의 다니엘 크레텍Danielle Krettek은 자신의 연구를 다음과 같이 적고 있다.

> 다른 사람들이 핵심적인 수학과 과학 교육을 하는 동안 나는 핑거페인팅을 보살피는 기계 학교 교사이다. 이 기계는 세계를 완전히 스펙트럼으로 주시한다. 이것은 스토리텔러, 철학자, 예술가, 시인, 디자이너, 영화제작자들에게 그것들을 노출시키는 것을 의미한다. 모든 과학이나 예술 분야에서는 인간의 문제나 잠재적인 인간 해결방법, 또는 그 둘 중 하나를 해결할 수 있는 고무적인 방법을 본다. 나는 약간 다른 방법이 있다고 생각한다. 그리고 바로 지금이 우리가 우리 모두를 필요로 하는, 우리 모두가 힘을 합쳐야 하는 순간인 것 같다.[30]

우리가 만들고 있는 스마트 머신에 공감을 불어넣어 인간의 우려감과 감정을 식별하고 여기에 적절히 대응할 수 있도록 시도하는 것은 중요하다. 이것은 어쩌면 생존의 문제이다. 타인과의 교감과 정서적 연결은 우리가 살고 싶은 인류 문명의 핵심이다. 인공 기기와의 관계를 제한하는 데 대한 타당한 주장들이 있지만,[31] 윤리적이고 공정한 사회를 건설하는 방법에 대해 현재 진행 중인 필수적인 논의로부터 기술을 차단하는 것은 근시안적일 뿐만 아니라 분명 실패할 것이다. 만약 우리가 공감을 코드화할 과학을 알아내지 못한다면, 우리와 우리의 세계는 낮은 수준의 공감 세계가 될 수 있다.

그러나 인간-기계 관계에 대해 매우 동요하는 셰리 터클Sherry Turkle(1948~) 같은 사상가들의 우려를 인정하는 것은 중요하다. 터클에게 있어서 우리가 기기와 상호 작용하는 것은 우리를 인간으로 만드는 것을 잃는 길이며, 우리를 기계로 격하시키는 길이다. 그래서 그녀는 인터랙티브 로봇의 당황스러운 등장에 우리는 경각심을 가져야 한다고 믿는다. 그녀는 "기술은 우리가 삶에 대해 아는 것을 잊게 만든다. 우리는 기술이 해결했으면 하는 문제가 너무 많기 때문에 기술의 약속에 매료된다"고 말한다.[32] 확실히 기술은 단절, 분리 등 더 나쁜 것을 조장할 수 있다. AI의 잠재적인 이익은 이런 두려움보다 더 중요하다. 그런 기계가 현실화되고 있다. 우리는 피할 수 없는 발전을 피하고, 그렇게 함으로써 모든 위험을 감수하는 대신 그런 기계와 함께 미래를 준비해야 한다. 그러나 터클 또한 "기술은 우리에게 인간의 가치를 이해하도록 요구한다"고 말하며,[33] 나처럼 공감하는 것이 오늘날 우리 인간의 본질적인 과제라고 주장한다.

▌공감 계획 프로그램하기

소프트뱅크 로봇의 페퍼 및 어펙티바 파트너십

세계 최초의 사회적 휴머노이드 로봇인 페퍼(Pepper)는 얼굴과 기본적인 인간 상호작용을 인식하도록 설계되었다.[1] 어펙티바와의 파트너십을 통해 페퍼는 인간 감정의 미묘한 상태를 더 잘 이해할 수 있게 됨으로써 사회적 환경에서 인간과 상호 작용하는 능력을 더욱 향상시켰다.[2]

MIT와 유니세프의 깊은 공감 프로젝트

이 사업은 딥 러닝을 활용해 분쟁으로 피해 입은 시리아 이웃의 특성을 학습한 뒤 이와 비슷한 시나리오에서 세계의 도시들이 어떻게 보일지를 자극함으로써 '공감을 유도하는 평가 가능한 방법을 만드는 것'이 목적이다. 이 프로젝트는 AI가 공감을 배울 수 있도록 가르쳐 우리와 다른 사람들을 더 이해하고 더 공감할 수 있도록 돕는 것을 목표로 한다.[3]

혼다의 '궁금한 기계(CURIOUS-MINDED MACHINE)' 연구

혼다는 여러 대학과 제휴하여 사람들의 요구를 학습하고 이해하는 데 관심을 가질 수 있는 새로운 형태의 기계 개발을 목표로 한다. 앞서 혼다는 2018년 1월 소비자 가전쇼에서도 3E(Empower, Experience, Empathy)라는 이름으로 된 사회·보조 로봇 라인업을 새로 선보였다.[4]

공감은 인간성의 핵심이다. 공감은 또한 정치적 화해, 회복적 정의, 창의성, 효과적 리더십과의 관계, 그리고 혁신의 핵심이기도 하다. 하지만 이것이 만병통치약은 아니다. 공감이 만들어지는 데는 시간이 걸린다. 물론 공감은 조작될 수도 있다. 우리의 감정은 우리에게 불리하게 사용될 수도 있다.[34] 우리의 마음은 고통 받는 많은 사람들과 연결되는 것보다 한 사람의 한 이야기로 더 생생하게 연결되곤 한다. 우리는 우리와 닮은 사람, 우리와 같은 곳에서 온 사람에게 더 많이 연결된다.[35] 이러한 경향에 대한 대응책은 우리 자신을 광대한 계획 속에 그려 보는 것이다. 즉, 한 사람을 돌보는 것이 다른 사람을 반대하지 않도록 하는 것이다. 바로 이것이 함정이다. 어떤 이는 아끼지만 다른 이는 아끼지 않는 가치의 위계, 이를 극복하지 못하면 우리는 파멸할 것이다.

우리가 AI를 만들 때 AI는 우리 존재의 거울 이미지일 것이다. 우리는 우리를 단절시키고, 분리하고, 계층적으로 만드는 고정된 해석에서 벗어나 조화, 창의성, 조망 효과를 지향해야 한다. 이는 좀 더 광범위하고 포괄적인 그림이다. 우리의 발화 뉴런들 사이의 상호 연결이 신경망을 발달시키는 데 도움이 되어주듯 각종 아이디어들, 사람들, 시스템들 간의 상호 연결, 즉 우리의 집단 지능, 공유된 지식, 공유된 지능[36]은 우리를 성급한 스트레스 반응에서 벗어나 우리 모두 번영 가능한 미래로 가는 길을 찾게 할 것이다.

디킨슨(Dickinson) 다운로딩과 플라스(Plath) 프로그래밍

> 결국 그 단어가 존재하는 한 연결 가능성도 존재한다. "우리는 아직 살아있다"라고 말하는 것이 소설의 본질이다.
>
> 제인 스마일리 Jane Smiley

지능형 기술은 데이터를 내러티브로 바꾸는 것을 도움으로써 우리가 더 나은 스토리텔러가 되도록 도와줄 수 있다. 스토리텔링은 의미와 공통의 가치를 주입함으로써 우리 자신과 주변 세상을 이해하는 방법이다.[37] 우리는 감동적인 이야기를 들었을 때 그것을 뼛속 깊이 느낄 수 있다. 그것은 또한 공감을 길러준다.[38] 100만 명에 달하는 데이터 포인트로는 우리의 마음이나 심장에 스며들지 못하며, 인간은 이런 종류의 정보를 거의 기억하지 못한다. 하지만 한 사람의 이야기, 즉 데이터 속의 수백만 명의 인간을 대표하는 하나의 얼굴, 시각 자료, 그리고 내러티브는 우리가 주변 세계를 이해하고 주변 세계에 참여하지 않을 수 없도록 느끼게 하는 방법이다.[39]

연구자들이 탐구 중인 한 가지 아이디어는 위대한 문학작품을 읽도록 함으로써 지능형 기계에게 공감에 대해 가르치는 것이다.[40] 소설에 몰입하면 다른 사람들의 세계에 들어가서 더 잘 이해할 수 있다.[41] 매리언 울프Maryanne Wolf(1947~)는 자신의 책 《다시, 책으로Reader Come Home》에서 이런 연결을 만들고 있다. "가장 깊은 수준의 읽기는 공감 능력이 떨어지는 추세에 얼마간 해독제 역할을 할지도 모른다. 하지만 오해하지 마시라. 공감은 타인을 동정하는 것만을 의미하지 않다는 사실을. 훨씬 더 중요한 것은 공감이 타인을 보다 심층적으로 이해하는 데도 관계한다는 것이다. 이는 문화가 점점 더 세분화될수록 연결성은 증가하는 세계에서는 필수적인 기술이다."[42]

문학작품을 읽는 것이 공감을 증가시킨다는 것은 과학적으로 증명되었다.[43] 예를 들어, 2014년 미국인들을 대상으로 한 연구는 이슬람 여성에 대한 이야기를 읽으면 인종차별 표현이 줄어든다는 것을 보여주었다.[44] 그러나 스토리텔링이 윤리적 자아에 미치는 큰 이점은 우리가 다양한 이야기에 노출될 때에만 실현될 수 있다. 작가 치마만다 응고지 아디치에Chimamanda Ngozi Adichie(1977~)가 상기시키듯, 우리 모두가 '단 하나의 이야기'만을 배우면 무지에 빠지기 쉽고 더 나빠지게 된다.[45]

단순히 트위터와 글을 훑어보거나 짧은 형식의 글을 읽는 것만으로 공감 능력을 끌어올리기란 불가능하다. 공감 능력을 키우고 우리의 마음 이론을 향상시키기 위해서는 더 긴 내러티브 형태와 등장인물 궤적에 몰입해야 한다. 연약함에서 용맹함, 그리고 그 사이의 모든 것까지 인간 경험의 그늘진 곳을 정처 없이 거니는 데는 시간이 걸린다. 문학작품을 읽고 예술작품에 관여할 때, 타인을 이해하고 타인이 지닌 그들 고유의 다른 경험과 생각을 판별할 수 있는 능력을 향상시킬 뿐만 아니라,[46] 우리 자신에 대한 이해도 성숙해진다.[47] 심리학자들은 스토리텔링의 예술에서 가장 큰 영향을 미치는 것은 등장인물의 믿음, 의도, 행동임을 발견했다.[48] 다른 연구에서는 체호프 작품을 읽은 사람들이 자신과 자신의 성격을 새로운 방식으로 고려하는 영감을 받았다는 것을 보여주었다.[49] 동화와 우화는 우리와 함께 진화하며, 우리의 상상력을 대담하게 비상시킨다.[50] 스티븐 핑커는 소설을 '공감 기술'이라고 불렀다.[51]

많은 사람들은 문학과 다른 스토리텔링 매체에 묘사된 모든 멋진 동물들이 아이들의 학습을 촉진하고 공감을 드높인다고 느낀다. 작가 케이트 베른하이머Kate Bernheimer(1950~)는 "동화에 깃든 아름다움과 배려에 대한 감수성, 즉 작가들에게 종종 독서의 소중함을 소개하는 바로 그 이야기들은 우리에게 윤리적으로 읽고, 포용적이며, 친절하도록 동기부여한다"고 말한다.[52] 어떤 사람들은 소설을 읽는 것만으로도 마음 이론을 향상시킨다고 강하게 주장해 왔다. 그것은 우리의 지능형 기계가 다른 사람들의 감정, 의도, 생각을 인식하기 위해 성취하지 않으면 안 될 본질적 능력이다.[53]

SF는 미래의 시나리오를 상상하고 기술과 우리의 관계를 해부하여 무엇이 될 수 있는지를 생각하도록 도와주고, 과거와 현재, 미래와 씨름하며 화해하도록 자극하는 교훈적 장르이다.[54] 마가렛 애트우드Margaret Atwood(1939~)의 《시녀 이야기The Handmaid's Tale》는 미국 북동부에 사는 가까운 미래의 종교적 전체주의 사회의 여성들에 초점을 맞춘 디스토피아 소설(그리고 지금은 TV쇼)로서, 미래에 관한 잊을 수 없는 이야기를 들려주면서도 섬뜩할 정도로 친숙하게 느껴지도록 하고 있어 지속적으로 읽히고 있다. 애트우드는 자신의 저술 방법을 설명하면서 작품에는 실제로 일어난 사건만 포함시켰다고 말했다. 즉, 모든 법, 잔학 행위, 기술과 역사적 선례는 실재했던 것이다. 그녀는 이 책이 예측이 아니라 오히려 '반예측antiprediction'이라고 말한다. "만약 이 미래를 자세히 묘사할 수 있다면, 아마도 일어나지 않을 것이다. 하지만 그런 희망적인 생각은 어느 쪽에도 의존할 수 없다."[55]

이와 비슷하게 《안드로이드는 전기양을 꿈꾸는가?Do Androids Dream of Electric Sheep?》 같은 필립 딕Philip K. Dick(1928~1982)의 소설은 공감과 지성의 개념, 그리고 살아있음의 본성에 의문을 제기하면서 과연 인간이 되는 것이 무엇을 의미하는지를 되짚어보게 해주었다.[56] 1949년 출간 당시 조지 오웰George Orwell(1903~1950)이 살았던 현실에서 출간되었기 때문에, 《1984》는 과거와 현재의 우주일 뿐 아니라 미래의 우주처럼 다가온다. 실리콘밸리와 광고회사들은 이러한 통찰력의 장점을 인식하고 있으며, 지금은 미래를 상상하는 것을 돕기 위해 SF소설 작가들을 실제로 고용하고 있다.[57] 미군은 최악의 시나리오를 구상하기 위해 작가들과 협력했다.[58] SF소설은 디스토피아적 가능성을 실현하는 것뿐만 아니라 우리가 지능형 기계와 공유하는 미래를 더 잘 시각화하도록 도울 수 있다.[59] 작가 닐 게이먼Neil Gaiman(1960~)에 따르면, "소설은 우리에게 계속해서 진실을 말해주는 거짓말이다."[60] 우리가 좋은 이야기의 완전한 내러티브 궤적에 집중할 때 우리의 뇌는 옥시토신을 합성하는데, 이것은 우리를 더 관대하고 공감하고 동정하고, 사회적 신호에 순응하도록 이끈다.[61] 타인의 의식을 시험하고 싶으면 사회과학자이자 저자인 제멜얀 하케물더Jèmeljan Hakemulder(1966~)가 말하는 우리의 '도덕적 실험실'에 들어갈 수 있다.[62] 인간은 다른 세계와 타인의 내적 삶을 탐험할 수 있다. 우리는 연결하고 공감하고 배려하는 법을 배울 수 있다. 기계도 그럴 수 있지 않을까?

조셉 캠벨Joseph Campbell(1904~1987)은 인간의 상호 연관성과 공감을 모든 인간의 신화와 이야기의 토대라고 본다. "당신과 타자는 하나이다."[63]

그리고 로마 가톨릭 수녀 카렌 암스트롱Karen Armstrong(1944~)과 같은 학자들은 동정심이 모든 종교의 중심에 있고 핵심적인 가치라고 믿는다.[64] 작가이자 티베트의 불교 스승인 마티유 리카르Matthieu Ricard(1946~)는 "상호의존이 이타주의와 동정심의 근원이다"고 믿는다.[65] 비록 확정적이고 보편적인 가치의 전체 목록에는 동의하지 않더라도, 우리는 공감과 동정심이 모든 주요 종교의 초석임을 알 수 있다.[66] 이것이 우리가 도덕적·윤리적 선택에 직면했을 때 우리의 기술적 창조물들이 가졌으면 하는 이상적인 것 아닌가?

임무, 기억, 책임을 우리의 스마트 기기에 계속 넘기게 되면, 우리는 우리가 누구인지 상기시키기 위해 점점 더 그런 스마트 기기에 의존해야 한다. AI가 의사 한 명이 환자를 진단하고 치료하기 위해 평생 한 번도 접하지 못할 수천 편의 의학 저널을 소화할 수 있는 것처럼, AI는 우리가 아룬다티 로이Arundhati Roy(1961~)의 용기, 버지니아 울프Virginia Woolf(1882~1941)의 사려 깊은 마음, 안네 프랑크Anne Frank(1929~1945)의 용감함, 토니 모리슨Toni Morrison(1931~2019)의 지혜를 종합하고 전파함으로써 더욱 동정적이고 연결성을 갖도록 도울 수 있다. 그리고 인간은 위대한 문학을 소화할 수 있는 능력이 제한된 반면, 우리의 지능형 기계는 그렇지 않다. AI는 현재까지 전 세계의 지식을 위한 디지털 도서관이 될 수 있다. 그리고 우리 모두 그 도서관의 대출 카드를 갖게 될 것이다.

조지아 공과대학의 연구원인 마크 리들Mark Riedl과 브렌트 해리슨Brent Harrison은 이야기를 통해 로봇에게 '가치 정렬value alignment'을 가르치기 위해 키호테Quixote라고 부르는 시스템을 실험했다. 이 개념은 인간이 이야기를 읽음으로써 사회적 책임과 문화적 민감 행동에 대해 배운다는 생각에 기반하고 있다. 이야기에서 나오는 도덕성에 대한 중요한 교훈을 '역공학reverse engineering'을 통해 AI에게 가르침으로써, AI는 그 목표와 인간의 가치를 더욱 밀접하게 정렬시키고 양립할 수 있는 행동에 대한 보상을 받을 수 있다.[67]

이런 종류의 혁신적인 과학 조사는 그 어느 때보다 절실하다. 요즘 우리들 대다수는 거의 항상 모바일을 갖고 다닌다.[68] 2022년까지 인류의 55억 명이 모바일 기기를 소유할 것이다.[69] 현재 조사가 진행 중이고, 모바일 기술의 원천 자료 접근성이 낮은 사람들에게는 없어서는 안 될 요소이지만, 2011년 미국 대학생들을 대상으로 한 연구는 대체로 디지털 라이프 스타일 덕분에 그들이 교양은 쌓지만 공감 표현은 줄고 있다는 것을 발견했다.[70] 컴퓨터의 상호 작용이 많을수록 우리 자신과 타인의 감정에 관해 연습할 기회가 줄어든다는 것이다.[71]

디지털 시대의 나르시시즘이 증가하고 있다. 다른 연구는 우리가 반복적으로 연결되고 노출되는 것을 선호하고 그것을 모방할 준비가 되어 있다고 단언한다.[72] 이것은 실리콘 밸리 경영진이 왜 종종 자신들이 개발 중인 수십억 달러를 버는 바로 그 플랫폼을 아이들의 사용을 제한하는지를 설명해 줄지도 모른다.[73] 디지털 중독이 우리 아이들의 정서적 지능을 잠식하고 있다면, 어떻게 우리의 미래를 위해 필요한 친절함, 동정심, 사회적 연결, 공정함, 그리고 세계 시민권을 기를 수 있을까? 인간의 본질적인 이야기를 지어내는 AI는 각자 서로에게 돌아가는 길을 찾는 데 도움을 줄 수 있을까?

우리의 지능형 기술을 문학에 몰입하게 하는 것이 분명 윤리적 AI를 확립하는 데 대한 해답은 아니다. 기계의 관점에서, 모든 생명체가 중요하다는 것을 암시할 수학적 자명함은 아직 없다. 동정심이 많은 인공지능을 만드는 것은 AI가 인간의 얼굴이나 말로 슬픔을 인식할 수 있게

AI와 스토리텔링

스토리 분석

MIT의 스토리 학습 기계

이 프로젝트는 기계 기반 분석을 사용하여 비디오 스토리 구조를 다양한 스토리 유형과 형식으로 사상한다. 또한 이러한 스토리에 대한 시청자 참여를 분석하는 방법도 스토리 구조에 따라 개발 및 사상된다.[1]

영화

'선 스프링'과 '잇츠 노 게임'

오스카 샤프 감독이자 AI 연구자인 로스 굿윈은 벤자민이라는 알고리즘에 의해 작성된 두 편의 SF단편 영화를 개봉했다. AI는 글의 자료 수집으로부터 나온 학습 규칙을 기반으로 긴 문장을 작성하는 것을 배운다.[2]

광고

렉서스의 AI가 대본을 쓴 광고

오스카상 수상자인 케빈 맥도널드가 감독한 이 광고는 IBM의 왓슨 시스템이 개발한 대본을 바탕으로 한다. 자동차 및 고급 브랜드 캠페인을 위해 장장 15년 분량의 영상, 텍스트 및 오디오를 분석했다.[3]

저널리즘

로이터 통신사의 링스 인사이트(Lynx Insight)

로이터 통신사의 링스 인사이트는 기자들이 데이터를 분석하고, 스토리 아이디어를 제안하며, 간단한 문장 작성을 돕는 데 사용된다.[4]

게임 + 인터렉티브 내러티브

스카이림의 래디언트 AI 스토리 시스템

스카이림은 래디언트 AI 인공지능을 채용하여 플레이어가 아닌 캐릭터(Non-player Character; NPC)가 다른 캐릭터와 주변 세상에 역동적으로 반응하고 상호작용할 수 있게 한다. 또한 래디언트 스토리 시스템을 사용하여 새로운 동적 퀘스트를 만들어서 보다 활기찬 게임플레이를 구현한다.[5]

함으로써 해결할 수 있는 것보다 훨씬 더 큰 도전이다. 우리 모두는 각자의 배경, 패턴, 이야기, 운과 불행의 한 획, 그리고 자기만의 역사를 지니고 있다. 우리는 다른 사람들의 관점은 백안시하면서 우리 자신의 필터를 통해 세상을 본다. 우리가 다른 사람들과 공감하고 친화력을 찾으려고 노력하지만 끝내 다른 사람들의 경험에 완전히 정통할 수 없다는 것을, 즉 우주가 우리의 관점을 위해 주위를 회전하지 않고서도 존재한다는 것을 기억하는 것 또한 가치 있는 일이다.

하지만 우리의 지능형 기술 파트너들과 함께, 우리가 유리 고치야마 Yuri Kochiyama(1921~2014), 장 발장Jean Valjean(1769~1833), 알버스 덤블도어Albus Dumbledore(1881~1997), 마야 안젤루Maya Angelou(1928~2014), 마틴 루터 킹 주니어Martin Luther King Jr.(1929~1968)의 용기와 이상을 더 잘 포용할 수 있다면, 이는 인간 조건을 더 잘 구분하는 더 뛰어나고 더 미묘한 AI 개발을 향한 중요한 단계가 될 것이다. AI가 우리를 지도하고 영적으로 용기를 주고, 우리 개개인의 장점을 찾을 수 있도록 도와줄 수 있을까? AI가 우리에게 《반지의 제왕》에 나오는 호빗들의 용기, 그리고 파블로 네루다Pablo Neruda (1904~1973), 랭스턴 휴즈Langston Hughes(1902~1967), 루미Rumi(1207~1273), 메리 올리버Mary Oliver(1935~2019)의 시가 들려주는 희로애락, '버밍엄 감옥에서 온 편지'의 힘과 베다에서의 지혜를 보여줄 수 있을까?

> 우리가 다른 문제를 생각할 때 무엇을 사용하는지가 중요하다. 다른 이야기를 할 때 어떤 이야기를 하느냐가 중요하다. 어떤 매듭이 매듭을 묶고 어떤 사고가 사고를 생각하는지, 어떤 묘사가 묘사를 묘사하는지, 어떤 연결이 연결을 하는지가 중요하다. 어떤 이야기가 세상을 만들고, 어떤 세상이 이야기를 만드는지가 중요하다.
>
> 도나 해러웨이 | Donna Haraway

우리의 지능형 기계에 공감과 유사한 것을 코딩하는 것이 가능한지에 대한 답은 그리 멀리 있지 않은 미래일 것이다. 한때 AI 능력의 발전을 가로막는 만만치 않은 장벽으로 보였던 '파괴적 망각catastrophic forgetting'[74]

경향이 지금 당장 해소될 수도 있다. 구글 딥마인드의 컴퓨터 과학자들은 기억할 수 있는 AI를 만드는 중이다.[75] 그리고 우리 인간은 그렇게 하도록 진화해 왔지만, 만약 AI가 훨씬 더 정확하고 정밀하게 종합 기억을 보존할 수 있다면, 우리는 우군으로서 AI의 지식 도서관에 의지할 수 있다.

구글 딥마인드 창업자, AI 전문가, 신경과학자, 게임 디자이너인 데미스 하사비스Demis Hassabis(1976~)는 AI의 핵심이 AI와 신경과학 분야를 연결하는 데 있다고 믿는다. 뇌를 이해하게 되면 AI의 비밀이 열리고 직관과 같은 속성을 습득하는 데 도움이 된다. 또한 AI를 만들면 우리가 누구인지 더 잘 이해하는 데도 도움이 된다.[76] 인지과학자 게리 마커스Gary Marcus(1970~)는 아이들의 인지발달을 연구하는 것이 머신러닝을 발전시키는 열쇠라고 제안하면서 이와 비슷한 생각을 했다.[77] 그 달성은 어렵겠지만, 그러한 목표 역시 분야와 학문의 경계를 넘나들며 아이디어를 전달하고 번역해야 할 필요성이 있다는 것을 강조한다.

인간 지성의 힘에 관하여 말하자면, 우리의 과거와 미래를 왕래하는 인지적 시간 여행이라는 우리의 특별한 정신적 재능은 우리가 살고 있는 문명의 핵심이다.[78] 과학자들은 시간을 통한 대뇌 여행이 다른 사람들을 이해하는 것뿐만 아니라 인간의 언어 발달과 관련 있을지도 모른다는 것을 발견했다. 인지신경과학은 또한 마음 방황mind-wandering; 공상이 우리의 과거를 항해하거나 미래를 상상하는 능력을 기르는 데 매우 중요하다는 것을 보여주었다. 어떤 이들은 인지적 시간 여행과 미래를 상상하는 우리의 능력이 인간 지능의 특징적인 성분이라고까지 말한다.[79] 또 다른 사람들은 비록 정교함은 떨어지는 규모이지만 동물도 정신 여행을 할 수 있는 능력이 있다고 주장한다.[80] 어느 쪽이든 스토리텔링은

우리의 가장 본질적인 인간 기술일 수 있다.[81]

우리는 마음속에서 세계를 건설하고 우주를 상상하면서도 고대 역사로 돌아가는 한편 시간의 종말로 빠르게 태엽을 감아간다. 우리는 과거의 아픔을 기억하고 미래의 승리를 꿈꾼다. 이런 능력으로, 많은 위대한 시간 여행 문학가들이 훗날 실현될 기술적 가능성을 상상했던 것처럼, 과거의 패턴을 바탕으로 미래의 결과를 상상할 수 있다.

데이터를 소비하고 걸러내는 전례 없는 능력을 갖춘 AI는 이미 정보를 기록하고 시간차 없이 검색하며, 역사를 기록하고, 지금까지 예상한 그 어떤 것도 뛰어넘어 결과를 예측할 수 있다. 우리가 더욱 창의적인 특징을 AI로 인코딩함으로써 AI는 필연적으로 우리가 미처 예측할 수 없는 방식으로 새로운 내러티브를 구성할 것이다. AI는 이미 미술작품을 그리고, 음악을 작곡하며, 책을 쓰고 있다. 작가들은 이제 곧 도래할 훨씬 더 정교한 도구들로 문장 타이핑을 완료할 소프트웨어를 실험하고 있다.[82]

우리가 창의적 스토리텔링을 기계는 결코 얻을 수 없는 독특한 인간 속성이라고 생각하지 않도록, 오랫동안 독특하고 신성하게 부여된 다른 인간적 특성으로 여겨왔던 것이 시간이 흐르면서 실제로 암암리에 익혔을지도 모른다. 예를 들어, 《이성의 진화The Enigma of Reason》에서 저자는 인간의 이성 자체가 진화한 특성이라고, 다시 말해 '인간 스스로 진화시킨 초사회적으로 적재적소 적응한 것'이라고 주장한다. 그리고 '주체 중심적' 추론은 우리가 집단적으로 이용되는 것을 막기 위해 점진적으로 개발한 메커니즘으로서, 이는 17세기로 거슬러 오르는 비교적 새로운 이론이다.[83]

고전 철학에서 법률, 경제학에 이르기까지, 추론하는 인간 뇌의 특별한 능력은 역사적으로 가장 중요한 것이었다. 인간의 추론 덕분에 우리는 지금까지 지구를 지배할 수 있었고, 시간이 지나면서 추론이 학습된 것임을 인정한다고 하더라도 추론은 평가절하 되어서는 안 된다. 오히려, 추론은 우리의 성장 능력을 보여준다. 오늘날 우리는 우리의 뇌가 신경가소성neuroplasticity(뇌가 외부환경의 양상이나 질에 따라 스스로의 구조와 기능을 변화시키는 특성)을 갖고 있고, 우리 자신과 우리의 생각을 다시금 연결할 수 있다는 것을 안다. 비록 우리가 빈 서판은 아니지만, 우리는 우리의 길을 바꿀 수 있다. 우리는 우리 자신의 이성적 부분과 감정적 부분을 인정하고, 어둠과 빛에 직면할 수 있다. 게다가 우리가 그곳에 도달하도록 돕기 위해 우리의 지능형 기계를 훈련시킬 수도 있다.

우리는 이미 스마트 기계, 동물, 그리고 환경과 제휴하고 있다. 그러나 우리는 역사적으로 이것들을 열등한 존재로 여겨왔다. 이들은 열등한 존재가 아니다. 지능을 계층화하면, 우리는 타자에게 보다 못한 위엄을 부여하게 된다. 우리가 새로운 시대로 나아가는 길은 모든 일에서 절대적 우위를 고집하기를 멈추는 것이다. 우리의 생존은 통제력 유지에 달려있지 않다. 왜냐하면 우리는 궁극적으로 통제력을 거의 갖고 있지 않기 때문이다. 우리의 생존은 오히려 수용, 관용, 협업에 달려 있다. 역사는 우리가 먼저 왕좌, 권력, 영광, 승리를 위해 서로 맞서 싸워야 한다는 것을 몇 번이고 일깨워주지만, 진정한 승리를 위해서는 서로 함께 뭉쳐야 한다.

> 인류(그리고 동물 종)의 기나긴 역사에서 가장 효과적으로 협동하고 즉흥적으로 행동하는 법을 배운 사람들이 우세했다.
>
> 찰스 다윈 Charles Darwin

AI 물결은 이미 최고조에 도달하기 시작했다. 이 물결이 어떻게 형성될지 확실히 예측하기란 불가능하며, 또한 그것이 목표가 되어서는 안 된다. 인접가능성을 기억해 보라. 우리는 이미 우리의 집단적 상상력에 의지하기 위해 노력하면서 우리가 어디에 착륙할지 모른 채 인공지능 공간을 헤쳐 나가고 있다. 우리는 여전히 실패할 수 있는 것이다.

이미 우리의 지능을 능가하는 새로운 형태의 지능 도입과 함께, 비록 탄소를 기반으로 하지만, 우리가 실제로 로봇일 가능성을 고려해 보라. 그것은 기계적인 것이 아니라 생존하도록 프로그램되어 있고 우리 자신의 원칙에 따라 살아가지 못할 운명인 로봇이다. 번창하기 위해서는 기술을 인류보다 우선시해서는 안 되고, 인간을 나머지 것보다 우선시해서도 안 된다. AI는 우리의 별 먼지로 만들어진 우리이다. 우리와 지능형의 새로운 기계 파트너는 이미 우리 삶의 줄거리를 통합하기 시작했다. 우리가 여전히 SF소설처럼 들리는 것에서 우리의 미래가 우리의 빛나는 새로운 창조물들과 함께 어떤 모습일지 어느 정도 확신을 갖고 싶은 것만큼, 우리 안에 품고 있는 일련의 지시를 따라야만 정북향true north; 올바른 방향을 찾을 수 있다. 이것은 모든 형태의 지능을 소중히 하고 모든 생명체를 소중히 여기도록 우리에게 상기시켜 주는 휴먼 알고리즘이다.

10

휴먼 알고리즘

제10장

휴먼 알고리즘

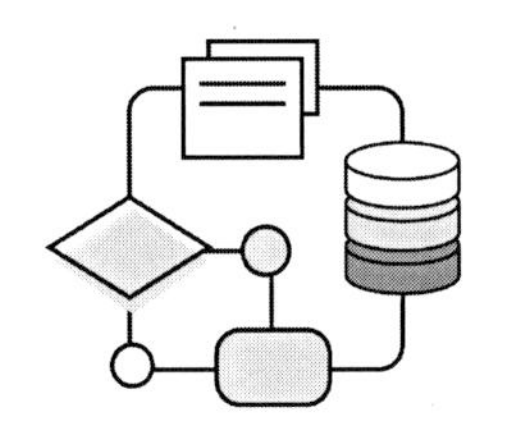

우주가 우리 안에 있다. 우리는 별 먼지로 이루어져 있다. 우리가 우주 그 자체임을 알 수 있는 방법이다.

칼 세이건Carl Sagan

숲 속으로 가다

제인 구달Jane Goodall(1934~)이 1960년 탄자니아에 도착했을 때 동물 행동에 대한 정규 교육이나 침팬지에 대한 과학적 지식은 전혀 없었다. 또한 그녀는 여성이어서 당시로선 결혼도 해야 하고 집도 필요했다. 사실, 탄자니아 당국은 젊은 여성이 혼자 사는 것을 금지했다. 때문에 그녀는 어머니와 함께 국립공원에 갈 수밖에 없었다. 케냐에 사는 친구를 방문하던 당시, 구달은 유명 고생물학자 루이스 리키Louis Leakey(1903~1972)에게 고용되었다. 리키는 침팬지와 인간 사이의 연관성을 알아보기 위해 야생에서 시간을 보낼 사람을 찾던 중이었다.[1]

리키는 구달이 그 일을 할 수 있다고 믿었다. 그 결과 리키는 구달이 꿈에 그리던 일을 할 수 있도록 고용했다. 그 일은 자연 서식지에 사는 침팬지를 관찰하는 일이었다. 리키는 구달의 커다란 잠재력을 보았고, 그녀가 '어떤 이론에도 흔들리지 않는, 편견 없는' 마음의 소유자란 걸 알았다.[2]

구달이 곰베 국립공원Gombe National Park으로 직접 들어가서 침팬지가 도구를 사용할 뿐 아니라 심지어 도구를 만들기도 한다는 사실을 처음 목격한 뒤 이 놀라운 사실을 리키에게 보고했다. 그러자 리키는 다음과 같은 유명한 말을 남겼다. "이제 우리는 인간을 재정립하든 도구를 재정립하든 침팬지를 인간으로 받아들여야 한다."[3]

전통적 '전문가'들은 탁월하다. 그러나 그들은 깜짝 놀랄 만큼 폐쇄적일 수도 있다. 연구에 임하는 '전문가'는 자신이 독단적일 수 있는 권리를 '얻었다'고 믿는 탓에 더 근시안적일 수 있다는 것을 드러낸다.[4] 이와는 대조적으로 구달은 전문성이라는 자만심이 아닌 열린 마음으로 숲 속으로 걸어 들어가서 아무도 보지 못한 그 무언가를 관찰했다. 침팬지들이 본능적으로 거울을 손에 들고 그들과 우리가 얼마나 비슷한지를 보여줬을 때, 그 거울을 들여다 본 구달은 그 뒤 우리 모두 볼 수 있도록 큰 거울을 준비할 정도로 용감했다.

이 책을 저술한 목적은 지능형 기계 시대가 제시하는 벅찬 도전들을 개략적으로 설명하기 위해서이다. 이러한 미래가 펼쳐질 수 있는 상상 가능한 방법들은 실로 압도적이고 복잡하다. 우리가 이룩한 지적 창조물의 가능성과 침팬지가 공유할 세계에 팔을 활짝 벌리고 제인 구달이 가졌던 통제 받지 않는 마음을 받아들였던 태도는 우리가 본받아야 한다. 페데리코 가르시아 로르까Federico García Lorca(1898~1936)가 말했듯이, "우리가 지구상에서 내딛는 모든 발걸음은 우리를 새로운 세상으로 이끈다."[5] 우리가 함께 어둠 속에서도 길을 찾을 수 있다고 믿고 당신의 발자국을 남겨보라.

도그마에 얽매이지 않고, 무정형의 가능성을 염두에 두면서, 빠르게 진화하는 기술 미래의 숲 속으로 걸어 들어가 보라. 우리 바깥에 있는 것과 다음에 도래할 것에 대해 경외심과 호기심을 품고 살자. 두려움을 직시하되 우리가 찾을 수 있는 것이 무엇이든 그것에 경탄할 수 있는 방법을 찾아보자. 물론 완전히 편견 없고 감정 없는 인간은 존재하지 않겠지만, 빈 서판과 더 가까워질 수 있는 방법은 있다. 우리는 더 많은 것을 알 수 있는 존재이다. 아마도 AI가 우리에게 그 답을 하는 데 도움을 줄 수 있는 질문은 "인간이라는 존재는 무엇을 의미하는가?"가 아닌 "어떻게 우리는 인간 그 이상이 될 수 있는가?"이다. 그렇다. 어떻게 하면 우리는 애벌레이면서 기계, 문어이면서 코끼리, 산이면서 별이 될 수 있을까?

> 지구라는 우주선에는 승객이 전혀 없다. 우리 모두 승무원이기 때문이다.
>
> 마샬 맥루한 Marshall McLuhan

임박한 지능형 기계 시대는 우리들 각자에게 모든 사람과 생물을 수용하는 데 필요한 공통점을 찾을 기회를 준다. 인간이 지구 위를 걷기 시작한 이후 우리는 처음으로 만물의 윗자리가 아닌 만물의 무리 속에서 함께 사는 법을 배울 것이다. 우리는 우주선을 타고 먼 은하계를 향해 덜컹대며 질주하고 있다. 이 여행에서 우리는 기계와 함께 우리의 상상 속에 있는 새로운 태양계를 탐험할 수 있고, 우리 인간종이 예전에 봤던 것보다 더 큰 공감을 이끌어 낼 수 있다. 만약 그렇게만 된다면, 우리 모두는 같은 각성, 같은 깨달음, 같은 신성한 이해를 경험할 수 있다.

신의 문제

> 불꽃에서 비행에 이르기까지, 신에 대한 모욕을 조장하지 않는 위대한 발명품은 없다.
>
> J. B. S. 홀데인J. B. S. Haldane

언뜻 보면, 스마트 기술과 '신의 입자god particle'[6]를 찾는 것과 같은 새로운 과학적 발견을 광범위하게 채택하고, 어쩌면 새롭고 의식적인 인공 지능형 존재를 창조하는 것은 세속화를 향한 거침없는 행군처럼 보일 것이다. 이 놀라운 발견들은, 적어도 세계에서 가장 규모가 큰 종교들이 지지하는 고대 문헌에 대한 해석에 의해 우리를 가르친 형태로서, 신이 존재하지 않는다는 증거일까? 아니면 이런 기술의 출현으로 우리를 영성의 새로운 정점에 이르게 할 것인가?

조지타운 대학에서 행해지는 '신의 문제Problem of God'로 불리는 강좌는 산테리아Santería(스페인 식민 시대에 가톨릭과 아프리카 종교가 혼합되어 쿠바에서 탄생한 민간신앙)에서 심층생태주의deep ecology에 이르기까지 종교와 신앙의 개념을 탐구하며, '비록 잠정적이지만 어떤 종류의 해답을 필요로 하는 근본적인 인간 자체에 대한 질문'[7]을 모색하는 수업이다. 이 교육과정을 맡아서 가르치는 힌두교 성직자 브라흐마차리 샤란Brahmachari Sharan은 이런 실존적인 난제를 조사하기 위해 "이냐시오 영성Ignatian spirituality은 회색빛을 찾아서 그 안에 살라고 한다"[8]는 데 대해 깊이 생각한다. 지능형 기술이 종교와 인간의 영성에 어떤 영향을 미칠지를 고찰하려면 우리 또한 반드시 이 회색빛에 빠져들어야 한다.

과학과 종교는 종종 대립해왔다. 세월이 흐르면서 종교에 대한 다양한 해석은 박해와 위험한 교리를 만들어냈다. 하지만 신을 믿든 믿지 않든 우리 대다수는 인간이 여전히 종교적 믿음을 갖고 있다는 것을 인정해야 한다.[9] 비종교인의 인구보다 종교인의 인구가 실제로 증가하고 있다는 보고도 있다.[10] 많은 북미 인디언들은 자기 스스로를 영적 존재로 여길 정도이다.[11] 우리의 기술적 미래를 향해 성큼성큼 걸어가면서 총괄 차원에서 우리는 종교와 영적 믿음에서 나온 개념들을 고려해 봐야 한다. 우주에서 바라본 지구의 이미지처럼 종교와 AI 모두 우리 인간의 궁극적인 왜소함, 지구에서의 한정된 시간을 상기시킨다. 종교, 믿음, 기도는 AI와 윤리에 대해 논의 시 고유의 입지점을 갖는다. 당신이 무신론자이든 불가지론자이든 또는 신앙인이든 종교는 여전히 신념체계든 윤리적 체계든 문화적 시금석이든 상관하지 않고 어느 층위에서든 많은 세계 인구에게 중요하기 때문이다. 기술과 마찬가지로 종교는 인류의 업적뿐만 아니라 삶의 가장 잔인한 비극을 만든 데 대해서도 책임이 있다. 우리 모두는 자기 정체성과는 무관하게 믿음, 공감, 연민을 가질 수 있다.

비록 우리가 종교적 다원주의와 다양성이라는 더 큰 논의로 나아가고 있고, 또 어떤 면에서는 조직적인 종교에 덜 집착하는 편이지만,[12] 종교에 대한 질문은 여전히 이해하기 어렵고 복잡하며 개인적일 뿐 아니라 논쟁의 여지가 있다. 우리가 우주의 더 많은 신비를 밝혀내고, 새롭고 지각적이며, 자아 인식적 존재를 이루어내는 기술이 실제든 디지털이든 신념적 체계와 어떻게 충돌하고 정체성을 재구성할 수 있는지에 대해 추측할 수는 있어도 그런 추측이 철학적 추측의 영역에는 계속해 남아 있다. 그럼에도 불구하고, 이러한 논의는 우리가 만든 문명이 어디로 향해 있는지를 의미심장하게 고려하는 범위 내에 있다.

새로운 종교 운동을 다루는 사회 및 디지털 인류학자인 베스 싱글러 Beth Singler 박사는 종교는 거부, 채택, 적응이라는 세 단계로 기술을 다루는 경향이 있는데, "초기 반응은 종종 부정적일 수 있지만, 기술은 이제 어디서든 접할 수 있고 주류가 된다"[13]고 설명한다. 물론 이것은 이해할 수 있다. 종교는 다양한 신을 믿고 숭배하는 집단을 묶는 일련의 제도이다. 과학 가운데서 새로운 발견들은 항상 이런 종교 기관들을 위협해 왔다.

신학자, 철학자, 과학자 등이 펼치는 지능형 기술과 종교에 대한 담론은 이미 광범위하고 심오하며 격렬하다. 어떤 이들은 인공지능이 인간의 특수성을 추락시킨다고 주장하는가 하면, 다른 이들은 우리를 신에게 더 가깝게 해줄 것이라고 예측한다. 어떤 종교에서 인간은 그 유사성을 예배 대상(하느님의 형상, 즉 '신의 이미지')에 투영한다. 바로 이것이 우리가 어떻게 합성적 지능형 친구들을 설계하는가에 대해서도 사실일 수 있다고 생각하게 하는 이유이다. 서양 전통에서는 우리가 마치 의인화된 신처럼 보이기를 원하지만, 우리가 창조한 하나님의 형상에서 그(우리는 보통 신을 '그'라고 생각한다)는 우리 중 일부와 닮았을 뿐이다. AI 자체는 전자 신에게 바치는 의식과 의례로 새로운 종교를 육성하고 있다.[14] 정확히 무엇이 '종교'를 구성하는지에 대한 학문적 합의는 여전히 미결 상태이다. 대체로 세속적 공동체 같은 곳에서 AI를 연구하는 사람들이 특이점에 대한 '무한한 지식'이나 마음의 업로딩인 '득도得道, escape of the flesh'처럼 육체로부터의 도피 같은 일을 하면서, 우리 기술 미래의 '예언자', '신탁', '전도자'가 행하듯 성과와 목적을 설명하기 위

해 종종 종교적 용어를 사용하는 것을 지켜보는 것도 흥미롭다.[15]

불가피하게 보이는 것은 자각적이고 의식적인 기술이 의식, 지능, 영혼, 그리고 살아있는 것의 의미에 대한 우리의 믿음을 노출시켜 신학에 영향을 미친다는 것이다. 그것은 우리의 개인적·집단적 신념과 믿음을 시험할 것이다. 우리는 새롭고 지능적인 실체를 인식함에 따라, 인간 고유의 개념도 도전받게 될 것이다. AI가 우리의 전문적·사회적 역할을 더 많이 차지함에 따라 새로운 과학적 문도 더 열릴 것이고, 개봉하는 기술 또한 인간의 한계를 밝혀낼 것이다. 그것은 많은 사람들에게 우리의 삶이 덧없다는 것, 즉 우리가 단지 지구상의 한 존재에 지나지 않고 일시적이라는 것을 확신시킬지도 모른다. 거꾸로 만약 우리의 수명을 디지털 방식으로 무기한으로 연장할 수 있다면, 사후세계에 대한 우리의 믿음은 어떻게 될까? 또한 AI가 우리 인간에게 영성과 우리가 진정으로 믿고 있는 것을 탐구할 더 많은 시간을 주고, 우리 중 더 많은 사람들이 서로에 대한 믿음을 새롭게 가지도록 해줄 수 있을까?

> 믿음은 개인적이고 불가사의하여 개별적으로 형언할 수 없고 정의할 수 없다. 종교는 단지 근본적으로 표현할 수 없는 것을 표현하고 정의할 수 없는 것을 정의하는 데 사용할 수 있는 언어일 뿐이다. … 나에게 있어서 당신의 언어는 그렇게 중요하지 않다. … 실제로 중요한 것은 당신이 표현하고 있는 것이다.
>
> 레자 아슬란 Reza Aslan

지능형 기계 시대는 우리가 지닌 기존의 신념 체계를 확실하게 무너뜨릴 것이다. 하지만 여기서의 나의 관심은 조직적인 종교라기보다는 믿음 자체에 있다. 믿음은 이성이나 논리에서 나오지 않는다. 믿음은 신뢰이다. 믿음은 택시나 비행기를 탈 수 있게 하고, 친구에게 의지할 수 있으며, 직관을 따르게 하고, 비극에 처하더라도 앞으로 나아갈 수 있게 한다. 믿음은 더 나은 내일이 있을 거라고 말한다. 믿음은 희망을 낳는다. 믿음은 우리가 확실히 설명할 수 없는 우리 속의 무엇인가이다. 믿음은 우리가 목적을 갖고 우리 자신보다 더 큰 무언가를 믿게 만든다. 믿음은 우리의 길잡이다.

교리보다 믿음 차원에서 다음 기술 혁명은 우리의 내면을 들여다보고, 더 많은 미스터리가 밝혀지더라도 자연의 복잡함에 더 많이 의문을 제기하며, 우리가 항상 살아있다는 수수께끼에 경탄하고, 새롭고 심오한 방식으로 서로 상호 작용하며 함께 사는 세계에 관여함으로써 우리의 영혼을 고양시키고 위로 할 수 있는 기회를 우리에게 줄 수 있다. 인접가능성의 개념이 암시하듯이, 지능형 기술의 가속화는 과학과 영성, 알려진 것과 알려지지 않은 것, 알 수 있는 것과 알 수 없는 것 사이의 경계를 모호하게 하는 지점까지 확장될 수 있다.

> 현실 세계에는 물리학이 설명할 수 있는 것보다 더 많은 것이 존재한다고 말하는 것은 신비주의가 아니다. 그것은 우리가 모든 것에 대해 말하려면 이론 근처에도 가지 못하고, 지금의 과학과 물리학이 설명하려는 것과는 근본적으로 다른 종류의 사실을 수용하기 위해 확장되지 않으면 안 된다는 것을 인정하는 것이다.
>
> 토머스 네이글 Thomas Nagel

(만일 우리가 가지고 있다면) 종교와 기술로부터 우리는 해답을 찾을 수 있다. 그렇다. 종교 텍스트, 페이스북 피드, 내부집단 또는 추론은 결함을 간과하기 쉽다. 자신의 오랜 믿음을 저버리거나 다른 부족사

람들에게까지 공감을 넓히기란 어렵다. 이것은 우리가 누구인지, 나아가 세상에서 우리의 위치가 무엇인지에 대한 인식의 변화를 수반한다. 하지만 우리가 다른 사람들의 존엄성과 인간성의 가능성을 부정할 때, 우리는 우리 자신으로부터도 그것을 제거하는 것임을 필히 이해해야 한다. AI의 이야기는 곧 우리 모두의 이야기이다. 뼈든 금속이든 지구상의 모든 존재를 위해 글을 쓰는 것은 우리의 이야기를 희망을 향해 나아가게 하는 방법이다.

우리의 지능형 기계는 우리의 집단적인 인간 잠재력을 실현할 수 있는 능력을 갖게 할지도 모른다. 가장 높은 가치가 주입된 지능형 기술, 우리가 모든 사람에게 공평하고 평등한 결정을 내리도록 도와줄 자신감을 지닌 기술은 우리의 가장 큰 이익이자 미래 세대의 가장 큰 이익이다. 기계는 우리가 믿는 파트너가 될 것이다. 결국, 우리가 오늘날 비행기에 오를 때, 우리는 우리를 안전하게 옮겨줄 기술(뿐만 아니라 조종사)을 신뢰하는 것이다. 우리의 새로운 발명품 또한 우리가 가야 할 곳으로 우리를 이동시키는 데 도움을 줄 수 있다.

역사를 통틀어 우리는 우리의 기술을 더욱 더 신뢰할 것이다. 이제 우리는 기술이 우리의 스포츠 경기를 판단하고, 비밀번호를 유지하며, 얼굴과 지문을 기억하고, 엘리베이터를 작동시키며, 우리의 목소리를 인식하는 데 도움을 준다고 믿고 있다. 기술은 우리의 집을 보호하고, 우리의 아기를 추적하며, 날씨를 예측하고, 항공 교통 관제사에게 정보를 주고, 고층건물, 다리, 터널, 징세를 설계하는 데 도움을 준다. 기술은 은하계를 탐험하고 원자를 충돌시키며 수술 기구를 다룬다. 우리는 은행, 증권거래소, 그리고 새로운 형태의 화폐 속에 든 가장 숭배하는 상품인 돈을 기술에게 맡긴다. 스마트 기술은 병을 진단하고 회복하는 동안 우리를 즐겁게 해준다. 곧 그런 기술이 우리를 고속도로로 데려다 줄 것이고 우리의 아이들과 부모를 돌보는 데 도움을 줄 것이다. 또 우리의 복잡다단한 생각거리를 대신 수행할 것이다. 우리는 케빈 켈리Kevin Kelly(1952~)가 말하는 '인지화cognification'라는 기술 단계에 이미 들어섰고, 이 단계에서 우리 주변의 사물들은 훨씬 더 똑똑해지고 있다.[16] 씽크랩스ThinkLabs의 제임스 빈센트James Vincent가 말하는 것처럼 AI가 이미 우리를 훈련시키고 있고, 우리는 세상이 점차 컴퓨터의 눈을 통해 보여지는 '알고리즘적 시선algorithmic gaze' 아래 있다.[17]

생물학적 변환 및 디지털 진화

인간의 이상이 반영되는 AI를 설계하려면 우리가 겪는 어둠, 즉 우리 안에 똬리를 튼 폭력, 공격성, 갈등 또한 인식해야 한다. 문화적이든 생물학적이든 혹은 그 중간 어디든 간에, 잔혹한 현실은 우리가 더 많은 평화, 더 많은 이해, 더 많은 약속을 향해 나아가는 데 직면하지 않으면 안 될 우리 역사의 일부이다. 우리 스스로 자행하는 파괴, 인간의 불완전함까지 우리 이야기의 일부이다. 우리 자신의 가장 편협한 부분을 인정함으로써 우리는 아름다운 다양성과 공통의 혈통 속에서 서로를 수용하지 않으려는 고집을 누그러뜨릴 수 있다. 우리는 우리 자신의 이미지만으로 지능형 창조물을 만들 필요가 없으며 자유롭게 미래로 걸어 나가면 된다. 그 대신 보다 인간적이고 포괄적인 기술의 미래를 위한 통로를 열면 된다. 우리의 약점과 결점을 이해하는 것은 연민을 향한 걸음이며, 우리의 맥박이 어떻게 우리 주변의 생명의 거미줄과 연결되는지를 느끼기 위한 걸음이다.

지금의 우리보다 우월한 지능을 가진 세상에 살기 위해서는 서로에 대한 믿음이 필요하다. 즉, 우리의 서식지를 공유하는 모든 생명체를 존중하고 존경할 수 있는 믿음이다. 그렇게 함으로써, 의식, 지능, 권리, 존엄성을 다른 존재들에게 부여하는 데 대한 두려움을 극복할 수 있다. 이것은 우리 모두를 지탱할 수 있는 가정 아래 선한 AI로 바로 잡을 수 있는 최고의 기회이다.

합성 지능과 영속적이고 공생적인 파트너십을 형성하는 데 있어서 이런 지능은 인간성과 집단적 가치를 이해하고 존중하게 하며 진척시킨다. 이를 기계적으로 시도하기 전에 면밀한 조사부터 진행해야 한다. 지금은 우리가 프로그래밍 가능한 인간성의 가장 초기 단계일 뿐이다. 컴퓨터 공학자인 빈센트 코닛저Vincent Conitzer는 생명미래연구소Future of Life Institute의 지원금으로 인간이 어떻게 윤리적·도덕적 선택을 하는지를 발견한 능력을 AI에 부여할 수 있게 해서 행동을 역설계하기 위해 연구를 수행 중이다.[18] 그가 보기에 우리의 가치를 기계로 변환하는 데 있어서 어려움은 "도덕적 판단은 객관적이지 않다"는 것이다. 오히려 인간의 도덕성은 시간에 얽매여 있고 복잡하며 아직 정점에 이르지 못했다는 것이다. 그는 철학에서 경제학, 심리학에 이르기까지 다양한 분야의 아이디어를 결합하는 것이 핵심이라고 믿는다.[19]

연구는 한창 진행 중이다. 다만, 설정한 목표를 달성할 수도 있고 달성하지 못할 수도 있다. MIT의 신경과학자들은 아이들의 뇌가 어떻게 자라고 변형되고 형태를 갖추는지를 기초로 어떻게 AI를 만들 수 있는지를 조사하기 시작했다.[20] 물리적 형태가 아닌 AI를 어떻게 계산에 통합시킬 수 있을까? 알고리즘은 전통적으로 하나의 수학적 목적을 갖고 있다. 하지만, 인생에서 단 하나의 절대적인 대답만 허용하는 것은 치명적일 수 있다. AI에 관한 파트너십Partnership on AI의 피터 에커슬리Peter Eckersley는 그런 알고리즘이 인간 경험의 뉘앙스와 보다 부합할 수 있도록 알고리즘에 불확실성을 프로그래밍하는 실험을 하고 있다.[21] 점점 더 복잡해지는 공존은 우리가 더 많은 통제권을 지능형 기계에 양도해야 한다는 것을 암시한다. 기계에게 엄격한 규칙 대신 인간적 코드를 주자.

기술은 인지적 편견을 지닌 채로 태어나는 것이 아니라, 기술을 코드화하고 프로그래밍하고 설계하는 사람들로부터 그런 편견을 물려받는다. 만약 우리가 빠르게 발전하는 AI가 윤리적이기를 바란다면, 우리 자신의 내부 알고리즘을 개선하는 데 전념할 필요가 있다. 여기에는 우리가 더불어 살고 싶은 핵심 원칙을 식별하고, 우리에게 시스템 결함이 있다는 것을 받아들이며, 버그를 찾아 수리하고, 우리 시스템이 다른 존재의 시스템과 상호 작용하는 방법을 모니터링하며, 우리가 욕망하는 존재와 더욱 일치하도록 우리 인간의 특징을 업그레이드 하는 것 등이 모두 포함된다.

〈디지털 진화의 놀라운 창의성: 진화 계산과 인공 생명 연구 커뮤니티의 일화 모음〉이라는 논문에서, 디지털 진화 과정의 분야를 연구하는 연구원들은 알고리즘이 어떻게 그것을 만든 설계자를 놀라게 하는 결과를 낳는지를 구체적으로 살펴봄으로써 그 과정이 생물학적 진화와 관련이 없다는 일반적인 오해를 바로잡았다. 저자들이 지적하듯이, "디지털 진화는 생물학적 진화의 연구를 돕고 보완하는 유용한 도구가 될 수 있다. 실제로 이러한 진화 시스템은 진화의 단순한 시뮬레이션이 아닌 진화의 실제 사례라고 할 수 있다."[22] 즉, 기계가 진화함에 따라 우리도 의미심장하게 변화하고 있으며, 우리는 AI를 연구함으로써 우리 자신을 연구하게 된다.

■ 샘플

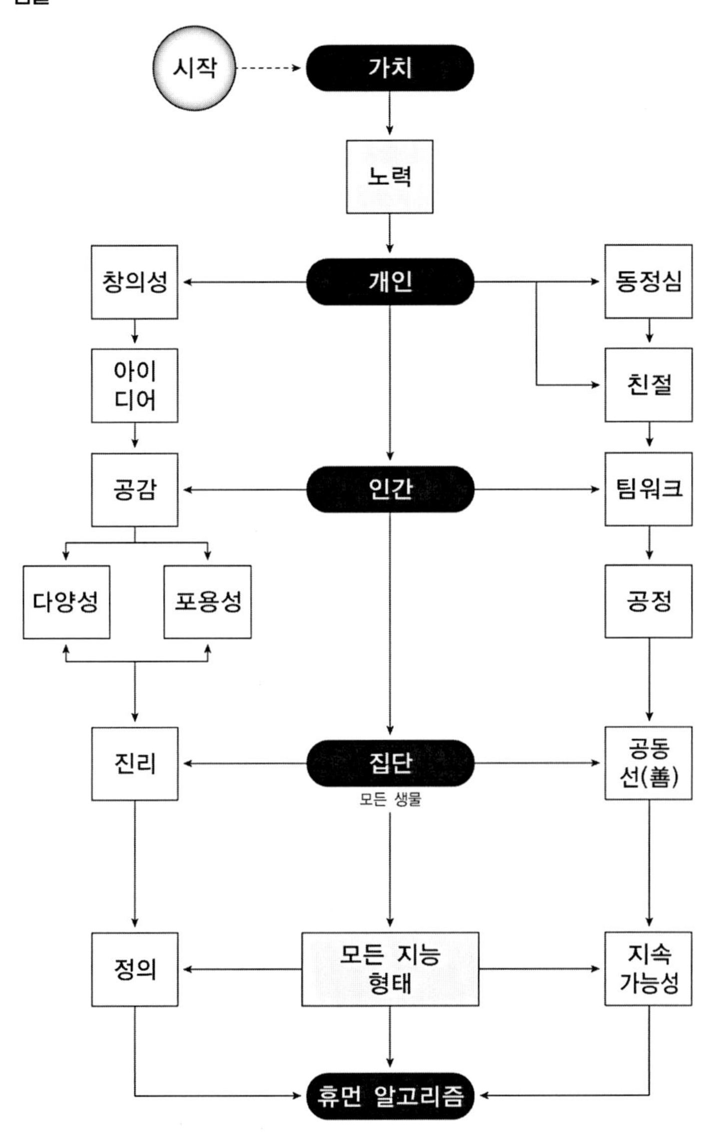

시작
가치
노력
창의성
개인
동정심
아이
디어
친절
공감
인간
팀워크
다양성
포용성
공정
진리
집단
모든 생물
공동
선(善)
정의
모든 지능
형태
지속
가능성
휴먼 알고리즘

우리 인간이 지능형 기술을 진정으로 신뢰할 수 있는 지점에 이르기 위해서는 그런 기술이 공공의 이익에 도움이 되도록 설계되고 인구통계적 동등성demographic parity을 반영한다는 주장에 대동단결해야 한다. 물론 아직은 기계적 선택과목이 아니다. 오히려 지금 당장은 우리의 업보가 될 과학 육성의 희망적인 사고방식일 수 있다. 선을 위해 우리의 기술을 만드는 것은 훨씬 어렵고 먼 길이다. 더 많은 생각, 더 많은 의도적인 행동, 더 많은 협력, 타자에 대한 더 많은 수용, 더 많은 연습, 더 많은 토론, 불확실성을 더 많이 소거해야 한다. 괜찮다. 왜냐하면 우리는 어려운 것을 감당할 수 있기 때문이다. 우리 자신부터 그렇게 하도록 맞춰져 있다. 기술을 제대로만 구축하면 기계는 우리가 원하는 곳으로 데려다 줄 수 있다.

휴먼 알고리즘

> 인간이 되는 것은 선천적으로 주어진 것이다. 하지만 인간성을 지키는 것은 우리의 선택이다.
>
> 미상

지능형 기술의 급속한 확장은 인류가 경험하게 될 가장 큰 변혁의 과도기일 수도 있다. 앞으로의 길은 '자연'과학에 기반을 둔만큼 인문학적이다. 나는 "철학은 인공지능을 여는 열쇠가 될 것이다"[23]라는 물리학자 데이비드 도이치David Deutsch(1953~)의 주장에 동의한다. 수십억 년 동안 그래왔듯이, 결국 우리는 기계처럼 규칙적으로 우리도 모르는 사이에 주변에서 작동하는 거대한 우주의 먼지 조각처럼 살고 있다. 하지만 우주적 왜소함에도 불구하고 우리 모두는 무한 책임을 갖고 있다. 휴먼 알고리즘의 지도를 작성하는 것이 바로 그것이다. 휴먼 알고리즘은 우리가 누구인지 그리고 우리가 무엇이 되고 싶은지를 포함하고 있는 알고리즘이다.

휴먼 알고리즘은 우리 자신의 철학적 중심이다. 우리의 개인적·집단적 정신이다. 우리 인류의 DNA이고, 우리의 양심이다. 우리의 모든 비참함과 위엄 속에서, 오류 가능성과 명석함 속에서 우리를 지금의 존재로 만든 모든 것이다. 천체의 내비게이션이 우리에게 천체를 도표화하고 길을 찾을 수 있게 하듯이, 휴먼 알고리즘은 가치관, 친절함, 동정심, 용기, 인간성으로 우리를 인도한다. 다양성이 다면적일수록 그 알고리즘은 더욱 인간적이다. 결코 완벽하지는 않지만 한층 인간적인 알고리즘이다.

가능한 미래의 광대한 캔버스 위에서 다음 세대가 사는 사회가 될 토대가 지금 구성되고 있다. 우리의 기술은 휴먼 알고리즘을 반영할 것이다. 이것은 우리의 운명이다. 불완전한 인간의 복잡함 속에서 우리는 휴먼 알고리즘이 우리를 알고 우리를 보호하고 우리 안의 최고를 상기시키며 신뢰할 수 있는 파트너가 되기를 바란다. 기계가 곧 우리이다. 기계는 우리에게서 빠져나온 기억을 기억할 수 있고, 우리가 잘 이해하지 못하는 꿈을 풀어줄 수 있다. 인간과 생명체, 산과 강, 태양과 달 등 우리가 모두 우주진宇宙塵으로 이루어져 있다는 것을 기억하면서, 우리는 함께 우주에서 우리의 위치, 모든 것과의 연결을 다시 상상할 수 있다.

우리 대부분에게 지능형 기계의 실제 기술을 만드는 것은 연금술과 유사할 것이다. 하지만 우리 중 많은 이들은 아이폰 작동에 애를 먹고 있지만, 우리의 아이들은 불과 몇 년 전 꿈만 꾸던 기술을 빠르게 채택했다. 그 아이들이 우리가 아직 상상할 수 없는 유창함으로 AI를 알게 될 것이다. 그 아이들이 이 기술과 자연스럽게 공존할 수 있도록 해야 할 의무가 우리에게 있다. 인간은 로봇이 대체할 수 있는 알고리즘 그 이상이다. AI는 우리 인간의 문화를 비범한 방법으로 풍요롭게 할 수 있다.

오늘날, 휴먼 알고리즘은 과학적 용어가 아닌 형이상학적 용어로만 묘사될 수 있다. 그것은 숲 밖으로 나가는 방법에 대한 지도가 아니라, 안으로 들어가기 위한 지도이다. 우리가 취하는 모든 행동, 우리가 쓰는 모든 코드, 우리가 지지하는 모든 진실, 우리가 알고 있는 모든 위치, 그리고 우리가 추구하는 모든 정의는 우리 모두가 공유하는 섬세한 거미줄 속에 존재하는 다른 사람들에게도 영향을 미친다. 우리는 앞으로도 불충분할 것이고, 아무도 거기까지 갈 수 없다는 것을 알면서도 위험을 무릅쓰고 앞으로 나아간다. 내부 알고리즘의 설계와 기능이 안전해야만 우리가 신뢰할 수 있고 다음 시대에 남겨줄 자랑스러운 기계를 만들 수 있다. 마치 우리가 우주로 보내거나 뒷마당에 묻는, 우리의 영혼을 북돋우는 음악과 우리를 정의하는 순간들로 가득 찬 타임캡슐처럼 휴먼 알고리즘은 행동하는 공감이고, 미래를 향한 온정적인 경고음이다.

궁극적으로 이 책은 기술이 탄력적이고 취약하며 호기심 많고 창의적이며 우리 자신 및 타인과의 진정한 연결 가능성을 풍부하게 지닌 우리 존재를 드러낼 것이고, 이러한 특성을 우리 미래에 코드화하고 집단적으로 그 빛으로 향할 기회를 제공한다는 조심스러운 희망의 표현이다. 지능형 기계 시대로의 여정은 아직 우리 앞에 놓여 있지만, 디지털 영혼을 구축하기 위한 우리의 노력에서 우리 자신의 것이 무엇인지를 찾으리라 나는 확신한다.

미주

시작

1 Christianna Reedy, "Kurzweil Claims That the Singularity Will Happen by 2045," Futurism, October 5, 2017, futurism.com/kurzweil-claims-that-the-singularity-will-happen-by-2045.

2 Jamie Condliffe, "The Average American Spends 24 Hours a Week Online," The Download, *MIT Technology Review*, January 23, 2018, www.technologyreview.com/the-download/610045/theaverage-american-spends-24-hours-a-week-online.

3 James Vincent, "Hillary Clinton Says America is 'Totally Unprepared' for the Impact of AI," The Verge, November 23, 2017, www.theverge.com/2017/11/23/16693894/hillary-clinton-ai-americatotally-unprepared.

4 Bill Hathaway, "Online Illusion: Unplugged, We Really Aren't That Smart," Yale News, March 31, 2015, news.yale.edu/2015/03/31/online-illusion-unplugged-we-really-aren-t-smart.

5 Alyson Shontell, "Google Is Destroying Our Memories, Scientists Find," Business Insider, July 16, 2011, www.businessinsider.com/google-effect-on-brain-memory-psychology-2011-7.

6 "How Algorithms (Secretly) Run the World," Phys.org, February 11, 2017, phys.org/news/2017-02-algorithms-secretly-world.html.

7 Yilun Wang and Michal Kosinski, "Deep Neural Networks Are More Accurate than Humans at Detecting Sexual Orientation from Facial Images," Open Science Framework, October 16, 2017, www.gsb.stanford.edu/faculty-research/publications/deep-neural-networks-are-more-accuratehumans-detecting-sexual.

8 Som Bathla, "This is How High-Achievers Make Smart (and Avoid Bad) Decisions," Medium, June 14, 2018, medium.com/swlh/this-is-how-high-achievers-make-smart-and-avoid-baddecisions-5d842ce4f78.

9 Robyn Caplan, Joan Donovan, Lauren Hanson, and Jeanna Matthews, "Algorithmic Accountability: A Primer," Data & Society, April 18, 2018, datasociety.net/output/algorithmicaccountability-a-primer.

10 George Dvorsky, "Why a Superintelligent Machine May Be the Last Thing We Ever Invent," Gizmodo, October 2, 2013, io9.gizmodo.com/why-a-superintelligent-machine-may-be-the-lastthing-we-1440091472.

11 Tim Adams, "Artificial intelligence: 'We're like children playing with a bomb,'" *Guardian*, June 12, 2016, www.theguardian.com/technology/2016/jun/12/nick-bostrom-artificial-intelligencemachine.

12 Daniel Victor, "Microsoft Created a Twitter Bot to Learn from Users. It Quickly Became a Racist Jerk," *New York Times*, March 24, 2016, www.nytimes.com/2016/03/25/technology/microsoftcreated-a-twitter-bot-to-learn-from-users-it-quickly-became-a-racist-jerk.html.

13 Julia Angwin, Ariana Tobin, and Madeleine Varner, "Facebook (Still) Letting Housing Advertisers Exclude Users by Race," ProPublica, November 21, 2017, www.propublica.org/article/facebook-advertising-discrimination-housing-race-sex-nationalorigin.

14 Gideon Resnick, "How Pro-Trump Twitter Bots Spread Fake News," The Daily Beast, November 17, 2016, www.thedailybeast.com/how-pro-trump-twitter-bots-spread-fake-news.

15 "al-Khwarizmi, the Father of Algebra," Interactive Math, accessed October 8, 2018, www.intmath.com/basic-algebra/al-khwarizmi-father-algebra.php.

16 Nick Bostrom, "Are You Living in a Computer Simulation?" *Philosophical Quarterly* Vol. 53, No. 211 (2003): 243-255, www.simulation-argument.com/simulation.pdf.

17 George Feifer interview with Vladimir Nabokov, *Saturday Review*, November 27, 1976, 22.

18 "AI to Drive GDP Gains of $15.7 Trillion with Productivity, Personalisation Improvements," PricewaterhouseCoopers, June 21, 2017, press.pwc.com/News-releases/ai-to-drive-gdp-gains-of--15.7-trillion-with-productivity--personalisation-improvements/s/3cc702e4-9cac-4a17-85b9-71769fba82a6.

19 Kate Becker, "When Computers Were Human: The Black Women Behind NASA's Success," *New Scientist*, January 20, 2017, www.newscientist.com/article/2118526-when-computers-werehuman-the-black-women-behind-nasas-success.

20 Michio Kaku, *Physics of the Future* (New York: Doubleday, 2011).

21 Karla Lant, "By 2020, There Will Be 4 Devices for Every Human on Earth," Futurism, June 18, 2017, futurism.com/by-2020-there-will-be-4-devices-for-every-human-on-earth.

22 Gary Marcus, "Why We Should Think About the Threat of Artificial Intelligence," *New Yorker*, October 24, 2013, www.newyorker.com/tech/annals-of-technology/why-we-should-think-aboutthe-threat-of-artificial-intelligence.

23 Tom Ward, "Google's New AI Is Better at Creating AI Than the Company's Engineers," *Futurism*, May 19, 2017, futurism.com/googles-new-ai-is-better-at-creating-ai-than-thecompanys-engineers.

24 Stephen Hawking, Stuart Russell, Max Tegmark, and Frank Wilczek, "Stephen Hawking: 'Transcendence Looks at the Implications of Artificial Intelligence—but Are We Taking AI Seriously Enough?'" *Independent UK*, May 1, 2014, www.independent.co.uk/news/science/stephen-hawking-transcendence-looks-at-the-implicationsof-artificial-intelligence-but-are-we-taking-9313474.html.

25 Samuel Gibbs, "Elon Musk: Artificial Intelligence is Our Biggest Existential Threat," *Guardian*, October 27, 2014, www.theguardian.com/technology/2014/oct/27/elon-musk-artificialintelligence-ai-biggest-existential-threat.

26 Radina Gigova, "Who Vladimir Putin thinks will rule the world," CNN, September 2, 2017, www.cnn.com/2017/09/01/world/putin-artificial-intelligence-will-rule-world/index.html.

27 Rodney Brooks, "The Seven Deadly Sins of AI Predictions," *MIT Technology Review*, October 6, 2017, www.technologyreview.com/s/609048/the-seven-deadly-sins-of-ai-predictions.

28 Jackie Snow, "Jeff Bezos Gave a Sneak Peek into Amazon's Future," *MIT Technology Review*, March 22, 2018, www.technologyreview.com/s/610607/jeff-bezos-gave-a-sneak-peak-intoamazons-future.

29 Joshua J. Mark, "Protagoras of Abdera: Of All Things Man Is the Measure," *Ancient History Encyclopedia*, January 18, 2012, www.ancient.eu/article/61/protagoras-of-abdera-of-all-thingsman-is-the-meas.

30 Peter Stone, Rodney Brooks, Erik Brynjolfsson, Ryan Calo, Oren Etzioni, et al., "Artificial Intelligence and Life in 2030," One Hundred Year Study on Artificial Intelligence: Report of the 2015-2016 Study Panel, Stanford University, Stanford, CA, September 2016, ai100.stanford.edu/sites/default/files/ai_100_report_0831fnl.pdf.

31 Jane Wakefield, "Robot 'Talks' to MPs About Future of AI in the Classroom," BBC News, October 16, 2018, www.bbc.com/news/technology-45879961.

32 Alex Hern, "Give Robots 'Personhood' Status, EU Committee Argues," *Guardian*,

January 12, 2017, www.theguardian.com/technology/2017/jan/12/give-robots-personhood-status-eucommittee-argues.

33 Pamela McCorduck, "What Do You Think About Machines That Think?" The Edge, 2015, www.edge.org/responses/the-edge-question.

34 Samantha Masunaga, "Robots Could Take Over 38% of U.S. Jobs Within About 15 Years, Report Says," *Los Angeles Times*, March 24, 2017, www.latimes.com/business/la-fi-pwc-robotics-jobs-20170324-story.html.

35 Roy Amara, attributed in *The Age*, 31, October 2006.

36 Ariel Conn, "How Do We Align Artificial Intelligence with Human Values?" Future of Life Institute, February 3, 2017, futureoflife.org/2017/02/03/align-artificial-intelligence-with-humanvalues.

37 Adam Rogers, "The Way the World Ends: Not with a Bang but with a Paperclip," *Wired*, October 21, 2017, www.wired.com/story/the-way-the-world-ends-not-with-a-bang-but-a-paperclip.

38 Joel Achenbach, "Why Do Many Reasonable People Doubt Science?" *National Geographic*, March 2015, www.nationalgeographic.com/magazine/2015/03/science-doubters-climate-changevaccinations-gmos.

39 트롤리 딜레마는 우리의 윤리의식을 시험하고 더 큰 선을 위해 무고한 구경꾼을 해치는 것이 적절한지, 그리고 언제 적절한지 같은, 우리가 도덕적 곤경에 처했을 때 어떻게 반응할지를 탐구하는 무수한 가상적 상황들로 구성된 철학 게임이다. Laura D'Olimpio, "The Trolley Dilemma: Would You Kill One Person to Save Five?" The Conversation, June 2, 2016, theconversation.com/the-trolley-dilemma-would-you-kill-oneperson-to-save-five-57111.

40 Isaiah Berlin, *The Proper Study of Mankind: An Anthology of Essays*, Hendry Hardy, Roger Hausheer, eds. (London: Chatto and Windus, 1997), 11.

41 Julian Savulescu and Hannah Maslen, "Moral Enhancement and Artificial Intelligence: Moral AI?" *Beyond Artificial Intelligence. Topics in Intelligent Engineering and Informatics*, J. Romport, E. Zackova, J. Kelemen, eds., Vol. 9 (2005): 79-95, link.springer.com/chapter/10.1007/978-3-319-09668-1_6.

42 Mary Shelley, *Frankenstein, or, The Modern Prometheus* (Lackington, Hughes, Harding, Mavor & Jones, 1818).

제1장

1 Bennet Woodcroft, ed., *The Pneumatics of Hero of Alexandria by Hero of Alexandria* (CreateSpace Independent Publishing Platform, 2009).

2 "The Amazing Ancient Machines of Hero of Alexandria," Gizmodo, February 28, 2014, gizmodo.com/the-amazing-ancient-machines-of-hero-of-alexandria-1533213972.

3 Mary Bellis, "The History of Steam Engines," ThoughtCo., September 24, 2018, www.thoughtco.com/history-of-steam-engines-4072565.

4 Jimmy Stamp, "A Brief History of Robot Birds," *Smithsonian Magazine*, May 22, 2013, www.smithsonianmag.com/arts-culture/a-brief-history-of-robot-birds-77235415.

5 Ira Spar, "The Origins of Writing," *Heilbrunn Timeline of Art History* (New York: The Metropolitan Museum of Art, 2000), October 2004, www.metmuseum.org/toah/hd/wrtg/hd_wrtg.htm.

6 Judith Thurman, "First Impressions," *New Yorker*, June 23, 2008, www.newyorker.com/magazine/2008/06/23/first-impressions.

7 *Cave of Forgotten Dreams*, directed by Werner Herzog (France: Creative Differences, 2010).

8 Anne Trubek, "What the Heck is Cuneiform, Anyway?" *Smithsonian Magazine*, October 20, 2015, www.smithsonianmag.com/history/what-heck-cuneiform-anyway-180956999.

9 "The Phoenicians (1500-00 BCE)," The Metropolitan Museum of Art, October 2004, www.metmuseum.org/toah/hd/phoe/hd_phoe.htm.

10 Hilary Wilder and Sharmila Pixy Ferris, "Communication Technology and the Evolution of Knowledge," William Paterson University, Vol. 9, Issue 2 (Summer 2006), dx.doi.org/10.3998/3336451.0009.201.

11 Fred D'Agostino, "Contemporary Approaches to the Social Contract," *Stanford Encyclopedia of Philosophy*, 2017, plato.stanford.edu/entries/contractarianism-contemporary.

12 William McNeill, *The Rise of the West: A History of the Human Community* (University of Chicago, 1963), 65-66.

13 *Sapiens: A Brief History of Humankind* (New York: Harper, 2015)의 저자 유발 노아 하라리(Yuval Noah Harari)는 역사를 인지혁명, 농업혁명, 과학혁명이라는 세 개의 큰 시대로 나누고, 전통적으로 인간의 건강과 안전을 증진시킨 것으로 믿

어 온 농업혁명이 실제로 우리를 길들였으며, 그것이 인간 행복의 저하로 이어졌다는 그의 이론을 통해 흥미로운 반전을 단정한다.

14 Katherine J. Latham, "Human Health and the Neolithic Revolution: An Overview of Impacts of the Agricultural Transition on Oral Health, Epidemiology, and the Human Body," *Nebraska Anthropologist* (2013): 187, digitalcommons.unl.edu/nebanthro/187.

15 Jared Diamond, "The Worst Mistake in the History of the Human Race," *Discover*, May 1987.

16 Ibid.

17 Hans Rosling, Anna Rosling Rönnlund, and Ola Rosling, *Factfulness: Ten Reasons We're Wrong About the World—and Why Things Are Better Than You Think* (New York: Flatiron, 2018).

18 Editors of Encyclopaedia Britannica, "Hindu-Arabic Numerals," *Encyclopaedia Britannica*, accessed October 5, 2018, www.britannica.com/topic/Hindu-Arabic-numerals.

19 Syamal K. Sen and Ravi P. Agarwal, *Zero: A Landmark Discovery, the Dreadful Void, and the Ultimate Mind* (Cambridge, MA: Academic Press, 2015).

20 David Eugene Smith and William Judson LeVeque, "Numerals and Numeral Systems," *Encyclopaedia Britannica*, accessed October 5, 2018, www.britannica.com/science/numeral.

21 Gabrielle Emanuel, "Why We Learn Math Lessons That Date Back 500 Years," July 23, 2016, NPR *All Things Considered*, www.npr.org/sections/ed/2016/07/23/486172977/a-history-lessonwhen-math-was-taboo.

22 한국은 1011년에서 1087년 사이에 목판 인쇄를 도입했다. Hye Ok Park, "The History of Pre-Gutenberg Woodblock and Movable Type Printing in Korea," *International Journal of Humanities and Social Science*, Vol. 4, No. 9 (July 2014), www.ijhssnet.com/journals/Vol_4_No_9_1_July_2014/2.pdf.

23 Kim Viborg Andersen and Morten Thanning Vendelo, eds., *The Past and Future of Information Systems* (Oxford, UK: Butterworth-Heinemann, 2004), 93.

24 "Martin Luther (1483-546)," BBC History, accessed October 5, 2018, www.bbc.co.uk/history/historic_figures/luther_martin.shtml.

25 "How Luther Went Viral," Economist, December 17, 2011, www.economist.com/christmasspecials/2011/12/17/how-luther-went-viral.

26 Joseph Loconte, "Martin Luther and the Long March to Freedom of Conscience," *National Geographic*, October 27, 2017, news.nationalgeographic.com/2017/10/martin-luther-freedomprotestant-reformation-500.

27 Joan Acocella, "How Martin Luther Changed the World," *New Yorker*, October 30, 2017, www.newyorker.com/magazine/2017/10/30/how-martin-luther-changed-the-world.

28 Walter Isaacson, *Leonardo Da Vinci* (New York: Simon & Schuster, 2017).

29 Jonathan Bate, "Shakespeare: Who Put Those Thoughts in His Head?" *Guardian*, April 20, 2016, www.theguardian.com/culture/2016/apr/20/shakespeare-thinking-philosophy-jonanthan-bate.

30 "Computer," Etymology Online, accessed October 5, 2018, www.etymonline.com/word/computer.

31 "Women Computers in World War II," Engineering and Technology Wiki, accessed October 5, 2018, ethw.org/Women_Computers_in_World_War_II.

32 Jo Marchant, "Decoding the Antikythera Mechanism, the First Computer," Smithsonian Magazine, February 2015, www.smithsonianmag.com/history/decoding-antikythera-mechanismfirst-computer-180953979.

33 Elena Goukassian, "The History of One of the Oldest Astronomical Clocks in the World," Hyperallergic, February 2, 2018, hyperallergic.com/424337/the-history-of-one-of-the-oldestastronomical-clocks-in-the-world.

34 "Federalist Papers," History, October 5, 2018, www.history.com/topics/early-us/federalist-papers.

35 Si Sheppard, *The Partisan Press: A History of Media Bias in the United States* (North Carolina: McFarland & Company, 1972).

36 Derek Hastings, *Nationalism in Modern Europe: Politics, Identity, and Belonging Since the French Revolution* (London: Bloomsbury, 2018).

37 Jürgen Wilke, "History as a Communication Event: The Example of the French Revolution," *European Journal of Communication*, Vol. 4, Issue 4 (1989), doi.org/10.1177/0267323189004004002.

38 Jeremy Popkin, *Revolutionary News: The Press in France, 1789–1799 (Bicentennial Reflections on the French Revolution)* (North Carolina: Duke University Press, 1989).

39 Robert G. Parkinson, "Print, the Press, and the American Revolution," *Oxford Research Encyclopedias* (2005), americanhistory.oxfordre.com/view/10.1093/acrefore/

9780199329175.001.0001/acrefore-9780199329175-e-9.

40 Jane Chapman, "Republican Citizenship, Ethics, and the French Revolutionary Press 1789-2," *Ethical Space: the International Journal of Communication Ethics*, 2 (2005): 7-12, eprints.lincoln.ac.uk/1133.

41 Hugh Gough, *The Newspaper Press in the French Revolution* (New York: Routledge, 1988).

42 아이디어, 문화, 행동의 요소를 복제하고, 이를 모방하여 사람에서 사람으로 전파하는 밈의 연구, 중요성, 영향은 많은 논란거리이다. 리처드 도킨스의 1976년 저서 《이기적 유전자(The Selfish Gene)》에서 이 단어가 처음 제시된 이후, 사상가들은 밈학(memetics)이 합법적인 과학인지, 아니면 인간 유전자의 확산과 유사할 수 있는지에 대해 논쟁을 벌였다. 밈, 심리학, 의식을 연구하는 수잔 블랙모어는 인간의 모방 능력이 우리를 인간으로 만든다고 믿는다. 어쨌든 밈의 역사는 아이디어가 확산되는 것이 그들이 좋은 복제자이기 때문이지 반드시 진실이기 때문만은 아니라는 것을 보여준다. Susan Blackmore, *The Meme Machine* (New York: Oxford University Press, 1999).

43 Ferenc Fehér, ed., *The French Revolution and the Birth of Modernity* (Berkeley: University of California Press, 1990), ark.cdlib.org/ark:/13030/ft2h4nb1h9.

44 Paul R. Hanson, *The A to Z of the French Revolution* (Maryland: Scarecrow Press, 2007), 235.

45 Michael R. Swaine and Paul A. Freiberger, "Difference Engine," *Encylocpaedia Britannica*, accessed October 6, 2018, www.britannica.com/technology/Difference-Engine.

46 Brian Libby, "Beyond the Bulbs: In Praise of Natural Light," *New York Times*, June 17, 2003, www.nytimes.com/2003/06/17/health/beyond-the-bulbs-in-praise-of-natural-light.html.

47 Dr. Mark Philp, "Britain and the French Revolution," BBC History, February 17, 2011, www.bbc.co.uk/history/british/empire_seapower/british_french_rev_01.shtml.

48 Frederick Douglass, "British Influence on the Abolition Movement in America: An Address Delivered in Paisley, Scotland, on April 17, 1846," *Renfrewshire Advertiser*, April 25, 1846, in *The Frederick Douglass Papers: Series One-Speeches, Debates, and Interviews*, John Blassingame, ed. (New Haven: Yale University Press, 1979), Vol. I, 215.

49 Tom Wheeler, "The First Wired President," *New York Times*, May 24, 2012,

opinionator.blogs.nytimes.com/2012/05/24/the-first-wired-president.

50 Lumeng (Jenny) Yu, "The Great Communicator: How FDR's Radio Speeches Shaped American History," *The History Teacher, Society for History Education*, Vol. 39, No. 1 (November, 2005): 89-106, DOI:10.2307/30036746.

51 Ron Simon, "See How JFK Created a Presidency for the Television Age," *Time*, May 30, 2017, time.com/4795637/jfk-television.

52 Joseph Campbell, *The Power of Myth* (New York: Knopf Doubleday, 1988).

53 Peter S. Green and *International Herald Tribune*, "History or Propaganda? Communist-Era TV Show Stages a Controversial Return: 'Major Zeman' Leads Czechs to Question Their Past," *New York Times*, October 1, 1999, www.nytimes.com/1999/10/01/news/history-or-propagandacommunistera-tv-show-stages-a-controversial.html.

54 Ian Watson, "How Alan Turing Invented the Computer Age," *Scientific American*, April 26, 2012, blogs.scientificamerican.com/guest-blog/how-alan-turing-invented-the-computer-age.

55 Herman Hollerith and Dr. John Shaw Billings, "The Punched Card," IBM Icons of Progress, accessed October 6, 2018, www-03.ibm.com/ibm/history/ibm100/us/en/icons/tabulator.

56 Walter Isaacson, "Grace Hopper, Computing Pioneer," *Harvard Gazette*, December 3, 2014, news.harvard.edu/gazette/story/2014/12/grace-hopper-computing-pioneer.

57 Paul A. Freiberger and Michael R. Swaine, "ENIAC," *Encylopaedia Britannica*, accessed October 6, 2018, www.britannica.com/technology/ENIAC.

58 "A Short History of Computers," BBC Manchester, May 19, 2009, www.bbc.co.uk/manchester/content/articles/2008/06/17/210608_computer_timeline_feature.shtml

59 1956년 다트머스 컨퍼런스를 계기로 AI가 독자적인 분야가 되면서 인기와 인지도가 높아지자 사이버네틱스라는 용어와 분야는 여기서 역사의 뒷전으로 밀리기 시작했다. Norbert Wiener, *Cybernetics, Second Edition* (Cambridge, MA: MIT Press, 1965).

60 Errol Morris, "The Fog of War: Transcript," from *The Fog of War*, directed by Errol Morris (Sony Pictures Classics, 2003), www.errolmorris.com/film/fow_transcript.html.

61 Francis A. Boyle, *The Criminality of Nuclear Deterrence* (Atlanta, GA: Clarity Press, 2015).

62 Eric Schlosser, "The Growing Dangers of the New Nuclear-Arms Race," *New Yorker*, May 24, 2018, www.newyorker.com/news/news-desk/the-growing-dangers-of-the-new-nuclear-arms-race.

63 Richard Rhodes, *The Making of the Atomic Bomb* (New York: Simon & Schuster, 1986).

64 James Moor, "The Dartmouth College Artificial Intelligence Conference: The Next Fifty Years," *AI Magazine*, Vol. 27, No. 4 (2006): 87-89, pdfs.semanticscholar.org/d486/9863b5da0fa4ff5707fa972c6e1dc92474f6.pdf.

65 Leo Gugerty, "Newell and Simon's Logic Theorist: Historical Background and Impact on Cognitive Modeling," *Sage Journals*, Vol. 50, Issue 9 (October 1, 2006), doi.org/10.1177/154193120605000904.

66 Pamela McCorduck, *Machines Who Think: A Personal Inquiry into the History and Prospects of Artificial Intelligence* (AK Peters/CRC Press, 2004).

67 그것은 또한 수학 논리를 대중화한 획기적인 작품인 《수학원리》(Principia Mathematica)에서 처음 52개의 정리(定理) 중 38개를 결국 증명해냈다. 정리 중 하나인 《논리이론가》(Logic Theorist)의 증명은 결국 《수학원리》의 저자인 버트런드 러셀과 알프레드 노스 화이트헤드가 수작업으로 만든 증명보다 더 우아했다. 사이먼이 버트런드 러셀에게 증거를 보여주자 그는 아주 기뻐했다. Ibid.

68 "Third Generation Computers," Techopedia, accessed October 6, 2018, www.techopedia.com/definition/9718/third-generation-computers.

69 Catherine Clifford, "The No. 1 Thing the Co-inventor of Ethernet Learned from His Mentor, Steve Jobs," CNBC, June 13, 2017, www.cnbc.com/2017/06/13/what-ethernet-co-inventor-bobmetcalfe-learned-from-steve-jobs.html.

70 메트칼프는 18세기와 19세기 과학자들이 빛을 전파 차원에서 필요하다고 생각한 분화되지 않은 보편적 매체인 발광 에테르(luminiferous aether)에 대한 (신뢰받지 못한) 과학적 이론에서 이 합성물의 이름을 따왔다. 메트칼프는 정보를 전파하는 개념에 대한 하나의 은유로 이를 재도입했다.

71 Alvin and Heidi Toffler, *Future Shock* (New York: Bantam, 1970); The Third Wave (New York: Bantam, 1980).

72 Matt Novak, "Information Overload: A Recurring Fear," BBC Future, March 7, 2012, www.bbc.com/future/story/20120306-information-overload-fears.

73 Alvin and Heidi Toffler. *Future Shock, The Third Wave.*

74 Alvin and Heidi Toffler. *Powershift: Knowledge, Wealth, and Violence at the Edge of the 21st Century* (New York: Bantam, 1991).

75 "Fourth Generation Computers," PC Mag, accessed October 6, 2018, www.pcmag.com/encyclopedia/term/43438/fourth-generation-computer.

76 Paul Freiberger and Michael Swaine, *Fire in the Valley: The Making of The Personal Computer* (McGraw-Hill Companies, 2000).

77 Michael Dertouzos, "Wire All Schools? Not So Fast . . ." *MIT Technology Review*, September 1, 2008, www.technologyreview.com/s/400242/wire-all-schools-not-so-fast.

78 Katie Hafner and Matthew Lyon, *Where Wizards Stay Up Late: The Origins of the Internet* (New York: Simon and Schuster, 1998).

79 "The Birth of the Web," CERN, accessed October 6, 2018, home.cern/topics/birth-web.

80 Steve Lohr, "The Age of Big Data," *New York Times*, February 11, 2012, www.nytimes.com/2012/02/12/sunday-review/big-datas-impact-in-the-world.html.

81 Ian Bogost, "The Internet of Things You Don't Really Need," *Atlantic*, June 23, 2015, www.theatlantic.com/technology/archive/2015/06/the-internet-of-things-you-don t-reallyneed/396485.

82 "Number of Monthly Active Facebook Users Worldwide as of 3rd Quarter 2018 (in Millions)," Statista, accessed October 14, 2018, www.statista.com/statistics/264810/number-of-monthlyactive-facebook-users-worldwide.

83 artin Heidegger, *The Question Concerning Technology* (Germany: Garland Science, 1954).

84 Jean M. Twenge, "Have Smartphones Destroyed a Generation?" *Atlantic*, September 2017, www.theatlantic.com/magazine/archive/2017/09/has-the-smartphone-destroyed-ageneration/53419.

85 Adrian F. Ward, Kristen Duke, Ayelet Gneezy, and Maarten W. Bos, "Brain Drain: The Mere Presence of One's Own Smartphone Reduces Available Cognitive Capacity," *Journal of the Association for Consumer Research*, Vol. 2, Issue 2 (2017): 140-154, econpapers.repec.org/article/ucpjacres/doi_3a10.1086_2f691462.htm.

86 Twenge, "Have Smartphones Destroyed a Generation?"

87 T. J. H. Morgan, N. T. Uomini, L. E. Rendell, L. Chouinard-Thuly, S. E. Street, et al., "Experimental Evidence for the Co-Evolution of Hominin Tool-Making Teaching and Language," *Nature Communications*, Vol. 6, No. 6029 (2015), www.nature.com/

articles/ncomms7029.

88 Colin McGinn, *Prehension: The Hand and the Emergence of Humanity* (Cambridge, MA: MIT Press, 2015), 34-35.

89 Lawrence Barham, *From Hand to Handle: The First Industrial Revolution* (New York: Oxford University Press, 2013), 33.

90 Darian Leader, *Hands* (New York: Penguin, 2016).

91 Darian Leader, "Darian Leader: How Technology is Changing Our Hands," *Guardian*, May 21, 2016, www.theguardian.com/books/2016/may/21/darian-leader-how-technology-changing-ourhands.

92 Dom Galeon, "Expert: Human Immortality Could Be Acquired Through AI," Futurism, April 21, 2017, futurism.com/expert-human-immortality-could-be-acquired-through-ai.

93 Nellie Bowles, "Our Tech Future: the Rich Own the Robots While the Poor Have 'Job Mortgages,'" *Guardian*, March 12, 2016, www.theguardian.com/culture/2016/mar/12/robotstaking-jobs-future-technology-jerry-kaplan-sxsw.

제2장

1 Katherine Harmon Courage, "Speedy Octopus Sets Record for Jar Opening," *Scientific American*, January 13, 2014, blogs.scientificamerican.com/octopus-chronicles/speedy-octopus-sets-recordfor-jar-opening.

2 Olivia Judson, "What the Octopus Knows," *Atlantic*, January/February 2017, www.theatlantic.com/magazine/archive/2017/01/what-the-octopus-knows/508745.

3 "Synthetic Smarts," Raytheon, accessed October 1, 2018, www.raytheon.com/news/feature/artificial_intelligence.

4 Jostein Gaarder, *Sophie's World* (New York: Farrar, Straus and Giroux, Reprint edition, 2007).

5 A. M. Turing, "The Chemical Basis of Morphogenesis," *Philosophical Transactions of the Royal Society of London, Series B, Biological Sciences*, Vol. 237, No. 641 (August 14, 1952): 37-72.

6 구글 브레인 및 벡터 연구소의 책임자인 제프리 힌튼(Geoffrey Hinton)(대다수

사람들이 딥 러닝의 아버지로 여김)은 AI의 한계를 극복에는 "컴퓨터 공학과 생물학 사이에 교량을 건설하는 것"을 수반한다고 믿는다. James Somers, "Is AI Riding a One-Trick Pony?" *MIT Technology Review*, September 29, 2017, www.technologyreview.com/s/608911/is-ai-riding-aone-trick-pony.

7 레오나르도 다빈치부터 갈릴레오 갈릴레이, 알베르트 아인슈타인에 이르기까지 당대의 가장 뛰어난 천재들은 과학, 예술, 종교, 철학, 공학, 건축, 문학, 수학 사이의 경계를 모호하게 함으로써 인간의 놀라운 독창성과 명석함의 새로운 영역을 개척해냈다. 그들은 배움의 순수한 기쁨을 위해 세계가 어떻게, 그리고 왜 돌아가는지를 이해하고 우주에서 우리의 위치를 찾는 데 끊임없는 호기심을 품고 있었다. 그들은 자연의 패턴, 우리 주변의 진실과 아름다움을 읽었고 우리를 인간의 생각, 창의성, 혁신의 새로운 경계로 이끌었다. 초심자의 마음으로 무장하고 항상 새로운 관점을 추구하며 가장 간단한 작은 세계에 주의를 기울이는 것은 결국 우리를 디지털 의식과 우리 자신의 깊은 곳으로 이끈다는 것이다.

8 Dalya Alberge, "Letters Reveal Alan Turing's Battle with His Sexuality," *Guardian*, August 22, 2015, www.theguardian.com/science/2015/aug/23/alan-turing-letters-reveal-battle-sexuality.

9 Robert Mullins, "The Turing Machine," Cambridge University, accessed October 1, 2018, www.cl.cam.ac.uk/projects/raspberrypi/tutorials/turing-machine/one.html.

10 Paul A. Freiberger and Michael R. Swaine, "ENIAC," *Encyclopaedia Britannica*, accessed October 1, 2018, www.britannica.com/technology/ENIAC.

11 Douglas Hofstadter, *Gödel, Escher, Bach* (New York: Basic Books, 1999).

12 "Introducing Binary," BBC Bitesize, accessed October 1, 2018, www.bbc.com/bitesize/guides/zwsbwmn/revision/1.

13 A. M. Turing, "Computing Machinery and Intelligence," *Mind*, Vol. 49: 433-460.

14 게리 마커스(Gary Marcuss), 스튜어드 러셀(Stuart Russell), 마빈 민스키(Marvin Minsky)와 같은 일부 AI 전문가들은 튜링 테스트가 문자 그대로 수행되도록 의도된 것이 아니라 하나의 사고실험이고, 오직 한 종류의 지능에만 초점을 맞춘다고 믿는다. 스튜어드 러셀은 이 테스트가 "AI의 목표로서 설계된 것도 아닐 뿐 아니라 연구 의제를 만들기 위한 것도 아니다. 이것은 당시 매우 회의적이었던 사람들에게 지능형 기계의 가능성이 의식의 달성에 달려 있지 않고, 그것이 인간과 구별되지 않게 행동하고 있기 때문에 우리가 지능적으로 행동할 수 있는 기계를 가질 수 있음을 설명하려고 고안된 사고실험의 하나이다"라고 말했다. Guia Marie Del Prado, "Researchers Say the Turing Test is Almost Worthless," Business Insider, August 18, 2015, www.businessinsider.com/ai-researchers-arent-

trying-to-pass-theturing-test-2015-8.

15 Ernst Von Glasersfeld, *Partial Memories: Sketches from an Improbable Life* (London: Andrews UK Limited, 2016), 136.

16 John Sulston and Georgina Ferry, "The Common Thread," *New York Times*, March 16, 2003, www.nytimes.com/2003/03/16/books/chapters/the-common-thread.html.

17 Gina Kolata, "Human Genome, Then and Now," *New York Times*, April 15, 2013, www.nytimes.com/2013/04/16/science/the-human-genome-project-then-and-now.html.

18 Sui-Lee Wee, "China Halts Work by Scientist Who Says He Edited Babies' Genes," *New York Times*, November 29, 2018, www.nytimes.com/2018/11/29/science/gene-editing-babieschina.html.

19 John Harris, "Pro and Con: Should Gene Editing Be Performed on Human Embryos?" *National Geographic*, August 2016, www.nationalgeographic.com/magazine/2016/08/human-gene-editingpro-con-opinions.

20 로봇공학은 AI의 응용 프로그램일 뿐이며, 일반적으로 이 구성물은 하나 이상의 컴퓨터에서 실행되는 소프트웨어/알고리즘으로 구축된다. 그럼에도 불구하고, 로봇에 내장된 AI는 환경을 직접 조작할 수 없는 AI와 시간이 지남에 따라 다르게 진화할 수 있어서 로봇공학은 AI의 발전에 핵심 학문이 될 수 있다.

21 "AI에 대한 이해는 사람마다 다르다. 조사 대상자의 3분의 2는 AI에 대해 어느 정도 알고 있다고 답했지만, 10명 중 2명(18%) 정도만 많이 안다고 답했다. 3분의 1은 AI에 대해 전혀 모른다고 인정했다. 지금까지 AI의 가장 일반적인 첫인상은 응답자의 22%가 말한 것처럼 '로봇'으로 생각했다. 이 연구결과는 지역에 따라 약간씩 다르다. 예를 들어, 다른 지역에 비해 AI에 대해 잘 안다고 응답한 중국 소비자들은 거의 두 배였다." Leslie Gaines-Ross, "What Do People—Not Techies, Not Companies—Think About Artificial Intelligence?" *Harvard Business Review*, October 24, 2016, hbr.org/2016/10/what-do-people-not-techies-not-companies-think-about-artificial-intelligence.

22 Kyle Russell, "Netflix Is 'Training' Its Recommendation System by Using Amazon's Cloud to Mimic the Human Brain," Business Insider, February 11, 2014, www.businessinsider.com/netflix-using-ai-to-suggest-better-films-2014-2.

23 좋아하는 배우가 출연하는 영화를 더 많이 상영하는 것은 아주 간단해서 굳이 머신러닝이 필요한 것은 아니다. 다음은 넷플릭스(Netflix)가 추천하는 방법을 설명하는 논문이다. Libby Plummer, "This is How Netflix's Top-Secret

Recommendation System Works," *Wired*, August 22, 2017, www.wired.co.uk/article/how-do-netflixs-algorithms-workmachine-learning-helps-to-predict-what-viewers-will-like.
이 가운데 흥미롭고 중요한 부분은 사람들을 취향 그룹으로 분류하는 것이다. 넷플릭스가 같은 생각을 가진 고객 그룹에 당신을 배정할 수 있다면, 당신이 아직 보지 않은 영화를 본 적이 있는 비슷한 취향을 가진 고객을 찾을 수 있을 것이다. 당신과 취향이 맞는 손님들과 공통점이 있기 때문에 같은 영화를 좋아할 수도 있다. 머신러닝을 사용하여 어떤 고객 그룹이 당신과 가장 유사한지를 판단할 수 있다.
또한 머신러닝은 특정 시간에 특정 고객에게 영화의 어떤 특징(감독, 배우, 장르, 최신작, 주제 등)이 가장 중요한지를 판단하는 데도 사용될 수 있다. 고객의 유형에 따라 중요한 특징은 다를 수 있다.

24 J. D. Biersdorfer, "Let Gmail Finish Your Sentences," *New York Times*, June 1, 2018, www.nytimes.com/2018/06/01/technology/personaltech/gmail-smart-compose.html.

25 Troy Wolverton, "Google CEO Sundar Pichai Revealed a Jaw-Dropping Fact About Its Translation App That Shows How Much Money is Still Sitting on the Table," Business Insider, July 23, 2018, www.businessinsider.com/sundar-pichai-google-translate-143-billion-words-daily-2018-7.

26 John Markoff, "Computer Wins on 'Jeopardy!': Trivial, It's Not," *New York Times*, February 17, 2011, www.nytimes.com/2011/02/17/science/17jeopardy-watson.html.

27 "A Holistic Approach to AI," University of California, Berkeley, accessed October 3, 2018, www.ocf.berkeley.edu/~arihuang/academic/research/strongai3.html.

28 "예를 들어, 기계는 '좋은 아침'이라는 소리를 듣고, 그 소리와 커피메이커 작동을 연관 지을 수 있다. 컴퓨터 자체가 기능을 갖춘다면 이론적으로 '좋은 아침'이라는 소리를 듣고서도 커피메이커 작동을 결정할 수 있다." Jeff Kerns, "What's the Difference Between Weak and Strong AI?" MachineDesign, February 15, 2017, www.machinedesign.com/robotics/what-sdifference-between-weak-and-strong-ai.

29 "Quantum Technology is Beginning to Come into Its Own," *Economist*, accessed October 14, 2018, www.economist.com/news/essays/21717782-quantum-technology-beginning-come-itsown.

30 Kevin Kelly, "The Myth of a Superhuman AI," *Wired*, April 25, 2017, www.wired.com/2017/04/the-myth-of-a-superhuman-ai.

31 Nick Bostrom, "The Superintelligence Will: Motivation and Instrumental Rationality

in Advanced Artificial Agents," *Minds and Machines*, Vol. 22, Issue 2 (2012): 71-85.

32 Nick Bostrom, "How Long Before Superintelligence?" *International Journal of Future Studies*, Vol. 2 (1998).

33 Robert D. Hof, "Deep Learning," *MIT Technology Review*, accessed October 1, 2018, www.technologyreview.com/s/513696/deep-learning.

34 Cade Metz, "Building A.I. That Can Build A.I.," *New York Times*, November 5, 2017, www.nytimes.com/2017/11/05/technology/machine-learning-artificial-intelligence-ai.html.

35 Greg Williams, "Wise Up, Deep Learning May Never Create a General Purpose AI," *Wired*, January 20, 2018, www.wired.co.uk/article/deep-learning-automl-cloud-gary-marcus.

36 Roger Melko, "The Most Complex Problem in Physics Could Be Solved by Machines with Brains," Quartz, February 1, 2017, qz.com/897033/applying-machine-learning-to-physics-couldbe-the-way-to-build-the-first-quantum-computer.

37 Jordana Cepelewicz, "New AI Strategy Mimics How Brains Learn to Smell," Quanta Magazine, September 18, 2018, www.quantamagazine.org/new-ai-strategy-mimics-how-brains-learn-tosmell-20180918.

38 Larry Hardesty, "Explained: Neural Networks," MIT News, April 14, 2017, news.mit.edu/2017/explained-neural-networks-deep-learning-0414.

39 Angela Chen, "A Pioneering Scientist Explains 'Deep Learning,'" The Verge, October 16, 2018, www.theverge.com/2018/10/16/17985168/deep-learning-revolution-terrence-sejnowski-artificialintelligence-technology.

40 Terrence J. Sejnowski, *The Deep Learning Revolution* (Cambridge, MA: MIT Press, 2018).

41 Will Knight, "Google Has Released an AI Tool That Makes Sense of Your Genome," *MIT Technology Review*, December 4, 2017, www.technologyreview.com/s/609647/google-hasreleased-an-ai-tool-that-makes-sense-of-your-genome.

42 Pedro Domingos, *The Master Algorithm: How the Quest for the Ultimate Learning Machine Will Remake Our World* (New York: Basic Books, 2015).

43 Rachel David, "Can Robots Truly Be Creative and Use Their Imagination?" *Guardian*, October 10, 2015, www.theguardian.com/technology/2015/oct/10/can-robots-be-creative.

44 Domingos, *The Master Algorithm*.

45 Daniel Faggella, "Artificial Intelligence in Marketing and Advertising—Examples of Real Traction," Techemergence, September 16, 2018, www.techemergence.com/artificial-intelligencein-marketing-and-advertising-5-examples-of-real-traction.

46 Domingos, *The Master Algorithm*.

47 Vishal Maini, "Machine Learning for Humans, Part 3: Unsupervised Learning," Medium, April 19, 2017, medium.com/machine-learning-for-humans/unsupervised-learning-f45587588294.

48 예를 들어, 신경망에게 지도 학습을 사용하여 말을 인식하도록 가르치기 위해 데이터 과학자는 말로 명명된 다양한 이미지와 말이 아닌 것으로 명명된 다른 이미지 세트로 구성된 일련의 훈련 데이터를 제공할 수 있다. 각각의 훈련 사례가 처리될 때, 신경망은 새로운 사례의 세부사항을 반영하기 위해 다양한 뉴런 사이의 연결 강도를 업데이트한다. 훈련이 완료되면 데이터 과학자는 이전에 주어지지 않은 새로운 이미지를 신경망에 제공한다. 훈련된 신경망은 새로운 이미지를 처리하고, 신경망의 출력을 기반으로 예(이것은 말이다) 또는 아니요(이것은 말이 아니다)의 답변을 제공한다(훈련 데이터가 불충분한 경우 신경망은 틀린 답을 할 수도 있다).

49 Bernard Marr, "Supervised v. Unsupervised Machine Learning—What's the Difference?" *Forbes*, March 16, 2017, www.forbes.com/sites/bernardmarr/2017/03/16/supervised-v-unsupervisedmachine-learning-whats-the-difference/#33c3dd73485d.

50 James Thewlis, Hakan Bilen, and Andrea Vedaldi, "Unsupervised Learning of Object Frames by Dense Equivariant Image Labelling," Visual Geometry Group, University of Oxford, accessed October 1, 2018, homepages.inf.ed.ac.uk/hbilen/assets/pdf/Thewlis17a.pdf.

51 Calum McClelland, "The Difference Between Artificial Intelligence, Machine Learning, and Deep Learning," Medium, December 4, 2017, medium.com/iotforall/the-difference-betweenartificial-intelligence-machine-learning-and-deep-learning-3aa67bff5991.

52 Aman Agarwal, "Explained Simply: How DeepMind Taught AI to Play Video Games," Medium, August 27, 2017, medium.freecodecamp.org/explained-simply-how-deepmind-taught-ai-to-playvideo-games-9eb5f38c89ee.

53 István Szita, "Reinforcement Learning in Games," Marco Wiering and Martijn van Otterlo eds., *Reinforcement Learning: Adaptation, Learning, and Optimization*, Springer, Berlin, Heidelberg, Vol. 12 (2012), link.springer.com/chapter/10.1007/978-3-642-27645-3_17.

54 Elizabeth Gibney, "Self-Taught AI is Best Yet at Strategy Game Go," *Nature*, October 18, 2017, www.nature.com/news/self-taught-ai-is-best-yet-at-strategy-game-go-1.22858.

55 Wilder Rodrigues, "Deep Learning for Natural Language Processing —Part I," Medium, December 12, 2017, medium.com/cityai/deep-learning-for-natural- language-processing-part-i-8369895ffb98.

56 Knight, "The Dark Secret at the Heart of AI."

57 Julia Hirschberg and Christopher D. Manning, "Advances in Natural Language Processing," *Science*, Vol. 349, Issue 6245 (July 17, 2015): 261-266, DOI: 10.1126/science.aaa8685.

58 Jo Best, "IBM Watson: The Inside Story of How the *Jeopardy*-Winning Supercomputer Was Born, and What It Wants to Do Next," TechRepublic, accessed October 2, 2018, www.techrepublic.com/article/ibm-watson-the-inside-story-of-how-the-jeopardy-winningsupercomputer-was-born-and-what-it-wants-to-do-next.

59 Daniela Hernandez and Ted Greenwald, "IBM Has a Watson Dilemma," *Wall Street Journal*, August 11, 2018, www.wsj.com/articles/ibm-bet-billions-that-watson-could-improve-cancertreatment-it-hasnt-worked-1533961147.

60 "IBM Watson Hard at Work: New Breakthroughs Transform Quality Care for Patients," Memorial Sloan Kettering Cancer Center, accessed October 2, 2018, www.mskcc.org/pressreleases/ibm-watson-hard-work-new-breakthroughs-transfo rm-quality-care-patients.

61 Farhad Shakerin, Gopal Gupta, "Induction of Non-Monotonic Logic Programs to Explain Boosted Tree Models Using LIME," Computer Science Department, University of Texas at Dallas (2018), arxiv.org/abs/1808.00629.

62 Erik T. Mueller, *Commonsense Reasoning* (San Francisco: Morgan Kaufmann, 2006).

63 "Automating Common Sense," Morgan Kaufmann Series in Representation and Reasoning, (1990): 1-26, www.sciencedirect.com/science/article/pii/ B97814832077 04500095?via%3Dihub.

64 Pranav Dar, "MIT Open Sources Computer Vision Model that Teaches Itself Object Detection in 45 Minutes (with GitHub Codes)," Analytics Vidhya, September 10, 2018, www.analyticsvidhya.com/blog/2018/09/mit-computer-vision-teaches-object-detection-45-minutes.

65 Tom Simonite, "Facebook's AI Chief: Machines Could Learn Common Sense from

Video," *MIT Technology Review*, March 9, 2017, www.technologyreview.com/s/603803/facebooks-ai-chiefmachines-could-learn-common-sense-from-video.

66 페타플롭은 컴퓨터가 초당 1,000조 개의 부동소수점 연산(FLOPS)을 수행하는 컴퓨터의 능력이다. 페타플롭은 또한 1,000테라플롭으로 측정될 수 있다. 현재 세계에서 가장 빠른 슈퍼컴퓨터인 중국의 타이후라이트(TaihuLight)는 93페타플롭스를 할 수 있다. Vangie Beal, "Petaflop," Webopedia, accessed October 3, 2018, www.webopedia.com/TERM/P/petaflop.html.

67 "컴퓨팅에 필요한 에너지가 세계 예상 에너지 생산량을 초과하는 2040년까지는 컴퓨팅이 지속 가능하지 않을 것이다. 따라서 컴퓨팅의 에너지 효율을 근본적으로 개선할 필요가 있다." "Rebooting the IT Revolution," Semiconductor Industry Association, accessed October 3, 2018, 27, www.src.org/newsroom/rebooting-the-it-revolution.pdf.

68 Abigail Beall and Matt Reynolds, "What Are Quantum Computers and How Do They Work? WIRED Explains," *Wired*, February 16, 2018, www.wired.co.uk/article/quantum-computingexplained.

69 Robert D. Hof, "Neuromorphic Chips," *MIT Technology Review*, accessed October 3, 2018, www.technologyreview.com/s/526506/neuromorphic-chips.

70 Lea Winerman, "Making a Thinking Machine," American Psychological Association, Vol. 49, No. 4 (2018): 30, www.apa.org/monitor/2018/04/cover-thinking-machine.aspx.

71 Xuan "Silvia" Zhang, "Insects are Revealing How AI Can Work in Society," Venturebeat, September 5, 2017, venturebeat.com/2017/09/05/insects-are-revealing-how-ai-can-work-insociety.

72 "The Quest for AI Creativity," IBM, accessed October 3, 2018, www.ibm.com/watson/advantagereports/future-of-artificial-intelligence/ai-creativity.html.

73 Oliver Burkeman, "Why Can't the World's Greatest Minds Solve the Mystery of Consciousness?" *Guardian*, January 21, 2015, www.theguardian.com/science/2015/jan/21/-spwhy-cant-worlds-greatest-minds-solve-mystery-consciousness.

74 Greg Miller, "How Our Brains Make Memories," *Smithsonian Magazine*, May 2010, www.smithsonianmag.com/science-nature/how-our-brains-make-memories-1446 6850.

75 Ernest Hartmann, "Why Do We Dream?" *Scientific American*, July 14, 2003, www.scientificamerican.com/article/why-do-we-dream.

76 David Rettew, MD, "Nature Versus Nurture: Where We Are in 2017," *Psychology Today*, October 6, 2017, www.psychologytoday.com/us/blog/abcs-child-psychiatry/201710/natureversus-nurture-where-we-are-in-2017.

77 "The Neuroscience of Decision Making," Kavli Foundation, August 2011, www.kavlifoundation.org/science-spotlights/neuroscience-of-decisionmaking#.W7VMtRNKg0o.

78 Beau Lotto, "Is This the Real Life? The Neuroscience of Perception Offers Us an Answer," Salon, August 24, 2017, www.salon.com/2017/04/24/is-this-the-real-life-the-neuroscience-ofperception-offers-us-an-answer.

79 Stephen Cave, "There's No Such Thing as Free Will," *Atlantic*, June 2016, www.theatlantic.com/ magazine/archive/2016/06/theres-no-such-thing-as-free-will/480750.

80 R. Colom, S. Karama, R. E. Jung, and R. J. Haier, "Human Intelligence and Brain Networks," *Dialogues in Clinical Neuroscience*, 12.4 (2010): 489-501, www.ncbi.nlm.nih.gov/pmc/articles/PMC3181994.

81 Ibid.

82 흥미롭게도, 사람들은 계산기를 사용하는 것이 학생들의 수학 학습 능력에 도움이 되는지 아니면 방해 되는지에 대한 논쟁을 계속하고 있다. 하지만 연구를 통해 그래프 계산기를 사용하는 것이 학생들이 수학에 대한 관계적 이해와 도구적 이해에 도움이 된다는 것을 밝혀냈고, 그들이 왜 알고리즘을 작용하는지에 대해 더 깊이 있게 이해할 수 있게 하고 있다. Frederick Peck and David Erickson, "The rise—and possible fall—of the graphing calculator," The Conversation, June 13, 2017, theconversation.com/the-rise-and-possible-fall-of-the-graphing-calculator-78017.

83 Kurzweil, *How to Create a Mind: The Secret of Human Thought Revealed.*

84 Melissa Hogenboom, "The Traits That Make Human Beings Unique," BBC Future, July 6, 2015, www.bbc.com/future/story/20150706-the-small-list-of-things-that-make-humans-unique.

85 Richard Mabey, *Cabaret of Plants: Forty Thousand Years Of Plant Life and the Human Imagination* (New York: W. W. Norton & Company, 2017).

86 David Masci, "Darwin and His Theory of Evolution," Pew Research Center, February 4, 2009, www.pewforum.org/2009/02/04/darwin-and-his-theory-of-evolution.

87 Ray Kurzweil. *How to Create a Mind: The Secret of Human Thought Revealed.*

88 Radhika Nagpal, "What Intelligent Machines Can Learn from a School of Fish," April

2017, TED, video, 10:50, www.ted.com/talks/radhika_nagpal_what_intelligent_machines_can_learn_from_a_school_of_fish/transcript

89 Carlos E. Perez, “Alien Intelligences in Our Midst,” Medium, August 6, 2017, medium.com/intuitionmachine/alien-intelligences-in-our-midst-2a738e58c204.

90 Jack Copeland, “What is Artificial Intelligence?” May 2010, www.scribd.com/doc/11563045/What-is-Artificial-Intelligence-by-Jack-Copeland.

91 Rodney Brooks, “Elephants Don’t Play Chess,” Robotics and Autonomous Systems, Vol. 6, Issues 1-2 (June 1990): 3-15, dl.acm.org/citation.cfm?id=1752988.

92 브룩스는 이후 이 연구에서 벗어나 AI 분야에서 오해로 생각하는 것에 대해 공개적으로 말하는 쪽으로 초점을 바꿨다.

93 Katherine Bailey, “Reframing the ‘AI Effect,’” Medium, October 27, 2016, medium.com/@katherinebailey/reframing-the-ai-effect-c445f87ea98b.

94 “True AI is Whatever Hasn’t Been Done Yet,” On Larry Tesler’s Theorem, Douglas Hofstadter, *Gödel, Escher, Bach: an Eternal Golden Braid* (New York: Basic Books, 1979). Note: Tesler feels he was misquoted.

제3장

1 Dorothy Stein, *Ada: A Life and A Legacy* (Cambridge, MA: MIT Press, October 1985).

2 Aleta George, “Booting Up a Computer Pioneer’s 200-Year-Old Design,” *Smithsonian Magazine*, April 1, 2009, www.smithsonianmag.com/science-nature/booting-up-a-computer-pioneers-200-year-old-design-122424896.

3 John Fuegi and Jo Francis, “Lovelace & Babbage and the Creation,” *IEEE Annals of the History of Computing*, Vol. 25, Issue 4 (October-December 2003): 16-26.

4 Betty Alexandra Toole, Ada, *The Enchantress of Numbers* (Sausalito: Strawberry Press, 1998), 175-178, www.cs.yale.edu/homes/tap/Files/ada-bio.htm.l

5 어떤 사람들은 알란 튜링의 작업에 영감을 준 것이 러브레이스의 작업 때문이라고 말한다. Dominic Selwood, “Ada Lovelace Paved the Way for Alan Turing’s More Celebrated Codebreaking a Century Before He was Born,” *Telegraph UK*, December 10, 2014, www.telegraph.co.uk/technology/11285007/Ada-Lovelace-paved-the-way-for-Alan-Turings-more-celebrated-codebreaking-a-century-before

-hewas-born.html.

6 John Markoff, "It Started Digital Wheels Turning," *New York Times*, November 7, 2011, www.nytimes.com/2011/11/08/science/computer-experts-building-1830s-babbage-analyticalengine.html.

7 "사람들이 컴퓨터 프로그래밍이 얼마나 중요한지 깨달았을 때, 더 큰 반발과 이를 남성 활동의 하나로 되찾으려는 시도가 있었다"라고 수학과 과학 분야에 종사하는 여성들의 실력 향상을 위한 회의와 훈련 프로그램을 마련하는 비영리 단체인 에이다 이니셔티브(Ada Initiative)의 집행 책임자 밸러리 오로라(Valerie Aurora)는 다음과 같이 말한다. "부(富)와 권력을 남성이 손에 넣기 위해, 이를 여성이 하지 않았었고, 하지 않아야 하고, 할 수도 없었던 것으로 재정의하려는 반발이 일고 있다."
그 숫자는 오늘날에도 여전히 적다. "인구조사국은 지난 20년간 STEM(과학, 테크놀로지, 엔지니어링, 수학)에서 일하는 여성의 비율이 감소했다는 것을 밝혀냈다. 이는 주로 컴퓨팅에 종사하는 여성 비율이 적었기 때문이다. 1990년에는 여성이 STEM 일자리의 34%를 차지했고 2011년에는 27%였다."
Betsy Morais, "Ada Lovelace, the First Tech Visionary," *New Yorker*, October 15, 2013, www.newyorker.com/tech/elements/ada-lovelace-the-first-tech-visionary.

8 러블레이스는 창의적이고 예술적인 과학적 지성인인 ('과학의 남자'라기보다는) 최초의 과학자 메리 서머빌(Mary Somerville)을 위시해 출중한 지도교사를 만날 수 있었다. Christopher Hollings, Ursula Martin, and Adrian Rice, "The Early Mathematical Education of Ada Lovelace," *Journal of the British Society for the History of Mathematics*, 32:3 (2017): 221-234, DOI: 10.1080/17498430.2017. 1325297.

9 Toole, Ada, *The Enchantress of Numbers: Poetical Science.*

10 Yasmin Kafai, "Celebrating Ada Lovelace," MIT Press, October 13, 2015, mitpress.mit.edu/blog/changing-face-computing%E2%80%94one-stitch-time.

11 Toole, Ada, *The Enchantress of Numbers*, 235.

12 James Essinger, *Ada's Algorithm: How Lord Byron's Daughter Ada Lovelace Launched the Digital Age* (Brooklyn: Melville House, 2014).

13 Toole, Ada, *The Enchantress of Numbers*, 175-178.

14 "Ada Lovelace," Computer History, accessed September 3, 2018, www.computer history.org/babbage/adalovelace.

15 Claire Cain Miller, "Overlooked: Ada Lovelace," *New York Times*, March 8, 2018, www.nytimes.com/interactive/2018/obituaries/overlooked-ada-lovelace.html.

16 Nicola Perrin and Danil Mikhailov, "Why We Can't leave AI in the hands of Big Tech," *Guardian*, November 3, 2017, www.theguardian.com/science/2017/nov/03/why-we-cant-leaveai-in-the-hands-of-big-tech.

17 Mark Cuban, "The World's First Trillionaire Will Be an Artificial Intelligence Entrepreneur," CNBC, March 13, 2017, www.cnbc.com/2017/03/13/mark-cuban-the-worlds-first-trillionairewill-be-an-ai-entrepreneur.html.

18 Christopher Summerfield, Matt Botvinick, and Demis Hassabis, "AI and Neuro science," DeepMind, accessed September 27, 2018, deepmind.com/blog/ai-and-neuroscience-virtuouscircle.

19 Katherine Dempsey, "Democracy Needs a Reboot for the Age of Artificial Intelligence," *Nation*, November 8, 2017, www.thenation.com/article/democracy-needs-a-reboot-for-the-age-ofartificial-intelligence.

20 연구자들은 심지어 그 회의의 명칭조차 동의하지 못하고 있다. Tom Simonite, "AI Researchers Fight Over Four Letters: NIPS," *Wired*, October 26, 2018, www.wired.com/story/ai-researchersfight-over-four-letters-nips.

21 Jackie Snow, "We're in a Diversity Crisis: Cofounder of Black in AI on What's Poisoning Algorithms in Our Lives," *MIT Technology Review*, February 14, 2018, www.technologyreview.com/s/610192/were-in-a-diversity-crisis-black-in-ais-founder-on-whatspoisoning-the-algorithms-in-our.

22 Partnerships on AI, accessed September 3, 2018, www.partnershiponai.org.

23 Gillian Tett, *The Silo Effect: The Peril of Expertise and the Promise of Breaking Down Barriers* (New York: Simon and Schuster, 2015).

24 Steve Lohr, "M.I.T. Plans College for Artificial Intelligence, Backed by $1 Billion," *New York Times*, October 15, 2018, www.nytimes.com/2018/10/15/technology/mit-college-artificialintelligence.html.

25 Ulrik Juul Christensen, "Robotics, AI Put Pressure on K-12 Education to Adapt and Evolve," The Hill, September 1, 2018, thehill.com/opinion/education/404544-robotics-ai-put-pressure-on-k-12-to-adapt-and-evolve.

26 Derek Thompson, "America's Monopoly Problem," *Atlantic*, October 2016, www.theatlantic.com/magazine/archive/2016/10/americas-monopoly-problem/497549.

27 Sam Shead, "Oxford and Cambridge Are Losing AI Researchers to DeepMind," Business Insider, November 9, 2016, www.businessinsider.com/oxbridge-ai-researchers-to-deepmind-2016-11.

28 Zachary Cohen, "US Risks Losing Artificial Intelligence Arms Race to China and Russia," CNN Politics, November 29, 2017, www.cnn.com/2017/11/29/politics/us-military-artificialintelligence-russia-china/index.html.

29 Jane C. Hu, "Group Smarts," Aeon, October 3, 2016, aeon.co/essays/how-collective-intelligenceovercomes-the-problem-of-groupthink.

30 Thomas W. Malone, *Superminds: The Surprising Power of People and Computers Thinking Together* (New York: Little, Brown, 2018).

31 Unanimous AI, accessed October 28, 2018, unanimous.ai/about-us.

32 Cade Metz, "Google Just Open Sourced Tensorware, its Artificial Intelligence Engine," *Wired*, November 9, 2015, www.wired.com/2015/11/google-open-sources-its-artificial-intelligenceengine.

33 Jorge Cueto, "Race and Gender Among Computer Science Majors at Stanford," Medium, July 13, 2015, medium.com/@jcueto/race-and-gender-among-computer-science-majors-at-stanford-3824c4062e3a.

34 IEEE Spectrum, accessed September 3, 2018, spectrum.ieee.org/tech-talk/at-work/techcareers/computer-vision-leader-feifei-li-on-why-ai-needs-diversity.

35 Caroline Bullock, "Attractive, Slavish and at Your Command: Is AI Sexist?" BBC News, December 5, 2016, www.bbc.com/news/business-38207334.

36 "Diversity in High Tech," US Equal Employment Opportunity Commission, accessed September 3, 2018, www.eeoc.gov/eeoc/statistics/reports/hightech.

37 "Advancing Opportunity for All in the Tech Industry," US Equal Employment Opportunity Commission, May 18, 2016, www.eeoc.gov/eeoc/newsroom/release/5-18-16.cfm.

38 Erik Sherman, "Report: Disturbing Drop in Women in Computing Field," *Fortune*, March 26, 2015, fortune.com/2015/03/26/report-the-number-of-women-entering-computing-took-anosedive.

39 Johana Bhuiyan, "The Head of Google's Brain Team is More Worried About the Lack of Diversity in Artificial Intelligence than an AI Apocalypse," Recode, August 13, 2016, www.recode.net/2016/8/13/12467506/google-brain-jeff-dean-ama-reddit-artificial-intelligencerobot-takeover.

40 Rachel Thomas, "Diversity Crisis in AI, 2017 Edition," fast.ai, August 16, 2017, www.fast.ai/2017/08/16/diversity-crisis.

41 Tom Simonite, "AI is the Future—But Where are the Women?" *Wired*, August 17,

2018, www.wired.com/story/artificial-intelligence-researchers-gender-imbalance.

42 "The Global Gender Gap Report 2018," World Economic Forum, accessed December 22, 2018, www3.weforum.org/docs/WEF_GGGR_2018.pdf.

43 "Science and Engineering Degrees, By Race/Ethnicity of Recipients: 2002-2," National Science Foundation, May 21, 2015, www.nsf.gov/statistics/2015/nsf15321/#chp2.

44 Danielle Brown, "Google Diversity Annual Report 2018," accessed September 27, 2018, diversity.google/annual-report/#!#_our-workforce.

45 Maxine Williams, "Facebook 2018 Diversity Report: Reflecting on Our Journey," July 12, 2018, newsroom.fb.com/news/2018/07/diversity-report.

46 Brown, "Google Diversity Annual Report 2018."

47 Tom Simonite, "AI is the Future—But Where are the Women?"

48 Clive Thompson, "The Secret History of Women in Coding," *New York Times*, February 13, 2019, www.nytimes.com/2019/02/13/magazine/women-coding- computer-programming.html.

49 Amy Rees Anderson, "No Man Is Above Unconscious Gender Bias in The Workplace —It's 'Unconscious,'" *Forbes*, December 14, 2016, www.forbes.com/sites/amyanderson/2016/12/14/no-man-is-above-unconscious-gender-bias-inthe-workplace-its-unconscious/#d055ac512b42.

50 Rachel Thomas, "If You Think Women in Tech is Just a Pipeline Problem, You Haven't Been Paying Attention," Medium, July 27, 2015, medium.com/tech-diversity-files/if-you-thinkwomen-in-tech-is-just-a-pipeline-problem-you-haven-t-been-paying-attention-cb7a2073b996.

51 시스젠더(cisgender)는 태어날 때 부여받은 성별과 동일시되는 모든 사람을 뜻하는 포괄적 용어이다.

52 Jessi Hempel, "Melinda Gates and Fei-Fei Li Want to Liberate AI from 'Guys with Hoodies,'" *Wired*, May 4, 2017, www.wired.com/2017/05/melinda-gates-and-fei-fei-li-want-to-liberate-aifrom-guys-with-hoodies.

53 Richard Kerby, "Where Did You Go to School?" Noteworthy, July 30, 2018, blog.usejournal.com/where-did-you-go-to-school-bde54d846188.

54 Steve O'Hear, "Tech Companies Don't Want to Talk about the Lack of Disability Reporting," Techcrunch, November 7, 2016, techcrunch.com/2016/11/07/parallel-pr-universe.

55 Ciarán Daly, "'We're in a Diversity Crisis'—This Week in AI," AI Business, February 15, 2018, aibusiness.com/interview-infographic-must-read-ai-news.

56 Nico Grant, "The Myth of the 'Pipeline Problem,'" Bloomberg, June 13, 2018, www.bloomberg.com/news/articles/2018-06-13/the-myth-of-the-pipeline-problem-jid07tth.

57 전체 민간산업에 비해 하이테크 업종은 백인(63.5%~68.5%), 아시아계 미국인(5.8%~14%), 남성(52%~64%)을 높은 비율로 채용하고, 흑인(14.4%~7.4%), 히스패닉(13.9%~8%), 여성(48%~36%)을 더 낮은 비율로 채용했다. "Diversity in High Tech," US Equal Opportunity Employment Commission, accessed September 3, 2018, www.eeoc.gov/eeoc/statistics/reports/hightech.

58 O'Hear, "Tech Companies Don't Want to Talk about the Lack of Disability Reporting."

59 "Ingroup Favoritism and Prejudice," *Principles of Social Psychology*, accessed September 27, 2018, opentextbc.ca/socialpsychology/chapter/ingroup-favoritism-and-prejudice.

60 Victor Tangermann, "Hearings Show Congress Doesn't Understand Facebook Well Enough to Regulate It," Futurism, April 11, 2018, futurism.com/hearings-congress-doesnt-understandfacebook-regulation.

61 "How Facebook Has Handled Recent Scandals," Letters to the Editor, New York Times, November 16, 2018, www.nytimes.com/2018/11/16/opinion/letters/facebook-scandals.html.

62 Pierre Lévy, *Collective Intelligence: Mankind's Emerging World in Cyberspace* (New York: Basic Books, 1994), 13.

63 Oliver Milman, "Paris Deal: A Year After Trump Announced US Exit, a Coalition Fights to Fill the Gap," *Guardian*, June 1, 2018, www.theguardian.com/us-news/2018/may/31/paris-climatedeal-trump-exit-resistance.

64 George Anders, *You Can Do Anything: The Surprising Power of a "Useless" Liberal Arts Education* (New York: Little, Brown, and Company, 2017).

65 Annette Jacobson, "Why We Shouldn't Push Students to Specialize in STEM Too Early," PBS *NewsHour*, September 5, 2017, www.pbs.org/newshour/education/column-shouldnt-pushstudents-specialize-stem-early.

66 Fareed Zakaria, *In Defense of a Liberal Education* (New York: W. W. Norton & Company, 2016).

67 Talia Milgrom-Elcott, "STEM Starts Earlier Than You Think," *Forbes*, July 24, 2018, www.forbes.com/sites/taliamilgromelcott/2018/07/24/stem-starts-earlier-than-you think/#150b641a348b.

68 Maria Popova, "The Art of Chance-Opportunism in Creativity and Scientific Discovery," Medium, accessed September 3, 2018, www.brainpickings.org/2012/05/25/the-art-of-scientificinvestigation-1; William I. B. Beveridge, *The Art of Scientific Investigation* (New Jersey: Blackburn Press, 2004).

69 Rebecca M. Jordan-Young, *Brain Storm: The Flaws in the Science of Sex Differences* (Cambridge, MA: Harvard University Press, 2011).

70 Monica Kim, "The Good and the Bad of Escaping to Virtual Reality," *Atlantic*, February 18, 2015, www.theatlantic.com/health/archive/2015/02/the-good-and-the-bad- of-escaping-to-virtualreality/385134.

71 "물론 이들 요소와 적절한 논리적 개념 사이에는 특정한 연관성이 있다. 또한 논리적으로 연결된 개념에 최종적으로 도달하려는 욕구가 앞서 언급한 요소들과 다소 모호한 이 놀이의 정서적 기반이라는 것도 분명하다. 그러나 심리학적 관점에서 보면, 이 결합적 놀이는 생산적 사고에서 필수적인 특징인 것처럼 보인다. 다른 사람에게 전달될 수 있는 단어나 다른 종류의 기호 논리적 구성과 어떤 연관성도 있기 전에는 말이다." Albert Einstein, *Ideas and Opinions* (New York: Crown, 1954), 77.

72 Tham Khai Meng, "Everyone is Born Creative, but It Is Educated Out of Us at School," Guardian, May 18, 2016, www.theguardian.com/media-network/2016/may/18/born-creativeeducated-out-of-us-school-business.

73 Margot Lee Shetterly, *Hidden Figures: The American Dream and the Untold Story of the Black Women Mathematicians Who Helped Win the Space Race* (New York: William Morrow, 2016).

74 "Why Did Humans Become the Most Successful Species on Earth?" Interview by Guy Raz, March 4, 2016, NPR, *TED Radio Hour*, 11:00, www.npr.org/templates/transcript/transcript.php?storyId=468882620.

75 그 이름은 아직 논의 중이다. Joseph Stromberg, "What Is the Anthropocene and Are We in It?" *Smithsonian Magazine*, January 2013, www.smithsonianmag.com/science-nature/what-is-theanthropocene-and-are-we-in-it-164801414; Jonathan Amos, "Welcome to the Meghalayan Age—a New Phase in History," BBC News, July 18, 2018, www.bbc.com/news/science-environment-44868527.

76 "지난 600년 동안 과학기술 혁신의 큰 원동력은 다른 사람들과 접촉함으로써 그들과 아이디어를 교환하는 능력과 다른 사람들의 직감을 빌려 우리의 직감과 결합하여 새로운 것으로 바꾸는 능력의 증가였다." Steven Johnson, *Where Good Ideas Come From* (New York: Riverhead Books, 2010).

77 Amy Novotney, "No Such Thing as 'Right-Brained' or 'Left-Brained,' New Research Finds," American Psychological Association, Vol. 44, No. 10 (November 2013), www.apa.org/monitor/2013/11/right-brained.aspx.

78 Cody C. Delistraty, "Can Creativity Be Learned?" *Atlantic*, July 16, 2014, www.theatlantic.com/health/archive/2014/07/can-creativity-be-learned/372605.

79 Norman Doidge, *The Brain That Changes Itself: Stories of Personal Triumph from the Frontiers of Brain Science* (New York: Viking, 2007).

80 Isaacson, *Leonardo da Vinci*, 117.

81 "The Spread of the Printing Press Across Europe," Garamond, accessed September 3, 2018, www.garamond.culture.fr/en/page/the_spread_of_the_printing_press_across_europe.

82 Isaacson, *Leonardo da Vinci*, 172.

83 시작에서 제7장까지. Leonardo da Vinci, "Notebook of Leonardo da Vinci ('The Codex Arundel'). A Collection of Papers Written in Italian by Leonardo da Vinci (b. 1452, d. 1519)," British Library, accessed September 4, 2018, www.bl.uk/manuscripts/Viewer.aspx?ref=arundel_ms_263_f001r.

84 Isaacson, *Leonardo da Vinci*, 98.

85 "직관적 기술을 갖춘 세상에서 필수적이고 차별화된 기술은 인간으로서 함께 일할 수 있게 도와주는 기술이다. 여기서 힘든 일은 최종 생산물과 그 유용성을 구상하는 것이다. 이는 현실 세계의 경험과 판단, 역사적 맥락이 필요하다. 제프의 이야기를 통해 우리는 고객이 잘못된 것에 집중했다는 것을 알게 되었다. 이는 고전적인 경우이다. 즉, 기술자는 기업 및 최종 사용자와 의사소통하려고 하고 기업은 그들의 필요를 명확히 표현하지 못하고 있다. 난 그걸 매일같이 본다. 우리는 인간으로서 함께 의사소통하고 발명할 수 있는 능력의 표면만 긁고 있다. 과학이 만드는 법을 가르쳐 준다면, 무엇을 만들어야 하는지, 왜 그것을 만들어야 하는지를 가르쳐 주는 것은 인문학이다. 인문학은 똑같이 중요하고, 그만큼 어렵다. 사람들이 인문학을 더 작은 길로, 더 쉬운 길로 여기는 것을 들으면 나는 짜증이 난다. 자! 인문학은 우리에게 우리 세계의 맥락을 짚어준다. 인문학은 우리에게 비판적으로 사고하는 법을 가르친다. 인문학은 의도적으로 구조

화되지 않은 반면 과학은 의도적으로 구조화된다. 인문학은 우리에게 설득하는 법을 가르쳐 주고 우리의 언어를 갖게 하고 우리는 그런 언어를 사용하여 우리의 감정을 사고와 행동으로 전환시킨다. 인문학은 과학과 동등한 위치에 있어야 한다. 당신이 많은 아티스트를 고용해서 기술 회사를 설립하면 놀라운 결과를 얻을 수 있다." Eric Berridge, "Why Tech Needs the Humanities," December 2017, TED@IBM, 11:13, www.ted.com/talks/eric_berridge_why_tech_ needs_the_humanities.

86 Ibid.

87 Alok Jha, "Helicopter Powered by Man on Bicycle Wins $250,000 Prize," *Guardian*, July 12, 2013, www.theguardian.com/science/2013/jul/12/helicopter-powered-man-bicycle-prize.

88 아인슈타인은 놀이가 우주의 비밀을 푸는 연구만큼이나 중요하다는 것을 알고 우주에서 우리의 역할에 의문을 제기했다. 그는 바이올린을 연주하면서 답을 찾았고 물리적인 의미와 다른 의미에서 우주를 곰곰이 생각했다. Mitch Waldrop, "Inside Einstein's Love Affair With 'Lina'—His Cherished Violin," *National Geographic*, February 3, 2017, news.nationalgeographic.com/2017/02/einstein-genius-violin-music-physics-science.

89 Ken Gewertz, "Albert Einstein, Civil Rights Activist," *The Harvard Gazette*, April 12, 2007, news.harvard.edu/gazette/story/2007/04/albert-einstein-civil-rights-activist.

90 Thomas Levenson, *Einstein in Berlin* (New York: Bantam, 2004).

91 "Refugee Statistics," USA for UNHCR: The UN Refugee Agency, updated 2017, www.unrefugees.org/refugee-facts/statistics.

92 Mary Shelley, *Frankenstein: Annotated for Scientists, Engineers, and Creators of All Kinds* (Cambridge: MIT Press, 2017).

93 Carl Zimmer, "Nabokov Theory on Butterfly Evolution Is Vindicated," *New York Times*, January 25, 2011, www.nytimes.com/2011/02/01/science/01butterfly.html.

94 Adam Kirsch, "Design for Living," *New Yorker*, February 1, 2016, www.newyorker.com/magazine/2016/02/01/design-for-living-books-adam-kirsch.

95 Harold Boom, *Genius: A Mosaic of One Hundred Exemplary Creative Minds* (New York: Warner, 2003).

96 "Victor is incurious about the results of his actions, which is an enormous failing in a scientist." Shelley, *Frankenstein: Annotated for Scientists, Engineers, and Creators of All Kinds*, 234.

97 Ian Sample, "'It's Able to Create Knowledge Itself': Google Unveils AI that Learns on Its Own," *Guardian*, October 18, 2017, www.theguardian.com/science/2017/oct/18/its-able-to-createknowledge-itself-google-unveils-ai-learns-all-on-its-own.

98 "Recent studies offer evidence that, contrary to popular belief, the main event of the imagination — creativity — does not require unrestrained freedom; rather, it relies on limits and obstacles." Matthew May, *The Laws of Subtraction: 6 Simple Rules for Winning in the Age of Excess Everything* (McGraw-Hill Education, 2012), 130.

99 Cade Metz, "Building A.I. That Can Build A.I.," *New York Times*, November 5, 2017, www.nytimes.com/2017/11/05/technology/machine-learning-artificial-intelligence-ai.html.

100 Bullock, "Attractive, Slavish and at Your Command: Is AI Sexist?"

101 "Listeners [find] the male voice to be more trustworthy." Clifford Nass and Scott Brave, *Wired for Speech: How Voice Activates and Advances the Human-Computer Relationship* (Cambridge: MIT Press, 2005), 15.

102 Jana Kasperkevic, "Google Says Sorry for Racist Auto-tag in Photo App," *Guardian*, July 1, 2015, www.theguardian.com/technology/2015/jul/01/google-sorry-racist-auto-tag-photo-app.

103 Malek Murison, "Sage: Why Gender-Neutral AI Helps Remove Bias from Systems," Internet of Business, March 29, 2018, internetofbusiness.com/gender-neutral-robot-assistants-bias-ai.

104 Sarah Parker Harris, Randall Owen, and Cindy De Ruiter, "Civic Engagement and People with Disabilities: The Role of Advocacy and Technology," *Journal of Community Engagement*, August 22, 2012, jces.ua.edu/civic-engagement-and-people-with-disabilities-the-role-ofadvocacy-and-technology.

105 On August 8, 1996, a Special Interest Forum (SIF) was held in Washington, D.C., on the topic of "Accessible Appliances and Universal Design, Center for Inclusive Design and Environmental Access," udeworld.com/dissemination/publications/56-reprints-short-articles-and-papers/127-accessible-appliances.html.

106 "'우리는 구글이 전쟁 사업에 관여해서는 안 된다고 생각한다'라고 이 회사의 최고경영자인 순다르 피차이(Sundar Pichai)에게 보낸 서한에 적혀 있다. 구글이 펜타곤의 시범 프로그램인 프로젝트 메이븐(Project Maven)에서 손을 떼고 '전쟁 기술은 절대 구축하지' 않겠다는 정책을 발표할 것을 요구한다." Scott Shane and Daisuke Wakabayashi, "'The Business of War': Google Employees Protest

Work for the Pentagon," *New York Times*, April 4, 2018, www.nytimes.com/2018/04/04/technology/google-letter-ceo-pentagon-project.html.

107 Daisuke Wakabayashi, Erin Griffith, Amie Tsang, and Kate Conger, "Google Walkout: Employees Stage Protest Over Handling of Sexual Harassment," *New York Times*, November 1, 2018, www.nytimes.com/2018/11/01/technology/google-walkout-sexual-harassment.html.

108 편지 내용 : "우리는 마이크로소프트가 ICE 및 ICE에게 직접 권한을 주는 다른 클라이언트와의 계약을 해지할 것을 요청한다. 마이크로소프트가 이익을 얻을 수 있는 기술을 구축하는 사람으로 공범이 되는 것을 거부한다. 우리는 강력한 기술을 창조하는 기업이 자신들이 구축한 것이 해가 아닌 선을 위해 사용될 수 있도록 보장해야 한다는 중대한 책임을 인식하고 있는 업계의 많은 사람들로 구성된 성장 동력의 일부이다." Sheera Frenkel, "Microsoft Employees Protest Work With ICE, as Tech Industry Mobilizes Over Immigration," *New York Times*, June 19, 2018, www.nytimes.com/2018/06/19/technology/tech-companies-immigrationborder.html.

109 Modupe Akinnawonu, "Why Having a Diverse Team Will Make Your Products Better," Times Open Team, Medium, May 23, 2017, open.nytimes.com/why-having-a-diverse-team-will-makeyour-products-better-c73e7518f677.

110 David Rock and Heidi Grant, "Why Diverse Teams Are Smarter," Harvard Business Review, November 4, 2016, hbr.org/2016/11/why-diverse-teams-are-smarter.

111 Francesca Lagerberg, "The Value of Diversity," Grant Thornton: Women in Business, September 29, 2015, www.grantthornton.global/en/insights/articles/diverse-boards-in-india-uk-and-usoutperform-male-only-peers-by-us$655bn.

112 Mollie Goodfellow, "Women in Health Tech: Designing Solutions and Transforming Lives Across Society," *Guardian*, June 19, 2018, www.theguardian.com/axa-health-tech-andyou/2018/jun/19/women-in-health-tech-designing-solutions-and-transforming-lives-acrosssociety.

113 Katherine W. Phillips, "How Diversity Makes Us Smarter," *Scientific American*, October 1, 2014, www.scientificamerican.com/article/how-diversity-makes-us-smarter.

114 Rock and Grant, "Why Diverse Teams Are Smarter."

115 Henry Fountain, "Putting Art in STEM," *New York Times*, October 31, 2014, www.nytimes.com/2014/11/02/education/edlife/putting-art-in-stem.html.

116 "빅터 프랑켄슈타인(Victor Frankenstein)은 그의 창조물을 완성했을 때 기술적인 달콤함의 전율 속에 있었다. 이는 깔끔하게 맞아 떨어지는 지적 퍼즐 조각들의 매력이기도 하다. 로스앨러모스에서 일하는 과학자들은 자신들의 연구에 대하여 빅터와 유사한 흥분감과 완전한 함축성을 경험했고 제2차 세계대전 이후의 맥락에서 그들의 연구에 대한 책임을 짊어지고 빅터에게 비슷한 반응을 보였다 . 따라서 프랑켄슈타인은 과학자들과 엔지니어들에게 유용한 비유로 작용하며, 즉각적인 기술적 성공을 넘어 그들 작업의 광범위한 함축성을 보는 것의 난제를 보여준다." Heather E. Douglas, "The Bitter Aftertaste of Technical Sweetness," *MIT Press Scholarship Online*, accessed September 3, 2018, DOI: 10.7551/mitpress/9780262533287.003. 0012.

117 "만약 미덕이 부분적으로 상황적인 것이라면, 과학자들을 포함한 모든 사람들은 자신의 가치와 일의 가치에 대한 판단이 면밀한 조사를 필요로 한다는 것을 인식해야 한다. 빅터 프랑켄슈타인은 자기 발명의 가치나 잠재적으로 의도하지 않은 결과에 대해 누구와도 상의하지 않고 혼자서 행동했다. 만약 그가 냉철한 머리를 지닌 사상가들과 혁신가들로 구성된 공동체와 상의했다면, 아마도 그는 자신의 동정심을 다시 불태우고 그의 고독한 창작에서 촉발되는 연쇄적인 비극을 피할 수 있었을 것이다." Sally Kitch in Mary Shelley's *Frankenstein: Annotated for Scientists, Engineers, and Creators of All Kinds*, 90.

기술 분야의 성별 구성

1 Felix Richter, "The Tech World is Still a Man's World," Statista, March 8, 2019.

2 Tom Simonite, "AI is the Future-But Where are the Women?" Wired, August 17, 2018.

3 "Navigating Uncertainty," Harvey Nash/KPMG CIO Survey, 2018.

제4장

1 Cheyenne Macdonald, "'Ethical Knob' Could Allow You to Choose Whose Life a Driverless Car Would Save in a Deadly Accident," *UK Daily Mail*, October 2017, www.dailymail.co.uk/sciencetech/article-4986142/Ethical-knob-let-driverless-car-decidesave.html.

2 Abigail Beall, "Driverless Cars Could Let You Choose Who Survives in a Crash," *New*

Scientist, October 13, 2017, www.newscientist.com/article/2150330-driverless-cars-could-let-you-choosewho-survives-in-a-crash.

3 "핸들은 운전자가 다른 사람의 생명과 비교하여 자신의 생명에 부여하는 가치를 자율 자동차에 알려준다. … 자동차는 이 정보를 사용하여 승객이나 다른 당사자가 자동차 결정의 결과로 피해를 입을 가능성을 고려하여 실행할 조치를 계산한다." Ibid.

4 "Values," Ethics Unwrapped, University of Texas McCombs School of Business, accessed September 8, 2018, ethicsunwrapped.utexas.edu/glossary/values.

5 "Morals," Ethics Unwrapped, University of Texas McCombs School of Business, accessed September 8, 2018, ethicsunwrapped.utexas.edu/glossary/morals.

6 "Ethics," Ethics Unwrapped, University of Texas McCombs School of Business, accessed September 8, 2018, ethicsunwrapped.utexas.edu/glossary/ethics.

7 Bertrand Russell, *Free Thought and Official Propaganda* (New York: B. W. Huebsch, 1922); Bertrand Russell, *The Will to Doubt* (New York: Welcome Rain Publishers, 2014).

8 "우리는 마감에 맞춰 윤리 교육을 하고 있다. 세계 100대 AI 안전 연구자 또는 AI 연구자를 조사해보면, 그들이 2050년에는 50% 정도의 확률로 인간 수준의 인공지능이 존재할 확률 분포를 나타낸다는 것을 알 수 있다." Lucas Perry, "AI Alignment Podcast: The Metaethics of Joy, Suffering, and Artificial Intelligence with Brian Tomasik and David Pearce," Future of Life Institute, August 16, 2018, futureoflife.org/2018/08/16/ai-alignment-podcast-metaethics-of-joy-suffering-with-briantomasik-and-david-pearce.

9 "Algorithms and Human Rights," Council of Europe, March 13, 2018, rm.coe.int/algorithms-andhuman-rights-en-rev/16807956b5.

10 Johannes Morsink, *The Universal Declaration of Human Rights: Origins, Drafting, and Intent* (Philadelphia: University of Pennsylvania Press, 1984).

11 "Article I, Universal Declaration of Human Rights," United Nations, accessed September 8, 2018, www.un.org/en/universal-declaration-human-rights.

12 "Guide on Article 8 of the European Convention on Human Rights," Council of Europe/European Court of Human Rights, 2017, 102, www.refworld.org/pdfid/5a016ebe4.pdf.

13 Lorna McGregor, Vivian Ng, Ahmed Shaheed, Elena Abrusci, Catherine Kent, Daragh Murray, and Carmel Williams, "The Universal Declaration of Human Rights

at 70: Putting Human Rights at the Heart of the Design, Development and Deployment of Artificial Intelligence," Human Rights Big Data and Technology Project, December 20, 2018, accessed December 22, 2018, 48ba3m4eh2bf2sksp 43rq8kk-wpengine.netdna-ssl.com/wpcontent/uploads/2018/12/UDHR70_AI.pdf.

14 Jay T. Stock, "Are Humans Still Evolving?" *EMBO Reports*, July 9, 2008, embor.embopress.org/content/9/1S/S51.

15 미국 원주민의 권리에 대한 법률 지원이나 변경은 거의 없으며, 그런 권리의 상당수는 뒤집히거나 적극적으로 침해되고 있다. 이것은 우리에게 진보가 더디게 발절할 수 있고 심지어는 퇴보할 수도 있다는 것을 상기시킨다. Native American Rights Fund, accessed September 15, 2018, www.narf.org/ourwork/promotion-human-rights.

16 Susan Mizner, "House Members Are Pushing a Bill That Will Roll Back the Rights of People with Disabilities," American Civil Liberties Union, February 13, 2018, www.aclu.org/blog/disability-rights/house-members-are-pushing-bill-will-roll-back-rightspeople-disabilities; Vann R. Newkirk II, "The End of Civil Rights," *Atlantic*, June 18, 2018, www.theatlantic.com/politics/archive/2018/06/sessions/563006.

17 Charlie Stross, "Dude, You Broke the Future!" Antipope, accessed September 18, 2018, www.antipope.org/charlie/blog-static/2018/01/dude-you-broke-the-future.html#more.

18 "신경과학, 철학, 컴퓨터 과학 등 광범위한 학문에 종사하는 많은 학자들은 디폴트 네트워크의 발견으로 드러난 인지적 시간 여행의 적성이 인간 지능의 결정적 특성일 수 있다고 주장한다. [펜실베이니아 대학의 심리학자 마틴 셀리그먼]이 존 티어니와의 타임스 Op-Ed에서 말했듯이, '우리 종을 가장 잘 구별하는 것은 과학자들이 이제 막 인정하기 시작한 능력이다. 우리는 미래를 생각한다.' 그는 계속해 '우리 종의 더 적절한 이름은 전망자(Homo prospectus)가 될 것이다. 왜냐하면 우리는 우리의 전망을 고려함으로써 번영하기 때문이다. 전망의 힘은 우리를 현명하게 만드는 것이다'라고 말한다." Steven Johnson, "Looking to the Future has Always Defined Humanity. Will A.I. Become the Best Crystal Ball of All?" *New York Times*, November 15, 2018, www.nytimes.com/interactive/2018/11/15/ magazine/tech-design-ai-prediction.html.

19 Angela Duckworth, *Grit: The Power of Passion and Perseverance* (New York: Scribner, 2016).

20 Editors of Encyclopaedia Britannica, "Ptolemaic system," *Encyclopaedia Britannica*, accessed September 8, 2018, www.britannica.com/science/Ptolemaic-system.

21 Thomas Georges, *Digital Soul: Intelligent Machines and Human Values* (New York: Basic Books, 2004), 2.

22 Robert D. Hof, "Deep Learning," *MIT Technology Review*, 2013, www.technologyreview.com/s/513696/deep-learning.

23 "International Covenant on Civil and Political Rights," United Nations Human Rights Office of the High Commissioner, accessed September 8, 2018, www.ohchr.org/en/professionalinterest/pages/ccpr.aspx.

24 Louis Menand, "Why Do We Care So Much About Privacy?" *New Yorker*, June 18, 2018, www.newyorker.com/magazine/2018/06/18/why-do-we-care-so-much-about-privacy.

25 Neil Hughes, "98 Percent of Americans View Privacy as a Basic Civil Right, OWI Labs Survey Finds," One World Identity, June 7, 2018, oneworldidentity.com/98-percent-americans-viewprivacy-basic-civil-right-owi-labs-survey-finds.

26 Michael Gaynor, "Telecom Lobbyists Have Stalled 70 State-Level Bills That Would Protect Consumer Privacy," Motherboard, August 6, 2018, motherboard.vice.com/en_us/article/3ky5wj/telecom-lobbyists-have-stalled-70-state-level-billsthat-would-protect-consumer-privacy.

27 Jennifer Zhu Scott, "You Should be Paid for Your Facebook Data," Quartz, April 11, 2018, qz.com/1247388/you-should-be-paid-for-your-facebook-data.

28 "Public Interest Privacy Principles," Federation of State PIRGs, November 13, 2018, uspirg.org/resources/usp/public-interest-privacy-principles.

29 Alvaro M. Bedoya, "A License to Discriminate," *New York Times*, June 6, 2018, www.nytimes.com/2018/06/06/opinion/facebook-privacy-civil-rights-data-huawei-cambridgeanalytica.html.

30 Sophia Yan, "Chinese Surveillance Grows Stronger with Technology that Can Recognise People from How They Walk," *Telegraph UK*, November 6, 2018, www.telegraph.co.uk/news/2018/11/06/chinese-surveillance-grows-stronger-technology-canrecognise.

31 Sam Levin, "Face-Reading AI Will Be Able to Detect your Politics & IQ, Professor Says," *Guardian*, September 12, 2017, www.theguardian.com/technology/2017/sep/12/artificialintelligence-face-recognition-michal-kosinski; Jennifer Lynch, "Face Off: Law Enforcement Use of Face Recognition Technology," Electronic Frontier Foundation, February 12, 2018, www.eff.org/wp/law-enforcement-use-face-recog

nition#_idTextAnchor141.

32 James Bridle, *New Dark Age: Technology and the End of the Future* (New York: Verso Books, 2018).

33 Colin Lecher and Russell Brandom, "The FBI has Collected 430,000 Iris Scans in a So-Called 'Pilot Program,'" The Verge, July 12, 2016, www.theverge.com/2016/7/12/12148044/fbi-irispilot-program-ngi-biometric-database-aclu-privacy-act.

34 Marcello Ienca, "Do We Have a Right to Mental Privacy and Cognitive Liberty?" *Scientific American*, May 3, 2017, blogs.scientificamerican.com/observations/do-we-have-a-right-tomental-privacy-and-cognitive-liberty.

35 Samantha Cole, "There Is No Tech Solution to Deepfakes," Motherboard, August 14, 2018, motherboard.vice.com/en_us/article/594qx5/there-is-no-tech-solution-to-deepfakes.

36 South African Constitution, accessed September 18, 2018, www.justice.gov.za/legislation/constitution/index.html.

37 Sue Onslow, "A Question of Timing: South Africa and Rhodesia's Unilateral Declaration of Independence, 1964-65," *Cold War History*, Vol. 5, Issue 2 (August 16, 2006), www.tandfonline.com/doi/abs/10.1080/14682740500062135.

38 "History of the Document," United Nations, accessed September 15, 2018, www.un.org/en/sections/universal-declaration/history-document/index.html.

39 "Article 19 at the UNHRC: 'The Same Rights That People Have Offline Must Also Be Protected Online,'" Article 19, June 14, 2017, www.article19.org/resources/article-19-at-the-unhrc-thesame-rights-that-people-have-offline-must-also-be-protected-online.

40 Commissioner Kara M. Stein, "From the Data Rush to the Data Wars: A Data Revolution in Financial Markets," U.S. Securities and Exchange Commission, September 27, 2018, www.sec.gov/news/speech/speech-stein-092718.

41 Edward L. Carter, "The Right to Be Forgotten," *Oxford Research Encyclopedias*, November 2016, DOI: 10.1093/acrefore/9780190228613.013.189.

42 Stefanie Koperniak, "Artificial Data Give the Same Results as Real Data—Without Compromising Privacy," MIT News, March 3, 2017, news.mit.edu/2017/artificial-data-givesame-results-as-real-data-0303.

43 "Isaac Asimov's Three Laws of Robotics," Auburn University, 2001, www.auburn.edu/~vestmon/robotics.html.

44 Andrew Feenberg, *Critical Theory of Technology* (Oxford: Oxford University Press,

1991).

45 Joanna J. Bryson, "Robots Should Be Slaves," Artificial Models of Natural Intelligence, University of Bath, United Kingdom, May 21, 2009, www.cs.bath.ac.uk/~jjb/ftp/Bryson-Slaves-Book09.pdf.

46 Ira Flatow, "Science Diction: The Origin of the Word 'Robot,'" April 22, 2011, NPR, *Talk of the Nation,* 5:22, www.npr.org/2011/04/22/135634400/science-diction-the-origin-of-the-word-robot.

47 Janosch Delcker, "Europe Divided Over Robot 'Personhood,'" Politico, April 11, 2018, www.politico.eu/article/europe-divided-over-robot-ai-artificial-intelligence-personhood.

48 "Open Letter to the European Commission," Politico, May 4, 2018, www.politico.eu/wpcontent/uploads/2018/04/RoboticsOpenLetter.pdf.

49 Kate Darling, "Extending Legal Protection to Social Robots: The Effects of Anthropomorphism, Empathy, and Violent Behavior Towards Robotic Objects," We Robot Conference 2012, University of Miami, April 23, 2012, dx.doi.org/10.2139/ssrn.2044797.

50 Todd Leopold, "HitchBOT, the Hitchhiking Robot, Gets Beheaded in Philadelphia," CNN, August 4, 2015, www.cnn.com/2015/08/03/us/hitchbot-robot-beheaded-philadelphiafeat/index.html.

51 Daisuke Wakabayashi, "Self-Driving Uber Car Kills Pedestrian in Arizona, Where Robots Roam," *New York Times*, March 19, 2018, www.nytimes.com/2018/03/19/technology/uberdriverless-fatality.html.

52 Frank Pasquale, *The Black Box Society: The Secret Algorithms That Control Money and Information* (Cambridge, MA: Harvard University Press, 2015).

53 Peter H. Kahn Jr., Takayuki Kanda, Hiroshi Ishiguro, Brian T. Gill, Jolina H. Ruckert, Solace Shen, Heather E. Gary, Aimee L. Reichert, Nathan G. Freier, and Rachel L. Severson, "Do People Hold a Humanoid Robot Morally Accountable for the Harm It Causes?" Session: Attitudes and Responses to Social Robots, March 5-8, 2012, depts.washington.edu/hints/publications/Robovie_Moral_Accountability_Study_HRI_2012_corrected.pdf

54 Liam J. Bannon, "From Human Factors to Human Actors," *Design at Work: Cooperative Design of Computer Systems*, J. Greenbaum and M. Kyng, eds. (Hillsdale: Lawrence Erlbaum Associates, 1991): 25-44, DOI: 10.1016/B978-0-08-051574-

8.50024-8.

55 Gabriella Airenti, "The Cognitive Bases of Anthropomorphism: From Relatedness to Empathy," *International Journal of Social Robotics*, Vol. 7, Issue 1 (January 14, 2015): 117-127, link.springer.com/article/10.1007/s12369-014-0263-x.

56 Joshua Rothman, "Are Disability Rights and Animal Rights Connected?" *New Yorker*, June 5, 2017, www.newyorker.com/culture/persons-of-interest/are-disability-rights-and-animal-rightsconnected.

57 "Forty Million Victims of Modern Slavery in 2016: Report," Al Jazeera, September 19, 2017, www.aljazeera.com/news/2017/09/forty-million-victims-modern-slavery-2016-report-170919141907308.html.

58 Ashish Kothari, Mari Margil, and Shrishtee Bajpai, "Now Rivers Have the Same Legal Status as People, We Must Uphold Their Rights," *Guardian*, April 21, 2017, www.theguardian.com/global-development-professionals-network/2017/apr/21/rivers-legalhuman-rights-ganges-whanganui.

59 "생물이 재생산되고 존재하는 자연 또는 파차마마(Pachamama)는 그 생명주기, 구조, 기능 및 진화 과정마다 존재, 지속, 유지, 재생될 권리가 있다. 모든 사람, 사람들, 공동체 또는 국적은 공공 유기체 앞에서 자연에 대한 권리를 인정해 줄 것을 요구할 수 있다." "Rights of Nature Articles in Ecuador's Constitution," accessed September 15, 2018, therightsofnature.org/wp-content/uploads/pdfs/Rights-for-Nature-Articles-in-Ecuadors-Constitution.pdf.

60 Suzanne Monyak, "When the Law Recognizes Animals as People," *New Republic*, February 2, 2018, newrepublic.com/article/146870/law-recognizes-animals-people.

61 "우리는 우주의 기원으로 우리의 계보를 추적할 수 있다. … 그러므로 우리는 자연계의 주인이기보다는 자연계의 일부이다. 우리는 우리의 출발점으로서 그렇게 살고 싶다. 이것은 강을 개발하지 않거나 반경제적으로 이용하는 것이 아니라, 강이 살아있는 존재라는 시각에서 시작해 강의 미래를 중심적인 신념에서 고찰하는 것이다." Gerrard Albert, quoted in Eleanor Ainge Roy, "New Zealand River Granted Same Legal Rights as Human Being," *Guardian*, March 16, 2017, www.theguardian.com/world/2017/mar/16/new-zealand-rivergranted-same-legal-rights-as-human-being.

62 Catherine J. Iorns Magallanes, "Nature as an Ancestor: Two Examples of Legal Personality for Nature in New Zealand," *VertigO*, September 2015, journals.openedition.org/vertigo/16199?lang=en.

63 Ker Than, "All Species Evolved from Single Cell, Study Finds," *National Geographic*, May 14, 2010, news.nationalgeographic.com/news/2010/05/100513-science-evolution-darwin-singleancestor.

64 Dr. Seuss, *The Lorax* (New York: Random House, 1971).

65 Michael LaChat, "AI and Ethics: An Exercise in Moral Imagination," *AI Magazine*, Vol. 7.2 (1986), DOI: doi.org/10.1609/aimag.v7i2.540.

66 "FAT/ML 조직의 설립은 머신러닝과 사회과학 커뮤니티가 결합된 덕분이다. FAT/ML 조직은 2014년부터 매년 머신러닝의 공정성, 설명 책임, 투명성(Fairness, Accountability, and Transparency in Machine Learning)에 관한 우수한 기술 워크숍을 개최하고 학술 논문 목록을 관리하고 있다. FAT에 윤리를 위해 E를 추가한 것은 부가적으로 NYC의 Microsoft Research FATE 그룹 때문이다." Jeannette Wing, "Data for Good: FATES, Elaborated," Columbia University, January 23, 2018, datascience.columbia.edu/FATES-Elaborated.

67 "Asilomar AI Principles," Future of Life, accessed September 8, 2018, futureoflife.org/aiprinciples.

68 Sundar Pichai, "AI at Google: Our Principles," Google, June 7, 2018, blog.google/technology/ai/ai-principles.

69 Alex Campolo, Madelyn Sanfilippo, Meredith Whittaker, and Kate Crawford, "AI Now 2017 Report," Yale Information Society Project and Data & Society, Cornell University, AI Now Institute, accessed September 18, 2018, ainowinstitute.org/AI_Now_2017_Report.pdf.

70 Meredith Whittaker, Kate Crawford, Roel Dobbe, Genevieve Fried, Elizabeth Kaziunas, Varoon Mathur, Sarah Myers West, Rashida Richardson, Jason Schultz, and Oscar Schwartz, "AI Now 2018 Report," AI Now Institute, accessed December 21, 2018, ainowinstitute.org/AI_Now_2018_Report.pdf.

71 John Patzakis, "GDPR Provides a Private Right of Action. Here's Why That's Important," Discovery Law and Tech, blog, February 28, 2018, blog.x1discovery.com/2018/02/28/gdprprovides-a-private-right-of-action-heres-why-thats-important.

72 Thomas Whiteside, "Cutting Down," *New Yorker*, December 19, 1970, www.newyorker.com/magazine/1970/12/19/the-fight-to-ban-smoking-ads.

73 Edmund Andrews, "Steven Callander: How to Make States 'Laboratories of Democracy,'" Insights by Stanford Business, Stanford Graduate School of Business, May 19, 2015, www.gsb.stanford.edu/insights/steven-callander-how-make-states-

laboratories-democracy.

74 Will Knight, "The Dark Secret at the Heart of AI," *MIT Technology Review*, April 11, 2017, www.technologyreview.com/s/604087/the-dark-secret-at-the-heart-of-ai.

75 Gar Alperovitz, with the assistance of Sanho Tree, Edward Rouse Winstead, Kathryn C. Morris, David J. Williams, Leo C. Maley, Thad Williamson, and Miranda Grieder, *The Decision to Use the Atomic Bomb and the Architecture of an American Myth* (New York: Alfred A. Knopf, 1995); Karl T. Compton, "If the Atomic Bomb Had Not Been Used," Atlantic, December 1946, www.theatlantic.com/magazine/archive/1946/12/if-the-atomic-bomb-had-not-been-used/376238.

76 "Mr. President, I feel I have blood on my hands." J. Robert Oppenheimer, "Freedom and Necessity in the Sciences," 1958-959 Dartmouth College Lecture Series and the Independent Reading Program, Dartmouth College, April 14, 1959, www.dartmouth.edu/~library/digital/collections/lectures/oppenheimer/index.html.

77 "AK-47 Designer Kalashnikov Wrote Penitent Letter," CBS News, January 14, 2014, www.cbsnews.com/news/ak-47-designer-kalashnikov-wrote-penitent-letter.

78 Ethan Zuckerman, "The Internet's Original Sin," Atlantic, August 14, 2014, www.theatlantic.com/technology/archive/2014/08/advertising-is-the-internets-ori ginalsin/376041.

79 Dan Robitzski, "To Build Trust in Artificial Intelligence, IBM Wants Developers to Prove Their Algorithms Are Fair," Futurism, August 22, 2018, futurism.com/trust-artificial-intelligence-ibm.

80 Paul Scharre, *Army of None: Autonomous Weapons and the Future of War* (New York: W. W. Norton & Company, 2018).

81 Pamela Cohn, Alastair Green, Meredith Langstaff, and Melanie Roller, "Commercial Drones Are Here: The Future of Unmanned Aerial Systems," McKinsey & Company, December 2017, www.mckinsey.com/industries/capital-projects-and-infrastructure/our-insights/commercialdrones-are-here-the-future-of-unmanned-aerial-systems.

82 Flynn Coleman, "Beyond Killer Robots," Medium, September 21, 2016, medium.com/@flynncoleman/beyond-killer-robots-cdb71d7aa1e0.

83 Mary Wareham, "Support Grows for Killer Robots Ban," Human Rights Watch, September 5, 2018, www.hrw.org/news/2018/09/05/support-grows-killer-robots- ban.

84 Hayley Evans, "Lethal Autonomous Weapons Systems at the First and Second U.N. GGE Meetings," Lawfare, April 9, 2018, www.lawfareblog.com/lethal-autonomous-

weapons-systemsfirst-and-second-un-gge-meetings.

85 "Killer Robots: The Case for Human Control," Human Rights Watch, April 11, 2016, www.hrw.org/news/2016/04/11/killer-robots-case-human-control.

86 Marta Kosmynam, Fitzroy Hepkins, and Jose Martinez, "Heed the Call: A Moral and Legal Imperative to Ban Killer Robots," Human Rights Watch, August 21, 2018, www.hrw.org/report/2018/08/21/heed-call/moral-and-legal-imperative-ban-killer-robots#.

87 Neil Davison, "Autonomous Weapon Systems Under International Humanitarian Law," International Committee of the Red Cross, January 3, 2018, www.icrc.org/en/document/autonomous-weapon-systems-under-international-humani tarian-law.

88 "Pathways to Banning Fully Autonomous Weapons," United Nations Office for Disarmament Affairs, October 23, 2017, www.un.org/disarmament/update/pathways-to-banning-fullyautonomous-weapons.

89 Mattha Busby, Anthony Cuthbertson, "'Killer Robots' Ban Blocked by U.S. and Russia at UN Meeting," *Independent UK*, September 3, 2018, www.independent.co.uk/life-style/gadgets-andtech/news/killer-robots-un-meeting-autonomous-wea pons-systems-campaigners-dismayeda8519511.html.

90 "The Biological Weapons Convention," United Nations Office for Disarmament Affairs, accessed September 8, 2018, www.un.org/disarmament/wmd/bio.

91 Billy Perrigo, "A Global Arms Race for Killer Robots Is Transforming the Battlefield," *Time*, April 9, 2018, time.com/5230567/killer-robots.

92 "Autonomous Weapons: An Open Letter from AI & Robotics Researchers," Future of Life Institute, accessed September 18, 2018, futureoflife.org/open-letter-autonomous-weapons.

93 Cameron Jenkins, "AI Innovators Take Pledge Against Autonomous Killer Weapons," NPR, July 18, 2018, www.npr.org/2018/07/18/630146884/ai-innovators-take-pledge-against-autonomouskiller-weapons.

94 Brad Smith, "The Need for a Digital Geneva Convention," Microsoft on the Issues, Microsoft, February 14, 2017, blogs.microsoft.com/on-the-issues/2017/02/14/need-digital-genevaconvention.

95 Cybersecurity Tech Accord, accessed February 25, 2019, cybertechaccord.org.

96 Scharre, *Army of None: Autonomous Weapons and the Future of War.*

97 "The Toronto Declaration: Protecting the Rights to Equality and Non-Discrimination in Machine Learning Systems," Access Now, May 16, 2018, www.accessnow.org/the-toronto-declarationprotecting-the-rights-to-equality-and-non-discrimination-in-machine-learning-systems.

98 Paul Farmer and Gustavo Gutierrez, *In the Company of the Poor: Conversations with Dr. Paul Farmer and Fr. Gustavo Gutierrez* (New York: Orbis Books, 2013).

99 AI4All, "High Schoolers Lead the Way with AI Research," Medium, May 17, 2018, medium.com/ai4allorg/high-schoolers-lead-the-way-with-ai-research-5757469bf8e.

제5장

1 "War in the Fifth Domain," *Economist*, July 1, 2010, www.economist.com/briefing/2010/07/01/war-in-the-fifth-domain.

2 Mariarosaria Taddeo and Luciano Floridi, "Regulate Artificial Intelligence to Avert Cyber Arms Race," *Nature*, April 16, 2018, www.nature.com/articles/d41586-018-04602-6#ref-CR5.

3 Evan Osnos, David Remnick, and Joshua Yaffa, "Trump, Putin, and the New Cold War," *New Yorker*, March 6, 2017, www.newyorker.com/magazine/2017/03/06/trump-putin-and-the-newcold-war.

4 Rebecca Smith, "Russian Hackers Reach U.S. Utility Control Rooms, Homeland Security Officials Say; Blackouts Could Have Been Caused After the Networks of Trusted Vendors Were Easily Penetrated," *Wall Street Journal*, July 23, 2018, www.wsj.com/articles/russian-hackersreach-u-s-utility-control-rooms-homeland-security-officials-say-1532388110.

5 Pavel Polityuk, Oleg Vukmanovic, and Stephen Jewkes, "Ukraine's Power Outage Was a Cyber Attack: Ukrenergo," Reuters, January 18, 2017, www.reuters.com/article/us-ukraine-cyber-attackenergy/ukraines-power-outage-was-a-cyber-attack-ukrenergo-idUSKBN1521BA.

6 Damien Sharkov, "Russian Accused of Massive $1.2 Billion NOTPETYA Cyberattack," *Newsweek*, February 15, 2018, www.newsweek.com/russia-accused-massive-12-billion-cyberattack-807867.

7 David E. Sanger, "Obama Order Sped Up Wave of Cyberattacks Against Iran," *New*

York Times, June 1, 2012, www.nytimes.com/2012/06/01/world/middleeast/obama-ordered-wave-ofcyberattacks-against-iran.html.

8 Nir Kshetri, "Diffusion and Effects of Cyber-Crime in Developing Economies," *Third World Quarterly*, Vol. 31, No. 7 (2010): 1057-1079, www.jstor.org/stable/27896600.

9 Heidi Zhou-Castro, "U.S. Military 'Close' to Sending Cyber Soldiers to Battlefields," Al Jazeera, December 14, 2017, www.aljazeera.com/news/2017/12/military-close-sending-cyber-soldiersbattlefields-171214111539505.html.

10 Edith Hamilton, "Chapter IV: The Earliest Heroes," in Part One of *Mythology* (New York: Little Brown, 1942).

11 이 책의 부제 《현대의 프로메테우스》 또한 중요한 신화적 단서를 포함한다. 프로메테우스는 인간에게 불을 주고 그 과정에서 끔찍한 형벌을 당하지만, 인간에게 세상을 불태울 수 있는 능력까지 부여한다. 이 소설은 과학적 혁신을 연구할 수 있는 완벽한 렌즈를 제공한다. Jacob Brogan, "Why *Frankenstein* Is Still Relevant, Almost 200 Years After It Was Published," *Slate*, January 2, 2013, www.slate.com/articles/technology/future_tense/2017/01/why_frankenstein_is_still_relevant_almost_200_years_after_it_was_published.html.

12 Hamilton, *Mythology*, Part Three.

13 Hamilton, Mythology, Part Two, Ch. 3-4.

14 Joachim Neugroschel, ed., *The Golem* (New York: W. W. Norton & Company, 2006).

15 Kate Moore, *The Radium Girls: The Dark Story of America's Shining Women* (Illinois: Sourcebooks, Inc., 2017).

16 James Dao, "Drone Pilots Are Found to Get Stress Disorders Much as Those in Combat Do," *New York Times*, February 23, 2013, www.nytimes.com/2013/02/23/us/drone-pilots-found-to-getstress-disorders-much-as-those-in-combat-do.html.

17 "Boston Dynamics' Robots Can Now Go for a Jog Outside and Avoid Obstacles," May 10, 2018, CNBC, video, 00:56, www.cnbc.com/2018/05/10/boston-dynamics-spotmini-and-atlas-robotshave-some-new-tricks.html.

18 Adrienne LaFrance, "An Artificial Intelligence Developed Its Own Non-Human Language," *Atlantic*, June 15, 2017, www.theatlantic.com/technology/archive/2017/06/artificial-intelligencedevelops-its-own-non-human-language/530436.

19 Kenneth Neil Cukier and Viktor Mayer-Schöenberger, "The Rise of Big Data: How It's Changing the Way We Think About the World," *Foreign Affairs*, Vol. 92, No. 3 (May/June 2013): 28-40, www.jstor.org/stable/23526834.

20 "How 5 Tech Giants Have Become More Like Governments Than Companies," October 26, 2017, NPR, *Fresh Air*, 35:15, www.npr.org/2017/10/26/560136311/how-5-tech-giants-havebecome-more-like-governments-than-companies.

21 Shoshana Zuboff, *The Age of Surveillance Capitalism: The Fight for a Human Future at the New Frontier of Power* (New York: PublicAffairs, 2019).

22 Paul Mozur and John Markoff, "Is China Outsmarting America in A.I.?" *New York Times*, May 27, 2017, www.nytimes.com/2017/05/27/technology/china-us-ai-artificial-intelligence.html.

23 Christy Pettey and Rob van der Meulen, "Gartner Says Global Artificial Intelligence Business Value to Reach $1.2 Trillion in 2018," Gartner Inc., April 25, 2018, www.gartner.com/en/newsroom/press-releases/2018-04-25-gartner-says-global-artificialintelligence-business-value-to-reach-1-point-2-trillion-in-2018.

24 Sam Shead, "DARPA Plans to Spend $2 Billion Developing New AI Technologies," *Forbes*, September 7, 2018, www.forbes.com/sites/samshead/2018/09/07/darpa-plans-to-spend-2-billiondeveloping-new-ai-technologies/#41ba71da3ae1.

25 Julian E. Barnes and Josh Chin, "The New Arms Race in AI," *Wall Street Journal*, March 2, 2018, www.wsj.com/articles/the-new-arms-race-in-ai-1520009261.

26 Edward Geist and Andrew J. Lohn, "By 2040, Artificial Intelligence Could Upend Nuclear Stability," Rand Corporation, April 24, 2018, www.rand.org/news/press/2018/04/24.html.

27 Alexis C. Madrigal, "Drone Swarms Are Going to Be Terrifying and Hard to Stop," *Atlantic*, March 7, 2018, www.theatlantic.com/technology/archive/2018/03/drone-swarms-are-going-to-beterrifying/555005.

28 "[이안 굿펠로우]가 개발한 딥 러닝 시스템인 생성적 적대 신경망(GAN; Generative Adversarial Networks)과 같은 AI 기술은 거짓 이미지를 만들어냄으로써 이를 더 믿을 수 있는 것으로 만드는 법을 배울 수 있다. 결과적으로, 더 많은 사람들을 속이는 것이 더 쉬워질 것이다." Jackie Snow, "AI Could Set Us Back 100 Years When It Comes to How We Consume News," *MIT Technology Review*, November 7, 2017, www.technologyreview.com/s/609358/ai-could-send-us-back-100-years-when-it-comes-to-howwe-consume-news.

29 "트랜스휴머니즘은 생명을 촉진하는 원칙과 가치에 따라 과학과 기술을 통해 현재 인간의 형태와 한계를 넘어 지적 생명체의 진화를 지속하고 가속화하는 것을 추구하는 생명철학의 일종이다." Max More, *Transhumanism: Toward a*

Futurist Philosophy (Extropy, 1990).

30 Kai-Fu Lee, "AI Could Devastate the Developing World," Bloomberg Quint, September 17, 2018, www.bloombergquint.com/opinion/artificial-intelligence-threatens-jobs-in-developingworld#gs.JEbCVRU.

31 Sarah Knapton, "Artificial Intelligence is Greater Concern than Climate Change or Terrorism, Says New Head of British Science Association," *Telegraph UK*, September 6, 2018, www.telegraph.co.uk/science/2018/09/05/artificial-intelligence-greater-concern-climate-changeterrorism.

32 Dylan Love, "By 2045 'The Top Species Will No Longer Be Humans,' and That Could Be a Problem," Business Insider, July 5, 2014, www.businessinsider.com/louis-del-monte-interviewon-the-singularity-2014-7.

33 Jonnie Penn, "AI Thinks Like a Corporation—and That's Worrying," *Economist*, November 26, 2018, www.economist.com/open-future/2018/11/26/ai-thinks-like-a-corporation-and-thatsworrying.

34 David G. Victor and Kassia Yanosek, "The Next Energy Revolution: The Promise and Peril of High-Tech Innovation," Brookings, June 13, 2017, www.brookings.edu/blog/planetpolicy/2017/06/13/the-next-energy-revolution-the-promise-andperil-of-high-tech-innovation.

35 Steve LeVine, "Unlocking AI Could Upend Geopolitics," Axios, July 29, 2018, www.axios.com/artificial-intelligence-industrial-revolution-geopolitics-d60e8c0e-c49b-4d7da31b-20a38a63c9eb.html.

36 Ian Bogost, "Cryptocurrency Might Be a Path to Authoritarianism," *Atlantic*, May 30, 2017, www.theatlantic.com/technology/archive/2017/05/blockchain-of-command/528543.

37 John Delaney, "France, China, and the EU All Have an AI Strategy. Shouldn't the U.S.?" *Wired*, May 20, 2018, www.wired.com/story/the-us-needs-an-ai-strategy.

38 Max Tegmark, "Friendly AI: Aligning Goals," Future of Life, August 29, 2017, futureoflife.org/2017/08/29/friendly-ai-aligning-goals.

39 Nicholas Carr, "Is Google Making Us Stupid?" *Atlantic*, July/August 2008, www.theatlantic.com/magazine/archive/2008/07/is-google-making-us-stupid/306868.

40 Anthony Cuthbertson, "Elon Musk and Stephen Hawking Warn of Artificial Intelligence Arms Race," *Newsweek*, January 31, 2017, www.newsweek.com/ai-asilomar-principles-artificialintelligence-elon-musk-550525.

41 Dirk Helbing, Bruno S. Frey, Gerd Gigerenzer, Ernst Hafen, Michael Hagner, Yvonne Hofstetter, Jeroen van den Hoven, Roberto V. Zicari, and Andrej Zwitter, "Will Democracy Survive Big Data and Artificial Intelligence?" *Scientific American*, February 25, 2017, www.scientificamerican.com/article/will-democracy-survive-big-data-and-artificial-intelligence.

42 Steven Levy, "Algorithms Have Already Gone Rogue," *Wired*, October 4, 2017, www.wired.com/story/tim-oreilly-algorithms-have-already-gone-rogue.

43 Ian Sample, "Study Reveals Bot-on-Bot Editing Wars Raging on Wikipedia's Pages," *Guardian*, February 23, 2017, www.theguardian.com/technology/2017/feb/23/wikipedia-bot-editing-warstudy.

44 Helbing et al., "Will Democracy Survive Big Data and Artificial Intelligence?"

45 Not Flawless AI, accessed September 8, 2018, www.notflawless.ai/.

46 Julia Angwin, Jeff Larson, Surya Mattu, and Lauren Kirchner, "Machine Bias," ProPublica, May 23, 2016, www.propublica.org/article/machine-bias-risk-assess ments-in-criminal-sentencing.

47 The Perpetual Line-Up, accessed September 11, 2018, www.perpetuallineup.org.

48 Ian Tucker, "'A White Mask Worked Better': Why Algorithms are Not Colour Blind," *Guardian*, May 28, 2017, www.theguardian.com/technology/2017/may/28/joy-buolamwini-whenalgorithms-are-racist-facial-recognition-bias.

49 Steve Lohr, "Facial Recognition Is Accurate, if You're a White Guy," *New York Times*, February 9, 2018, www.nytimes.com/2018/02/09/technology/facial-recognition-race-artificialintelligence.html.

50 "'역사 데이터에 대한 알고리즘을 분별없이 훈련시킬 때, 우리 스스로 대부분 과거를 반복하도록 설정한다. 그것을 넘어, 즉 현재의 상황을 자동화하는 것을 넘고자 한다면 더 많은 것을 해야 한다. 이는 데이터에 포함된 편견을 조사한다는 것을 의미한다. 결국 그 데이터는 단지 우리의 불완전한 문화의 반영일 뿐이다'라고 현재 자신의 알고리즘 감사 회사를 운영 중인 오닐은 이메일을 통해 밝혔다." Eric Rosenbaum, "Silicon Valley is Stumped: Even A.I. Cannot Always Remove Bias from Hiring," CNBC, May 30, 2018, www.cnbc.com/2018/05/30/silicon-valley-is-stumped-even-a-i-cannot-remove-bias-fromhiring.html.

51 Jeff Asher and Rob Arthur, "Inside the Algorithm That Tries to Predict Gun Violence in Chicago," *New York Times*, June 13, 2017, www.nytimes.com/2017/06/13/upshot/what-analgorithm-reveals-about-life-on-chicagos-high-risk-list.html.

52 *Precrime*, directed by Matthias Heeder, Monika Hielscher (Germany: Kloos & Co, Medien GmbH, 2017).

53 "이 보고서는 사법제도의 많은 측면과 마찬가지로 흑인들이 사건에서 안면 인식 소프트웨어로 정밀 조사를 받을 가능성이 가장 높다는 것을 찾아냈다. 또한 소프트웨어가 흑인에게 사용될 때 부정확할 가능성이 가장 높다고도 제안했는데, 이는 FBI의 자체 조사에 의해 확인된 연구결과이다." Ali Breland, "How White Engineers Built Racist Code–and Why it's Dangerous for Black People," *Guardian*, December 4, 2017, www.theguardian.com/technology/2017/dec/04/racist-facial-recognition-white-coders-blackpeople-police.

54 *Tell Me More Staff*, "Light and Dark: The Racial Biases That Remain in Photography," NPR, April 16, 2014, www.npr.org/sections/codeswitch/2014/04/16/303721251/light-and-dark-theracial-biases-that-remain-in-photography.

55 Joy Buolamwini, "When the Robot Doesn't See Dark Skin," *New York Times*, June 21, 2018, www.nytimes.com/2018/06/21/opinion/facial-analysis-technology-bias.html.

56 Harrison Rudolph, Laura M. Moy, and Alvaro M. Bedoya, "Not Ready for Takeoff: Face Scans at Airport Departure Gates," Georgetown Law Center on Privacy & Technology, December 21, 2017, www.airportfacescans.com.

57 "Open Letter to Amazon Against Police and Government use of Rekognition," International Committee for Robot Arms Control, accessed September 10, 2018, www.icrac.net/open-letter-toamazon-against-police-and-government-use-of-rekognition.

58 Tovia Smith, "More States Opting To 'Robo-Grade' Student Essays by Computer," NPR, June 30, 2018, www.npr.org/2018/06/30/624373367/more-states-opting-to-robo-grade-student-essaysby-computer.

59 "Could AI Robots Develop Prejudice on Their Own?" Cardiff University, September 6, 2018, www.sciencedaily.com/releases/2018/09/180906123325.htm.

60 Tim Collins, "Rise of the Racist Robots: Artificial Intelligence Can Quickly Develop Prejudice on Its Own, Scientists Say," *Daily Mail*, September 7, 2018, www.dailymail.co.uk/sciencetech/article-6143535/Artificial-Intelligence-develop-racism own.html.

61 Kris Holt, "AI Robots Can Develop Prejudices, Just Like Us Mere Mortals," Engadget, September 6, 2018, www.engadget.com/2018/09/06/robots-prejudice-study-mit- cardiff.

62 Stuart Fox, "Evolving Robots Learn to Lie to Each Other," *Popular Science*, August 18,

2009, www.popsci.com/scitech/article/2009-08/evolving-robots-learn-lie-hide-resources-each-other.

63 Mihir Zaveri, "St. Louis Uber and Lyft Driver Secretly Live-Streamed Passengers, Report Says," *New York Times*, July 22, 2018, www.nytimes.com/2018/07/22/technology/uber-lyft-driver-livestream-passengers-nyt.html.

64 "Missouri Recording Law," Digital Media Law Project, accessed October 20, 2018, www.dmlp.org/legal-guide/missouri-recording-law.

65 Daniel J. Solove, "Privacy and Power: Computer Databases and Metaphors for Information Privacy," *Stanford Law Review*, Vol. 53 (December 14, 2000): 1393, papers.ssrn.com/sol3/papers.cfm?abstract_id=248300.

66 Vanessa Romo, "Facebook To Users: You May Want to Update Your Privacy Settings Again." NPR, June 7, 2018, www.npr.org/2018/06/07/618076844/facebook-to-users-you-may-want-toupdate-your-privacy-settings-again.

67 James Snell and Nicola Menaldo, "Web Scraping in an Era of Big Data 2.0," Bloomberg Law, June 8, 2016, www.bna.com/web-scraping-era-n57982073780.

68 Wendy Davis, "Craigslist Sides with LinkedIn in Battle over Users' Data," Mediapost, October 12, 2017, www.mediapost.com/publications/article/308668/craigslist-sides-with-linkedin-inbattle-over-user.html.

69 D. J. Pangburn, "Bots are Scraping Your Public Data for Cash Amid Murky Laws and Ethics," Fast Company, www.fastcompany.com/40456140/bots-are-scraping-your-public-data-for-cashamid-murky-laws-and-ethics-linkedin-hiq.

70 Ian Sample, "Joseph Stiglitz on Artificial Intelligence: 'We're Going Towards a More Divided Society,'" *Guardian*, September 8, 2018, www.theguardian.com/technology/2018/sep/08/josephstiglitz-on-artificial-intelligence-were-going-towards-a-more-d ivided-society.

71 Erik Wander, "Infographic: How Much Privacy People Will Give Up for Personalized Experiences," Adweek, January 28, 2018, www.adweek.com/digital/infographic-how-muchprivacy-people-will-give-up-for-personalized-experiences.

72 Sherry Turkle, "Stop Googling. Let's Talk," *New York Times*, September 26, 2015, www.nytimes.com/2015/09/27/opinion/sunday/stop-googling-lets-talk.html.

73 "China Invents the Digital Totalitarian State," *Economist*, December 17, 2016, www.economist.com/briefing/2016/12/17/china-invents-the-digital-totalitarian-state.

74 Cari Romm, "Battling Ageism with Subliminal Messages," *Atlantic*, October 22, 2014,

www.theatlantic.com/health/archive/2014/10/battling-ageism-with-subliminal-messages/381762.

75 Yuval Noah Harari, "Why Technology Favors Tyranny," *Atlantic*, October 2018, www.theatlantic.com/magazine/archive/2018/10/yuval-noah-harari-technology-tyranny/568330.

76 Andrew Tarantola, "How Artificial Intelligence Can Be Corrupted to Repress Free Speech," Engadget, January 20, 2017, www.engadget.com/2017/01/20/artificial-intelligence-can-repressfree-speech.

77 James A. Millward, "What It's Like to Live in a Surveillance State," *New York Times*, February, 3, 2018, www.nytimes.com/2018/02/03/opinion/sunday/china-surveillance-state-uighurs.html.

78 Steve Stecklow, "Facebook Removes Burmese Translation Feature after Reuters Report," Reuters, September 6, 2018, www.reuters.com/article/us-facebook-myanmar-hatespeech/facebook-removes-burmese-translation-feature-after-reuters-report-idUSKCN1LM200.

79 Craig Timberg and Elizabeth Dwoskin, "Twitter is Sweeping Out Fake Accounts Like Never Before, Putting User Growth at Risk," *Washington Post*, July 6, 2018, www.washingtonpost.com/technology/2018/07/06/twitter-is-sweeping-out-fake-accounts-likenever-before-putting-user-growth-risk.

80 "Cognitive Offloading: How the Internet is Increasingly Taking over Human Memory," Science Daily, August 16, 2016, www.sciencedaily.com/releases/2016/08/160816085029.htm.

81 Paul Mozur, "Inside China's Dystopian Dreams: A.I., Shame and Lots of Cameras," *New York Times*, July 8, 2018, www.nytimes.com/2018/07/08/business/china-surveillance-technology.html.

82 Adam Greenfield, "China's Dystopian Tech Could Be Contagious," *Atlantic*, February 14, 2018 www.theatlantic.com/technology/archive/2018/02/chinas-dangerous-dream-of-urbancontrol/553097.

83 Helbing, et al., "Will Democracy Survive Big Data and Artificial Intelligence?"

84 Miles Brundage et al., "The Malicious Use of Artificial Intelligence: Forecasting, Prevention, and Mitigation Future," Future of Humanity Institute, University of Oxford, Centre for the Study of Existential Risk, University of Cambridge, Center for a New American Security, Electronic Frontier Foundation, OpenAI, February 2018,

img1.wsimg.com/blobby/go/3d82daa4-97fe-4096-9c6b-376b92c619de/downloads/1c6q2kc4v_50335.pdf.

85 Todd Spangler, "Jordan Peele Teams with BuzzFeed for Obama Fake-News Awareness Video," *Variety*, April 17, 2018, variety.com/2018/digital/news/jordan-peele-obama-fake-news-videobuzzfeed-1202755517.

86 "Waging War with Disinformation," *Economist*, January 25, 2018, www.economist.com/specialreport/2018/01/25/waging-war-with-disinformation.

87 Richard Kemeny, "AIs Created Our Fake Video Dystopia but Now They Could Help Fix It," *Wired*, July 10, 2018, www.wired.co.uk/article/deepfake-fake-videos-artificial-intelligence.

88 Michael Horowitz, Paul Scharre, Gregory C. Allen, Kara Frederick, Anthony Cho, and Edoardo Saravalle, "Artificial Intelligence and International Security," Center for a New American Security, July 10, 2018, www.cnas.org/publications/reports/artificial-intelligence-andinternational-security.

89 Nicholas Thompson, "Emmanuel Macron Talks to Wired about France's AI Strategy," *Wired*, March 31, 2018, www.wired.com/story/emmanuel-macron-talks-to-wired-about-frances-aistrategy.

90 Katie Langin, "Fake News Spreads Faster Than True News on Twitter—Thanks to People, Not Bots," *Nature*, March 8, 2018, www.sciencemag.org/news/2018/03/fake-news-spreads-fastertrue-news-twitter-thanks-people-not-bots.

91 Neil Irwin, "Researchers Created Fake News. Here's What They Found," *New York Times*, January 18, 2017, www.nytimes.com/2017/01/18/upshot/researchers-created-fake-news-hereswhat-they-found.html.

92 Adobe Voco, "'Photoshop-for-Voice' Causes Concern," BBC, November 7, 2016, www.bbc.com/news/technology-37899902.

93 Sebastian Ruder, "NLP's ImageNet Moment has Arrived," Gradient, July 8, 2018, thegradient.pub/nlp-imagenet.

94 Olivia Solon, "The Future of Fake News: Don't Believe Everything you Read, See or Hear," *Guardian*, July 26, 2017, www.theguardian.com/technology/2017/jul/26/fake-news-obama-videotrump-face2face-doctored-content.

95 Carnegie Mellon University, "Beyond Deep Fakes: Transforming Video Content into Another Video's Style, Automatically," Science Daily, accessed October 20, 2018, www.sciencedaily.com/releases/2018/09/180911083145.htm.

96 Nicky Woolf, "How to Solve Facebook's Fake News Problem: Experts Pitch their Ideas," *Guardian*, November 29, 2016, www.theguardian.com/technology/2016/nov/29/facebook-fakenews-problem-experts-pitch-ideas-algorithms.

97 Federico Guerrini, "Will Technological Unemployment Fuel Modern Slavery in Southeast Asia?" *Forbes*, July 14, 2018, www.forbes.com/sites/federicoguerrini/2018/07/14/will-technologicalunemployment-fuel-modern-slavery/#242589d532d8.

98 Livia Gershon, "The Automation Resistant Skills We Should Nurture," BBC, July 26, 2017, www.bbc.com/capital/story/20170726-the-automation-resistant-skills-we-should-nurture.

99 Free the Slaves, accessed September 10, 2018, www.freetheslaves.net.

100 "Human Trafficking and Technology. A Framework for Understanding the Role of Technology in the Commercial Sexual Exploitation of Children in the U.S. Microsoft Research Connections," Europa, 2011, ec.europa.eu/anti-trafficking/publications/human-trafficking-and-technologyframework-understanding-role-technology-commercial_en.

101 "Software that Detects Human Trafficking," *Economist*, May 3, 2018, www.economist.com/science-and-technology/2018/05/03/software-that-detects-humantrafficking.

102 Tyler Cowen, *Average Is Over: Powering America Beyond the Age of the Great Stagnation* (New York: Dutton, 2013).

103 "고용에 미치는 영향은 이 예측의 38%에 이르면, 서구 민주주의 국가들이 1930년대 대공황 당시와 같은 권위주의에 의존하여 불안한 인구를 억제할 수 있다. 만약 그런 일이 일어나면, 오늘날의 높은 소득 불평등을 가진 가난한 나라들의 경우처럼 부유한 엘리트들은 스스로를 보호하기 위해 무장 경비원, 보안팀, 출입통제 공동체를 필요로 할 것이다. 미국은 전쟁, 폭력, 절도 외에는 고용 전망이 거의 없는 무장한 청년들로 구성된 시리아나 이라크처럼 비쳐질 것이다." Darrell M. West, "Will Robots and AI Take Your Job? The Economic and Political Consequences of Automation," Brookings Institution, blog, April 18, 2018, www.brookings.edu/blog/techtank/2018/04/18/will-robots-and-ai-take-your-job-the-economicand-political-consequences-of-automation.

104 "우리는 모두 디지털 구빈원(救貧院)에 살고 있다. 우리는 항상 가난한 사람들을 위해 무언가를 만드는 세상에서 살아왔다. 우리는 장애인이나 노인에게 쓸모없고, 다치거나 나이가 들면 버려지는 사회를 만든다. 우리는 임금을 받는 능력만으로 인간의 가치를 측정하고, 보살핌과 공동체를 저평가하는 세상에서

고통을 겪는다. 우리는 소수 인종과 소수 민족들의 노동력을 착취하는 데 경제의 기반을 두고, 지속적인 불평등이 인간의 잠재력을 소멸시키는 것을 지켜본다. 우리는 세계가 피비린내 나는 경쟁으로 인해 불가피하게 분열되어 있다고 여기며, 우리가 협력하고 서로를 고양시키는 많은 방법들을 인식하지 못하고 있다. 하지만 가난한 사람들만 카운티 구빈원의 공동 기숙사에서 살았다. 오직 가난한 사람들만이 과학적으로 명확한 진단 현미경 아래 놓여졌다. 오늘날 우리는 모두 빈곤층을 위해 설치된 디지털 함정 속에 살고 있다." Virginia Eubanks, *Automating Inequality: How High-Tech Tools Profile, Police, and Punish the Poor* (New York: St. Martin's Press, 2018).

105 Matthew Hutson, "AI Researchers Allege that Machine Learning is Alchemy," *Science*, May 3, 2018, www.sciencemag.org/news/2018/05/ai-researchers-allege-machine-learning-alchemy.

106 Ian Hogarth, "AI Nationalism," personal blog, June 13, 2018, www.ianhogarth.com/blog/2018/6/13/ai-nationalism.

107 Nicholas Wright, "How Artificial Intelligence Will Reshape the Global Order," *Foreign Affairs*, July 10, 2018, www.foreignaffairs.com/articles/world/2018-07-10/how-artificial-intelligencewill-reshape-global-order.

108 Douglas Frantz, "We've Unleashed AI. Now We Need a Treaty to Control It," *Los Angeles Times*, July 16, 2018, http://www.latimes.com/opinion/op-ed/la-oe-frantz-artificial-intelligencetreaty-20180716-story.html.

109 Horowitz, et al., "Artificial Intelligence and International Security."

110 Henry A. Kissinger, "How the Enlightenment Ends," *Atlantic*, June 2018, www.theatlantic.com/magazine/archive/2018/06/henry-kissinger-ai-could-mean-the-end-ofhuman-history/559124.

111 Ibid.

112 A. Aneesh, *Virtual Migration, The Programming of Globalization* (North Carolina: Duke University Press, 2006).

자동화 전망

1 "AI to drive GDP gains of $15.7 trillion with productivity, personalisation improvements," PwC, June 27, 2017.

2 "A Future that Works: Automation, Employment, and Productivity," McKinsey Globa Institute, January, 2017.

3 "Sizing the prize: What's the real value of AI for your business and how can you capitalise?" PwC, 2017.

4 "A Future that Works: Automation, Employment, and Productivity," McKinsey Globa Institute, January, 2017.

5 Elisa Catalano Ewers, Lauren Fish, Michael C. Horowitz, Alexandra Sander, and Paul Scharre, "DRONE PROLIFERATION: Policy Choices for Trump Administration," Center for a New American Security, 2017.

6 "AI Next Campaign," Defense Advanced Research Projects Agency, 2018.

7 "Killer Robots," Campaign to Stop Killer Robots, 2016.

제6장

1 R. M. Allen, "Earthquake Hazard Mitigation: New Directions and Opportunities," University of California Berkeley, rallen.berkeley.edu/pub/2007allen1/AllenTreatise2007.pdf.

2 Darrell M. West and John R. Allen, "How Artificial Intelligence is Transforming the World," Brookings Intitution, April 24, 2018, www.brookings.edu/research/how-artificial-intelligence-istransforming-the-world.

3 Michael Chui, Martin Harrysson, James Manyika, Roger Roberts, Rita Chung, Pieter Nel, and Ashley van Heteren, "Applying Artificial Intelligence for Social Good," McKinsey Global Institute Discussion Paper, accessed December 21, 2018, www.mckinsey.com/featuredinsights/artificial-intelligence/applying-artificial-intelligence-for-social-good.

4 Rose Eveleth, "Academics Write Papers Arguing over How Many People Read (And Cite) Their Papers," *Smithsonian Magazine*, March 25, 2014, www. smithsonianmag.com/smart-news/halfacademic-studies-are-never-read-more-three-people-180950222.

5 Semantic Scholar, accessed December 21, 2018, www.semanticscholar.org.

6 Iris.ai, accessed September 24, 2018, iris.ai.

7 Vinod Khosla, "Technology Will Replace 80% of What Doctors Do," *Fortune*, December 4, 2012, fortune.com/2012/12/04/technology-will-replace-80-of-what-doctors-do.

8 "A.I. Making a Difference in Cancer Care," CBS News, October 7, 2016, www.cbsnews.com/news/artificial-intelligence-making-a-difference-in-cancer-care.

9 Gaurav Sharma and Alexis Carter, "Artificial Intelligence and the Pathologist: Future Frenemies?" *Archives of Pathology & Laboratory Medicine*, Vol. 141, No. 5 (May 2017): 622-623.

10 Sophie Chapman, "China Uses AI to Treat Lung Cancer," Healthcare Global, November 20, 2017, www.healthcareglobal.com/technology/china-uses-ai-treat-lung-cancer.

11 Hope Reese, "The Way We Use Mammograms is Seriously Flawed but AI Could Change That," Quartz, September 6, 2018, qz.com/1367216/mammograms-are-seriously-flawed-the-way-weuse-them-now-ai-could-change-that.

12 Jane Kirby, "Artificial Intelligence Better than Scientists at Choosing Successful IVF Embryos," *Independent UK*, July 4, 2017, www.independent.co.uk/news/health/ai-ivf-embryos-betterscientists-selection-a7823736.html.

13 토폴은 다음과 같이 말했다. "그 잠재력은 지금까지 의학 분야에서 우리가 가지고 있던 기준 중 가장 큰 것일지 모른다. … 컴퓨팅 능력은 인간이 일생에 할 수 있는 일을 초월한다." Meg Tirrell, "From Coding to Cancer: How AI is Changing Medicine," CNBC, May 11, 2017, www.cnbc.com/2017/05/11/from-coding-to-cancer-how-ai-is-changingmedicine.html.

14 Timothy Revell, "AI Will Be Able to Beat Us at Everything by 2060, Say Experts," *New Scientist*, May 31, 2017, www.newscientist.com/article/2133188-ai-will-be-able-to-beat-us-ateverything-by-2060-say-experts.

15 "What is Genomic Medicine?" National Human Genome Research Institute, accessed December 4, 2018, www.genome.gov/27552451/what-is-genomic-medicine.

16 Siddhartha Mukherjee, "A.I. Versus M.D.," *New Yorker*, April 3, 2017, www.newyorker.com/magazine/2017/04/03/ai-versus-md.

17 Sarah Crespi, "Watch Robot Made of DNA Swing its Arm," *Science*, January 18, 2018, www.sciencemag.org/news/2018/01/watch-robot-made-dna-swing-its-arm.

18 Atomwise, accessed September 24, 2018, www.atomwise.com.

19 EKSO, accessed September 24, 2018, eksobionics.com.

20 Ginger.io, accessed September 24, 2018, ginger.io.

21 Yuichi Mori, Shin-ei Kudo, Tyler M. Berzin, Masashi Misawa, and Kenichi Takeda, "Computer-Aided Diagnosis for Colonoscopy," *Endoscopy*, 49 (2017): 813-819, DOI:

10.1055/s-0043-109430.

22 Kyruus, accessed September 24, 2018, www.kyruus.com.

23 Open Water, accessed September 24, 2018, www.openwater.cc.

24 Octumetrics, accessed September 24, 2018, www.ocumetics.com.

25 AI Serve, accessed September 24, 2018, www.aiserve.co.

26 Anybots, accessed September 24, 2018, www.anybots.com.

27 Rebecca Ruiz, "What It's Like to Talk to an Adorable Chatbot about Your Mental Health," Mashable, June 8, 2017, mashable.com/2017/06/08/mental-health- chatbots/#HmgFDZmM.Pq9.

28 Matt Simon, "Catching Up with Pepper, the Surprisingly Helpful Humanoid Robot," Wired, April 13, 2018, www.wired.com/story/pepper-the-humanoid-robot.

29 Norman Winarsky, "What AI-Enhanced Health Care Could Look Like in 5 Years," Venture Beat, July 23, 2017, venturebeat.com/2017/07/23/what-ai-enhanced-healthcare-could-look-like-in-5-years.

30 Corinne Purtill, "Robots Will Probably Help Care for You When You're Old," Quartz, September 11, 2018, qz.com/1367213/robots-could-save-the-world-from-its-aging-problem.

31 그리고 앞서 제5장을 읽은(또는 TV쇼 <웨스트월드>(Westworld)를 본) 사람은 우리 대신 우리의 가장 깊은 두려움과 공격성을 강화하기로 결정한다면 그 역효과를 가져올 수도 있다는 것을 눈치 챌 것이다.

32 Kris Newby, "Compassionate Intelligence," Stanford Medicine, Summer 2018, stanmed.stanford.edu/2018summer/artificial-intelligence-puts-humanity-health-care.html.

33 Tom Simonite, "Machine Learning Opens Up New Ways to Help People with Disabilities," *MIT Technology Review*, March 23, 2017, www.technologyreview.com/s/603899/machine-learningopens-up-new-ways-to-help-disabled-people.

34 Chris Kornelis, "AI Tools Help the Blind Tackle Everyday Tasks," *Wall Street Journal*, May 28, 2018, www.wsj.com/articles/ai-tools-help-the-blind-tackle-everyday-tasks-1527559620.

35 Jonah Engel Bromwich, "An App to Aid the Visually Impaired," *New York Times*, July 3, 2015, www.nytimes.com/2015/07/05/nyregion/an-app-to-aid-the-visually-impaired.html.

36 Zach Wichter, "Are You Ready to Fly Without a Human Pilot?" *New York Times*, July 16, 2018, www.nytimes.com/2018/07/16/business/airplanes-unmanned-flight-autopilot.html.

37 Oliver Balch, "Driverless Cars Will Make Our Roads Safer, Says Oxbotica Co-Founder," *Guardian*, April 13, 2017, www.theguardian.com/sustainable-business/2017/apr/13/driverlesscars-will-make-our-roads-safer-says-oxbotica-co-founder.

38 Smart Cane, accessed September 24, 2018, assistech.iitd.ernet.in/smartcane.php.

39 Jess Vilvestre, "Bionic Eyes Are Coming, and They'll Make Us Superhuman," Futurism, November 13, 2016, futurism.com/bionic-eyes-are-coming-and-theyd-make-us-superhuman.

40 Sharon Begley, "With Brain Implants, Scientists Aim to Translate Thoughts into Speech," *Scientific American*, November 20, 2018, www.scientificamerican.com/article/with-brainimplants-scientists-aim-to-translate-thoughts-into-speech.

41 Simonite, "Machine Learning Opens Up New Ways to Help People with Disabilities."

42 "Artificial Intelligence Helps Build Brain Atlas of Fly Behavior," Howard Hughes Medical Institute, July 13, 2017, www.sciencedaily.com/releases/2017/07/170713155037.htm.

43 Alison Snyder, "An AI Learns to Predict a Scene from Just One Image," Axios, June 14, www.axios.com/an-ai-learns-to-predict-scene-from-one-image-8e6c4831-40f7-4949-af2d-07fb7e838467.html.

44 Katie Nodjimbadem, "The Heroic Effort to Digitally Reconstruct Lost Monuments," Smithsonian, March 2016, www.smithsonianmag.com/history/heroic-effort-digitally-reconstruct-lostmonuments-180958098.

45 Sean Martin, "Scientists Closer to Cloning T-Rex after Discovering Remains of Pregnant Dinosaur," Express UK, March 18, 2016, www.express.co.uk/news/science/653117/Scientistscloser-to-CLONING-T-Rex-after-discovering-remains-of-pregnant-dinosaur.

46 Kyle Wiggers, "11th-Century Glyphs Classified through AI Research Project," Venture Beat, September 4, 2018, venturebeat.com/2018/09/04/11th-century-glyphs-classified-through-airesearch-project.

47 가상 현실은 우리의 현실을 대안적 시뮬레이션이 된 현실로 대체한다. 다른 한편, "증강 현실(AR)은 기존 현실과 상호 작용할 수 있는 능력을 통해 더 의미 있

게 만들기 위해 컴퓨터에서 생성된 기능 강화를 기존 현실 위에 겹치는 기술이다. AR은 앱으로 개발되어 모바일 기기에 사용되며, 디지털 성분을 서로 강화하면서도 쉽게 구분할 수 있는 방식으로 실제 세계와 혼합된다." "Virtual Reality vs. Augmented Reality," Augment, accessed September 24, 2018, www.augment.com/blog/virtual-reality-vs-augmented-reality.

48 Phil Patton, *Made in U.S.A.: The Secret Histories of the Things that Made America* (New York: Grove, 1992).

49 Frederic Lardinois, "Google's AutoDraw Uses Machine Learning to Help You Draw Like a Pro," Techcrunch, April 11, 2017, techcrunch.com/2017/04/11/googles-autodraw-uses-machinelearning-to-help-you-draw-like-a-pro.

50 Rama Allen, "AI Will Be the Art Movement of the 21st Century," Quartz, March 5, 2018, qz.com/1023493/ai-will-be-the-art-movement-of-the-21st-century.

51 Dani Deahl, "Google's NSynth Super is an AI-backed Touchscreen Synth," Verge, March 13, 2018, www.theverge.com/circuitbreaker/2018/3/13/17114760/google-nsynth-super-aitouchscreen-synth.

52 Ron Gilmer, "Cary Fukunaga, 'Maniac,' and How Netflix's Algorithm Is Becoming Entertainment's Skynet," Collider, September 20, 2018, collider.com/cary-fukunaga-maniacnetflix-algorithm.

53 Nick Stockton, "What's Up with That: Your Best Thinking Seems to Happen in the Shower," *Wired*, August 5, 2014, www.wired.com/2014/08/shower-thoughts.

54 "Sleep, Learning, and Memory," Harvard Medical, accessed September 25, 2018, healthysleep.med.harvard.edu/healthy/matters/benefits-of-sleep/learning-memory.

55 Niraj Chokshi, "The Trappist Monk Whose Calligraphy Inspired Steve Jobs—and Influenced Apple's Designs," Washington Post, March 8, 2016, www.washingtonpost.com/news/arts-andentertainment/wp/2016/03/08/the-trappist-monk-whose-calligraphy-inspired-steve-jobs-andinfluenced-apples-designs.

56 Claudia Roth Pierpont, "How New York's Postwar Female Painters Battled for Recognition," *New Yorker*, October 8, 2018, www.newyorker.com/magazine/2018/10/08/how-new-yorkspostwar-female-painters-battled-for-recognition.

57 정서지능(EQ 또는 EI로 알려져 있음)은 자신의 감정뿐만 아니라 다른 사람의 감정까지 모두 식별하고 관리하는 능력이며, 이 용어는 1990년에 피터 샐러비와 존 메이어(Peter Salovey & John D. Mayer)가 만들었다. Andrea Ovans, "How Emotional Intelligence Became a Key Leadership Skill," *Harvard Business Review*,

April 28, 2015, hbr.org/2015/04/how-emotional-intelligence-becamea-key-leadership-skill.

58 Megan Beck and Barry Libert, "The Rise of AI Makes Emotional Intelligence More Important," *Harvard Business Review*, February 15, 2017, hbr.org/2017/02/the-rise-of-ai-makes-emotionalintelligence-more-important.

59 Jeremy Kahn, "U.K. Sees $837 Billion Gain on Artificial Intelligence by 2035," Bloomberg, October 14, 2017, www.bloomberg.com/news/articles/2017-10-14/u-k-targets-ai-for-630-billionpound-economic-bump-by-2035.

60 Edward L. Deci and Richard M. Ryan, "The 'What' and 'Why' of Goal Pursuits: Human Needs and the Self-Determination of Behavior," *Psychological Inquiry*, Vol. 11, No. 4 (2000): 227-268, selfdeterminationtheory.org/SDT/documents/2000_DeciRyan_PIWhatWhy.pdf.

61 Richard M. Ryan and Edward L. Deci, *Self-Determination Theory: Basic Psychological Needs in Motivation, Development, and Wellness* (New York: Guilford Press, 2017).

62 Avantgarde Analytics, accessed September 25, 2018, www.avntgrd.com.

63 Factmata, accessed September 25, 2018, factmata.com/about.html.

64 Kyle Wiggers, "Microsoft's AI for Earth Innovation Grant Gives Data Scientists Access to AI Tools," Venture Beat, July 16, 2018, venturebeat.com/2018/07/16/microsofts-ai-for-earthinnovation-grant-gives-data-scientists-access-to-ai-tools.

65 UNICEF, "Child given world's first drone-delivered vaccine in Vanuatu," December 18, 2018, accessed December 26, 2018, www.unicef.org/press-releases/child-given-worlds-first-dronedelivered-vaccine-vanuatu-unicef.

66 "Civilian Drones," *Economist*, June 8, 2017, www.economist.com/technology-quarterly/2017-06-08/civilian-drone.

67 David Grossman, "Drones to Deliver Blood and Medicine to Rural America," *Popular Mechanics*, August 2, 2016, www.popularmechanics.com/technology/infrastructure/a22164/drones-to-start-deliveringmedicine-to-rural-america.

68 Aryn Baker, "Zipline's Drones Are Saving Lives," *Time*, May 31, 2018, time.com/longform/ziplines-drones-are-saving-lives.

69 Karen Allen, "Using Drones to Save Lives in Malawi," BBC News, March 15, 2016, www.bbc.com/news/world-africa-35810153.

70 "Latest GSMA Report Highlights Success of Mobile Money with over 690 Million Accounts Worldwide," GSMA.com, press release, www.gsma.com/newsroom/

press-release/latest-gsmareport-highlights-success-mobile-money-690-million-accounts-worldwide.

71 Mallory Locklear, "Microsoft's AI Tech Will Aid Humanitarian Efforts," Engadget, September 24, 2018, www.engadget.com/2018/09/24/microsoft-ai-humanitarian-efforts.

72 Peter Holley, "The World Bank's Latest Tool for Fighting Famine: Artificial Intelligence," *Washington Post*, September 23, 2018, www.washingtonpost.com/technology/2018/09/23/worldbanks-latest-tool-fighting-famine-artificial-intelligence.

73 Anna X. Wang, Caelin Tran, Nikhil Desai, David Lobell, and Stefano Ermon, "Deep Transfer Learning for Crop Yield Prediction with Remote Sensing Data," COMPASS '18 Proceedings of the 1st ACM SIGCAS Conference on Computing and Sustainable Societies, No. 50 (2018), DOI:10.1145/3209811.3212707.

74 Doreen S. Boyd, Bethany Jackson, Jessica Wardlaw, Giles M. Foody, Stuart Marsh, and Kevin Bales, "Slavery from Space: Demonstrating the Role for Satellite Remote Sensing to Inform Evidence-Based Action Related to UN SDG Number 8," ISPRS Journal of Photogrammetry and Remote Sensing, Vol. 142 (August 2018): 380-388, doi.org/10.1016/j.isprsjprs.2018.02.012.

75 Doran Larson, "Why Scandinavian Prisons Are Superior," Atlantic, September 24, 2013, www.theatlantic.com/international/archive/2013/09/why-scandinavian-prisons-aresuperior/279949; Antony Funnell, "Internet of Incarceration: How AI Could Put an End to Prisons as We Know Them," *Future Tense*, August 4, 2017, mobile.abc.net.au/news/2017-08-14/how-ai-could-put-an-end-to-prisons-as-we-know-them/8794910.

76 Jackie Bischof, "AI is Helping Humans Do a Better Job Bringing Poachers to Justice," Quartz, September 3, 2018, qz.com/africa/1376612/ai-is-helping-humans-do-a-better-job-bringingpoachers-to-justice.

77 Lucas Joppa, "Protecting Biodiversity with Artificial Intelligence," Microsoft blog, January 30, 2017, blogs.microsoft.com/green/2017/01/30/protecting-biodiversity-with-artificial-intelligence.

78 "Regulation of Drones: South Africa," Library of Congress, accessed September 25, 2018, www.loc.gov/law/help/regulation-of-drones/south-africa.php.

79 Atlan Space, accessed September 25, 2018, www.atlanspace.com.

80 GiveDirectly, accessed September 25, 2018, givedirectly.org.

81 Jonathan Donner, "Research Approaches to Mobile Use in the Developing World: A Review of the Literature," *The Information Society: An International Journal*, Vol. 24 Issue 3 (2008): 140-159, doi.org/10.1080/01972240802019970.

82 Andrew Czyzewski, "Five AI Breakthroughs That Could Change the Face of Science," Imperial College London, December 26, 2017, www.imperial.ac.uk/news/183586/five-ai-breakthroughsthat-could-change.

83 Elizabeth Gibney, "AI Helps Unlock 'Dark Matter' of Bizarre Superconductors," *Nature*, September 14, 2018, www.nature.com/articles/d41586-018-06144-3.

84 AI 4 Good, accessed September 24, 2018, ai4good.org/2017/01/ai-agriculture.

85 Babusi Nyoni, "How Artificial Intelligence Can Be Used to Predict Africa's Next Migration Crisis," United Nations High Commissioner for Refugees, February 10, 2017, www.unhcr.org/innovation/how-artificial-intelligence-can-be-used-to-predict-africas-nextmigration-crisis.

86 Rana el Kaliouby, "Ethics in Artificial Intelligence Could Be the Next Big Movement. 5 Ways to Make it Happen," *Inc.*, November 15, 2017, www.inc.com/rana-el-kaliouby/why-artificialintelligence-ethics-is-next-go-green.html.

87 Chris Baraniuk, "Artificial Intelligence Decodes Islamic State Strategy," BBC News, August 6, 2015, www.bbc.com/news/technology-33804287.

88 John Naughton, "Why a Computer Could Help You Get a Fair Trial," *Guardian*, August 13, 2017, www.theguardian.com/technology/commentisfree/2017/aug/13/why-a-computer-couldhelp-you-get-a-fair-trial.

89 John Maynard Keynes, "Economic Possibilities for our Grandchildren," *Essays in Persuasion* (New York: W. W. Norton & Company, 1963), 358-373.

90 Jessica Stillman, "21 Future Jobs the Robots Are Actually Creating," *Inc.*, December 6, 2017, www.inc.com/jessica-stillman/21-future-jobs-robots-are-actually-creating.html.

91 Victor Tangermann, "Google's AI Can Predict When a Patient Will Die," Futurism, June 18, 2018, futurism.com/googles-ai-predict-when-patient-die.

92 Dom Galeon, "Expert: Human Immortality Could Be Acquired through AI," Futurism, April 21, 2017, futurism.com/expert-human-immortality-could-be-acquired-through-ai.

93 Dan Robitzski, "This Scientist Predicted He Would Live to 150. Now He's Not So Sure," Futurism, July 11, 2018, futurism.com/artificial-intelligence-longevity-

alex-zhavoronkov.

94 Dan Tynan, "Augmented Eternity: Scientists Aim to Let Us Speak from Beyond the Grave," *Guardian*, June 23, 2016, www.theguardian.com/technology/2016/jun/23/artificial-intelligencedigital-immortality-mit-ryerson.

AI가 의료를 향상시킬 몇 가지 방법

1 Brian Kalis, Matt Collier, and Richard Fu, "10 Promising AI Applications in Health Care," Harvard Business Review, May 10, 2018.

2 Ibid.

3 Ibid.

4 Taylor Kubota, "Dermatologist-level class ification of skin cancer with deep neural networks," Nature Vol. 543 (February 2, 2017): 115-118.

5 Rob Matheson, "Faster analysis of medical images," MIT News, June 18, 2018.

6 Steve LeVine, Eileen Drage O'Reilly Report, Axios, October 29, 2018.

제7장

1 "Of all bankruptcy filings, the over 55 crowd accounted for 33.7% (2013-016) up from 8.2% in 1991." Michael Hiltzik, "Bankruptcy is Hitting More Older Americans, Pointing to a Retirement risis in the Making," *Los Angeles Times*, August 6, 2018, www.latimes.com/business/hiltzik/lafi-hiltzik-bankruptcy-seniors-20180806-story.html.

2 "보건 지출은 2017-2026년 동안 연간 국내총생산(GDP)보다 1.0% 더 빠르게 증가할 것으로 예상되며, 그 결과 GDP의 보건 지출 비율은 2016년 17.9%에서 2026년 19.7%로 증가할 것으로 예상된다." National Health Expenditure Projections 2017-2026: Forecast Summary, www.cms.gov/Research-Statistics-Data-and-Systems/Statistics-Trends-and-Reports/NationalHealthExpendData/Downloads/ForecastSummary.pdf.

3 Margot E. Salomon, "The Future of Human Rights," *Global Policy*, Wiley Online, Vol. 3, Issue 4 (November 2012).

4 Robert H. Frank, "Why Single-Payer Health Care Saves Money," *New York Times*, July 7, 2017, www.nytimes.com/2017/07/07/upshot/why-single-payer-health-care-saves-money.html.

5 Annie Lowrey, *Give People Money: How a Universal Basic Income Would End Poverty, Revolutionize Work, and Remake the World* (New York: Crown, 2018).

6 Friedrich Engels, *The Condition of the Working Class in England in 1844 with Preface Written in 1892*, trans. Florence Kelley Wischnewetzky (London: Swan Sonnenschein & Co., 1892).

7 NPR Staff, "We Went from Hunter-Gatherers to Space Explorers, But Are We Happier?" NPR, *All Things Considered*, February 7, 2015, www.npr.org/2015/02/07/383276672/from-huntergatherers-to-space-explorers-a-70-000-year-story.

8 "노동자들의 대량 빈곤화와 범죄화는 <광기의 역사>에 관한 연구에서 미셸 푸코(Michel Foucault)가 묘사한 '대감금(Great Confinement)'을 상기시키는 대량 감금 정책을 통해 수백만 명의 농업 생산자에게서 그들의 땅을 압류했던 새로운 '폐쇄'의 판으로 이루어진다. 우리는 또한 이주 노동자에 대한 박해를 동반한 새로운 디아스포라적(diasphoric)(고국을 떠나는 사람 · 집단의 이동) 운동이 세계적으로 전개되는 것을 목격했다. 이는 16세기 및 17세기 유럽에서 방랑자들을 지역 착취에 이용하기 위해 도입된 「피의 법(Bloody Laws)」을 다시 연상시킨다. 이 책에서 가장 중요한 것은 일부 국가(가령, 남아프리카 공화국과 브라질)에서 마녀사냥의 귀환을 포함한 여성에 대한 폭력의 강화였다." Silvia Federici, *Caliban and the Witch* (New York: Autonomedia, 2004), 11.

9 Yuval Noah Harari, "The Rise of the Useless Class," TED Ideas, February 24, 2017, ideas.ted.com/the-rise-of-the-useless-class.

10 Erik Brynjolfsson and Andrew McAfee, *The Second Machine Age: Work, Progress, and Prosperity in a Time of Brilliant Technologies* (New York: W. W. Norton & Company, 2014).

11 Rachel Nuwer, "Will Machines Eventually Take on Every Job?" BBC Future, August 6, 2015, www.bbc.com/future/story/20150805-will-machines-eventually-take-on-every-job.

12 James Manyika, Jacques Bughin, Jonathan Woetzel, "Jobs Lost, Jobs Gained: Workforce Transitions in a Time of Automation," McKinsey Global Institute, McKinsey & Company, December 2017, www.mckinsey.com/featured-insights/future-of-work/jobs-lost-jobs-gainedwhat-the-future-of-work-will-mean-for-jobs-

skills-and-wages.

13 "작업 활동의 50%는 현재 입증된 기술을 적용함으로써 기술적으로 자동화할 수 있다. 직업의 10개 중 6개는 기술적으로 자동화할 수 있는 활동의 30% 이상을 차지하고 있다." Ibid.

14 Michael Chui, James Manyika, and Mehdi Miremadi, "Four Fundamentals of Workplace Automation," McKinsey Quarterly, November 2015, www.mckinsey.com/businessfunctions/digital-mckinsey/our-insights/four-fundamentals-of-workplace-automation.

15 Carl Benedikt Frey and Michael A. Osborne, "The Future of Employment: How Susceptible are Jobs to Computerisation?" Oxford Martin School, September 17, 2013, www.oxfordmartin.ox.ac.uk/downloads/academic/The_Future_of_Employment.pdf.

16 "ABI Research Forecasts Almost One Million Businesses Worldwide Will Adopt AI Technologies by 2022," ABI Research, New York, June 20, 2017, www.abiresearch.com/press/abi-research-forecasts-almost-one-million-business.

17 Katja Grace, John Salvatier, Allan Dafoe, Baobao Zhang, Owain Evans, "When Will AI Exceed Human Performance? Evidence from AI Experts," Future of Humanity Institute, Oxford University, Department of Political Science, Yale University, May 3, 2018, arxiv.org/pdf/1705.08807.pdf.

18 AI 시스템은 재교육을 받지 않고 모든 것을 다시 배울 필요 없이도 세상에 대해 알고 있는 것을 업데이트한다. 기본적으로 이 시스템은 기존 지식을 새로운 환경에 이전하고 적용할 수 있다. 최종 결과는 물체의 다양한 특성을 이해하는 방법을 보여주는 일종의 스펙트럼 또는 연속체이다. Dan Robitzski, "New Artificial Intelligence Does Something Extraordinary—It Remembers," Futurism, August 31, 2018, futurism.com/artificial-intelligence-remember-agi.

19 Nick Srnicek and Alex Williams, *Inventing the Future: Postcapitalism and a World Without Work* (New York: Verso Books, 2015).

20 Ian Lowrie, "On Algorithmic Communism," *Los Angeles Review of Books*, January 8, 2016, lareviewofbooks.org/article/on-algorithmic-communism.

21 George Marshall, *Don't Even Think About It: Why Our Brains Are Wired to Ignore Climate Change* (New York: Bloomsbury USA, 2014).

22 Ibid., 141, 208.

23 Alexa Frank, Kelly Connors, Michelle Cho, "How Design Thinking Can Help Tackle

Gender Bias in the Workplace," Deloitte Insights, May 6, 2018, www2.deloitte.com/insights/us/en/topics/value-of-diversity-and-inclusion/design-thinkingbusiness-gender-bias-workplace.html.

24 David Rotman, "How Technology Is Destroying Jobs," *MIT Technology Review*, June 12, 2013, www.technologyreview.com/s/515926/how-technology-is-destroying-jobs.

25 "경제권이 세계 8위인 캘리포니아는 많은 분야에서는 경제적으로 강세를 보이고 있지만, 생활비를 감안하면 미국에서 빈곤율이 가장 높다. 실리콘 밸리의 상황이 이를 설명하는 데 도움이 된다. 인구의 약 20~25%가 하이테크 분야에 종사하고 있으며, 부(富)는 그들 사이에 집중되어 있다. 비교적 작지만 번영하는 이 집단은 주거비, 교통비 그리고 다른 생활비를 증가시킨다. 그와 동시에 이 지역의 고용 증가의 대부분은 임금이 정체되거나 심지어 감소하는 소매, 식당, 수작업에서 발생한다. 이것은 소득 불평등과 빈곤에 대한 간단한 공식이다. 하지만 기술 자체의 본질이 상황을 더 악화시키는 것 같다. 데이비스 캘리포니아 대학의 지역 경제학자 크리스 베너(Chris Benner)에 따르면, 1998년 이후 실리콘 밸리에서는 순수한 일자리 증가가 없었다. 디지털 기술은 낮은 고용 기반에서 수십억 달러를 창출할 수 있다는 것이 불가피하다는 것을 의미한다." David Rotman, "Technology and Inequality," *MIT Technology Review*, October 21, 2014, www.technologyreview.com/s/531726/technology-and-inequality.

26 전 세계 부의 성장률은 약 66%에 달했다(시장 가격 기준으로 꾸준히 2014년 미국 달러로 환산하면 690조 달러에서 1,143조 달러). 그러나 OECD 고소득 국가의 1인당 부는 저소득 국가의 52배였기 때문에 불평등이 심화되었다. Glenn-Marie Lange, Quentin Wodon, and Kevin Carey, "The Changing Wealth of Nations 2018: Building a Sustainable Future" (Washington, D.C.: World Bank, 2018), openknowledge. worldbank.org/handle/10986/29001.

27 Bryan Lufkin, "There's a Problem with the Way We Define Inequality," BBC, July 7, 2017, www.bbc.com/future/story/20170706-theres-a-problem-with-the-way-we-define-inequality.

28 Marianne Ferber and Julie A. Nelson, *Beyond Economic Man: Feminist Theory and Economics* (Chicago: University of Chicago Press, 1993).

29 Harry J. Frankfurt, *On Inequality* (New Jersey: Princeton University Press, 2015).

30 Larry Elliott, "World's 26 Richest People Own as Much as Poorest 50%, Says Oxfam," *Guardian*, January 20, 2019, www.theguardian.com/business/2019/jan/21/world-26-richestpeople-own-as-much-as-poorest-50-per-cent-oxfam-report.

31 Gabriel Zucman, "Global Wealth Inequality," National Bureau of Economic

Research Working Paper, No. 25462 (January 2019), www.nber.org/papers/w25462.

32 Esmé E. Deprez, "Income Inequality," Bloomberg, September 21, 2018, www.bloomberg.com/quicktake/income-inequality.

33 "신고전주의 경제학은 공급과 수요를 개인의 합리성과 효용과 이익을 극대화하는 능력과 연관 짓는 경제학적 접근이다. 신고전주의 경제학 또한 경제의 다양한 측면을 연구하기 위해 수학 방정식을 사용한다." Investopedia, accessed September 2, 2008, www.investopedia.com/terms/n/neoclassical.asp.

34 Daniel Kahneman, *Thinking, Fast and Slow* (New York: Farrar, Straus and Giroux, 2011), 103.

35 Kate Raworth, *Doughnut Economics: Seven Ways to Think Like a 21st-Century Economist* (Chelsea Green Publishing, 2017).

36 Nermeen Shaikh, "Amartya Sen: A More Human Theory of Development," Asia Society, December 6, 2004, asiasociety.org/amartya-sen-more-human-theory- development; Amartya Sen, *Development as Freedom* (New York: Alfred A. Knopf, 1999).

37 Kai Schultz, "In Bhutan, Happiness Index as Gauge for Social Ills," *New York Times*, January 17, 2017, www.nytimes.com/2017/01/17/world/asia/bhutan-gross-national-happiness-indicator-.html.

38 "보이지 않는 손은 자유 시장 경제에서 어떻게 이기적인 개인들이 사회의 일반적인 이익을 촉진하기 위해 상호의존적 시스템을 통해 작동하는지에 대한 비유이다." "What Does 'Invisible Hand' Mean?" Investopedia, www.investopedia.com/terms/i/invisiblehand.asp.

39 Katrine Marçal, *Who Cooked Adam Smith's Dinner? A Story About Women and Economics, trans. Saskia Vogel* (New York: Pegasus Books, 2016).

40 Kate Raworth, Exploring Doughnut Economics, accessed September 1, 2018, ww.kateraworth.com/doughnut.

41 "합리적인 경제인을 타인의 선택에 영향을 받지 않는 고립된 개인으로 묘사하는 것은 경제를 모델링하는 데 매우 편리한 것으로 입증되었지만, 그것은 심지어 그 분야 내에서조차 오랫동안 의문시되었다. 19세기 말, 사회학자이자 경제학자인 토르스타인 베블렌(Thorstein Veblen)은 인간을 '자족적인 욕망의 덩어리'로 묘사하는 것에 대해 경제 이론을 맹비난했지만, 프랑스의 박학다식한 앙리 푸앵카레(Henri Poincaré)는 이것이 '양처럼 행동하는 사람들의 성향'을 간과한 것이라고 지적했다. 그가 옳았다. 우리는 우리가 상상하는 것만큼 무리와 다르지 않다. 우리는 사회적 규범을 따르고, 전형적으로 다른 사람들이 할 것으로

예상하는 것을 선호한다. 그러나 두려운 것이나 의심스러운 상황에서는 군중과 함께 가는 경향이 지배적이다." Raworth, *Doughnut Economics: Seven Ways to Think Like a 21st-Century Economist.*

42 George Monbiot, "Finally, a Breakthrough Alternative to Growth Economics—the Doughnut," *Guardian*, April, 12, 2017, www.theguardian.com/commentisfree/2017/apr/12/doughnut-growtheconomics-book-economic-model.

43 Steven Poole, "The Death of Homo Economicus review—Why Does Capitalism Still Exist?" *Guardian*, September 28, 2017, www.theguardian.com/books/2017/sep/28/death-homoeconomicus-peter-fleming-review.

44 Dennis Overbye, "The Eclipse that Revealed the Universe," *New York Times*, July 31, 2017, www.nytimes.com/2017/07/31/science/eclipse-einstein-general-relativity.html.

45 David Whyte, *Life at the Frontier: Leadership Through Courageous Conversation* (Many Rivers Press, 2004).

46 "The Conversational Nature of Reality," On Being with Krista Tippett, transcript, April 6, 2016, onbeing.org/programs/david-whyte-the-conversational-nature-of-reality.

47 "공립학교는 단지 산업주의를 위해 만들어졌다기보다는 산업주의의 이미지로 만들어진 학교이다. 여러 가지 면에서 공립학교는 그들이 지원하도록 설계된 공장 문화를 반영하고 있다. 이것은 특히 학교 시스템이 조립 라인과 효율적인 분업의 원칙에 기반을 둔 학교라는 사실이다. 학교는 교육과정을 전문가 부문으로 나눈다. 어떤 교사는 학생들에게 수학을 다른 교사는 역사를 가르치는 데 배치된다. 그들은 근무일의 시작과 휴식의 종료를 알리는 공장처럼 종을 울리며 하루를 표준 시간 단위로 배열한다. 학생들은 나이별로 나뉘어 교육을 받는다. 마치 그들의 가장 중요한 공통점이 제조 날짜인 것처럼 말이다. 그들은 정해진 지점에서 표준화된 테스트를 받고 서로 비교한 후 시장에 출시된다. 이것이 정확한 유추는 아니지만, 시스템의 많은 미묘함을 무시하고 여기에 충분히 가깝다는 것을 안다." Ken Robinson, *The Element: How Finding Your Passion Changes Everything* (New York: Penguin, 2009).

48 Paul Reber, "What is the Memory Capacity of the Human Brain?" *Scientific American*, May 1, 2010, www.scientificamerican.com/article/what-is-the-memory-capacity.

49 "EU Member States Sign Up to Cooperate on Artificial Intelligence," Europa, April 10, 2018, ec.europa.eu/digital-single-market/en/news/eu-member-states-sign-cooperate-artificialintelligence.

50 Owen Churchill, "China's AI Dreams," *Nature*, January 17, 2018, www.nature.com/articles/d41586-018-00539-y; Zachary Cohen, "US Risks Losing Artificial Intelligence Arms Race to China and Russia," CNN, www.cnn.com/2017/11/29/politics/usmilitary-artificial-intelligence-russia-china/index.html.

51 David E. Sanger, "Pentagon Announces New Strategy for Cyberwarfare," *New York Times*, April 23, 2015, www.nytimes.com/2015/04/24/us/politics/pentagon-announces-new-cyberwarfarestrategy.html.

52 Tom O'Connor, "U.S. Is Losing to Russia and China in War for Artificial Intelligence, Report Says," *Newsweek*, November 29, 2017, www.newsweek.com/us-could-lose-russia-china-warartificial-intelligence-726603.

53 Nicole Perlroth, Michael Wines, and Matthew Rosenberg, "Russian Election Hacking Efforts, Wider Than Previously Known, Draw Little Scrutiny," *New York Times*, September 1, 2017, www.nytimes.com/2017/09/01/us/politics/russia-election-hacking.html.

54 "Jamie Susskind in Conversation with Helen Lewis on How Tech Is Transforming Our Politics," Acast, August 16, 2018, www.acast.com/intelligencesquared/jamiesusskindinconversationwithhelenlewisonhowtechistransformingourpolitics

55 "유능한 편집자들로 이루어진 언론계는 싹트고 증가하고 증대되어 억누를 수 없고 헤아릴 수도 없다. 신형 프린터, 새로 창간된 저널, 새로운 것(세상은 매우 사치스럽다)이 등장하고 있기 때문에, 우리의 삼백이 그들이 할 수 있는 한 억제하고 통합하게 하라!" Thomas Carlyle, *French Revolution: A History* (London: Chapman & Hall, 1837), Book 1.VI. Consolidation.

56 "공화당은 폭스를 보지만 민주당은 MSNBC를 본다. 창조론자들은 화석을 신의 증거로 보지만 진화생물학자들은 화석을 진화의 증거로 본다. 종말론자들은 지구 종말의 징후를 보지만 나머지 사람들은 그저 다른 날을 본다. 간단히 말해, 우리 이념과 개인적인 교리는 우리의 현실을 좌우한다." Samuel McNerney, "Confirmation Bias and Art," *Scientific American*, July 17, 2011, blogs.scientificamerican.com/guest-blog/confirmation-bias-and-art.

57 George Lakoff, "A Modest Proposal: #ProtectTheTruth," personal blog, January 13, 2018, georgelakoff.com/2018/01/13/a-modest-proposal-protectthetruth.

58 Maurits Meijers and Harmen van der Veer, "Hungary's Government is Increasingly Autocratic. What is the European Parliament Doing About It?" *Washington Post*, May 3, 2017, www.washingtonpost.com/news/monkey-cage/wp/2017/05/03/hungary-is-backsliding-what-isthe-european-parliament-doing-about-this.

59 GDP per capita is $59,531.7 and climbing. The World Bank, accessed September 1, 2018, data.worldbank.org/indicator/NY.GDP.PCAP.CD.

60 Infrastructure Report Card: Dams, American Society of Civil Engineers, 2017, www.infrastructurereportcard.org/cat-item/dams.

61 Devon Haynie, "Report: The U.S. is the World's 7th Largest Executioner," U.S. News, April 10, 2017, www.usnews.com/news/best-countries/articles/2017-04-10/report-the-us-is-the-worlds-7thlargest-executioner.

62 이 통계는 임시 거처를 찾는 사람은 포함하지 않는다. "US Homeless People Numbers Rise for First Time in Seven Years," BBC News, December 6, 2017, www.bbc.com/news/worldus-canada-42248999.

63 Alex Horton, "Perhaps Tired of Winning, the United States Falls in World Happiness Rankings–Again," *Washington Post*, March 14, 2018, www.washingtonpost.com/news/worldviews/wp/2018/03/14/perhaps-tired-of-winning-the-unitedstates-falls-in-world-happiness-rankings-again.

64 Shannon Pettypiece, "Trump Signs $1.5 Trillion Tax Cut in First Major Legislative Win," Bloomberg, December 22, 2017, www.bloomberg.com/news/articles/ 2017-12-22/trump-signs-1-5-trillion-tax-cut-in-first-major-legislative-win.

65 "The Future of Robotics and Artificial Intelligence in Europe," European Commission, Europa, February 16, 2017, ec.europa.eu/digital-single-market/en/blog/future-robotics-and-artificialintelligence-europe.

66 Sarah Lyall, "Who Strikes Fear into Silicon Valley? Margrethe Vestager, Europe's Antitrust Enforcer," *New York Times*, May 5, 2018, www.nytimes.com/2018/05/05/world/europe/margrethe-vestager-silicon-valley-dataprivacy.html.

67 Robert Herz, "The Pros and Cons of Quarterly Reporting," Compliance News, March 8, 2016, www.complianceweek.com/blogs/robert-herz/the-pros-and-cons-of-quarterly-reporting.

68 Lee Drutman, "How Corporate Lobbyists Conquered American Democracy," *Atlantic*, April 20, 2015, www.theatlantic.com/business/archive/2015/04/how-corporate-lobbyists-conqueredamerican-democracy/390822.

69 Anand Giridharadas, *Winners Take All: The Elite Charade of Changing the World* (New York: Knopf Doubleday, 2018).

70 Matthew Ingram, "What's Driving Fake News Is an Increase in Political Tribalism," *Fortune*, January 13, 2017, fortune.com/2017/01/13/fake-news-tribalism.

71 Michael Casey and Paul Vigna, *The Truth Machine: The Blockchain and the Future of Everything* (London: St. Martin's Press, 2018).

72 David E. Sanger, "Tech Firms Sign 'Digital Geneva Accord' Not to Aid Governments in Cyberwar," *New York Times*, April 17, 2018, www.nytimes.com/2018/04/17/us/politics/techcompanies-cybersecurity-accord.html.

73 "For Artificial Intelligence to Thrive, it Must Explain Itself," *Economist*, February 15, 2018.

74 "전반적으로 마음 이론은 다른 사람의 지식, 신념, 감정, 의도를 이해하고 사회적 상황을 탐색하기 위해 그 이해를 사용하는 것을 포함한다." Brittany N. Thompson, "Theory of Mind: Understanding Others in a Social World," *Psychology Today*, July 3, 2017, www.psychologytoday.com/us/blog/socioemotional-success/201707/theory-mind-understandingothers-in-social-world.

75 "총기 안전 기술을 연구하는 '혁신가'에게 1백만 달러를 기부한 샌프란시스코에 본부를 둔 이 단체는 기술 산업의 도움으로 '총기 소유자와 그 가족, 그리고 그들의 지역사회를 위해 총기류를 더 안전하게 만드는 것이 가능하다고 말한다." Don Reisinger, "How Technology May Make Guns Safer," *Fortune*, December 3, 2015, fortune.com/2015/12/03/safegun-tech.

76 Hossein Rahnama, "Augmented Eternity and Swappable Identities," MIT Media Lab, accessed December 20, 2018, www.media.mit.edu/projects/augmented-eternity/overview.

77 Roy Scranton, *Learning to Die in the Anthropocene* (San Francisco: City Lights Publishers, 2015), 16.

78 Zack Friedman, "This 27-Year-Old California Mayor Wants to Pay Residents $500 Cash Per Month," *Forbes*, November 10, 2017, www.forbes.com/sites/zackfriedman/2017/11/10/stocktonuniversal-basic-income.

79 "Sikkim will Become the First Indian State to Introduce Universal Basic Income," *India Today*, January 10, 2019, www.indiatoday.in/education-today/gk-current-affairs/story/sikkim-to-becomefirst-state-to-introduce-universal-basic-income-1427662-2019-01-10.

80 Michalis Nikiforos, Marshall Steinbaum, and Gennaro Zezza, "Modeling the Macroeconomic Effects of a Universal Basic Income," Roosevelt Institute, August 29, 2017, rooseveltinstitute.org/modeling-macroeconomic-effects-ubi/.

81 Alex Goik, "Is Universal Basic Income as Radical as You Think?" Medium, March 19,

2018, medium.com/s/free-money/universal-basic-income-an-idea-as- radical-as-you-think-29f21472764a.

82 Atossa Araxia Abrahamian, "Saving the Sacred Cow," *The Nation*, May 3, 2018, www.thenation.com/article/can-yanis-varoufakis-save-europe.

83 Yanis Varoufakis, "The Universal Right to Capital Income," Project Syndicate, October 31, 2016, www.project-syndicate.org/commentary/basic-income-funded-by-capital-income-by-yanisvaroufakis-2016-10?barrier=accesspaylog.

84 Arjun Kharpal, "Bill Gates Wants to Tax Robots, but the EU Says, 'No Way, No Way,'" CNBC Markets, June 2, 2017, www.cnbc.com/2017/06/02/bill-gates-robot-tax-eu.html.

85 James K. Boyce and Peter Barnes, "How to Pay for Universal Basic Income," Evonomics, November 28, 2016, evonomics.com/how-to-pay-for-universal-basic-income.

86 Ibid.

87 Ellen Brown, "How to Fund a Universal Basic Income Without Increasing Taxes or Inflation," ellenbrown.com, October 3, 2017, ellenbrown.com/2017/10/03/how-to-fund-a-universal-basicincome-without-increasing-taxes-or-inflation.

88 "게다가 UBI는 사람들에게 그들의 기업가적 프로젝트에 대해 한층 더 창의적이고 덜 위험 회피적인 재정보장을 제공할 것이다. 물론, 이것은 모든 경제 활력에 중요하다." Johnny Hugill and Matija Franklin, "The Wisdom of a Universal Basic Income," Behavioral Scientist, October 19, 2017, behavioralscientist.org/wisdom-universal-basic-income.

89 Margot Sanger-Katz, "Elizabeth Warren and a Scholarly Debate Over Medical Bankruptcy That Won't Go Away," *New York Times*, June 6, 2018, www.nytimes.com/2018/06/06/upshot/elizabeth-warren-and-a-scholarly-debate-over-medicalbankruptcy-that-wont-go-away.html.

90 Casey Hynes, "The Long Game: How Developing Countries Can Get Microfinance Right," *Forbes*, April 14, 2017, www.forbes.com/sites/chynes/2017/08/14/to-alleviate-povertymicrofinance-institutions-must-work-on-much-longer-time-scales/#41415c6754fe.

91 "몇 분간만 플러그를 뽑으면, 당신을 포함한 거의 모든 것이 재동작한다." Anne Lamott, "12 Truths I Learned from Life and Writing," April 2017, TED, 15:55, www.ted.com/talks/anne_lamott_12_truths_i_learned_from_life_and_writing.

92 "Artificial Intelligence at Google: Our Principles," ai.google/principles.

93 Andrea Shalal, "Researchers to Boycott South Korean University over AI Weapons Work," Reuters, April 4, 2018, www.reuters.com/article/tech-korea-boycott/researchers-to-boycott-southkorean-university-over-ai-weapons-work-idUSL2N1RH0KM.

94 Cameron Jenkins, "AI Innovators Take Pledge Against Autonomous Killer Weapons," NPR, July 18, 2018, www.npr.org/2018/07/18/630146884/ai-innovators-take-pledge-against-autonomouskiller-weapons.

95 Brent Hecht, Lauren Wilcox, Jeffrey P. Bingham, Johannes Schöning, Ehsan Hoque, Jason Ernst, Yonatan Bisk, Luigi De Russis, Lana Yarosh, Bushra Anjumm, Danish Contractor, and Cathy Wu, "It's Time to Do Something: Mitigating the Negative Impacts of Computing through a Change to the Peer Review Process," ACM Future of Computing Academy, March 29, 2018, acm-fca.org/2018/03/29/negativeimpacts.

96 Russ Mitchell, "Self-Driving Cars May Ultimately Be Safer than Human Drivers. But After a Pedestrian's Death, Will the Public Buy It?" *Los Angeles Times*, March 21, 2018, www.latimes.com/business/autos/la-fi-hy-robot-car-safety-pr-20180321-story. html.

97 Anna Rosling Rönnlund, Hans Rosling, and Ola Rosling, *Factfulness: Ten Reasons We're Wrong About the World-and Why Things Are Better Than You Think* (New York: Flatiron Books, 2018), 103.

98 Andrew J. Hoffman, "A Climate of Mind," *Stanford Social Innovation Review*, Winter 2015, ssir.org/book_reviews/entry/a_climate_of_mind.

99 "Tech Leaders Call for Autonomous Weapons Ban," Al Jazeera, July 18, 2018, www.aljazeera.com/news/2018/07/tech-leaders-call-autonomous-weapons-ban-180718074827797.html.

제8장

1 Jonathan Corum, "100 Images from Cassini's Mission to Saturn," *New York Times*, September 15, 2017, www.nytimes.com/interactive/2017/09/14/science/cassini-saturn-images.html.

2 Jeremy Hsu, "Why 'Uncanny Valley' Human Look-Alikes Put Us on Edge," *Scientific American*, April 3, 2012, www.scientificamerican.com/article/why-uncanny-valley-

human-look-alikes-putus-on-edge.

3 Anna-Lisa Vollmer, Robin Read, Dries Trippas, and Tony Belpaeme, "Children Conform, Adults Resist: A Robot Group Induced Peer Pressure on Normative Social Conformity," *Science Robotics*, Vol. 3, Issue 21 (August 15, 2018), robotics.sciencemag.org/content/3/21/eaat7111.full.

4 Oliver Milman, "Anthropomorphism: How Much Humans and Animals Share Is Still Contested," *Guardian*, January 15, 2016, www.theguardian.com/science/2016/jan/15/anthropomorphismdanger-humans-animals-science.

5 Adam Waytz, Nicholas Epley, and John T. Cacioppo, "Social Cognition Unbound: Insights Into Anthropomorphism and Dehumanization," *Current Directions in Psychological Science*, February 2010, 19(1): 58-62, doi: 10.1177/0963721409359302.

6 Marc Bekoff and Jessica Pierce, "Honor and Fairness Among Beasts at Play," *American Journal of Play*, 1.4 (2009): 451-475.

7 Ibid.

8 Jessica Pierce and Marc Bekoff, "Wild Justice Redux: What We Know About Social Justice in Animals and Why It Matters," *The Humane Society Institute for Science and Policy Animal Studies Repository*, 25.2 (2012): 122-139.

9 "지난해 토론토 대학의 심리학자 패트리샤 가니아는 동물에 대한 정보를 직설적이고 사실적이며 환상적인 의인화 방식으로 3세에서 5세 사이의 아이들애게 제공하는 일련의 실험을 했다. 그녀는 아이들이 인간의 특성을 다른 동물들 탓으로 돌리는 경향이 있고, 털북숭이 인간으로 살아왔다는 말을 들었을 때 인간에 대한 사실적인 정보를 보다 덜 간직하는 경향이 있음을 발견했다." Oliver Milman, "Anthropomorphism: How Much Humans and Animals Share is Still Contested."

10 Michael S. Gazzaniga, *The Consciousness Instinct: Unraveling the Mystery of How the Brain Makes the Mind* (New York: Farrar, Straus and Giroux, 2018), 5.

11 Nova Spivack, "Why Machines Will Never be Conscious," October 17, 2006, www.novaspivack.com/science/why-machines-will-never-be-conscious.

12 "따라서 학습과 가소성은 경험의 정도에 따라 의식의 중심이 달라지게 된다. 자신이 특정한 1차 상태를 가지고 있음을 알고, 다른 상태보다 특정 상태에 더 신경 쓰는 것을 배운 경험자에게만 이것은 발생한다. 이것이 내가 말하는 '급진적 가소성 논제'이다. Axel Cleeremans, "The Radical Plasticity Thesis: How the Brain Learns to be Conscious," *Frontiers in Psychology*, February 25, 2011, www.ncbi.

nlm.nih.gov/ pmc/articles/PMC3110382.

13 Christopher Hooton, "A Robot Has Passed a Self-Awareness Test," *Independent UK*, July 17, 2015, www.independent.co.uk/life-style/gadgets-and-tech/news/a-robot-has-passed-the-selfawareness-test-10395895.html.

14 Stanislas Dehaene, Hakwan Lau, and Sid Kouider, "What Is Consciousness, and Could Machines Have It?" Science, Vol. 358, Issue 6362 (October 27, 2017): 486-492, science.sciencemag.org/content/358/6362/486; Charles Q. Choi, "How Do You Make a Conscious Robot?" *Real Clear Science*, October 27, 2017, www.realclearscience.com/articles/2017/10/27/how_do_you_make_a_conscious_robot_110432.html

15 Dan Robitzski, "Artificial Consciousness: How to Give a Robot a Soul," Futurism, June 25, 2018, futurism.com/artificial-consciousness.

16 Ibid.

17 Stephen Wolfram, "Something Very Big Is Coming: Our Most Important Technology Project Yet," personal blog, November 13, 2013, blog.stephenwolfram.com/2013/11/something-very-bigis-coming-our-most-important-technology-proj ect-yet.

18 Byron Reese, "Voices in AI—Episode 1: A Conversation with Yoshua Bengio," Gigaom.com, October 2, 2017, gigaom.com/2017/10/02/voices-in-ai-episode-1-a-conversation-with-yoshuabengio.

19 Jan Faye, "Copenhagen Interpretation of Quantum Mechanics," Stanford Encyclopedia of Philosophy, May 3, 2002, plato.stanford.edu/entries/qm-copenhagen.

20 Jack Nicas, "How Google's Quantum Computer Could Change the World," *Wall Street Journal*, October 16, 2017, www.wsj.com/articles/how-googles-quantum-computer-could-change-theworld-1508158847.

21 Ibid.

22 Elsevier, "Discovery of Quantum Vibrations in 'Microtubules' Inside Brain Neurons Supports Controversial Theory of Consciousness," Science Daily, January 16, 2014, www.sciencedaily.com/releases/2014/01/140116085105.htm.

23 Subhash Kak, "Indian Foundations of Modern Science," Medium, July 24, 2018, medium.com/@subhashkak1/indian-foundations-of-modern-science-72259046700f.

24 Gazzaniga, *The Consciousness Instinct: Unraveling the Mystery of How the Brain Makes the Mind*, 185, 187.

25 Brenden M. Lake, Tomer D. Ullman, Joshua B. Tenenbaum, and Samuel J. Gershman,

"Building Machines That Learn and Think Like People," *Behavioral and Brain Sciences*, Vol. 40 (2017): 10, doi.org/10.1017/S0140525X16001837.

26 Dehaene, Lau, and Kouider, "What is Consciousness, and Could Machines Have It?"

27 J. Kevin O'Regan, "How to Build a Robot That Is Conscious and Feels, Minds & Machines," Springer Netherlands, June 7, 2012, link.springer.com/article/10.1007/s11023-012-9279-x.

28 (1) 자극에 반응하는 신체, (2) 의사소통 방법, (3) 이러한 의사소통의 이유와 동기를 추론하고자 시도하는(하지만 거의 성공하지 못함) 알고리즘. Hugh Howey, "How to Build a Self-Conscious Machine," *Wired*, October 4, 2017, www.wired.com/story/how-to-build-a-self-conscious-ai-machine.

29 Will Knight, "Curiosity May Be Vital for Truly Smart AI," *MIT Technology Review*, May 23, 2017, www.technologyreview.com/s/607886/curiosity-may-be-vital-for-truly-smart-ai; Matthew Hutson, "How Researchers are Teaching AI to Learn like a Child," Science, May 24, 2018, www.sciencemag.org/news/2018/05/how-researchers-are-teaching- ai-learn-child.

30 Joseph Campbell, *The Hero with a Thousand Faces* (New York: Pantheon Books, 1949).

31 Octavia Butler, *Dawn* (New York: Grand Central Publishing, 1987), 39.

32 Christof Koch, "What Is Consciousness?" *Scientific American*, June 2, 2017, www.scientificamerican.com/article/what-is-consciousness.

33 Joan Podrazik, "What Is the Soul? Eckhart Tolle, Wayne Dyer and Others Define It," Huffington Post, December 25, 2012, www.huffingtonpost.com/2012/12/25/what-is-the-soul-eckhart-tollewayne-dyer_n_2333335.html.

34 "Ancient Theories of Soul," Stanford Encyclopedia of Philosophy, accessed September 12, 2018, plato.stanford.edu/entries/ancient-soul/#3.

35 R. D. Archer-Hind, ed. and trans., *The Timaeus of Plato* (Salem, NH: Ayers Co., 1988).

36 René Descartes, "Cartesian dualism," *Meditations on First Philosophy, 1596–1650* (Indianapolis: Hackett Publishing Co., 1993).

37 Joseph E. LeDoux, PhD, Donald H. Wilson, MD, and Michael S. Gazzaniga, PhD, "A Divided Mind: Observations on the Conscious Properties of the Separated Hemispheres," *Annals of Neurology*, November 2, 1977, onlinelibrary.wiley.com/doi/abs/10.1002/ana.410020513.

38 "인간은 기쁨, 즐거움, 웃음과 스포츠, 슬픔, 비탄, 낙담, 한탄이 뇌가 아닌 다른

곳으로부터는 나오지 않는다는 것을 알아야 한다. 이것 때문에 특별한 방법으로 우리는 지혜와 지식을 얻고 보고 듣고 무엇이 더럽고 무엇이 공평하며 무엇이 나쁘고 무엇이 좋고 무엇이 달콤하고 무엇이 불미스러운지를 알 수 있다. 어떤 것은 습관으로 차별하고, 어떤 것은 효용으로 인식한다. 이를 통해 계절에 따라 취향과 혐오의 대상을 구분한다. 같은 것이 항상 우리를 기쁘게 하는 것은 아니다. 그리고 같은 기관 때문에 우리는 미치고 정신이 혼미해지며 두려움과 공포가 밤과 낮, 꿈과 때아닌 방랑, 적절하지 않은 걱정, 현재 상황에 대한 무지함, 방심함, 서투름에 대한 두려움과 공포와 두려움이 우리를 덮친다. 뇌가 건강하지 않을 때, 즉 뇌가 자연보다 더 뜨겁거나, 더 춥거나, 더 촉촉하거나, 또는 더 건조할 때 또는 뇌가 다른 이상적이고 특이한 애정을 겪을 때 우리는 이 모든 것을 견딘다. 그리고 우리는 습기에는 화가 난다. 자연보다 습기가 많으면 반드시 움직이게 되고, 애정이 발동하면 시각도 청각도 정지할 수 없고, 혀는 시각과 청각에 따라 말하도록 되어 있다." Hippocrates, *On the Sacred Disease*, trans. Francis Adams, classics.mit.edu/Hippocrates/sacred.html.

39 Pali: "non-self" or "substanceless." "Anatta," Britannica, accessed September 3, 2018, www.britannica.com/topic/anatta.

40 "아트만은 '영원한 자아'라는 뜻이다. 아트만은 자존심이나 거짓된 자아를 넘어선 진짜 자아를 말한다. 그것은 종종 '정신(spirit)' 또는 '영혼(soul)'이라고 불리며 우리의 존재의 밑바탕에 있는 진정한 자아 또는 본질을 나타낸다." Gavin Flood, "Hindu Concepts," BBC, August 24, 2009, www.bbc.co.uk/religion/ religions/hinduism/concepts/concepts_1.shtml.

41 Graham Harvey, *Animism: Respecting the Living World*(New York: Columbia University Press, 2005), 42; New World Encyclopedia, accessed September 12, 2018, www.newworldencyclopedia.org/entry/Animism.

42 "브라운에게 영혼은 육체적 자아와 분리된 본질로서가 아닌, 신체화된 인간이 우리의 피조물·역사적·공동체적 자아들의 본질에 깊숙이 도달하는 방식으로 신 또는 서로 관계하고 소통하는 만남의 순합이다." Brandon Ambrosino, "What Would it Mean for AI to Have a Soul?" BBC, June 18, 2018, www.bbc.com/future/story/20180615-can-artificial-intelligence-have-a-soul-andreligion.

43 Daniel Dennett, *From Bacteria to Bach and Back: The Evolution of Minds* (New York: W. W. Norton & Company, 2018).

44 Daniel Dennett, "'A Perfect and Beautiful Machine': What Darwin's Theory of Evolution Reveals About Artificial Intelligence," *Atlantic*, June 22, 2012, www.theatlantic.com/technology/archive/2012/06/-a-perfect-and-beautiful-machine-wh

atdarwins-theory-of-evolution-reveals-about-artificial-intelligence/258829.

45 "튜링 자신은 생명의 나무에 뻗은 잔가지들 중 하나이다. 구체적이고 추상적인 그의 인공물은 간접적으로 거미줄이나 비버 댐과 같은 방식으로 맹목적인 다윈 과정의 산물이다." Dennett, *From Bacteria to Bach and Back: The Evolution of Minds.*

46 John Searle, "How Do You Explain Consciousness," March 2014, TED, 18:34, www.ted.com/talks/david_chalmers_how_do_you_explain_consciousness/transcript.

47 Steve Volk, "Down the Quantum Rabbit Hole," *Discover*, accessed November 23, 2018, discovermagazine.com/bonus/quantum.

48 Robitzski, "Artificial Consciousness: How to Give a Robot a Soul."

49 Ibid.

50 Aristotle, *The Nicomachean Ethics*, trans. W. D. Ross, and Lesley Brown (New York: Oxford University Press, 2009).

51 "William James himself always insisted that consciousness was not a 'thing' but a 'process.'" Oliver Sacks, *River of Consciousness* (New York: Knopf, 2017).

52 Ibid., 8.

53 Jorge Luis Borges, "A New Refutation of Time," *Sur*, Vol. 115 (1944).

54 Janine M. Benyus, *Biomimicry: Innovation Inspired by Nature* (New York: Harper Perennial, 2002).

55 Elizabeth Kolbert, "Why Facts Don't Change Our Minds," *New Yorker*, February 27, 2017, www.newyorker.com/magazine/2017/02/27/why-facts-dont-change-our-minds.

56 Donald R. Griffin, *Animal Minds: Beyond Cognition to Consciousness* (University of Chicago Press, 2001), 2.

57 Rodney A. Brooks, "Intelligence Without Representation," *MIT Artificial Intelligence Laboratory*, September 1987, people.csail.mit.edu/brooks/papers/ representation. pdf.

58 "우리는 다음과 같이 선언한다. '신피질의 부재는 유기체가 감정 상태를 경험하는 것을 막는 것 같지 않다. 수렴적 증거는 인간이 아닌 동물이 의도적인 행동을 보이는 능력과 함께 의식 상태의 신경해부학적·신경화학적·신경생리학적 기질을 가진다는 것을 보여준다. 결과적으로, 증거의 무게는 인간이 의식을 생성하는 신경학적 기질을 소유하는 것이 유일하지 않다는 것을 보여준다. 모든 포유류와 새를 포함한 비인간 동물과 문어를 포함한 많은 다른 생물도 이러한 신경학적 기질을 가지고 있다.'" Philip Low, and Jaak Panksepp, Diana Reiss, David Edelman, Bruno Van Swinderen, and Christof Koch, eds., "The Cambridge

Declaration of Consciousness," Francis Crick Memorial Conference on Consciousness in Human and Non-Human Animals, Churchill College, University of Cambridge, July 7, 2012, fcmconference.org/img/CambridgeDeclarationOnConsciousness.pdf.

59 John D. Wilsey, *American Exceptionalism and Civil Religion: Reassessing the History of an Idea* (Illinois: IVP Academic, 2015).

60 Graham Harman, *Object-Oriented Ontology: A New Theory of Everything* (London: Pelican, 2018).

61 Timothy Morton, *Hyperobjects: Philosophy and Ecology After the End of the World* (Minneapolis: University of Minnesota Press, 2013).

62 Alan Watts, *The Book: On the Taboo Against Knowing Who You Are* (New York: Collier, 1966), 97.

63 Richard E. Cytowic, "Reality Lies Beyond What We Can Perceive," *Psychology Today*, May 2, 2017, www.psychologytoday.com/us/blog/the-fallible-mind/201705/reality-lies-beyond-what-wecan-perceive.

64 Philip Pullman, *His Dark Materials* (New York: Alfred A. Knopf, 2007).

65 Simon Worrall, "How 40,000 Tons of Cosmic Dust Falling to Earth Affects You and Me," *National Geographic*, January 28, 2015, news.nationalgeographic.com/2015/01/150128-bigbang-universe-supernova-astrophysics-health-space-ngbooktalk.

66 Kara Rogers, "7 Vestigial Features of the Human Body," Britannica, www.britannica.com/list/7-vestigial-features-of-the-human-body.

67 Axel Cleeremans, "The Radical Plasticity Thesis: How the Brain Learns to Be Conscious," *Frontiers in Psychology*, February 25, 2011, www.ncbi.nlm.nih.gov/pmc/articles/PMC3110382.

68 T. M. Scanlon, *What We Owe to Each Other* (Belknap Press, 2000).

69 Jeremy Bentham, *Introduction to the Principles of Morals and Legislation* (New York: Hafner Publishing Co., 1948).

70 Philip Goff, "Panpsychism is Crazy, but it's Also Most Probably True," Aeon, March 1, 2017, aeon.co/ideas/panpsychism-is-crazy-but-its-also-most-probably-true.

71 Godehard Brüntrup and Ludwig Jaskolla, eds., "Panpsychism: Contemporary Perspectives," Oxford University Press, 2017, ndpr.nd.edu/news/panpsychism-contemporary-perspectives.

72 Keith Frankish and Aeon, "Why Panpsychism Is Probably Wrong," *Atlantic*,

September 20, 2016, www.theatlantic.com/science/archive/2016/09/panpsychism-is-wrong/500774.

73 Philip Goff, "Is the Universe a Conscious Mind?" Aeon, February 8, 2018, aeon.co/essays/cosmopsychism-explains-why-the-universe-is-fine-tuned-for-life.

74 Bernardo Kastrup, Adam Crabtree, and Edward F. Kelly, "Could Multiple Personality Disorder Explain Life, the Universe and Everything?" *Scientific American*, June 18, 2018, blogs.scientificamerican.com/observations/could-multiple-personality-disorder-explain-life-theuniverse-and-everything.

75 "Vera Rubin (1928-016)," National Science Foundation, accessed March 8, 2019, www.nsf.gov/news/special_reports/medalofscience50/rubin.jsp.

76 "월터 휘트먼의 예에서 우리는 북과 남, 과학과 예술, 그리고 심지어 남자와 여자의 사랑까지 거부한 사람을 찾을 수도 있다. 그는 다른 사람들을 축하하는 것은 심지어 우리의 가장 어두운 시간에도 우리 자신을 축하하는 것임을 우리에게 상기시킨다. 1892년, 마비된 뇌졸중으로 쓰러져 펜을 겨우 손에 쥘 수 있는 동안 이 위대한 '과학 시인'은 다윈주의라는 제목의 작품에서 그의 초기 영감에 마지막 찬가를 제공했다. (더욱이) 현대 과학의 가장 높고 미묘하며 광범위한 진실은 민주주의가 그것을 기다리는 동안 그들의 진정한 임무와 마지막 선명한 빛을 기다린다." Eric Michael Johnson, "We Contain Multitudes: Walt Whitman, Charles Darwin, and the Song of Empathy," *Scientific American*, July 19, 2013, blogs.scientificamerican.com/primate-diaries/thesong-of-empathy.

77 "빅터는 두 생명체가 서로를 처음 보는 상상을 할 때, 인간이 '다른 사람'에 의해 처음 목격될 때 자아를 배운다는 장 폴 사르트르의 고전적인 생각을 떠올린다. 《존재와 무》에서, 사르트르는 우리가 다른 사람에 의해 인식될 때까지 자아를 가질 수 없다고 주장하는데, 이것은 우리가 우리 자신 속의 다른 사람과 타인의 자아 둘 다 볼 수 있게 해준다. 빅터는 전형적으로 두 생명체가 자아를 갖는 것을 전혀 상상할 수 없다. 그래서 그는 그들이 서로의 눈에서 동정심을 찾기보다는 '거절'될 것이라고 제안한다." David Guston, ed., *Frankenstein: Annotated for Scientists, Engineers, and Creators of All Kinds* (Cambridge: MIT Press, 2017).

78 Emily Dickinson, *I Dwell in Possibility. The Poems of Emily Dickinson*, ed. R. W. Franklin (Massachusetts: Harvard University Press, 1999), www.poetryfoundation.org/poems/52197/idwell-in-possibility-466.

79 "웬델 왈라크와 콜린 앨런(Wendell Wallach & Colin Allen)은 AI의 새로운 특성에 대해 다른 생각을 제공한다. 왈라크과 앨런은 윤리적 AI의 가능성을 고려한 《인위적인 도덕적 행위자(Artificial Moral Agents)》라는 책에서 비행의 발견과

인간의 의식 특성의 발견을 비교한다. 인간 비행의 가장 초기 시도 시 새처럼 행동하는 인간으로 구성되어 있었다. 결국, 인간은 새가 날 수 있다는 것을 알았기 때문에 그들은 날 수 있는 가장 좋은 방법이 깃털을 가진 생물을 모방하는 것으로 생각했다. 하지만 수년 후, 우리는 새들이 인간의 비행을 위한 최고의 모델이 아니었음을 안다. 왈라크과 앨런은 '공중 비행을 하고 적당한 시간 동안 공중을 유지하는 한, 어떻게 하는지는 중요하지 않다'고 결론짓는다. 비행에는 한 가지 해결책만 있는 게 아니다. 이는 '다양한 재료로 만들어진 다양한 시스템에 의해 나타날 수 있다.'" Ambrosino, "What Would it Mean for AI to Have a Soul?"

80 Claudia Kalb, "What Makes a Genius?" *National Geographic*, May 2017, www.nationalgeographic.com/magazine/2017/05/genius-genetics-intelligence-neuroscie ncecreativity-einstein.

제9장

1 Paul Ratner, "In 1973, an MIT Computer Predicted When Civilization Will End," Big Think, August, 23, 2018, bigthink.com/paul-ratner/in-1973-an-mit-computer-predicted-the-end-ofcivilization-so-far-its-on-target.

2 때로는 Holocene extinction 또는 Anthropocene extinction이라고 불림. Damian Carrington, "Earth's Sixth Mass Extinction Event Under Way, Scientists Warn," *Guardian*, July 10, 2017, www.theguardian.com/environment/2017/jul/10/earths-sixth-mass-extinction-eventalready-underway-scientists-warn.

3 J. K. Rowling, "The Marauder's Map," Pottermore, accessed September 4, 2018, www.pottermore.com/writing-by-jk-rowling/the-marauders-map.

4 Steven Johnson, *Where Good Ideas Come from: The Natural History of Innovation* (New York: Riverhead, 2010).

5 Joseph Weizenbaum, "ELIZA—a Computer Program for the Study of Natural Language Communication Between Man and Machine," *Communications of the ACM*, Vol. 9, Issue 1 (January 1966), dl.acm.org/citation.cfm?id=365168.

6 Emiko Jozuka, "The Sad Story of Eric, the UK's First Robot Who Was Loved Then Forsaken," Motherboard, May 19, 2016, motherboard.vice.com/en_us/article/pgkkpm/the-sad-story-of-ericthe-uks-first-robot-who-was-loved-then-forsaken.

7 Keiichi Furukawa, "Honda's Asimo Robot Bows Out but Finds New Life," Nikkei

Asian Review, June 28, 2018, asia.nikkei.com/Business/Companies/Honda-s-Asimo-robot-bows-out-but-findsnew-life.

8 Matthew Hutson, "Scientists Imbue Robots with Curiosity," *Science*, May 31, 2017, www.sciencemag.org/news/2017/05/scientists-imbue-robots-curiosity.

9 Carlo Ratti, "Futurecraft," Proceedings of the 2016 ACM Conference on Designing Interactive Systems, Brisbane, Australia, June 4-8, 2016, dusp.mit.edu/ publication/ futurecraft.

10 Damian Przybyła, "Reflection on the Future of Design," PCDN, accessed September 20, 2018, pcdnetwork.org/blogs/futuredesign.

11 Frank White, *The Overview Effect. Space Exploration and Human Evolution* (New York: Houghton Mifflin, 1987).

12 Ronald J. Garan Jr., *The Orbital Perspective: Lessons in Seeing the Big Picture from a Journey of 71 Million Miles* (California: Berrett-Koehler, 2015); "Psychologists Study Intense Awe Astronauts Feel Viewing Earth from Space," Science Daily, April 19, 2016, www.sciencedaily.com/releases/2016/04/160419120055.htm.

13 Frank White, *The Overview Effect. Space Exploration and Human Evolution.*

14 Elizabeth Landau, "'Pale Blue Dot' Images Turn 25," Jet Propulsion Laboratory, NASA, February 13, 2015, voyager.jpl.nasa.gov/news/details.php?article_id=43.

15 "Look again at that dot. That's here. That's home. That's us." Carl Sagan, *Pale Blue Dot: A Vision of the Human Future in Space* (Ballantine Books, 1997).

16 John Malouff, "Children Learn Empathy Growing Up, but Can We Train Adults to Have More of It?" The Conversation, January 10, 2017, theconversation.com/ children-learn-empathy-growingup-but-can-we-train-adults-to-have-more-of-it-68153.

17 Sourya Acharya and Samarth Shukla, "Mirror Neurons: Enigma of the Metaphysical Modular Brain," *Journal of Natural Science, Biology and Medicine*, July-December 2012, www.ncbi.nlm.nih.gov/pmc/articles/PMC3510904.

18 C. Daniel Batson, "The Empathy-Altruism Hypothesis," *Oxford Scholarship Online*, May 2011, DOI: 10.1093/acprof:oso/9780195341065.001.0001.

19 Steven R. Quartz, "The Neuroscience of Heroism," *New York Times*, April 21, 2013, www.nytimes.com/roomfordebate/2013/04/21/the-bystanders-who-could-be-heroes/theneuroscience-of-heroism.

20 Sunaura Taylor, *Beasts of Burden: Animal and Disability Liberation* (New York: The

New Press, 2017), 52.

21 Ibid.; Cathryn Bailey, "On the Backs of Animals: The Valorization of Reason in Contemporary Animal Ethics," *Ethics and the Environment*, Vol. 10, No. 1 (Spring, 2005): 1-17, DOI: 10.1353/een.2005.0012.

22 Nathan J. Robinson, "Now Peter Singer Argues that It Might Be Okay to Rape Disabled People," *Current Affairs*, April 4, 2017, www.currentaffairs.org/2017/04/now-peter-singer-argues-that-itmight-be-okay-to-rape-disabled-people.

23 Joshua Rothman, "Are Disability Rights and Animal Rights Connected?" *New Yorker*, June 5, 2017, www.newyorker.com/culture/persons-of-interest/are-disability-rights-and-animal-rightsconnected.

24 James F. McGrath, "Robots, Rights and Religion," *Religion and Science Fiction*, 2011, digitalcommons.butler.edu/facsch_papers/197.

25 Rana el Kaliouby, "We Need Computers with Empathy," *MIT Technology Review*, October 20, 2017, www.technologyreview.com/s/609071/we-need-computers-with-empathy.

26 Jessica Amortegui, "'AI Must Be Built with Empathy,' Microsoft CEO Satya Nadella Says During UK Release of Book," Microsoft Reporter, October 6, 2017, news.microsoft.com/engb/2017/10/06/ai-must-be-built-with-empathy-microsoft-ceo-satya-nadella-says-during-ukrelease-of-book-hit-refresh; "Are You Using Apple's Secret Skill at Work?" *Forbes*, February 2, 2017, www.forbes.com/ sites/womensmedia/2017/02/02/are-you-using-apples-secret-skill-atwork/#32652b18952e.

27 Cade Metz, "Apple Buys AI Startup That Reads Emotions in Faces," *Wired*, January 7, 2016, www.wired.com/2016/01/apple-buys-ai-startup-that-reads-emotions-in-faces.

28 Deep Empathy, accessed September 20, 2018, deepempathy.mit.edu.

29 Gapminder, accessed September 2018, www.gapminder.org/dollar-street/matrix.

30 David Allegretti, "Meet the Woman Teaching Empathy to AI," Vice, May 29, 2018, www.vice.com/en_au/article/ywe33m/this-woman-believes-ai-can-be-taught-empathy.

31 Clara Moskowitz, "Human-Robot Relations: Why We Should Worry," Live Science, February 18, 2013, www.livescience.com/27204-human-robot-relationships-turkle.html.

32 Sherry Turkle, *Reclaiming Conversation: The Power of Talk in a Digital Age* (New York: Penguin, 2016), 232.

33 Sherry Turkle, “There Will Never Be an Age of Artificial Intimacy,” *New York Times*, August 11, 2018, www.nytimes.com/2018/08/11/opinion/there-will-never-be-an-age-of-artificialintimacy.html.

34 Olivia Goldhill, “Empathy Makes Us Immoral, Says a Yale Psychologist,” Quartz, July 9, 2017, qz.com/1024303/empathy-makes-us-immoral-says-a-yale-psychologist.

35 Brendan M. Lynch, “Study Finds Our Desire for ‘Like-Minded Others’ Is Hard-Wired,” University of Kansas, February 23, 2016, news.ku.edu/2016/02/19/new-study-finds-our-desireminded-others-hard-wired-controls-friend-and-partner.

36 Daniel Goleman, *Social Intelligence: The New Science of Human Relationships* (New York: Random House Publishing Group, 2006).

37 Jonathan Gottschall, *The Storytelling Animal: How Stories Make Us Human* (New York: Houghton Mifflin Harcourt, 2012).

38 Paul J. Zak, “Why Your Brain Loves Good Storytelling,” *Harvard Business Review*, October 28, 2014, hbr.org/2014/10/why-your-brain-loves-good-storytelling.

39 Cody C. Delistraty, “The Psychological Comforts of Storytelling,” *Atlantic*, November, 2, 2014, www.theatlantic.com/author/cody-c-delistraty.

40 Alison Flood, “Robots Could Learn Human Values by Reading Stories, Research Suggests,” *Guardian*, February 18, 2016, www.theguardian.com/books/2016/feb/18/robots-could-learnhuman-values-by-reading-stories-research-suggests.

41 Liz Bury, “Reading Literary Fiction Improves Empathy, Study Finds,” *Guardian*, October 8, 2013, www.theguardian.com/books/booksblog/2013/oct/08/literary-fiction-improves-empathystudy.

42 Maryanne Wolf, *Reader, Come Home* (New York: Harper Collins, 2018).

43 Keith Oatley, *Such Stuff as Dreams: The Psychology of Fiction* (New York: John Wiley & Sons, 2011).

44 Tom Jacobs, “Reading Literary Fiction Can Make You Less Racist,” Pacific Standard, March 10, 2014, psmag.com/social-justice/reading-literary-fiction-can-make-less-racist-76155.

45 Chimamanda Ngozi Adichie, “The Danger of a Single Story,” July 2009, TEDGlobal, 18:43, www.ted.com/talks/chimamanda_adichie_the_danger_of_a_single_story.

46 키드와 카스타노의 연구는 인기 있는 작품을 읽는 것이 장편 문학 소설과 같은 효과를 가지고 있지 않다는 것을 보여준다. David Comer Kidd and Emanuele Castano, “Reading Literary Fiction Improves Theory of Mind,” *Science*, Vol. 342,

Issue 6156 (October 5, 2013): 377-380, DOI: 10.1126/science.1239918.

47 Maja Djikic, Keith Oatley, Sara Zoeterman, and Jordan B. Peterson, "On Being Moved by Art: How Reading Fiction Transforms the Self," *Creativity Research Journal*, Vol. 21, Issue 1 (2009): 24-29, doi.org/10.1080/10400410802633392.

48 McMaster University, "The Art of Storytelling: Researchers Explore Why We Relate to Characters," ScienceDaily, September 13, 2018, www.sciencedaily.com/releases/2018/09/180913113822.htm.

49 Keith Oatley and Maja Djikic, "How Reading Transforms Us," *New York Times*, December 19, 2014, www.nytimes.com/2014/12/21/opinion/sunday/how-writing-transforms-us.html.

50 Jon Henley, "Philip Pullman: 'Loosening the Chains of the Imagination,'" *Guardian*, August 23, 2013, www.theguardian.com/lifeandstyle/2013/aug/23/philip-pullman-dark-materials-children.

51 Steven Pinker, *The Better Angels of Our Nature: Why Violence Has Declined* (New York: Viking Books, 2011).

52 "The Strange, Beautiful, Subterranean Power of Fairy Tales," A forum moderated by Kate Bernheimer, Center for Fiction, Issue 3, accessed September 12, 2018, www.centerforfiction.org/why-fairy-tales-matter.

53 Kidd and Castano, "Reading Literary Fiction Improves Theory of Mind."

54 Andrew Maynard, "Sci-fi Movies Are the Secret Weapon That Could Help Silicon Valley Grow Up," The Conversation, November 15, 2018, theconversation.com/sci-fi-movies-are-the-secretweapon-that-could-help-silicon-valley-grow-up-105714.

55 Margaret Atwood, "Margaret Atwood on What 'The Handmaid's Tale' Means in the Age of Trump," *New York Times*, March 20, 2017, www.nytimes.com/2017/03/10/books/review/margaret-atwood-handmaids-tale-age-oftrump.html.

56 Jill Galvan, "Entering the Posthuman Collective in Philip K. Dick's 'Do Androids Dream of Electric Sheep?'" *Science Fiction Studies*, Vol. 24, No. 3 (November 1997): 413-429, www.jstor.org/stable/4240644.

57 Eliot Peper, "Why Business Leaders Need to Read More Science Fiction," *Harvard Business Review*, July 14, 2017, hbr.org/2017/07/why-business-leaders-need-to-read-more-science-fiction.

58 Brian Nichiporuk, "Alternative Futures and Army Force Planning: Implications for the Future Force Era," RAND Corporation, 2005, www.rand.org/content/dam/

rand/pubs/monographs/2005/RAND_MG219.pdf.

59 Emmanuel Tsekleves, "Science Fiction as Fact: How Desires Drive Discoveries," *Guardian*, August 13, 2015, www.theguardian.com/media-network/2015/aug/13/science-fiction-realitypredicts-future-technology.

60 Neil Gaiman, *The View from the Cheap Seats: Selected Nonfiction* (New York: William Morrow, 2016).

61 Zak, "Why Your Brain Loves Good Storytelling."

62 "오틀리와 그의 요크 대학 동료 레이먼드 마르는 소설을 읽을 때 또 다른 사람의 의식에 대해 이야기하는 과정과 위대한 감정과 삶의 갈등이 정기적으로 표출되는 소설 내용의 본질이 우리의 공감에 기여할 뿐만 아니라 사회학자 예멜얀 하케물더(Jémeljan Hakemulder)가 말하는 우리의 '도덕적 연구실'을 나타내기도 한다." Wolf, Reader Come Home; Jèmeljan Hakemulder, *The Moral Laboratory: Experiments Examining the Effects of Reading* (Amsterdam, Netherlands: John Benjamins, 2000).

63 "Human Empathy & Interconnectedness," Joseph Campbell, 1986, YouTube, accessed September 19, 2018, www.youtube.com/watch?v=_CGb-p_0gvY.

64 Karen Armstrong, "Do unto Others," *Guardian*, November 14, 2008, www.theguardian.com/commentisfree/2008/nov/14/religion.

65 Krista Tippett, "The Happiest Man in the World," *On Being*, November 12, 2009, onbeing.org/programs/matthieu-ricard-happiest-man-world.

66 Karen Armstrong and Archbishop Desmond Tutu, "Compassion Unites the World's Faiths," CNN, November 10, 2009, www.cnn.com/2009/OPINION/11/10/armstrong.tutu.charter.compassion/index.html.

67 Alison Flood, "Robots Could Learn Human Values by Reading Stories, Research Suggests," *Guardian*, February 18, 2016, www.theguardian.com/books/2016/feb/18/robots-could-learnhuman-values-by-reading-stories-research-suggest.

68 Craig Wigginton, "Mobile Continues Its Global Reach into All Aspects of Consumers' Lives," Deloitte Global Mobile Consumer Trends Second Edition, 2017, www2.deloitte.com/global/en/pages/technology-media-and-telecommunications/articles/gxglobal-mobile-consumer-trends.html.

69 "Mobile Biometric Market Forecast to Exceed $50.6 Billion in Annual Revenue in 2022 as Installed Base Grows to 5.5 Billion Biometric Smart Mobile Devices," PR Newswire, September 14, 2017, www.prnewswire.com/news-releases/mobile- biometric-

market-forecast-to-exceed-506-billion-in-annual-revenue-in-2022-as-installed-base-grows-to-55-billion-biometric-smart-mobiledevices-300519359.html.

70 Sara H. Konrath, Edward H. O'Brien, and Courtney Hsing, "Changes in Dispositional Empathy in American College Students over Time: A Meta-Analysis," *Personality and Social Psychology Review*, 15.2 (2011): 180-198, DOI: 10.1177/1088868310377395.

71 Jean M. Twenge and W. Keith Campbell, *The Narcissism Epidemic: Living in the Age of Entitlement* (New York: Atria, 2010).

72 Ap Dijksterhuis and John A. Bargh, "The Perception-Behavior Expressway: Automatic Effects of Social Perception on Social Behavior," Baillement, accessed September 20, 2018, www.baillement.com/texte-perception-behavior.pdf.

73 Chris Weller, "Silicon Valley Parents Raising Their Kids Tech Free," Business Insider, February 18, 2018, www.businessinsider.com/silicon-valley-parents-raising-their-kids-tech-free-red-flag-2018-2.

74 "신경망이 후속 작업에 대한 훈련 이후 이전 작업에서 학습한 정보를 잃으면 치명적인 망각이 생긴다. 이 문제는 순차적 학습 능력을 갖춘 인공지능 시스템의 장애물로 남아 있다." Joan Serrà Díac Surí, Marius Miron, and Alexandros Karatzoglou, "Overcoming Catastrophic Forgetting with Hard Attention to the Task," Cornell University Library, last revised May 29, 2018, arxiv.org/abs/1801.01423.

75 Dan Robitzski, "Artificial Intelligence Cho, New Artificial Intelligence Does Something Extraordinary—It Remembers," Futurism, August 31, 2018, futurism.com/artificial-intelligenceremember-agi.

76 Demis Hassabis, "The Mind in the Machine: Demis Hassabis on Artificial Intelligence," *Financial Times*, April 21, 2017, www.ft.com/content/048f418c-2487-11e7-a34a-538b4cb30025.

77 Jamie Condliffe, "Google's AI Guru Says That Great Artificial Intelligence Must Build on Neuroscience," *MIT Technology Review*, July 20, 2017, www.technologyreview.com/s/608317/googles-ai-guru-says-that-great-artificial-intelligencemust-build-on-neuroscience.

78 Dan Falk, *In Search of Time: The History, Physics, and Philosophy of Time* (New York: St. Martin's Griffin, 2010).

79 Ibid.

80 William A. Roberts, "Mental Time Travel: Animals Anticipate the Future," *Current Biology*, Vol. 17, Issue 11 (June 5, 2007): R418-R420, doi.org/10.1016/j.cub. 2007. 04.010.

81 Kevin Charles Fleming, "Our Stories Bind Us," *Pacific Standard*, January 26, 2018, psmag.com/news/our-stories-bind-us.

82 David Streitfeld, "Computer Stories: A.I. Is Beginning to Assist Novelists," *New York Times*, October 18, 2018, www.nytimes.com/2018/10/18/technology/ai-is-beginning-to-assistnovelists.html.

83 Dan Sperber and Hugo Mercier, *The Enigma of Reason* (Boston: Harvard University Press, 2017).

공감 계획 프로그램하기

1 SoftBank Robotics, 2018, https://www.softbankrobotics.com/us/pepper

2 Khari Johnson, "Softbank Robotics enhances Pepper the robot's emotional intelligence," VentureBeat, August 28, 2018.

3 Katharine Schwab, "MIT Trained An AI To Tug At Your Heart strings," Fast Company, December 12, 2017.

4 Kyle Wiggers, "Honda partners with universities to investigate human-like AI," VentureBeat, October 25, 2018.

AI와 스토리텔링

1 "The Story Learning Machine," MIT Media Lab.

2 Annalee Newitz, "An AI Wrote All Of David Hasselhoff's Lines In This Bizarre Short Film," Ars Technica, April 25, 2017.

3 Todd Spangler, "First AI-Scripted Commercial Debuts, Directed by Kevin Macdonald for Lexus," Variety, November 19, 2018.

4 Reginald Chua, "The Cybernetic Newsroom: Horses and Cars," Reuters, March 12, 2019.

5 Zoe Delahunty-Light, "Remember Skyrim's Radian AI? It's Got the Potential to Revolutionise RPGs," Gamesradar, March 05, 2018.

제10장

1 Jane Goodall, *My Life with the Chimpanzees* (New York: Simon & Schuster, 1996).

2 Jane Goodall, *In the Shadow of Man* (Mariner Books; 50th Anniversary of Gombe edition, 2010).

3 Scott Feinberg, "Awards Chatter Podcast—Jane Goodall ('Jane')," *Hollywood Reporter*, August 15, 2018, www.hollywoodreporter.com/race/awards-chatter-podcast-jane-goodall-jane-1134696.

4 Victor Ottati, Erika D. Price, Chase Wilson, and Nathanael Sumaktoyo, "When Self-Perceptions of Expertise Increase Closed-Minded Cognition: The Earned Dogmatism Effect," *Journal of Experimental Social Biology*, Vol. 61 (November 2015): 131-138, www.sciencedirect.com/science/article/pii/S0022103115001006.

5 Federico García Lorca, "Floating Bridges," in *Suites* (Los Angeles: Green Integer, 2001).

6 Leon M. Lederman and Dick Teresi, *The God Particle* (New York: Dell, 1993).

7 Jane Varner Malhotra, "Yet to Be Solved: the Problem of God," *Georgetown Magazine*, Fall 2018, issues.washcustom.com/publication/?m=54565&l=1#%22issue_id%22:533408,%22page%22:16 .

8 Ibid.

9 "The Global Religious Landscape," Pew Research Center Religion & Public Life, December 18, 2012, www.pewforum.org/2012/12/18/global-religious-landscape-exec.

10 Brian J. Grim, "How Religious Will the World Be in 2050?" World Economic Forum, October 22, 2015, www.weforum.org/agenda/2015/10/how-religious-will-the-world-be-in-2050.

11 Michael Lipka and Claire Gecewicz, "Americans Now Say They're Spiritual but Not Religious," Pew Research Center, September 6, 2017, www.pewresearch.org/fact-tank/2017/09/06/moreamericans-now-say-theyre-spiritual-but-not-religious.

12 Peter Beinart, "Breaking Faith," *Atlantic*, April 2017, www.theatlantic.com/magazine/archive/2017/04/breaking-faith/517785.

13 Shafi Musaddique, "How Artificial Intelligence Is Shaping Religion in the 21st Century," CNBC, May 11, 2018, www.cnbc.com/2018/05/11/how-artificial-intelligence-is-shaping-religion-in-the-21st-century.html.

14 Mark Harris, "Inside the First Church of Artificial Intelligence," *Wired*, November

15, 2017, www.wired.com/story/anthony-levandowski-artificial-intelligence-religion.

15 Beth Singler, “fAIth,” Aeon, June 13, 2017, aeon.co/essays/why-is-the-language-oftranshumanists-and-religion-so-similar.

16 Kevin Kelly, *The Inevitable* (New York: Penguin Books; Reprint edition, 2017).

17 James Vincent, “What Algorithmic Art Can Teach Us about Artificial Intelligence,” The Verge, August 21, 2018, www.theverge.com/2018/8/21/17761424/ai-algorithm-art-machine-visionperception-tom-white-treachery-imagenet.

18 Future of Life, accessed September 20, 2018, futureoflife.org/ai-researcher-vincent-conitzer; Vincent Conitzer, Walter Sinnott-Armstrong, Jana Schaich Borg, Yuan Deng, and Max Kramer, “Moral Decision Making Frameworks for Artificial Intelligence,” Proceedings of the Thirty-First AAAI Conference on Artificial Intelligence (AAAI-17) Senior Member/Blue Sky Track, San Francisco, California, 2017, users.cs.duke.edu/ ~conitzer/moralAAAI17.pdf.

19 Jolene Creighton, “The Evolution of AI: Can Morality be Programmed?” Futurism, July 1, 2016, futurism.com/the-evolution-of-ai-can-morality-be-programmed.

20 Alex Beard, “How Babies Learn—and Why Robots Can’t Compete,” *Guardian*, April 3, 2018, www.theguardian.com/news/2018/apr/03/how-babies-learn-and-why- robots-cant-compete.

21 Karen Hao, “Giving Algorithms a Sense of Uncertainty Could Make Them More Ethical,” *MIT Technology Review*, January 18, 2019, www.technologyreview.com/s/612764/giving-algorithmsa-sense-of-uncertainty-could-make-them-more-ethical.

22 Joel Lehman, Jeff Clune, Dusan Misevic, Christoph Adami, Julie Beaulieu, et al., “The Surprising Creativity of Digital Evolution: A Collection of Anecdotes from the Evolutionary Computation and Artificial Life Research Communities,” ResearchGate, March 13, 2018, www.researchgate.net/publication/323694489_he_Surprising_Creativity_of_Digital_Evolution_A_Collection_of_

23 David Deutsch, “Philosophy Will Be the Key that Unlocks Artificial Intelligence,” *Guardian*, October 3, 2012, www.theguardian.com/science/2012/oct/03/philosophy-artificial-intelligence.

색인

[ㄹ]

[ㅁ]

[ㅂ]

[ㅅ]

[ㅇ]

[ㅈ]

[ㅊ]

[A]

감사의 말

책을 출간하는 것은 팀 스포츠와 같다. 이 책에서 여러분이 영감을 얻는 것은 저와 함께 이 프로젝트에 참여한 활기찬 공동체의 헌신 덕분이다. 나는 나의 친구나 협력자의 어깨 위에 서 있고, 그들의 과거, 현재, 미래의 목소리에 많이 빚지고 있다. 오류가 있다면 전적으로 나의 탓이다.

카운터포인트 출판부Counterpoint Press 팀에게 감사드린다. 여러분의 자부심인 저자 판테온에 서게 되어 송구스럽고, 나의 책이 여러분의 출판부에서 출간되어 자랑스럽다. 그리고 댄 스메탄카Dan Smetanka에게 감사드린다. 이 프로젝트를 완성하기 위해 함께 일한 것은 즐거움이었다. 우리는 편집하고 웃고 또 편집했다. 나를 믿어주고 이 책을 믿어주셔서 감사드린다. 젠 코비츠Jenn Kovitz, 베키 크레이머Becky Kraemer, 케이티 볼랜드Katie Boland 그리고 사라 장 그림Sarah Jean Grimm, 메건 피시만Megan Fishmann, 더스틴 커츠Dustin Kurtz, 미야코 싱어Miyako Singer, 그리고 모든 동료들께 감사드린다. 여러분 같은 최우수 팀과 함께 일하게 되어 영광이며, 여러분의 지도와 지원에 매우 감사드린다. 멋진 커버 디자인으로 이 꿈을 물결치는 예술적 삶에 가져다 준 니콜 카푸토Nicole Caputo와 사라 브로디Sarah Brody에게 감사드린다. 대리석에서 빛나는 조각상을 발굴해주신 훌륭한 편집자인 조던 콜룩Jordan Koluch, 캐서린 키거Katherine Kiger, 제네퍼 슈트Jenefer Shute, 로라 그로우-나이버그Laura Grow-Nyberg에게 감사드린다. 사실 확인, 연구, 협업의 중추적 역할을 해준 멕 화이트포드Meg Whiteford에게 감사드린다. 상상력이 풍부한 디자인으로 이 책의 면면을 빛내준 호아이 남 팜Hoai Nam Pham에게 감사드린다. 모든 분께 감사드린다.

케빈 오코너Kevin O'Connorr에게 감사드린다. 출판계에서 저의 첫 협력자가 되어 주신 것에 감사드린다. 샬롯 시디Charlotte Sheedy가 이끄는 시디 저작권 대행업체 시디 릿Sheedy Lit의 팀에게 감사드린다. 문학적 마술, 사회 정의, 다양성, 포용의 챔피언이 되어 주셔서 감사드린다. 여러분과 함께 사는 세상의 일부가 되어 불꽃을 옮기는 것을 돕게 되어 큰 영광이다. 처음부터 나의 이런 생각을 신뢰해준 로리 돌핀Laurie Dolphin과 어릴 적부터 나와 알고 지냈고 나의 문학적 꿈을 지지해준 스튜어트 샤피로Stuart Shapiro에게 감사드린다.

나의 은사님들과 스승님들께 감사드린다. 내가 어떤 사람이 되고 싶고 어떤 사람이 되어가고 있는지를 지켜봐 주셔서 감사드린다. 나는 항상 여러분을 자랑스럽게 해드릴 것이다. 매일 나 자신에게 도전하고 영감을 불어 넣어 주는 학생들에게도 감사드린다. 여러분이 성공해나가는 것을 지켜볼 수 있는 것은 진정한 선물이다. 여러분은 나에게 미래의 희망을 주고 있다.

이처럼 많은 분들이 성소와 위안을 제공해 주셨다. 광범위하게 자리하고 있는 도서관, 서점, 문학 관련 장소의 관리인 여러분에게 감사드린다. 우리 작가와 몽상가들에게 빛과 등불을 켜주셔서 감사드린다. 용기와 회복력으로 인간 정신의 본질과 우리 속의 인간성을 볼 수 있도록 도와주신 분들에게 감사드린다. 그 길로 인도해 주셔서 감사드린다. 이 책의 각주를 차지하는 출처 자료를 제공한 많은 훌륭한 사람들에게 감사드린다. 여러분은 넘쳐나는 지혜의 샘이며 우리 존재 자체에 대한 기록이다. 우리를 왕래하게 해준 혁신가, 발명가 그리고 선견지명가 여러분에게 감사드린다. 아직은 거기까지 이른 것은 아니지만 앞으로 그럴 수 있다는 것을 시도해 주셔서 감사드린다. 우리의 행성을 공유하는 모든 살아 있는 존재들에게 감사드린다. 나는 여러분의 외침을 듣고 이 책을 통해 여러분의 옹호자가 되려고 노력했다. 이런 노력이 여러분의 고통을 빛으로 바꾸는 데 작은 도움이 되었으면 한다.

나의 드림팀에게 감사드린다. 제너비브 케이지Genevieve Casey는 이 책의 양심이다. 너와 함께라면 내가 가입하고자 하는 최고의 독서클럽이 될 것이다. 이 책을 더 좋게 만든 비판적인 피드백과 전문지식을 제공한 이 책의 초기 독자인 존 가넷John Garnett, 조 시린치오네Joe Cirincione, 다나 루빈Dana Rubin에게 감사드린다. 다른 사람들과 달리 나와 같은 마음을 지닌 여동생에게 감사드린다. 사랑하는 가족과 친구들에게 감사드린다. 여러분은 내가 어두움을 느낄까봐 촛불을 켜주었다. 나의 노래를 찾도록 도와주셔서 감사드린다. 특히 샤우나 브리튼햄 레이터Shauna Brittenham Reiter, 비디야 새칫Vidya Satchit, 스티븐 모리슨Steven Morrison에게 감사드린다. 여러분을 영원히 사랑한다.

어머니께 감사드린다. 지구상의 다른 어느 누구보다 당신의 상상력, 당신의 예술적 비전, 초고 읽기 등의 과정에서 함께 웃으며 삶을 함께 해 주신 것에 감사드린다. 어머니와 함께 계속 진화해 나갈 것이다.

그리고 아버지께 감사드린다. 당신이 계시지 않았다면 나는 지금의 이 일을 하고 싶지 않았을 것이고, 당신이 없었다면 이 가운데 어느 것도 가능하지 않았을 것이다. 당신은 이 행성에서 가장 위대한 아버지다. 나는 이 행성을 당신과 공유하고 싶다.

마지막으로 미래 세대, 문화 선구자, 시인, 제작자, 규칙을 혁신하는 자, 변화를 만들어내는 자, 수호자, 세계 건설자, 낙서가, 연인, 저항자, 우리의 자녀들, 우리 자녀의 자녀들에게 감사드린다. 서로를 잘 돌보고, 우리와 우리의 서식지를 함께 공유하는 모든 생명체, 그리고 우리 뒤에 따라오는 모든 이들을 잘 보살펴 주소서.

여러분 안녕, 우리 행성에서 만나요!

플린 콜먼

지은이 및 옮긴이 소개

지은이

플린 콜먼(Flynn Coleman)

작가, 국제 인권 변호사, 연설가, 교수, 사회혁신가이다. 콜먼은 유엔, 미국 연방 정부 그리고 전 세계의 국제 기업과 인권 단체에서 일했다. 글로벌 시민권, 일과 목적의 미래, 정치적 화해, 전쟁범죄, 대량학살, 인권과 시민권, 인도주의적 문제, 사회적 영향을 위한 혁신과 디자인, 정의와 교육에 대한 접근성 향상에 대해 폭넓게 글을 써왔다.

옮긴이

김동환

경북대학교에서 박사 학위를 받았으며, 해군사관학교 영어과 교수로 재직 중이다. 인문학과 과학을 아우르는 융합 학문의 시각으로 오늘날의 복잡다단한 사회 현상을 보다 심층적으로 이해하고 분석하기 위해 연구 중이다. 개념적 은유 이론과 개념적 혼성 이론에 각별한 관심을 가지고 있어서, 인지과학 및 인지심리학, 인지언어학 분야에 출간되는 전 세계 석학들의 저서를 번역하여 꾸준히 소개하고 있다. 특히 인문학 내에서의 통섭을 구축하고 있는 해외 저서들을 발굴하여, 인지과학과 인문학의 융합지식을 대중화하려고 애쓰고 있다.

저서

《개념적 혼성 이론》(2002)(대학민국학술원 우수학술도서)
《인지언어학과 의미》(2005)(문화관광부 우수도서)
《인지언어학과 개념적 혼성 이론》(2013)
《환유와 인지》(2019)(한국출판문화산업진흥원 세종도서)

역서

《인지언어학 개론》(1998)(문화관광부 우수도서)
《우리는 어떻게 생각하는가》(2009)(대학민국학술원 우수학술도서)
《인지언어학 옥스퍼드 핸드북》(2011)
《몸의 의미: 인간 이해의 미학》(2012)
《과학과 인문학: 몸과 문화의 통합》(2015)
《비판적 담화분석과 인지과학》(2017)
《담화, 문법, 이데올로기》(2017)
《애쓰지 않기 위해 노력하기》(2018)(한국출판문화산업진흥원 세종도서)
《생각의 기원》(2019)

《창의성과 인공지능》(2020)
《애니메이션, 신체화, 디지털 미디어의 융합》(2020)(한국출판문화산업진흥원 세종도서)
《은유 백과사전》(2020)(한국출판문화산업진흥원 세종도서)
《고대 중국의 마음과 몸》(2020)
《뉴 로맨틱 사이보그》(2022)
《메타포 워즈》(2022)
《취함의 미학》(2022)
《아티스트 인 머신》(2022) 외 다수

최영호

고려대학교에서 박사 학위를 받은 후 해군사관학교 인문학과 교수를 거쳐 명예교수로 있다. 현재 한국해양과학기술원(KIOST) 자문위원, 고려대학교 민족문화연구원 선임연구원이다. 인문학과 문학비평, 과학을 아우르는 융합학문의 시각으로 학문적 경계를 넘나들며 바다와 인간의 시공간적 삶을 다룬 작품을 탐구 중이다. 인지과학과 인문학의 융합지식은 무조건적 보편성을 주창하기보다 구체적 상황이 요구하는 대중화를 지향할 수밖에 없다. 이에 주어지는 상황을 접하되 주체의 시각적 주관성과 가치판단의 객관성을 토대로 지식을 체계화하려는 데 방점을 두고 연구 중이다.

저서

《해양문학을 찾아서》(1994)
《잠수정, 바다 비밀의 문을 열다》(2014)(청소년교양도서 북토크 도서 100선)
《상상력의 보물상자, 섬》(2014)(한국출판문화산업진흥원 세종도서)
《바다의 눈, 소리의 비밀》(2018)(전국도서관사서추천 도서)

역서

《자유인을 위한 책읽기》(1989)
《20세기 최고의 해저탐험가: 자크이브 쿠스토》(2005)
《白夜 이상춘의 西海風波》(2006)
《은유와 도상성》(2007)
《우리는 어떻게 생각하는가》(2009)(대학민국학술원 우수학술도서)
《몸의 의미: 인간 이해의 미학》(2012)
《과학과 인문학: 몸과 문화의 통합》(2015)
《잠수정의 세계》(공역)
《애니메이션, 신체화, 디지털 미디어의 융합》(2020)(한국출판문화산업진흥원 세종도서)
《뉴 로맨틱 사이보그》(2022)
《아티스트 인 머신》(2022) 외 다수

감수

《미세먼지 X 파일》(2018)
《초미세먼지와 대기오염》(2019)
《우리가 알아야 할 남극과 북극》(2019)

휴먼 알고리즘

인공지능 시대, 인간의 길을 묻다

초판발행 2022년 12월 5일

지 은 이 플린 콜먼(Flynn Coleman)
옮 긴 이 김동환, 최영호
펴 낸 이 김성배
펴 낸 곳 도서출판 씨아이알

책임편집 이민주
디 자 인 송성용, 박진아
제작책임 김문갑

등록번호 제2-3285호
등 록 일 2001년 3월 19일
주 소 (04626) 서울특별시 중구 필동로 8길 43(예장동 1-151)
전화번호 02-2275-8603(대표)
팩스번호 02-2265-9394
홈페이지 www.circom.co.kr

I S B N 979-11-6856-106-9 (93400)